高等职业教育土建类专业系列教材

房屋建筑构造与识图

主　编　帅映勇

副主编　张智勇

参　编　梁永平

机械工业出版社

本书根据高等职业教育土建类专业的教学要求，并根据国家颁布的有关新规范、新标准编写而成。本书内容包括建筑工程制图的基础知识、投影的基础知识、三面正投影图的形成及特性、轴测投影图、工程形体的表达方法、建筑施工图图例、建筑施工图、一般民用建筑构造、工业建筑概论。本书内容选材合理、分量适当、简明易懂、图文并茂，方便读者的学习和理解。

本书可作为高职高专院校建筑工程技术专业教材，也可作为工程监理、工程造价、建筑工程管理、房地产以及物业管理等土建类专业的基础课程教材或专业参考用书。

本书配有电子课件，凡使用本书作为教材的教师可登录机械工业出版社教育服务网 www.cmpedu.com 下载。咨询邮箱：cmpgaozhi@sina.com。咨询电话：010-88379375。

图书在版编目（CIP）数据

房屋建筑构造与识图/帅映勇主编. —北京：机械工业出版社，2018.9（2024.8重印）
高等职业教育土建类专业系列教材
ISBN 978-7-111-60878-3

Ⅰ.①房… Ⅱ.①帅… Ⅲ.①房屋结构—高等职业教育—教材 ②建筑制图—识图—高等职业教育—教材 Ⅳ.①TU22 ②TU204.21

中国版本图书馆CIP数据核字（2018）第210235号

机械工业出版社（北京市百万庄大街22号 邮政编码 100037）
策划编辑：王靖辉 责任编辑：王靖辉
责任校对：王明欣 封面设计：鞠 杨
责任印制：常天培
固安县铭成印刷有限公司印刷
2024年8月第1版第4次印刷
184mm×260mm · 15.5印张 · 370千字
标准书号：ISBN 978-7-111-60878-3
定价：45.00元

电话服务	网络服务
客服电话：010-88361066	机 工 官 网：www.cmpbook.com
010-88379833	机 工 官 博：weibo.com/cmp1952
010-68326294	金 书 网：www.golden-book.com
封底无防伪标均为盗版	机工教育服务网：www.cmpedu.com

前　言

房屋建筑构造与识图顺应国家培养高素质应用型人才的时代要求，在了解土木工程建设相关单位要求的基础上，汲取了同类其他教材的成果与经验，力争做到“简而精”，内容的深度和难度符合高等职业教育的特点，把培养学生的专业知识和专业技能作为核心，突出专业的应用性和技能性。本书兼顾房屋建筑构造与识图的相关知识的系统性和特殊性，以房屋建筑构造设计的相关新规范为标准，节选内容，力争与工程建设发展同步。

本课程实践性很强，与工程实际结合紧密，需要学生较多地动手参与教学活动，宜采用“教、学、做”一体化的教学模式，培养学生理解投影的基本原理和绘图方法；掌握建筑工程图识读的相关知识和方法；了解民用建筑设计的基本原则；掌握民用与工业建筑的构造原理及常见构造做法。在学生职业能力培养和职业素质养成两个方面起支撑和促进作用。

本书由泰州职业技术学院帅映勇任主编，编写分工如下：帅映勇编写第二章～第八章，泰州职业技术学院张智勇编写第一章、第九章，泰州职业技术学院梁永平进行全书的资料提供和内容校核。本书在编写过程中也得到了教研室同事的热忱帮助，并参考了同类其他教材和资料，在此一并致谢。

由于编者水平有限，难免会有缺点和错误，敬请读者批评指正！

编　者

目　录

第一章　建筑工程制图的基础知识

建筑工程图是建筑工程领域指导生产活动的重要技术文件，是信息表达与技术交流的重要载体。为了统一制图规则，保证制图质量，提高制图效率，做到图面清晰、简明，符合设计、施工、存档的要求，适应工程建设的需要，国家先后修订了《总图制图标准》（GB/T 50103—2010）、《建筑制图标准》（GB/T 50104—2010）、《房屋建筑制图统一标准》（GB/T 50001—2017）、《建筑模数协调标准》（GB/T 50002—2013）等。

1.1　建筑制图标准

建筑制图标准是绘图时无论哪个专业都必须遵守的统一规定。房屋建筑设计和施工的相关从业人员要正确学习和运用国家规定的制图标准，如图纸幅面、图线、字体、比例、尺寸标注和标高等。

 1.1.1　图纸幅面及图框尺寸

根据《房屋建筑制图统一标准》（GB/T50001—2010）的规定，图纸幅面的规格分为 0、1、2、3、4 共五种。图纸基本幅面及图框尺寸应符合表 1-1 规定，绘制图样时应优先采用表中所规定的图纸基本幅面。

表 1-1　图纸基本幅面及图框尺寸　（单位：mm）

幅面代号 / 尺寸代号	A0	A1	A2	A3	A4
$b \times l$	841×1189	594×841	420×594	297×420	210×297
a	25				
c	10			5	

在特殊情况下，图纸的短边尺寸不应加长，A0 ～ A3 幅面长边尺寸可加长，但应符合表 1-2 的规定。

表 1-2　图纸长边加长尺寸　（单位：mm）

幅面代号	长边尺寸	长边加长后的尺寸
A0	1189	1486（A0+1/4l）1635（A0+3/8l）1783（A0+1/2l）1932（A0+5/8l） 2080（A0+3/4l）2230（A0+7/8l）2378（A0+1l）
A1	841	1051（A1+1/4l）1261（A1+1/2l）1471（A1+3/4l） 1682（A1+1l）1892（A1+5/4l）2102（A1+3/2l）

（续）

幅面代号	长边尺寸	长边加长后的尺寸
A2	594	743（A2+1/4l） 891（A2+1/2l） 1041（A2+3/4l） 1189（A2+1l） 1338（A2+5/4l） 1486（A2+3/2l） 1635（A2+7/4l） 1783（A2+2l） 1932（A2+9/4l） 2080（A2+5/2l）
A3	420	630（A3+1/2l） 841（A3+1l） 1051（A3+3/2l） 1261（A3+2l） 1471（A3+5/2l） 1682（A3+3l） 1892（A3+7/2l）

注：有特殊需要的图纸，可采用 $b \times l$ 为 841mm×891mm 与 1189mm×1261mm 的幅面。

图纸上限定绘图区域的线框称为图框，图框用粗实线绘制。其格式分为留装订边和不留装订边两种。建筑制图一般采用留装订边的格式，加长幅面的图框尺寸，按所选的基本幅面大一号的图框尺寸确定。

图纸幅面分为横式和立式两种，以短边作为垂直边应为横式幅面（图 1-1、图 1-2），以短边作为水平边应为立式幅面（图 1-3、图 1-4）。A0 ～ A3 图纸宜横式使用；必要时，也可立式使用。一个工程设计中，每个专业所使用的图纸，不宜多于两种幅面，不含目录及表格所采用的 A4 幅面。

图纸中应有标题栏、图框线、幅面线、装订边和对中标志。图纸的标题栏及装订边的位置，应符合下列规定：

标题栏应按图 1-5、图 1-6 所示，根据工程的需要选择确定其尺寸、格式及分区。签字栏应包括实名列和签名列，并应符合下列规定：

1）涉外工程的标题栏内，各项主要内容的中文下方应附有译文，设计单位的上方或左方应加“中华人民共和国”字样。

2）在计算机制图文件中应当使用电子签名与认证时，应符合国家有关电子签名法的规定。

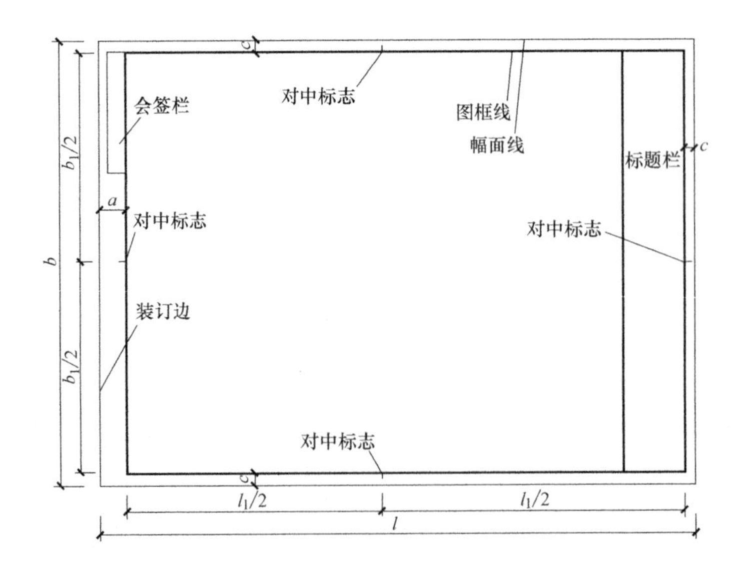

图 1-1　A0 ～ A3 横式幅面图（一）

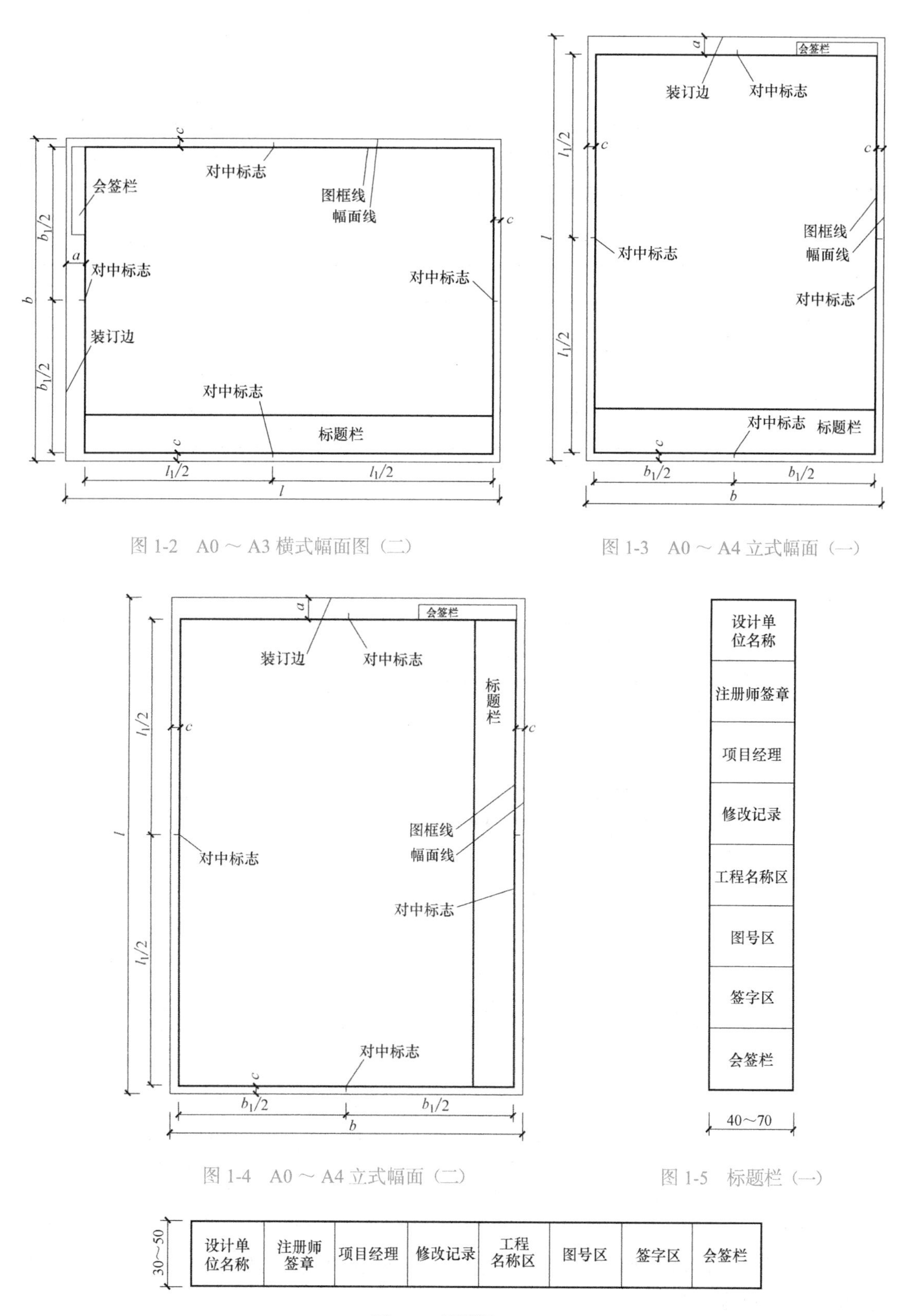

图 1-2　A0 ～ A3 横式幅面图（二）

图 1-3　A0 ～ A4 立式幅面（一）

图 1-4　A0 ～ A4 立式幅面（二）

图 1-5　标题栏（一）

图 1-6　标题栏（二）

1.1.2 图线

图线的宽度 *b*，宜从 1.4mm、1.0mm、0.7mm、0.5mm、0.35mm、0.25mm、0.18mm、0.13mm 线宽系列中选取。图线宽度不应小于 0.1mm。每个图样，应根据复杂程度与比例大小，先选定基本线宽 *b*，再选用表 1-3 中相应的线宽组。

表 1-3 线宽组 （单位：mm）

线宽比	线宽组			
b	1.4	1.0	0.7	0.5
0.7*b*	1.0	0.7	0.5	0.35
0.5*b*	0.7	0.5	0.35	0.25
0.25*b*	0.35	0.25	0.18	0.13

注：1. 需要缩微的图纸，不宜采用 0.18mm 及更细的线宽。
2. 同一张图纸内，各不同线宽中的细线，可统一采用较细的线宽组的细线。

工程建设制图应选用表 1-4 所示的图线。

表 1-4 图线

名称		基本线形形式	线宽	一般用途
实线	粗		*b*	主要可见轮廓线
	中粗		0.7*b*	可见轮廓线
	中		0.5*b*	可见轮廓线、尺寸线、变更云线
	细		0.25*b*	图例填充线、家具线
虚线	粗		*b*	见各有关专业制图标准
	中粗		0.7*b*	不可见轮廓线
	中		0.5*b*	不可见轮廓线、图例线
	细		0.25*b*	图例填充线、家具线
单点长画线	粗		*b*	见各有关专业制图标准
	中		0.5*b*	见各有关专业制图标准
	细		0.25*b*	中心线、对称线、轴线等
双点长画线	粗		*b*	见各有关专业制图标准
	中		0.5*b*	见各有关专业制图标准
	细		0.25*b*	假想轮廓线、成型前原始轮廓线
折断线	细		0.25*b*	断开界线
波浪线	细		0.25*b*	断开界线

同一张图纸内，相同比例的各图样，应选用相同的线宽组。图纸的图框线和标题栏线，可采用表 1-5 中的线宽。

表 1-5　图框线、标题栏线的宽度　（单位：mm）

幅面代号	图框线	标题栏外框线	标题栏分格线
A0、A1	*b*	0.5*b*	0.25*b*
A2、A3、A4	*b*	0.7*b*	0.35*b*

相互平行的图例线，其净间隙或线中间隙不宜小于 0.2mm。虚线、单点长画线或双点长画线的线段长度和间隔，宜各自相等。单点长画线或双点长画线，当在较小图形中绘制有困难时，可用实线代替。单点长画线或双点长画线的两端，不应是点。点画线与点画线交接点或点画线与其他图线交接时，应是线段交接。虚线与虚线交接或虚线与其他图线交接时，应是线段交接。虚线为实线的延长线时，不得与实线相接。图线不得与文字、数字或符号重叠、混淆，不可避免时，应首先保证文字的清晰。

1.1.3　字体

图纸上所需书写的文字、数字或符号等，均应笔画清晰、字体端正、排列整齐；标点符号应清楚正确。

文字的字高应从表 1-6 中选用。字高大于 10mm 的文字宜采用 True type 字体，如需书写更大的字，其高度应按$\sqrt{2}$的倍数递增。

表 1-6　文字的字高　（单位：mm）

字体种类	中文矢量字体	True type 字体及非中文矢量字体
字高	3.5、5、7、10、14、20	3、4、6、8、10、14、20

图样及说明中的汉字，宜采用长仿宋体（矢量字体）或黑体，同一图纸字体种类不应超过两种。长仿宋体的宽度与高度的关系应符合表 1-7 的规定，黑体字的宽度与高度应相同。大标题、图册封面、地形图等的汉字，也可书写成其他字体，但应易于辨认。

表 1-7　长仿宋字高宽关系　（单位：mm）

字 高	20	14	10	7	5	3.5
字 宽	14	10	7	5	3.5	2.5

汉字的简化字书写应符合国家有关汉字简化方案的规定。图样及说明中的拉丁字母、阿拉伯数字与罗马数字，宜采用单线简体或 ROMAN 字体。

拉丁字母、阿拉伯数字与罗马数字的书写规则应符合表 1-8 的规定。

表 1-8　拉丁字母、阿拉伯数字与罗马数字的书写规则

书写格式	字 体	窄 字 体
大写字母高度	*h*	*h*
小写字母高度（上下均无延伸）	7/10*h*	10/14*h*
小写字母伸出的头部或尾部	3/10*h*	4/14*h*
笔画宽度	1/10*h*	1/14*h*
字母间距	2/10*h*	2/14*h*

（续）

书写格式	字体	窄字体
上下行基准线的最小间距	15/10*h*	21/14*h*
词间距	6/10*h*	6/14*h*

拉丁字母、阿拉伯数字与罗马数字，如需写成斜体字，其斜度应是从字的底线逆时针向上倾斜 75°。斜体字的高度和宽度应与相应的直体字相等。拉丁字母、阿拉伯数字与罗马数字的字高，不应小于 2.5mm。数量的数值注写，应采用正体阿拉伯数字。各种计量单位凡前面有量值的，均应采用国家颁布的单位符号注写。单位符号应采用正体字母。分数、百分数和比例数的注写，应采用阿拉伯数字和数学符号。当注写的数字小于 1 时，应写出各位的“0”，小数点应采用圆点，齐基准线书写。长仿宋汉字、拉丁字母、阿拉伯数字与罗马数字示例应符合国家现行标准《技术制图　字体》(GB/T 14691—1993）的有关规定。

1.1.4　比例

图样的比例，应为图形与实物相对应的线性尺寸之比。比例的符号为“：”，比例应以阿拉伯数字表示。比例宜注写在图名的右侧，字的基准线应取平；比例的字高宜比图名的字高小一号或二号，如图 1-7 所示。

平面图 1:100　　⑥1:20

图 1-7　比例的注写

绘图所用的比例应根据图样的用途与被绘对象的复杂程度，从表 1-9 中选用，并应优先采用表中常用比例。

表 1-9　绘图所用的比例

常用比例	1∶1、1∶2、1∶5、1∶10、1∶20、1∶30、1∶50、1∶100、1∶150、1∶200、1∶500、1∶1000、1∶2000
可用比例	1∶3、1∶4、1∶6、1∶15、1∶25、1∶40、1∶60、1∶80、1∶250、1∶300、1∶400、1∶600、1∶5000、1∶10000、1∶20000、1∶50000、1∶100000、1∶200000

一般情况下，一个图样应选用一种比例。根据专业制图需要，同一图样可选用两种比例。特殊情况下也可自选比例，这时除应注出绘图比例外，还必须在适当位置绘制出相应的比例尺。

1.1.5　尺寸标注

图样上的尺寸，包括尺寸界线、尺寸线、尺寸起止符号和尺寸数字，如图 1-8 所示。

尺寸界线应用细实线绘制，一般应与被注长度垂直，其一端应离开图样轮廓线不应小于 2mm，另一端宜超出尺寸线 2 ～ 3mm。图样轮廓线可用作尺寸界线，如图 1-9 所示。

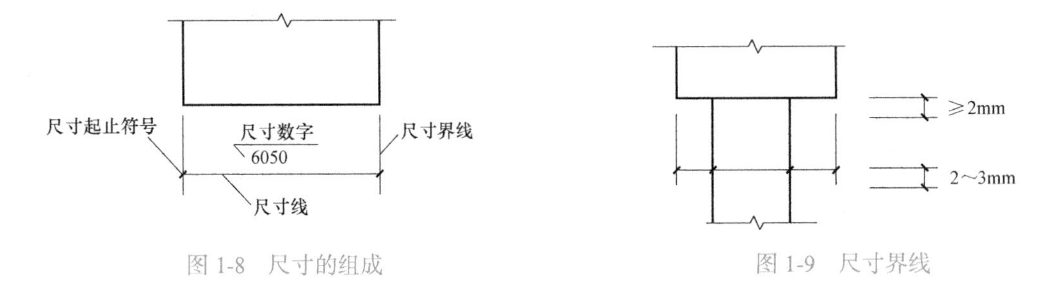

图 1-8　尺寸的组成　　图 1-9　尺寸界线

尺寸线应用细实线绘制，应与被注长度平行。图样本身的任何图线均不得用作尺寸线。

尺寸起止符号一般用中粗斜短线绘制，其倾斜方向应与尺寸界线成顺时针 45° 角，长度宜为 2 ～ 3mm。半径、直径、角度与弧长的尺寸起止符号，宜用箭头表示，如图 1-10 所示。

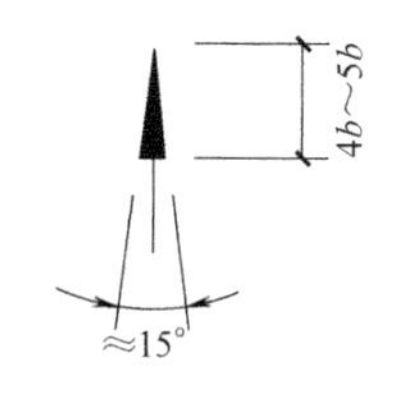

图 1-10 箭头尺寸起止符号

图样上的尺寸，应以尺寸数字为准，不得从图上直接量取。图样上的尺寸单位，除标高及总平面图以米为单位外，其他必须以毫米为单位。尺寸数字的方向，应按图 1-11a 的规定注写。若尺寸数字在 30° 斜线区内，也可按图 1-11b 的形式注写。

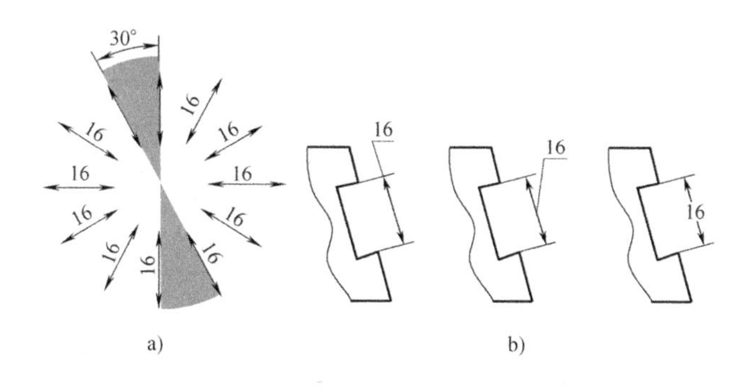

图 1-11 尺寸数字的注写方向

尺寸数字一般应依据其方向注写在靠近尺寸线的上方中部。如没有足够的注写位置，最外边的尺寸数字可注写在尺寸界线的外侧，中间相邻的尺寸数字可上下错开注写，引出线端部用圆点表示标注尺寸的位置，如图 1-12 所示。

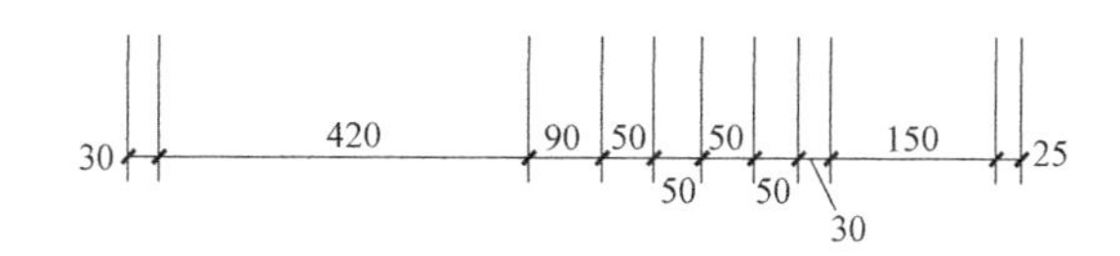

图 1-12 尺寸数字的注写位置

在标注直径时，应在尺寸数字前加注符号“*Φ*”；标注半径时，应在尺寸数字前加注符号“*R*”；如图 1-13 所示。在标注球面的直径或半径时，应在符号“*Φ*”或“*R*”前再加注符号“*S*”。

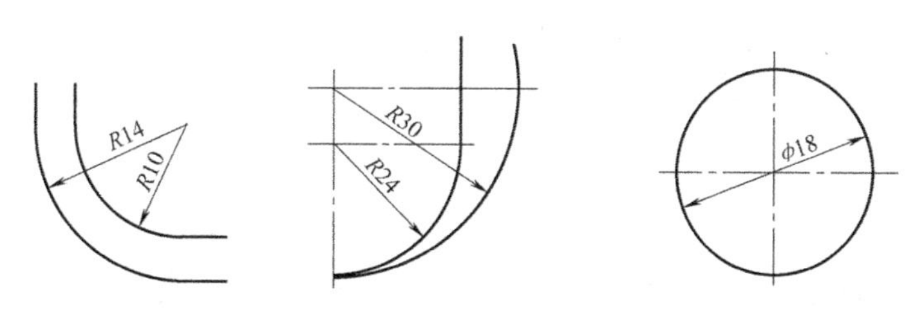

图 1-13 圆弧及圆的尺寸注法

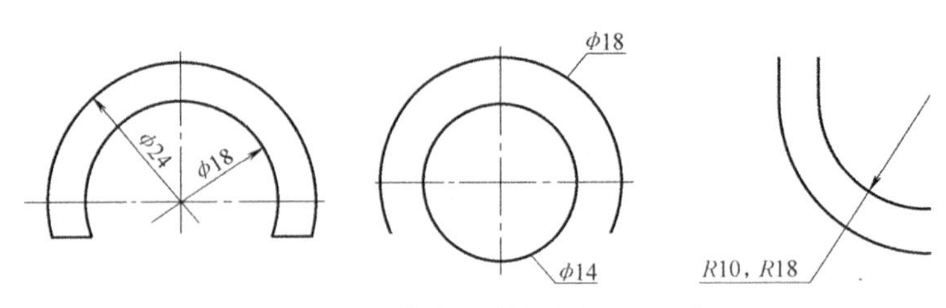

图 1-13　圆弧及圆的尺寸注法（续）

标注角度时，尺寸界线应沿径向引出，尺寸线应画成圆弧，圆心是角的顶点，尺寸数字一律水平书写，如图 1-14a 所示。标注弦长或弧长时，尺寸界线应平行于弦的垂直平分线，弧长的尺寸线是圆弧的同心弧，弧长尺寸数字前应加注符号“⌒”，如图 1-14b 所示。

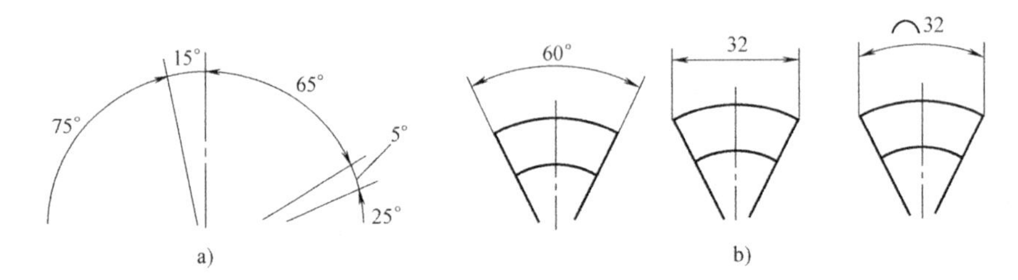

图 1-14　角度、弦长和弧长的尺寸标注

小图形没有足够空位按原格式标注尺寸时，箭头可画在尺寸界线的外侧，或用小圆点代替两个箭头，尺寸数字也可写在尺寸界线的外侧或引出标注，如图 1-15 所示。

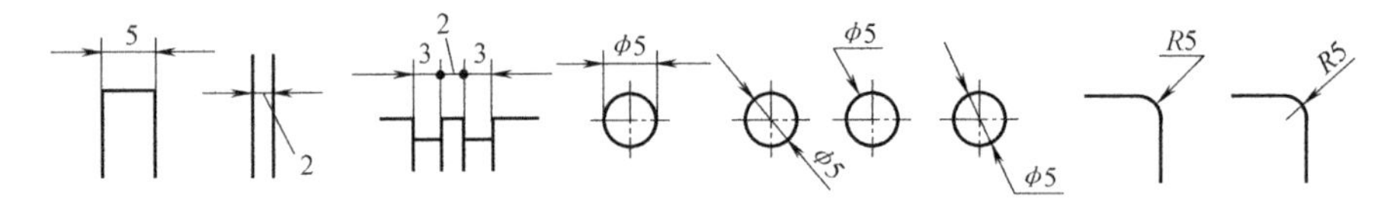

图 1-15　小尺寸标注示例

标注坡度时，应加注坡度符号“←”，如图 1-16a、b 所示，该符号为单面箭头，箭头应指向下坡方向。对于坡度较大的坡屋面、屋架等，也可用直角三角形形式标注，如图 1-16c 所示。

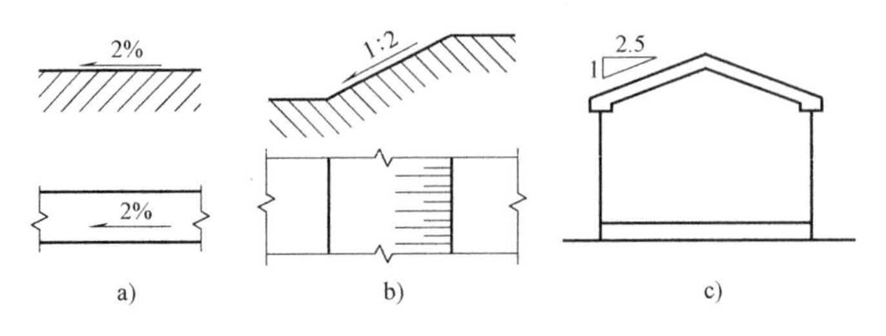

图 1-16　坡度标注方法

对称结构在对称方位上的尺寸应对称标注，分布在对称线两侧的相同结构，可只标注其中一侧的结构尺寸，如图 1-17a 所示。按规定，对称机件可以只画出一半或大于一半，标注尺寸时，尺寸线应略超过对称中心线或断裂处的边界线，仅在尺寸界线一端画出箭头，

如图 1-17b 所示。

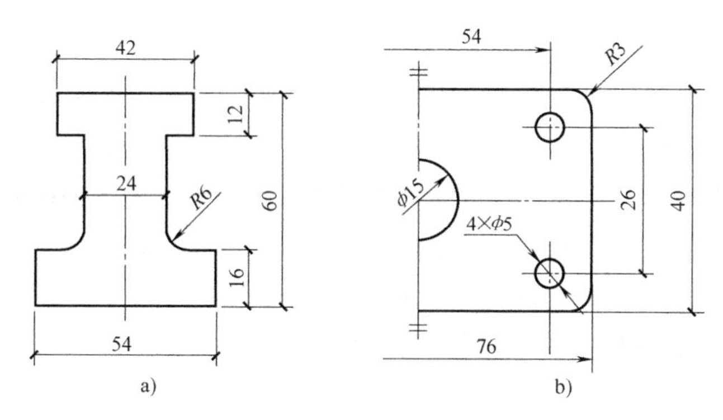

图 1-17　对称结构的尺寸标注

尺寸宜标注在图样轮廓以外，不宜与图线、文字及符号等相交。在断面图中写数字处，应留空，不画剖面线，如图 1-18 所示。

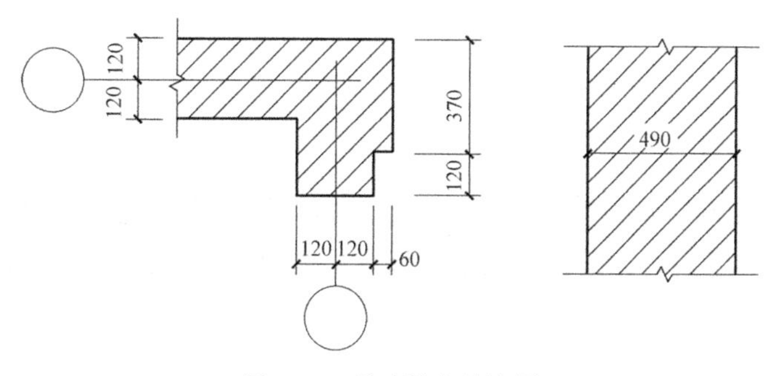

图 1-18　尺寸数字的注写

互相平行的尺寸线，应从被注写的图样轮廓线由近向远整齐排列，较小尺寸应离轮廓线较近，较大尺寸应离轮廓线较远，如图 1-19 所示。

图样轮廓线以外的尺寸界线，距图样最外轮廓之间的距离，不宜小于 10mm。平行排列的尺寸线的间距，宜为 7 ～ 10mm，并应保持一致，如图 1-20 所示。

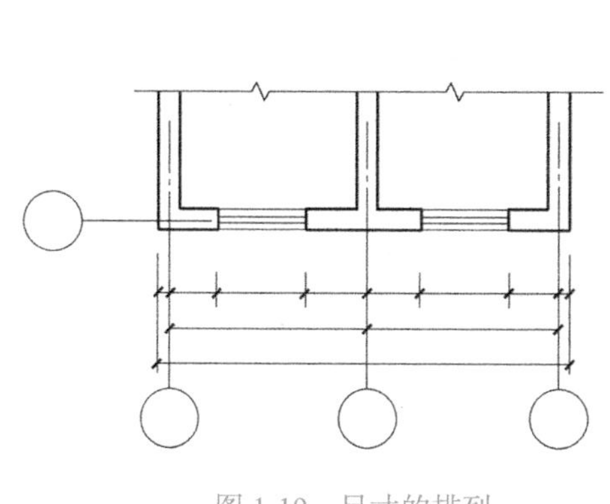

图 1-19　尺寸的排列

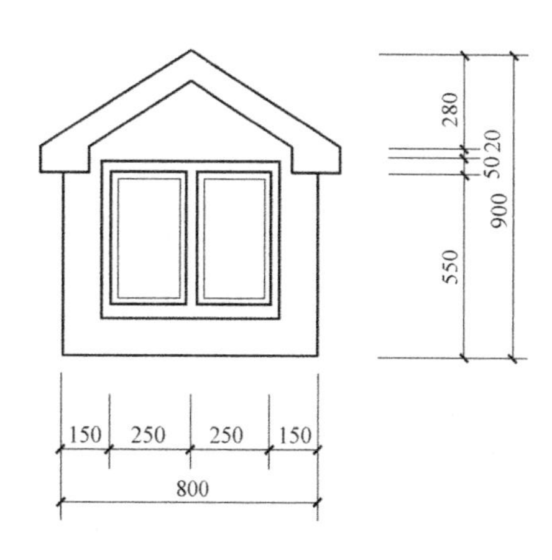

图 1-20　尺寸的布置

1.1.6　标高

标高符号应以直角等腰三角形表示，按图 1-21a 所示形式用细实线绘制，零点标高应注写成 ±0.000，正数标高不注“+”，负数标高应注“−”，如图 1-21b、c 所示。

总平面图室外地坪标高符号，宜用涂黑的三角形表示，如图 1-21d 所示。标高数字应以米为单位，注写到小数点以后第三位。在总平面图中，可注写到小数字点以后第二位。

标高符号的尖端应指至被注高度的位置。尖端宜向下，也可向上。在图样的同一位置需表示几个不同标高时，标高数字可按图 1-21e 的形式注写。

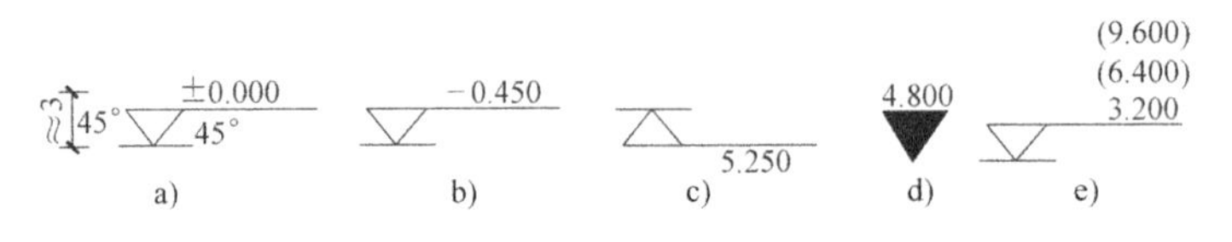

图 1-21　标高符号及标高数字的注写

1.2　绘图工具及计算机绘图简介

计算机绘图已成为行业的首选工具；但手工操作的方法却是技能的基础。常用的手工绘图工具有图板、丁字尺、三角板、铅笔、圆规、模板、曲线板、绘图纸、针管笔、橡皮、胶带、刀片等。

1.2.1　图板与丁字尺

图板与丁字尺是手工制图的大件工具，如图 1-22 所示。图板主要用于固定图纸，作为绘图的垫板，要求板面光滑平整，图板的工作边平直。丁字尺由尺头、尺身构成，用于画水平线，使用时要求尺头紧靠图板左边，保证水平线的平行，上下移动丁字尺，自左向右可画出一系列不同位置的水平线。

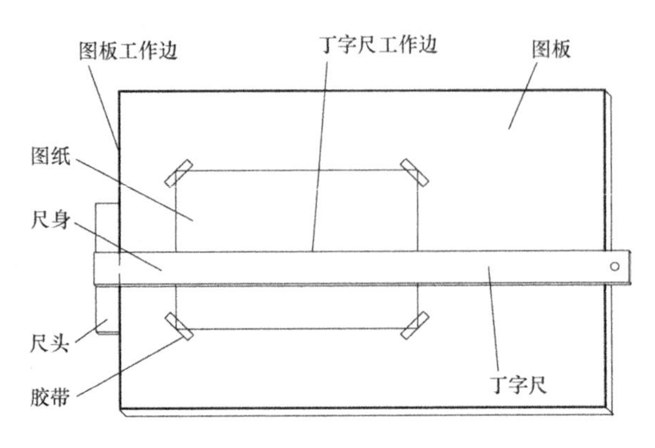

图 1-22　图板与丁字尺

1.2.2　三角板

三角板是制图的主要工具之一，由一块45°角的直角等边三角板和一块30°、60°角的直角三角板组成一副，可配合丁字尺画铅垂线和与水平线成15°、30°、45°、60°、75°的斜线及其平行线，如图1-23所示。

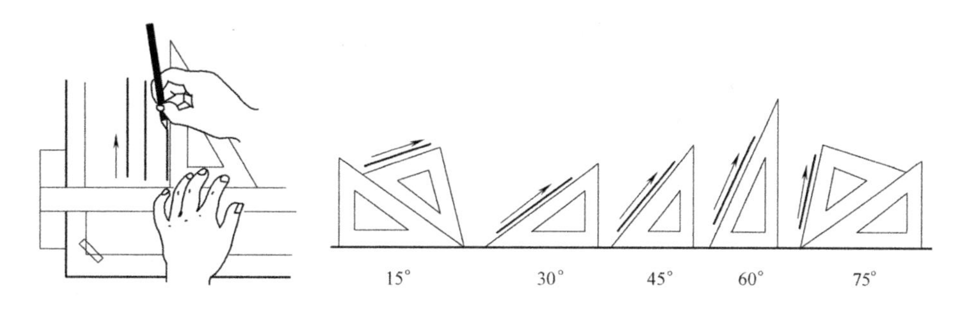

图1-23　丁字尺与三角板配合使用

1.2.3　绘图铅笔

铅笔是用来画图线或写字的。按铅芯的软、硬程度分为B型和H型两类。“B”表示软，“H”表示硬，HB介于两者之间，画图时，可根据使用要求选用不同的铅笔型号。建议B或2B用于画粗线；H或2H用于画细线或底稿线；HB用于画中线或书写字体。

铅芯磨削的长度及形状，写字或打底稿用锥状铅芯，铅笔应削成长20～25mm的圆锥形，铅芯露出6～8mm。画工程图时，应使用较硬的铅笔打底稿，如3H、2H等，用HB铅笔写字，用B或2B铅笔加深图线。铅笔通常削成锥形或铲形，笔芯露出约6～8mm。画图时应使铅笔略向运动方向倾斜，并使之与水平线大致成75°角，如图1-24所示，且用力要得当。用锥形铅笔画直线时，要适当转动笔杆，这样可使整条线粗细均匀；用铲形铅笔加深图线时，可削的与线宽一致，以使所画线条粗细一致。

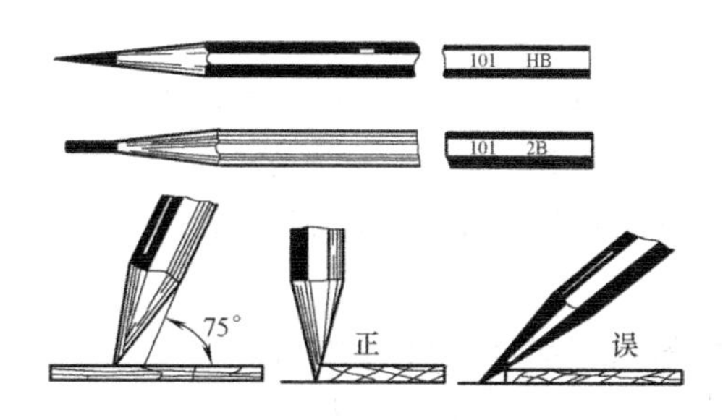

图1-24　丁字尺与三角板配合使用

1.2.4　圆规与分规

圆规是画圆和圆弧的主要工具。分规的形状与圆规相似，但两腿都装有钢针，用它量取线段长度，也可用它等分直线或圆弧，如图1-25所示。

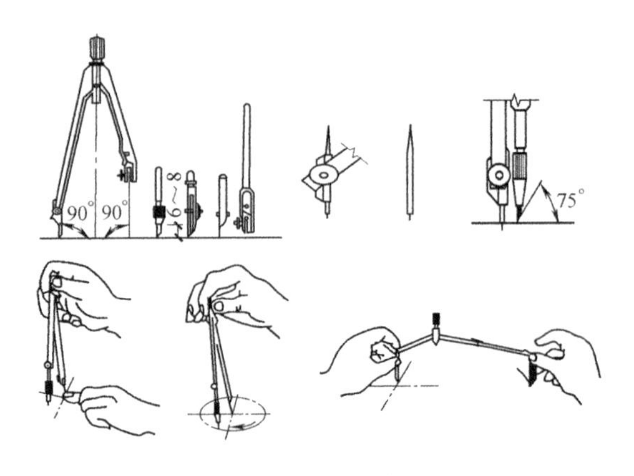

图 1-25 圆规的使用

1.2.5 其他用品

由于建筑物与其构件都较大，通常都要按比例缩小，为了绘图方便，常使用比例尺。比例尺一般为木制或塑料制成，比例尺的三个棱面刻有六种比例，通常有 1∶100、1∶200、1∶500 等，比例尺上的数字以米为单位。

在手工制图条件下，为了提高制图的质量和速度，人们把建筑工程专业图上的常用符号、图例和比例尺均刻画在透明的塑料薄板上，制成供专业人员使用的尺子就是制图模板。建筑制图中常用的模板有建筑模板、结构模板、装饰模板等。

曲线板是用来绘制非圆弧曲线的工具。曲线板的种类很多，曲率大小各不相同。有单块的，也有多块成套的。

图纸有绘图纸和描图纸两种。绘图纸用于画铅笔或墨线图，要求纸面洁白、质地坚实，并以橡皮擦拭不起毛、画墨线不洇为好；描图纸用于描绘图样，作为复制蓝图的底图。

此外，绘图还需其他用品，如橡皮、刀片、胶带纸、擦图片、比例尺、绘图墨水笔等。

1.3 绘图的方法和步骤

工程图样通常都是用绘图工具和仪器绘制的，绘图的步骤是：先画底稿；然后，进行校对，根据需要进行铅笔加深或上墨；最后，再经复核，由制图者签字。此处以某房屋平面图的绘制过程为例详细说明工程绘图的基本方法和步骤。

1. 绘图前的准备工作

1）了解所绘图样，在绘图前尽量做到心中有数。

2）准备好必需的绘图仪器、工具、用品，将仪器擦洗干净。

3）选好图纸，将图纸用胶带纸固定在图板的适当位置，此时必须使图纸的上边对准丁字尺的上边缘，然后下移使丁字尺的上边缘对准图纸的下边。

2. 画底稿线（用 H、2H 铅笔）

1）定框线：如幅面线、图框线、标题栏外框线。画底稿的铅笔用 2H 或 3H，所有的线应轻而细，不可反复描绘，能看清就可以。

2）定位：安排图纸上应画各图的地方（考虑比例大小，并同时考虑预留标注尺寸、文字注释及各图间隔等所需空间），使整幅图看起来既整洁又不拥挤。

3）确定画图的次序：先画平面图，再对准画立面图；每个图中，先画轴线及中心线，由大到小，由外到里，由整体到局部，画出图形的所有轮廓线，然后画细部如楼梯、台阶、卫生间、散水、明沟、花池等，如图 1-26 和图 1-27 所示。

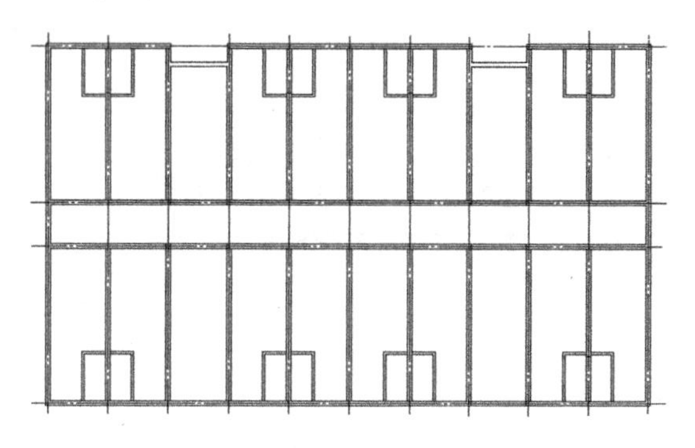

图 1-26 画定位轴线，墙、柱轮廓线等

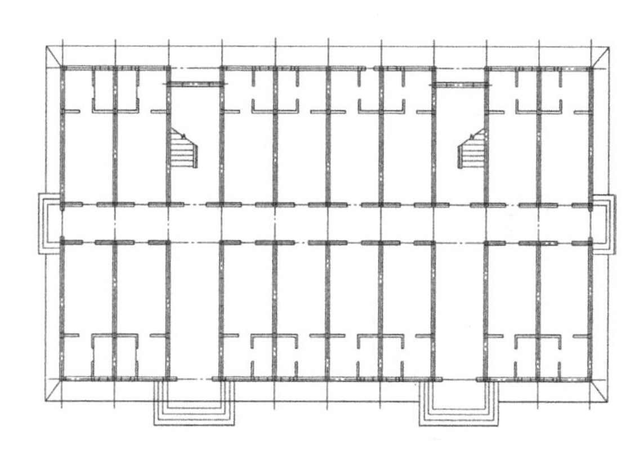

图 1-27 确定门窗洞的位置，画出细部

4）画剖切位置线、尺寸线、标高符号、门的开启线并标注定位轴线、尺寸、门窗编号，注写图名、比例及其他文字说明等，如图 1-28 所示。

5）检查修正底稿，改正错误，补全遗漏，擦去多余线条。

3. 铅笔加深

加深粗实线的铅笔用 HB 或 B、2B，加深细实线的铅笔用 H 或 HB，加深圆弧时所用的铅芯，应比加深同类直线所用的铅芯软一号。修正时，如果是铅笔加深图，可用擦图片配合橡皮进行，尽量缩小擦拭的面积，以免损坏图纸。

1）加深图线时，必须是先曲线，其次直线，最后为斜线，各类线型的加深顺序为：细单点长画线、细实线、中实线、粗实线、粗虚线。

2）同类图线要保持粗细、深浅一致，按照水平线从上到下、垂直线从左到右的顺序一次完成。

3）最后填写标题栏，加深图框线。

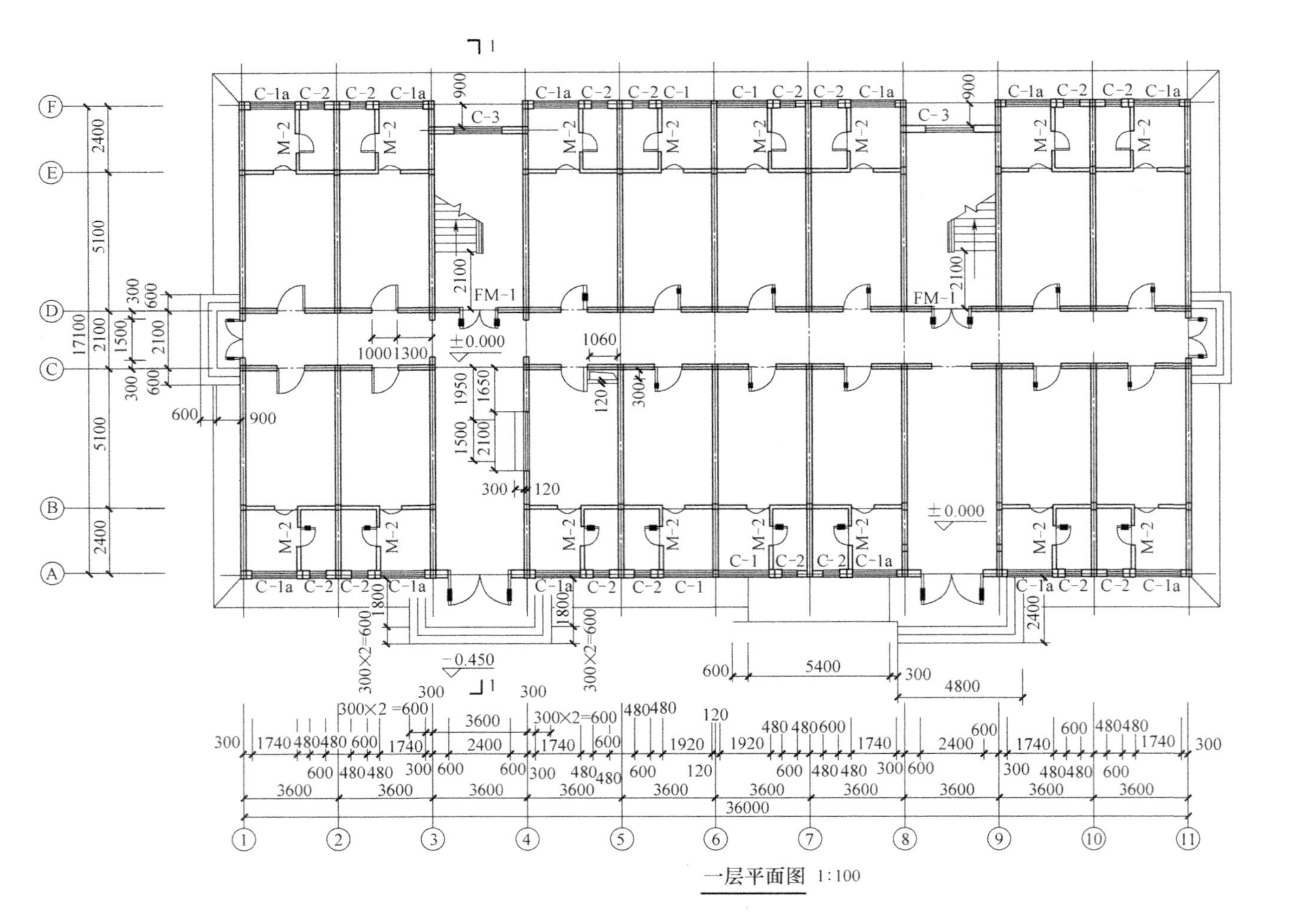

图 1-28　检查并完成其余部分

第二章　投影的基础知识

物体被灯光或日光照射，在地面或墙面上就会留下影子，如图 2-1 所示。随着光线照射的角度以及光源与物体距离的变化，其影子的位置与形状也会发生变化。人们从光线、形体与影子之间的关系中，经过科学的归纳总结，形成了形体投影的原理以及在平面上表达空间形体的投影作图的各种方法。

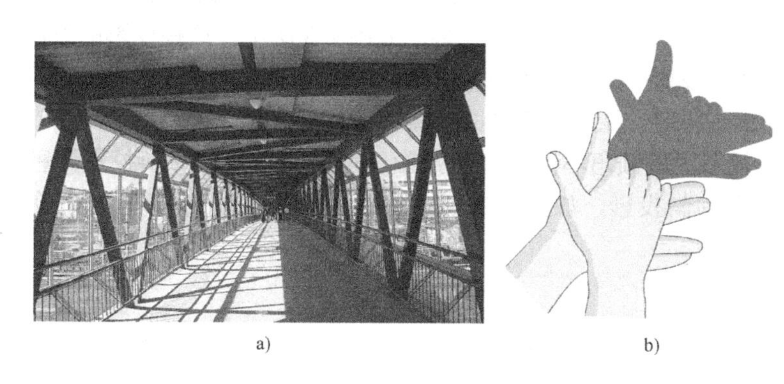

图 2-1　影子

a) 阳光下的走廊　b) 手影

2.1　投影概述

光源发出的光线照射在物体表面，将物体表面的顶点和棱线投射在某个平面上，并产生一个能够反映物体外形形状的图形，这个图形称为物体的投影。

上述用投影表示形体的形状与大小的方法称为投影法，其中，光源称为投射中心，投射的光线称为投射线，光线的照射方向为投射方向，所投射的平面称为投影面，用投影法画出的形体图形称为投影图，如图 2-2 所示。物体产生投影必须具备三个条件：物体、投影面与投射线，三者缺一不可，称为投影的三要素。

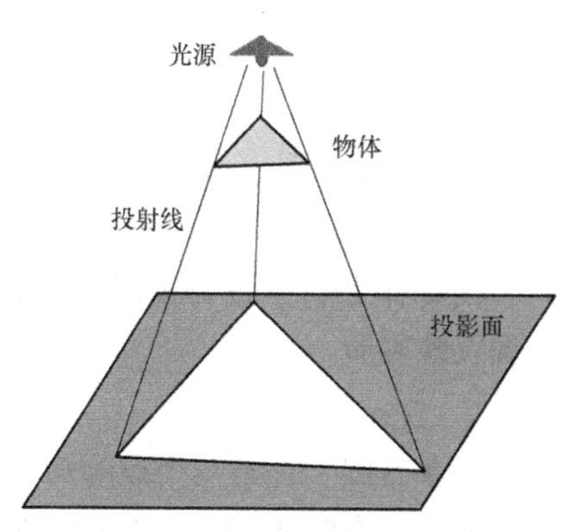

图 2-2　投影的形成

根据投射中心、物体与投影面三者之间的距离不同，投影法可分为中心投影法和平行投影法两大类。

2.1.1 中心投影法

当投射中心、物体与投影面三者之间的距离均为有限值时，所有的投射线均从投射中心发出，所形成的投影称为中心投影，如图 2-2 所示，这种投影的方法称为中心投影法。中心投影的大小由投射中心、物体以及投影面三者之间的空间相对位置来确定，当投影面和投射中心的距离确定后，形体投影的大小随着形体与投影面的距离而发生变化。中心投影法做出的投影图，不能够准确反映形体尺寸的大小，如果改变形体与投射中心或投影面的距离，其投影的大小也将随之变化，可度量性较差。

2.1.2 平行投影法

当投射中心与物体无穷远，而物体与投影面之间的距离为有限值时，投射线可以看作是一组平行线，所形成的投影称为平行投影，如图 2-3 所示，这种投影的方法称为平行投影法。投影不随物体与投射中心或投影面的距离的改变而改变，度量性较好；且当空间形体的某一平面与投影面平行时，能反映该平面的真实形状和大小。

按投射线与投影面的倾角不同，平行投影又可分为正投影和斜投影两种。当投影线倾斜于投影面时，称为斜投影，如图 2-3a 所示；投影线垂直于投影面时，称为正投影，如图 2-3b 所示。

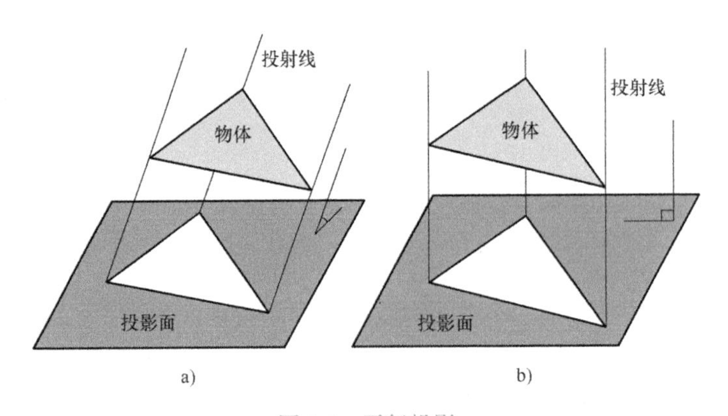

图 2-3 平行投影

a) 斜投影法 b) 正投影法

平行投影法具有真实性、定比性、平行性、从属性、类似性、积聚性等特性。

1. 真实性

当物体平行于投影面时，其投影反映物体的真实性，如图 2-4 所示。线段反映实长；平面反映实形。

2. 定比性

一条直线上任意三个点的简单比不变 $AC/BC = ac/bc$，如图 2-5 所示；两平行直线投影的简单比也不变 $AB//CD=ab//cd$，如图 2-6 所示。

3. 平行性

两平行直线的投影一般仍平行（投影重合为其特例），如图 2-6 所示。

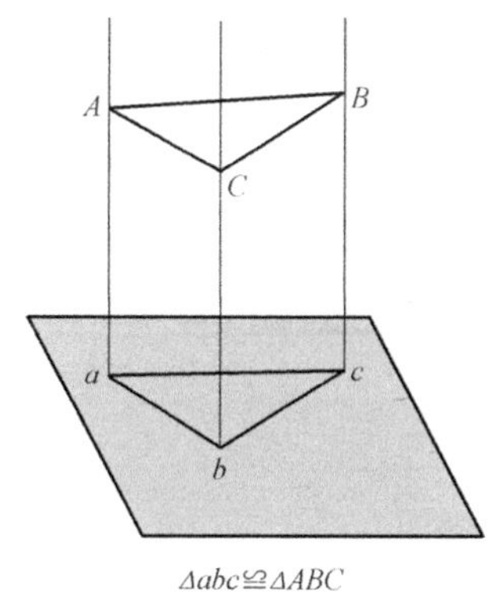

图 2-4　真实性

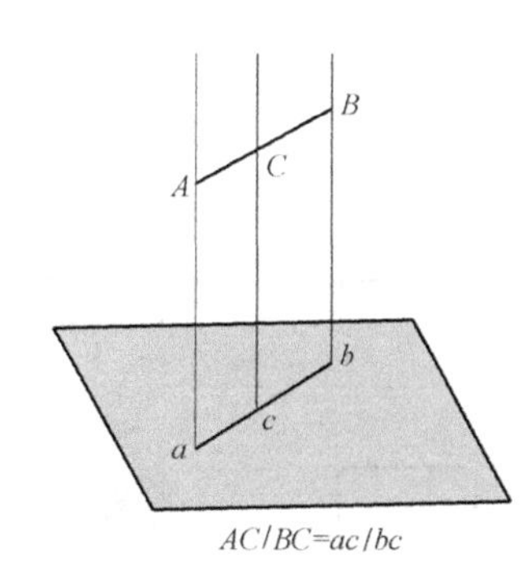

图 2-5　定比性

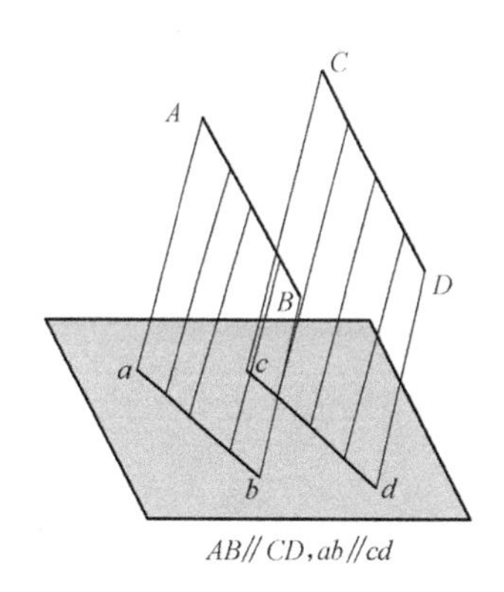

图 2-6　平行性

4．从属性

若点在直线上，则该点的投影一定在该直线的投影上。如图 2-5 所示，*C* 点的投影 *c* 在直线 *AB* 的投影 *ab* 上。

5．类似性

一般情况下，平面形的投影都要发生变形，但投影形状总与原形相仿，即平面投影后，与原形的对应线段保持定比性，表现为投影形状与原形的边数相同、平行性相同、凸凹性相同及边的直线或曲线性质不变。如图 2-7 中所示平面 *S* 和其投影 *s* 具有类似性。

6．积聚性

当直线平行于投射方向时，直线的投影为点；当平面平行于投射方向时，其投影为直线，如图 2-8 中直线 *AB* 和平面 *Q* 所示的投影。

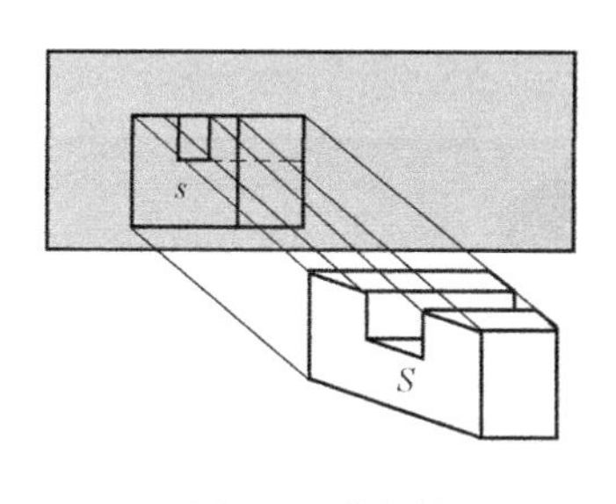

图 2-7　类似性

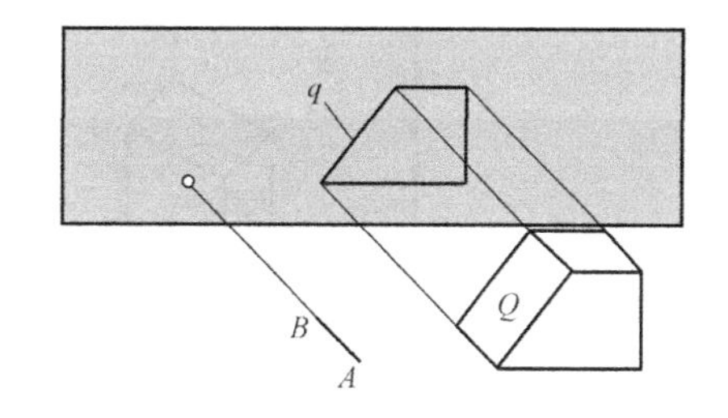

图 2-8　积聚性

2.2　工程上常用的投影图

土木工程中常用的投影图有：正投影图、轴测投影图、透视投影图、标高投影图。

2.2.1　正投影图

用正投影法把物体向两个或两个以上互相垂直的投影面进行投影，再按一定的规律将其展开到一个平面上，所得到的投影图称为正投影图，如图 2-9 所示。它是工程上最主要的图样。这种图的优点是能准确地反映物体的形状和大小，作图方便，度量性好；缺点是立体感差，不宜看懂。

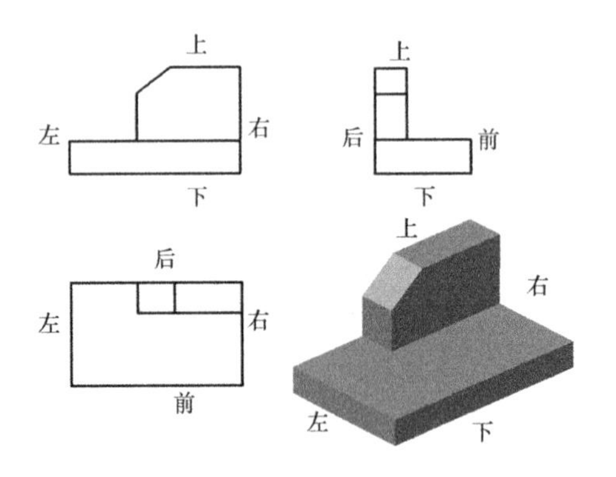

图 2-9　三面正投影图

2.2.2　轴测投影图

轴测投影图是物体在一个投影面上的平行投影，简称轴测图。将物体安置于投影面体系中合适的位置，选择适当的投射方向，即可得到这种富有立体感的轴测投影图，这种图立体感强，容易看懂，但度量性差，作图较麻烦，并且对复杂形体也难以表达清楚，因而工程中常用作辅助图样。如图 2-10 所示，将物体连同确定物体空间位置的直角坐标系按投影方向 S 用平行投影法投影到某一选定的投影面上所得到的投影图称为轴测投影图。

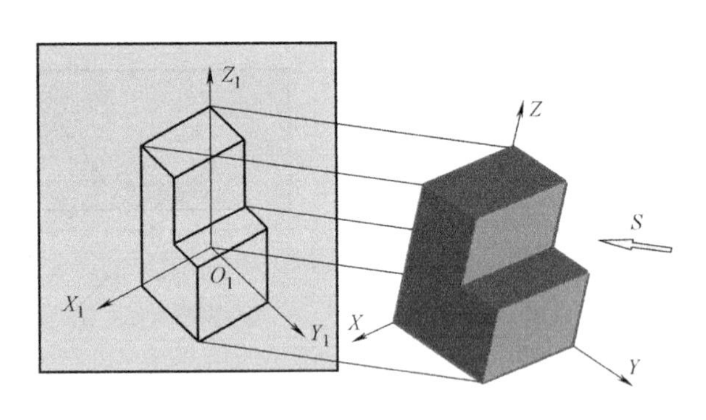

图 2-10　轴测投影图

2.2.3　透视投影图

透视投影图是物体在一个投影面上的中心投影，简称透视图。它相当于以人的眼睛为投影中心的中心投影，符合人们的视觉形象，富有较强的立体感和真实感，形象逼真，如照片一样，但它度量性差，作图繁杂。在建筑设计中常用透视投影来表现建筑物建成后的外貌，如图 2-11 所示。

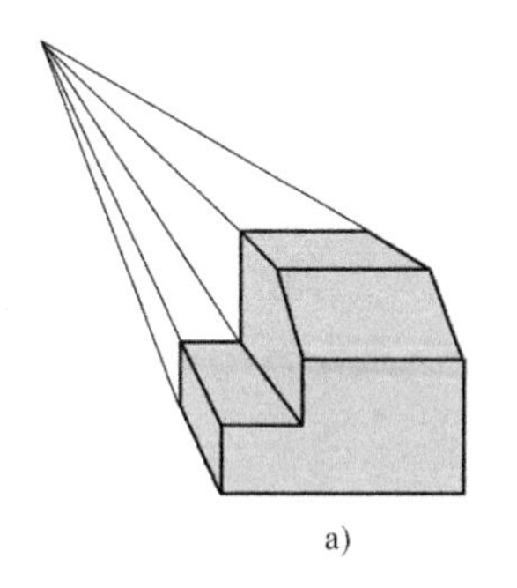

a)

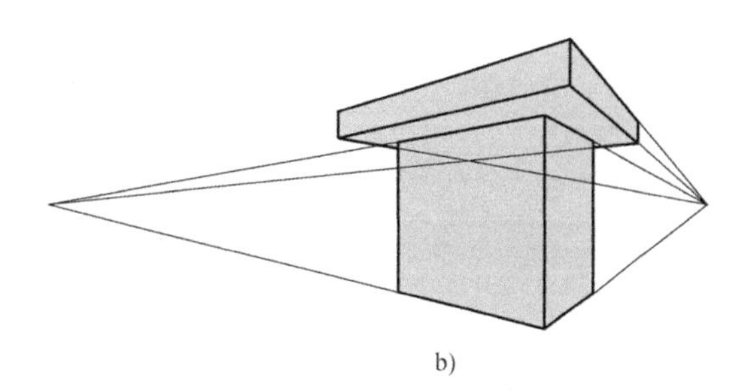

b)

图 2-11　透视投影图

a）一点透视　b）两点透视

2.2.4　标高投影图

标高投影图是一种带有数字标记的单面正投影图。它用正投影反映物体的长度和宽度，其高度用数字标注。这种图常用来表达地面的形状。作图时将间隔相等而高程不同的等高线（地形表面与水平面的交线）投影到水平的投影面上，并标注出各等高线的高程，即为标高投影图，如图 2-12 所示。这种图在土木工程中被广泛应用。

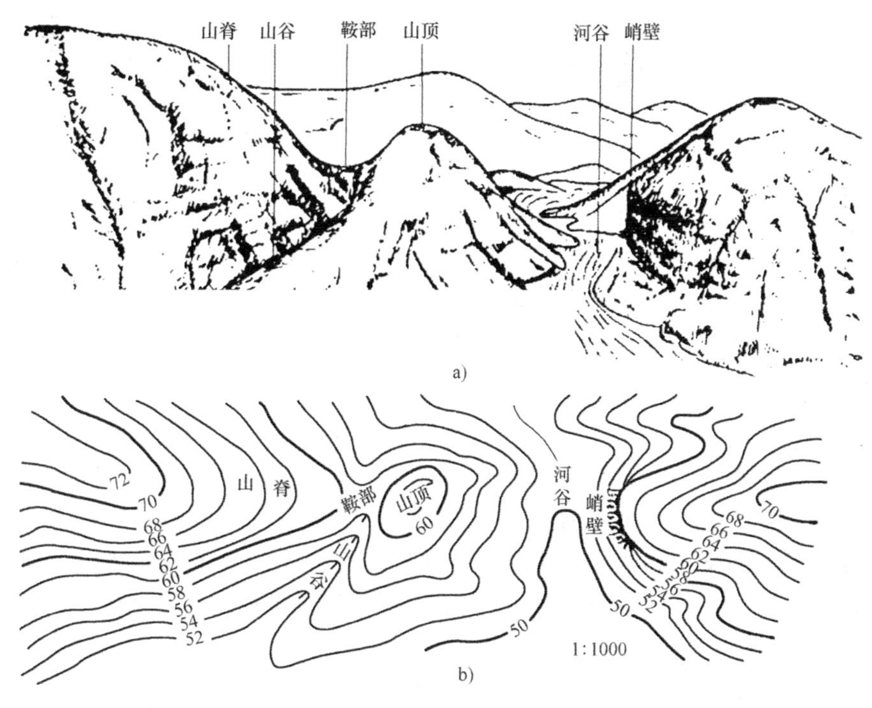

图 2-12　地形面和地形图

a）地面形状　b）地形图

第三章　三面正投影图的形成及特性

用正投影法绘制出物体的图形称为视图。物体是有长、宽、高三个尺度的立体，只通过物体在一个投影面上的投影，我们并不能完全确定物体在空间的位置和形状，如图 3-1 所示。有时两个投影图也不能完全确定物体的形状，如图 3-2 所示。

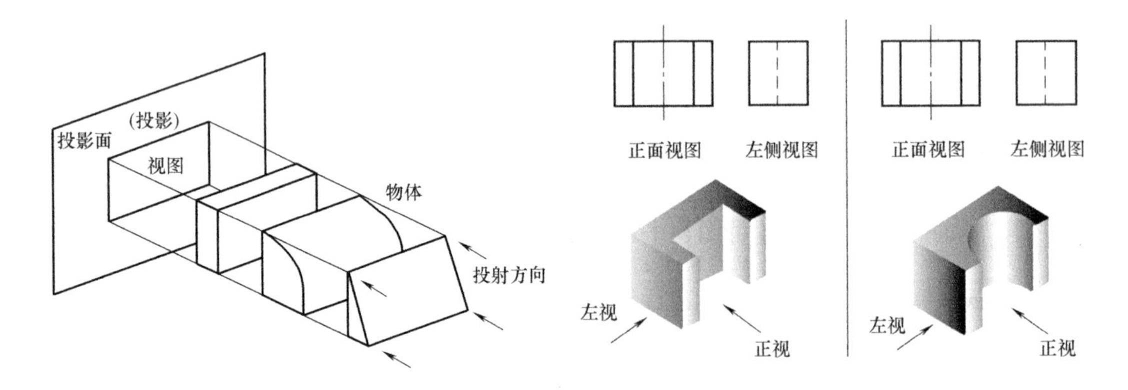

图 3-1　单个视图不能完全确定物体的形状　　图 3-2　两个视图也不能完全确定物体的形状

通常情况下，要认识一个物体的空间形状，就至少需要从三个方向去观察它，才能对其有一个较完整的了解。为了准确地表达物体的形状和大小，我们选择互相垂直的三个投影面，如图 3-3 所示。从三个不同方向对同一个物体分别进行投射。这三个投影面的名称和代号分别为：正对观察者的投影面称为正立投影面（简称正面），代号用字母“V”表示；右边侧立的投影面称为侧立投影面（简称侧面），代号用字线“ W”表示；水平位置的投影面称为水平投影面（简称水平面），代号用字母“H”表示。

三投影面之间两两的交线称为投影轴，V 面与 H 面的交线称为 OX 轴，简称 X 轴，它代表物体的长度方向；W 面与 H 面的交线称为 OY 轴，简称 Y 轴，它代表物体的宽度方向；W 面与 V 面的交线称为 OZ 轴，简称 Z 轴，它代表物体的高度方向。X、Y、Z 三轴的交点 O 称为原点。三个相互垂直的投影面和三条投影轴（立体坐标）构成三面投影面体系。

为了看、画图的方便，我们需要将三个相互垂直的投影面摊平到同一个平面上，以 V 面为基准，沿 Y 轴剪开，然后 H 面绕 X 轴向下转 90°，W 面绕 Z 轴向右转 90°，如图 3-4 所示。

从物体的上面向下面投射，视点在物体的上面，在水平投影面上的正投影称为水平投影或 H 投影，相应的视图也称为俯视图，反映了物体的上面形状；从物体的前面向后面投射，视点在物体的前侧，在 V 面上的正投影称为正面投影或 V 投影，相应的视图也称为主视图，反映了物体的前面形状；从物体的左面向右面投射，视点在物体的左侧，在侧立面上的正投影称为侧面投影或 W 投影，相应的视图也称为左视图，反映物体的左面形状。俯视图、主视图和左视图统称为物体的三视图，如图 3-5 所示。

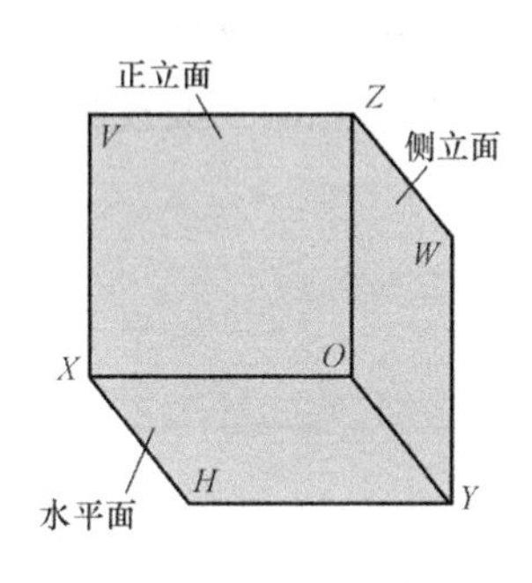

图 3-3　三面投影面体系

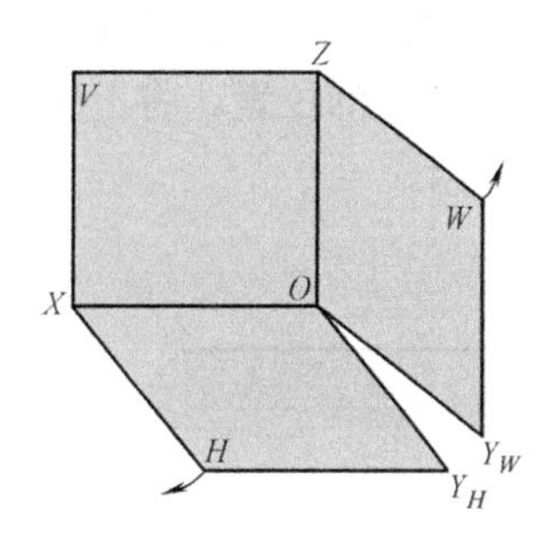

图 3-4　三面投影面体系的展开

我们把三个投影面上的视图展开在一个平面上，按照图 3-6 所示方位布置，并得到主视图、俯视图和左视图之间的尺寸联系为：“长对正，宽相等，高平齐”。

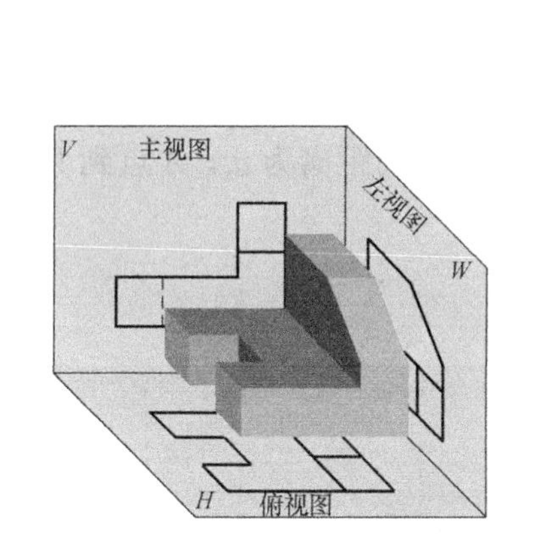

图 3-5　物体的三视图

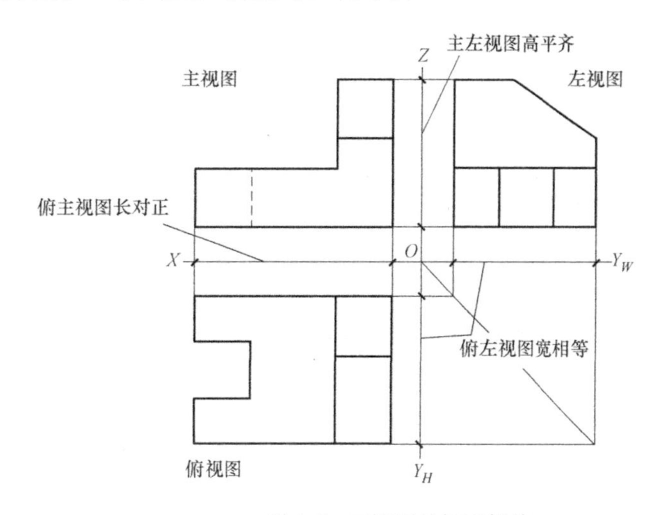

图 3-6　三视图的投影规律

3.1　点、直线、平面的投影

点是最基本的几何元素，点的投影作图方法和点的投影规律是学习直线、平面以及立体投影的基础。

3.1.1　点的投影

设第一分角内有一点，过该点分别向三投影面投射即得该点的三面投影。点及其投影的表示方法为：空间的点用大写字母表示，点的投影分别用小写字母，加上“ ′”，或“ ″”。

如 A 点水平投影为 a，正面投影为 a'，侧面投影为 a''；B 点水平投影为 b，正面投影为 b'，侧面投影为 b''，如图 3-7a 所示。

为了研究问题方便，可将三投影面体系视为一个空间直角坐标系。这样就可将 H、V、W 三投影面视为坐标平面，X、Y、Z 三投影轴视为坐标轴，投影原点 O 视为坐标原点。以 A 点为例，将 A 点的投影连线与投影轴的交点分别记做 a_x、a_y、a_z，这样三个有序的坐标（a_x，a_y，a_z）即可确定 A 点的位置。将上述三投影面展开便得到 A 点的三面投影图点的三面投影图，如图 3-7b 所示。

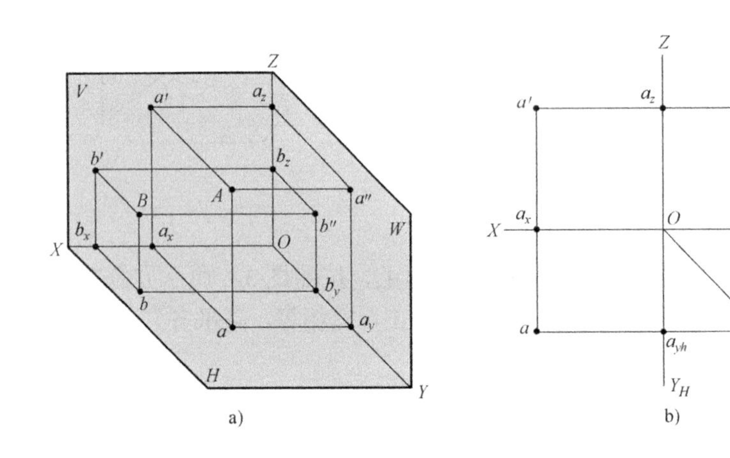

图 3-7　点的投影规律

A 点的坐标还表示了 A 点到投影面的距离，如 A 点到 W 面的距离为 a_x，A 点到 V 面的距离为 a_y，A 点到 H 面的距离为 a_z。特殊情况下，投影面上的点到其中某个投影面的距离为 0，有一个坐标为值为 0；投影轴上的点到其中两个投影面的距离为 0，有两个坐标为值为 0。

例题 3-1　已知点 A（30，15，25）求作 A 点的三面投影。

解：具体作图步骤如下：

1）分别在 X、Y、Z 轴上量取 A 点的坐标 30、15 和 25，得 a_x、a_{yh}、a_{yw} 和 a_z 点。

2）过 a_x、a_{yh}、a_{yw} 和 a_z 点作 A 点投影的连线。

3）各连线的交点即为所求，如图 3-8 所示。

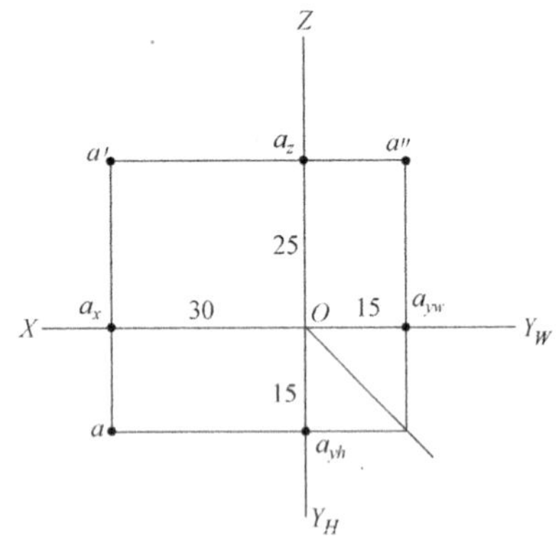

图 3-8　求作 A 点的投影

1．两点间的相对位置

两点间的相对位置是指空间两点之间的上下、左右和前后的位置关系。点的坐标是作点的投影图和判断两点间位置关系的基础，也是分析和解决空间问题的关键。

例题 3-2　试判别图 3-9 中 A、B 两点的相对位置。

解：根据给出的两点的坐标判断相对位置。两点中，X 坐标大的点在左；Y 坐标大的点在前；Z 坐标大的点在上。

结论：*A* 点在 *B* 点之上方、后方、右方。

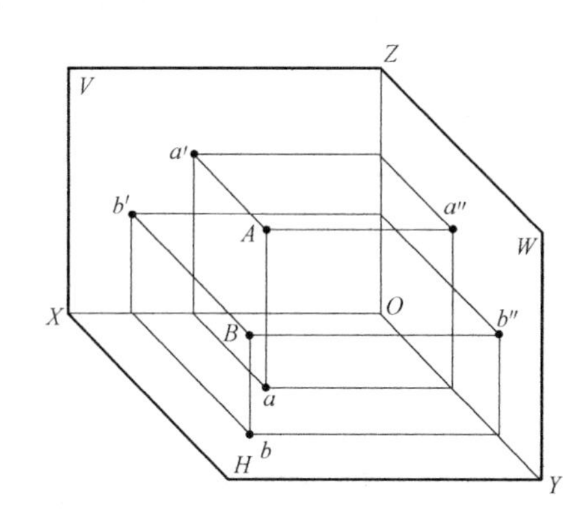

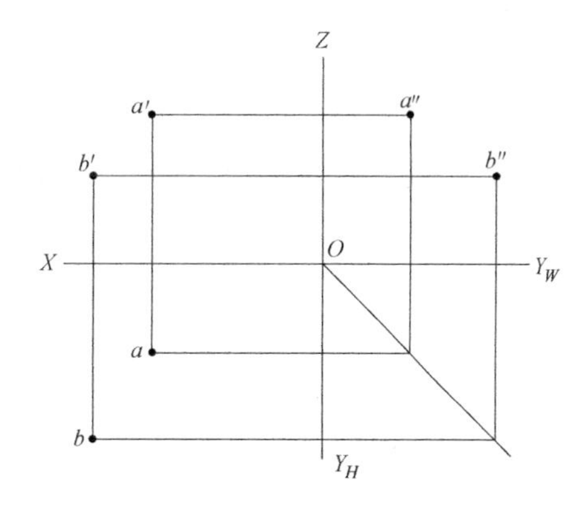

图 3-9　*A*、*B* 两点的相对位置

2. 重影点

若两个点在某一投影面上的投影重合成一点则称为重影点，作图时要判断出被挡住的点，可通过两重影点的不相等的坐标来判别重影点的可见性，原则是坐标大的点挡住坐标小的点。注意要将不可见投影用括号括住表示该点投影的字母，如图 3-10 所示。

从上图中可看出 *A*、*B* 在 *H* 面上的投影重合，为水平重影点。由于 *A* 点的 *Z* 坐标比 *B* 点的 *Z* 坐标大故 *B* 点的水平投影不可见。*C*、*D* 两点在 *V* 面重影，因 *D* 点的 *Y* 坐标比 *C* 点的 Z 坐标小，故 *D* 点的正面投影不可见。

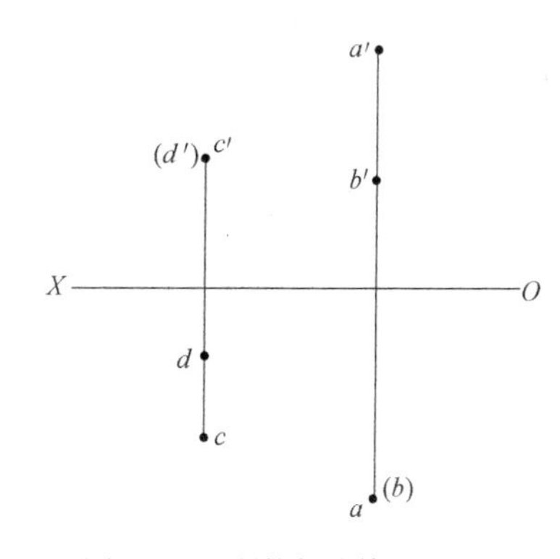

图 3-10　重影点及其可见性

 3.1.2　直线的投影

两点确定一条直线，将两点的同名投影用直线连接，就得到直线的同名投影。直线的投影一般仍为直线，特殊情况下投影可为一点，如图 3-11 所示。

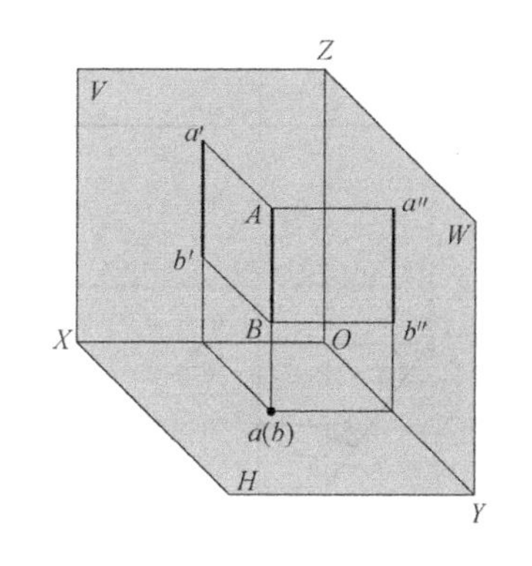

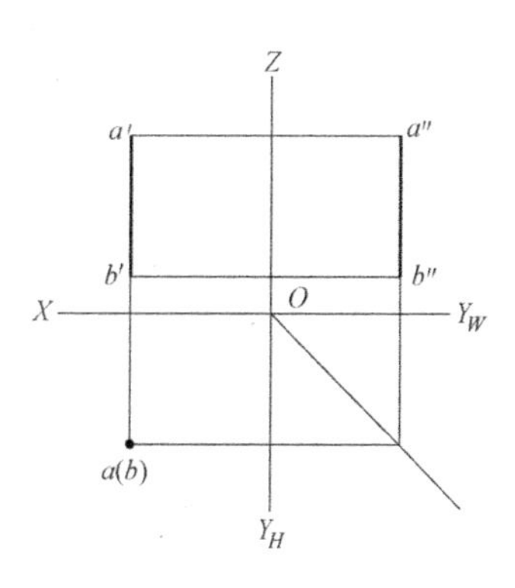

图 3-11　直线的同名投影

当直线垂直于投影面时，其投影重合为一点，具有积聚性，如图 3-12a 所示；当直线平行于投影面时，其投影反映线段实长，$ab=AB$，如图 3-12b 所示；当直线倾斜于投影面时，其投影比空间线段短，$ab=AB\cos\alpha$，如图 3-12c 所示。

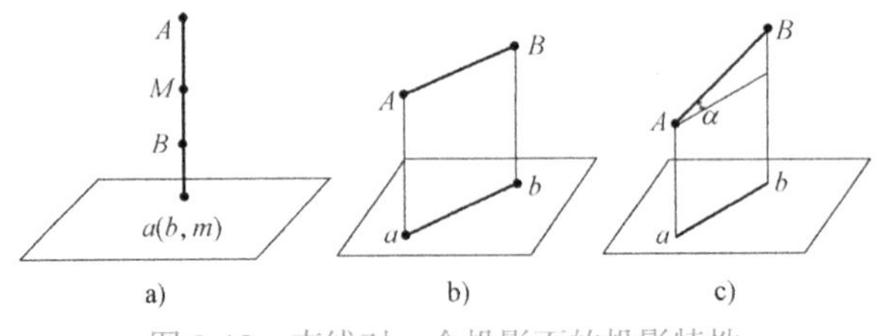

图 3-12　直线对一个投影面的投影特性

按照直线对三个投影面的相对位置，可以把直线分为三类：投影面平行线、投影面垂直线、一般位置直线。前两类直线又称为特殊位置直线。

1．各种位置直线的投影

（1）投影面平行线　直线平行于一个投影面与另外两个投影面倾斜时，称为投影面平行线。

正平线——平行于 V 面倾斜于 H、W 面，如图 3-13 所示；其投影特性为：$a''b''$ // OZ，ab // OX；$a'b'=AB$；反映 α、γ 角的真实大小。

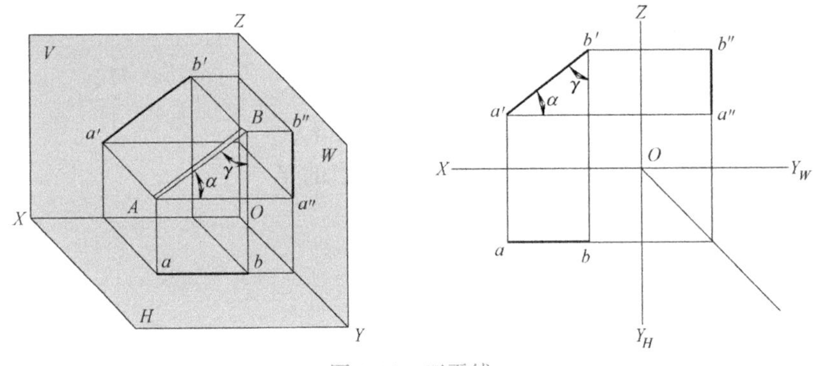

图 3-13　正平线

水平线——平行于 H 面倾斜于 V、W 面，如图 3-14 所示；其投影特性为：$a'b'$ // OX，$a''b''$// OY_W；$ab=AB$；反映 β、γ 角的真实大小。

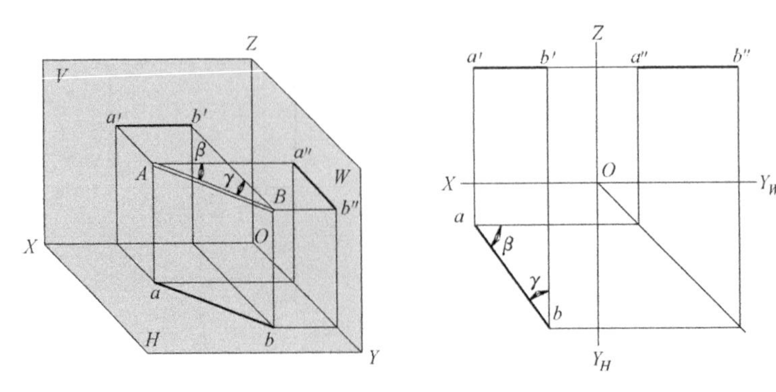

图 3-14　水平线

侧平线——平行于 W 面倾斜于 H、V 面，如图 3-15 所示；其投影特性为：ab // OY_H，$a'b'$ // OZ；$a''b''=AB$；反映 α、β 角的真实大小。

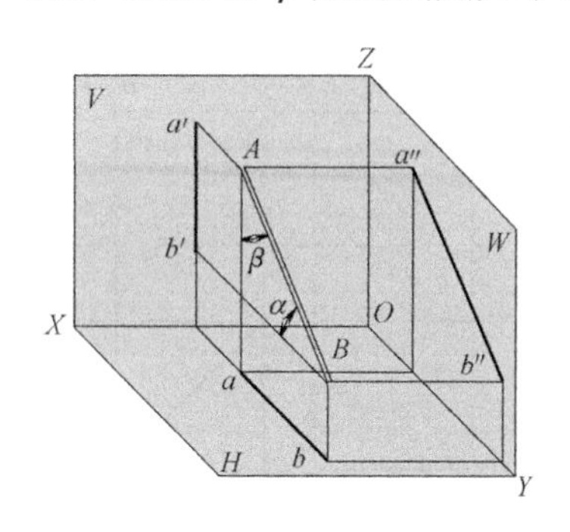

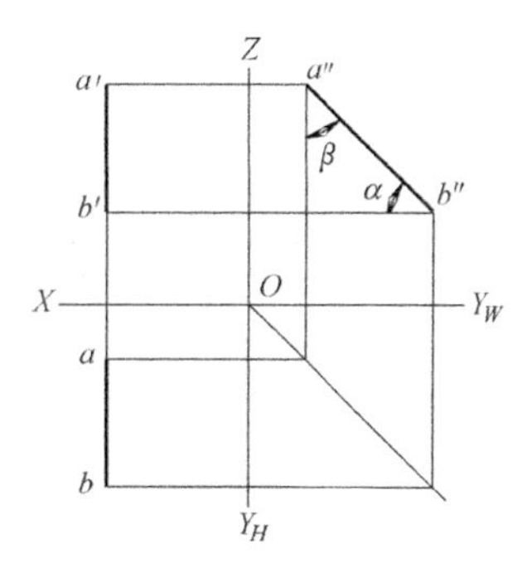

图 3-15　侧平线

投影面平行线特性：投影面平行线在它所平行的投影面上的投影反映该直线的实长，而且投影与投影轴的夹角，也反映了该直线对另两个投影面的夹角，另外两个投影都是类似形，比实长要短。

（2）投影面垂直线　直线垂直于一个投影面与另外两个投影面平行时，称为投影面垂直线。

正垂线——垂直于 V 面平行于 H、W 面，如图 3-16 所示；其投影特性为：$a'b'$ 积聚成一点；ab // OY_H；$a''b''$ // OY_W；$ab=a''b''=AB$。

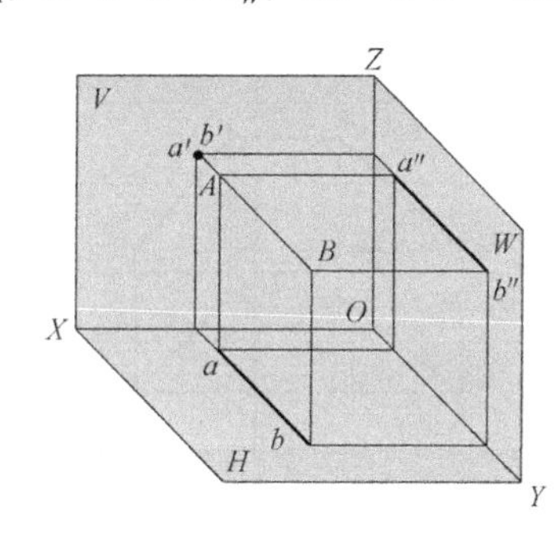

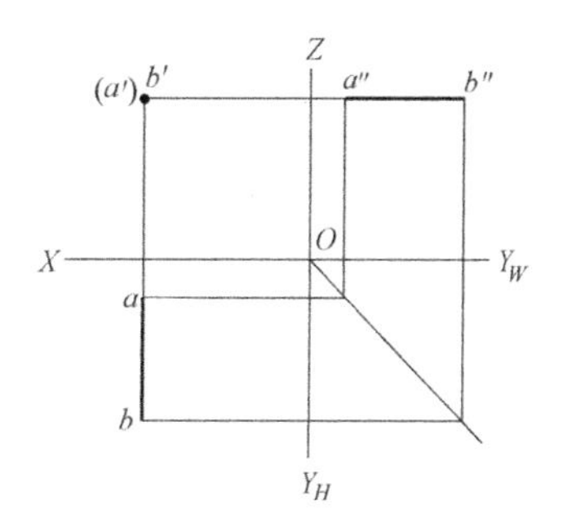

图 3-16　正垂线

铅垂线——垂直于 H 面平行于 V、W 面，如图 3-17 所示；其投影特性为：ab 积聚成一点；$a'b'$ // $a''b''$ // OZ；$a'b'=a''b''=AB$。

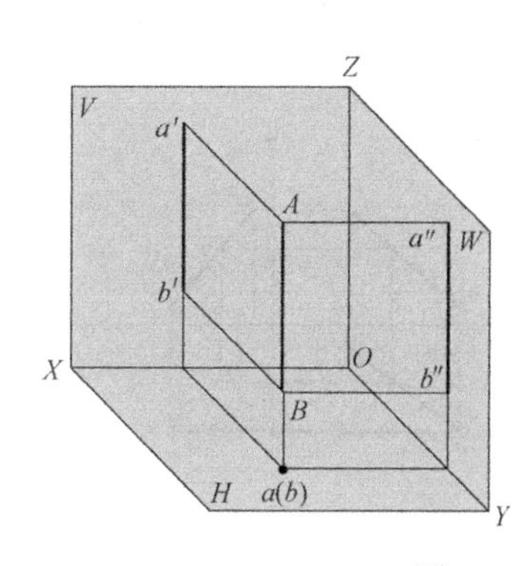

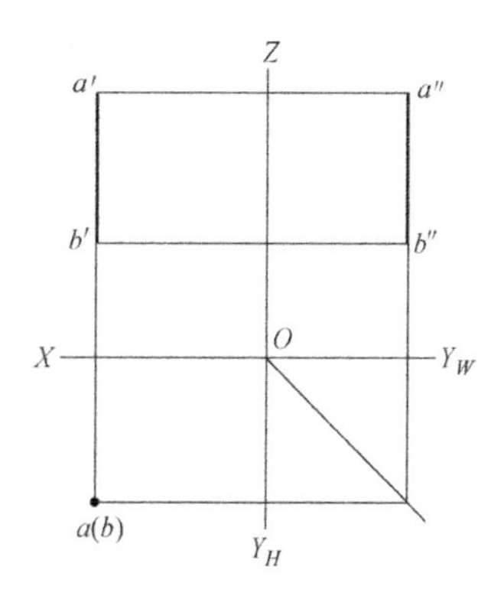

图 3-17　铅垂线

侧垂线——垂直于 W 面平行于 V、H 面，如图 3-18 所示；其投影特性为：$a''b''$ 积聚成一点；$ab // a'b' // OX$；$ab = a'b' = AB$。

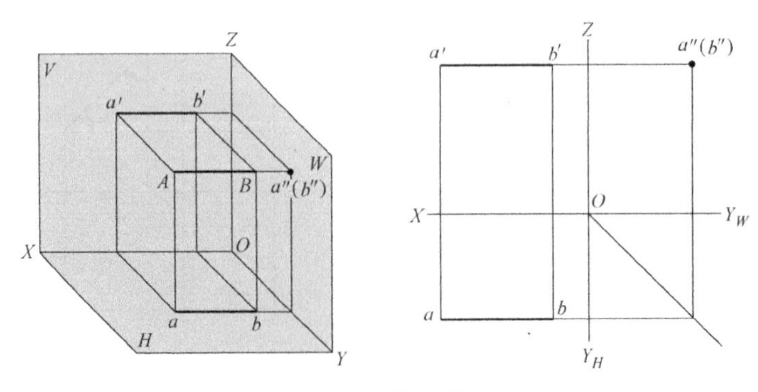

图 3-18　侧垂线

投影面垂直线特性：投影面垂直线在它所垂直的投影面上的投影积聚成一个点，而另外两个投影面上的投影平行于投影轴且反映实长。

（3）一般位置直线　直线与三个投影面都处于倾斜位置，称为一般位置直线。一般位置直线的三个投影仍为直线；三个投影都倾斜于投影轴；投影长度小于直线的真长；投影与投影轴的夹角，不反映直线对投影面的倾角，如图 3-19 所示。

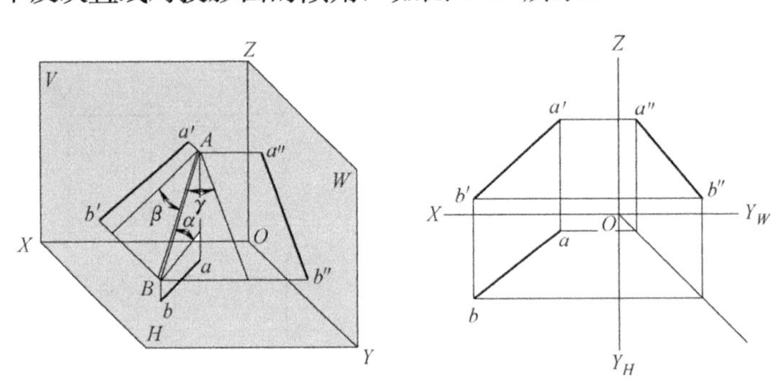

图 3-19　一般位置直线

2．直线上点的投影

直线上点的投影，必在直线的同面投影上；直线段上的点分割直线段之比，在投影后仍保持不变。如图 3-20 所示，C 是直线 AB 上的点，C 点投影在直线 AB 的同面投影上，且有 $AC:CB=ac:cb=a'c':c'b'=a''c'':c''b''$。

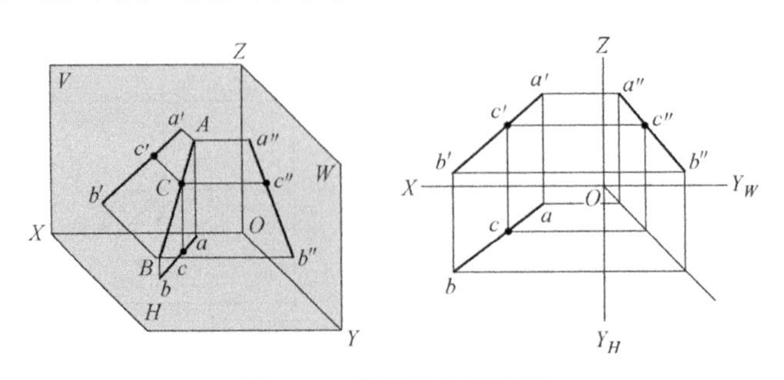

图 3-20　直线上点的投影

例题 3-3　图 3-21a 中所示线段 AB，作出分该线段为 3∶2 的点 C 的两面投影。

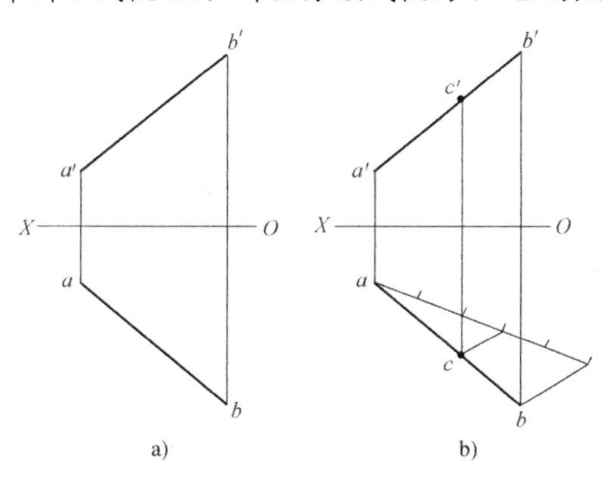

图 3-21　作线段 AB 满足要求的点 C 的两面投影

3. 两直线的相对位置

（1）两直线平行　空间两直线平行，则其各同名投影必相互平行，反之亦然，如图 3-22 所示。

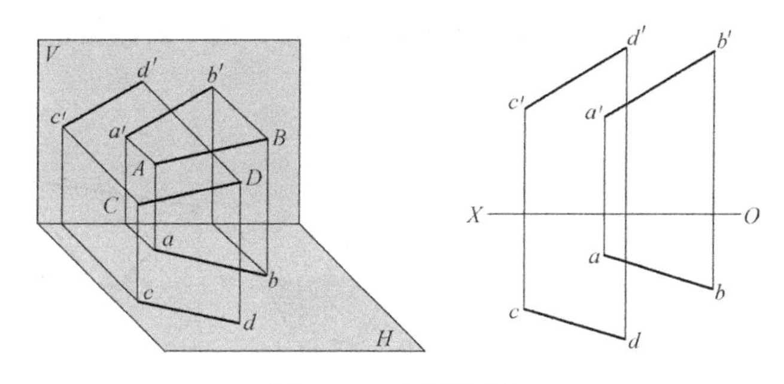

图 3-22　两直线平行

（2）两直线相交　空间两直线相交，交点 E 是两直线的共有点，E 点的三对同面投影都相交，且符合点的三面投影规律，如图 3-23 所示。

（3）两直线交叉　空间两直线不平行又不相交时称为交叉。交叉两直线的投影不符合平行两直线的投影规律；交叉两直线的同面投影可能相交，但它们各个投影的交点不符合点的投影规律，如图 3-24 所示。

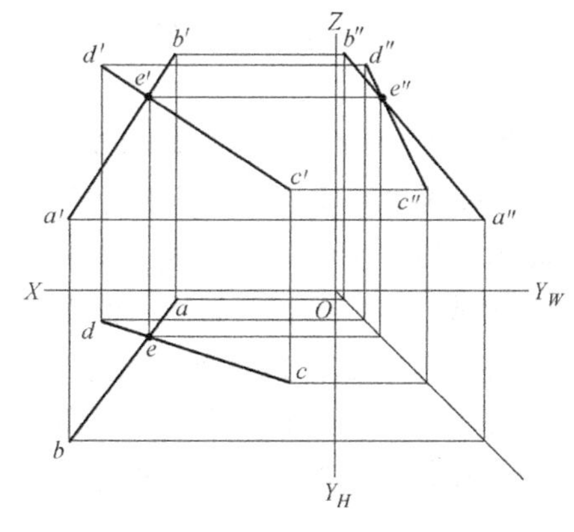

图 3-23　两直线相交

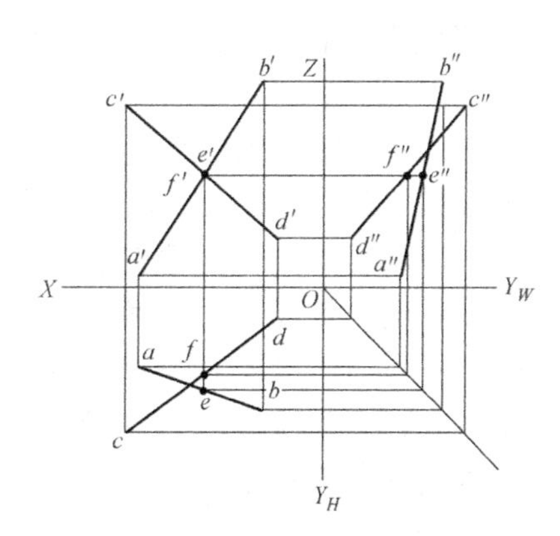

图 3-24　两直线交叉

3.1.3 平面的投影

三点确定一个三角形平面，将三点的同名投影用直线两两相连，就得到平面的同名投影，如图 3-25 所示。平面的投影一般仍为平面，特殊情况下投影可为一直线。

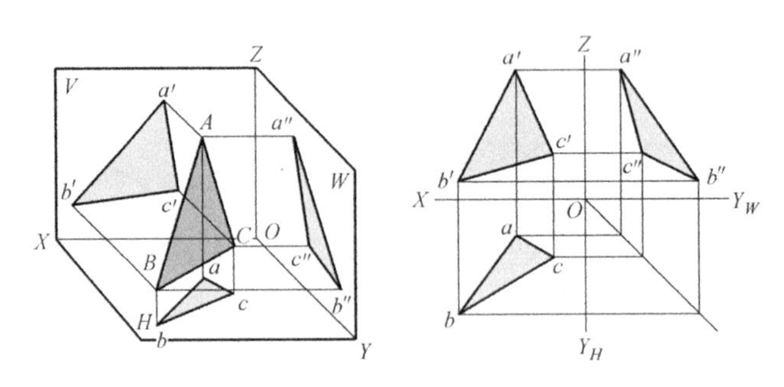

图 3-25 平面的同名投影

当平面垂直于投影面时，其投影重合成直线，具有积聚性，如图 3-26a 所示；当平面平行于投影面时，其投影反映平面实形，如图 3-26b 所示；当平面倾斜于投影面时，其投影类似原平面，如图 3-26c 所示。

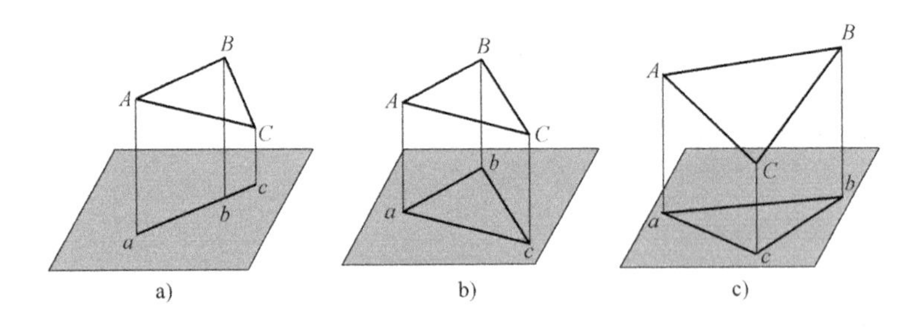

图 3-26 平面对一个投影面的投影特性

按照平面对于三个投影面的位置，可以把平面分为三类：投影面平行面、投影面垂直面、一般位置平面。前两类平面又称为特殊位置平面。

1. 各种位置平面的投影

（1）投影面平行面 平面在三投影面体系中，平行于一个投影面，而垂直于另外两个投影面。

正平面——平行于 *V* 面而垂直于 *H*、*W* 面，如图 3-27 所示；其投影特性为：*V* 面投影面上的投影 $a'b'c'$ 反映实形，*H*、*W* 面上的投影分别积聚成与相应的投影轴平行的直线。

水平面——平行于 *H* 面而垂直于 *V*、*W* 面，如图 3-28 所示；其投影特性为：*H* 面投影面上的投影 abc 反映实形，*V*、*W* 面上的投影分别积聚成与相应的投影轴平行的直线。

侧平面——平行于 *W* 面而垂直于 *H*、*V* 面，如图 3-29 所示；其投影特性为：*W* 面投影面上的投影 $a''b''c''$ 反映实形，*H*、*V* 面上的投影分别积聚成与相应的投影轴平行的直线。

投影面平行面特性：平面在所平行的投影面上的投影反映实形，其余的投影则是平行于投影轴的直线。

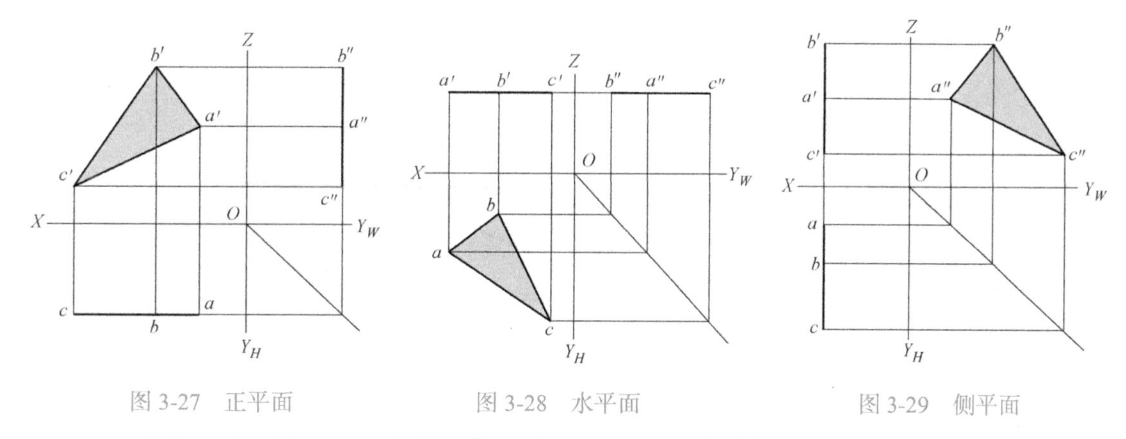

图 3-27　正平面　　图 3-28　水平面　　图 3-29　侧平面

（2）投影面垂直面　在三投影面体系中，垂直于一个投影面，而对另外两投影面倾斜的平面。

正垂面——垂直 V 面而倾斜于 H、W 面，如图 3-30 所示；其投影特性为：$a'b'c'$ 积聚为一条线；abc、$a''b''c''$ 为 ΔABC 的类似形。

铅垂面——垂直 H 面而倾斜于 V、W 面，如图 3-31 所示；其投影特性为：abc 积聚为一条线；$a'b'c'$、$a''b''c''$ 为 ΔABC 的类似形。

侧垂面——垂直 W 面而倾斜于 V、H 面，如图 3-32 所示；其投影特性为：$a''b''c''$ 积聚为一条线；abc、$a'b'c'$ 为 ΔABC 的类似形。

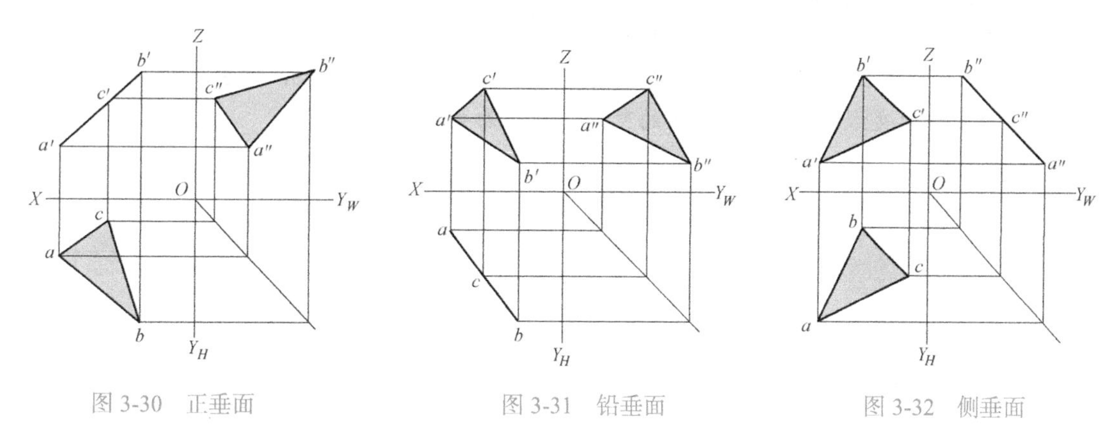

图 3-30　正垂面　　图 3-31　铅垂面　　图 3-32　侧垂面

投影面垂直面特性：平面在所垂直的投影面上的投影积聚成一直线，该直线与投影轴的夹角是该平面对另外两个投影面的真实倾角，而另外两个投影面上的投影是该平面的类似形。

（3）一般位置平面　平面对三个投影面都倾斜，如图 3-33 所示；其投影特性为：abc、$a'b'c'$ 和 $a''b''c''$ 均为 ΔABC 的类似形。

2. 平面上的直线和点

（1）平面上的直线

1）若一直线过平面上的两点，则此直线必在该平面内，如图 3-34a 所示。

2）若一直线过平面上的一点且平行于该平面上的另一直线，则此直线在该平面内，如图 3-34b 所示。

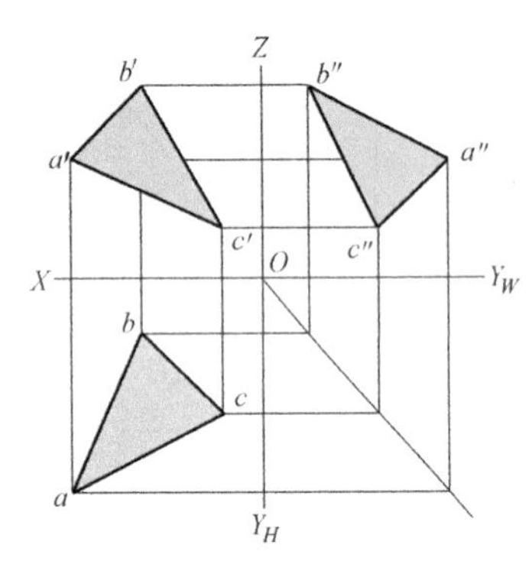

图 3-33 一般位置平面

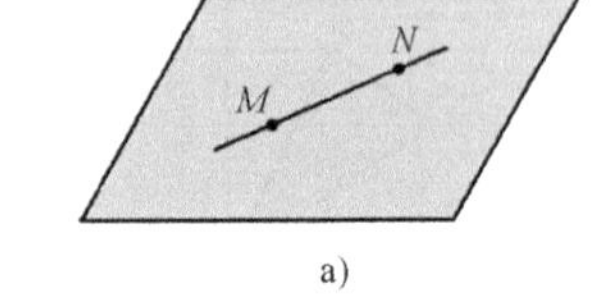

a)

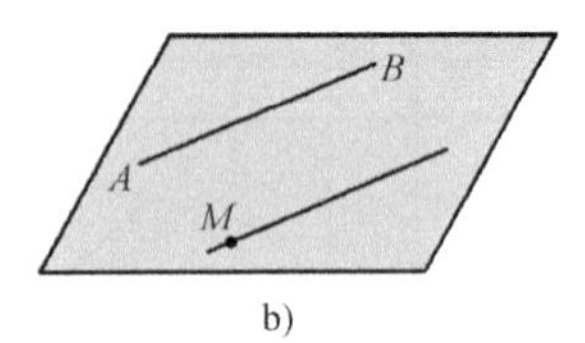

b)

图 3-34 平面上的直线

例题 3-4 已知平面由直线 AB、AC 所确定，试在平面内任作一条直线。

方法 1：利用过平面上两点 M、N 作直线 MN，如图 3-35a 所示；方法 2：过平面上的一点 C 作直线 CD 平行于该平面上的直线 AB，如图 3-35b 所示。

（2）平面上的点 点在平面上的几何条件是：如果点在平面上的一已知直线上，则该点必在平面上，因此在平面上找点的位置时，必须先要在平面上取含该点的辅助直线，然后在所作辅助直线上求点的位置，如图 3-36 所示。

例题 3-5 已知点 E 在 ΔABC 平面上，且点 E 距离 H 面 15mm，距离 V 面 10mm，试求点 E 的投影。

解：点 E 的投影求法分三步：

1）作出距离 H 面 15mm 的水平面并找到其与 ΔABC 平面的交线 MN，作法如图 3-36 所示。

2）作出距离 V 面 10mm 的正平面并找到其与 ΔABC 平面的交线 RS，作法如图 3-36 所示。

3）点 E 即为交线 MN 和交线 RS 的交点，其投影如图 3-36 所示。

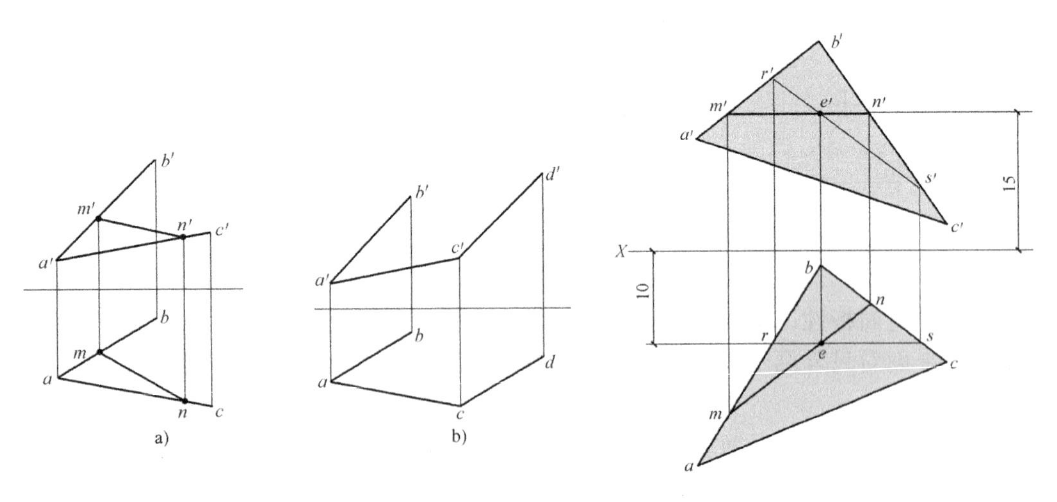

图 3-35 在平面内任作一条直线

图 3-36 作辅助直线确定平面上的点的位置

3.2 基本形体的投影

点、线、面是构成自然界中一切有形物体（简称物体）的基本几何元素，基本形体是指形状简单且规则的物体，任何物体都可以看成是由若干个基本形体组合而成。因此，学习和掌握其投影特性和规律，能够为正确理解和表达物体空间形状打下坚实的基础。

表面都是由平面围成的立体称为平面立体（简称平面体）。表面是由曲面或是由曲面与平面共同围成的立体称为曲面立体（简称曲面体），其中围成立体的曲面又是回转面的曲面立体，又叫回转体。基本形体按其表面性质的不同可分为基本平面立体和基本曲面立体，如图 3-37 所示。

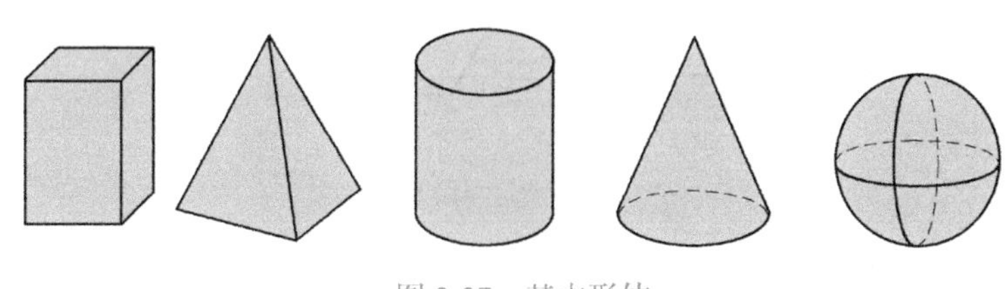

图 3-37 基本形体

3.2.1 基本平面立体的投影

基本平面立体主要有棱柱和棱锥两种，棱台是由棱锥截切得到的。基本平面立体上相邻两面的交线称为棱线。因为围成基本平面立体的表面都是平面多边形，而平面图形是由直线段围成的，直线段又是由其两端点确定。因此，绘制基本平面立体的投影，实际上就是画出各平面间的交线和各顶点的投影。在基本平面立体中，可见棱线用实线表示，不可见棱线用虚线表示，以区分可见表面和不可见表面。

平面立体侧表面的交线称为棱线，若平面立体所有棱线互相平行，则称为棱柱。若平面立体所有棱线交于一点，则称为棱锥，如图 3-38 所示。

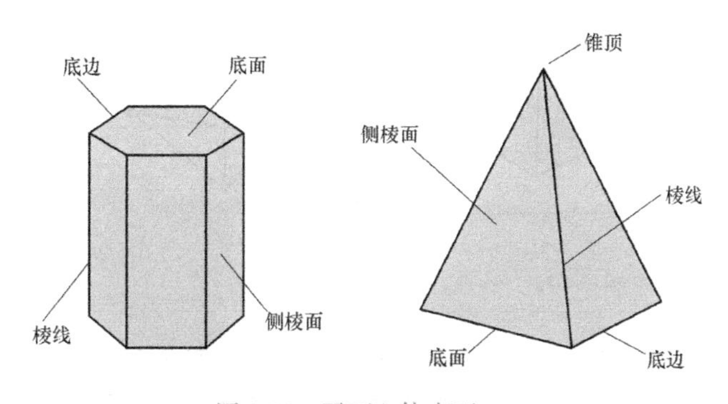

图 3-38 平面立体表面

1. 棱柱体的投影

以正六棱柱为例。如图 3-39a 所示为一个正六棱柱，由上、下两个底面（正六边形）和六个棱面（长方形）组成。将其放置成上、下底面与水平投影面平行，并有两个棱面平行于正投影面。

上、下两底面均为水平面，它们的水平投影重合并反映实形，正面投影及侧面投影积聚为两条相互平行的直线。六个棱面中的前、后两个为正平面，它们的正面投影反映实形，水平投影及侧面投影积聚为一条直线。其他四个棱面均为铅垂面，其水平投影均积聚为直线，正面投影和侧面投影均为类似形，如图 3-39b 所示。

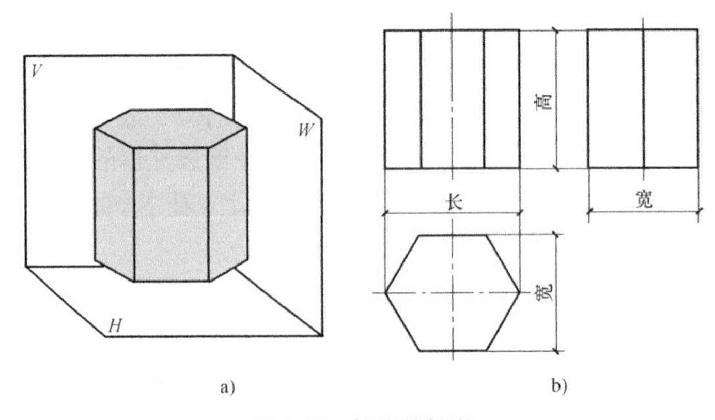

图 3-39　棱柱的投影

棱柱的投影特点：在平行于棱柱底面的投影面上，棱柱的投影是一个平面多边形，它反映底面真形（特征投影）；在垂直于棱柱底面的投影面上，棱柱的投影是一系列矩形。

2. 棱锥体的投影

以三棱锥为例。如图 3-40a 所示为一三棱锥，它的表面由一个底面和三个侧棱面围成，将其放置成底面与水平投影面平行，并使棱线 SB 为侧平线。

锥底面△ ABC 为水平面，它的水平投影反映实形，正面投影和侧面投影分别积聚为直线段。棱面△ SAB、△ SAC 和△ SBC 均为一般位置平面，它们的三面投影均为类似形，如图 3-40b 所示。

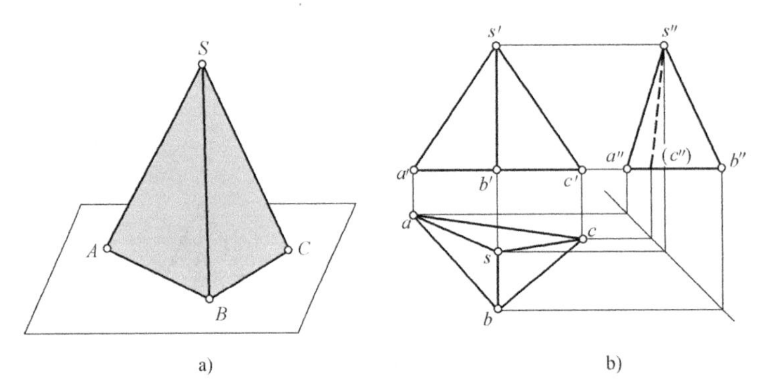

图 3-40　棱锥的投影

棱锥的投影特点：在平行于棱锥底面的投影面上，棱锥的投影是一个平面多边形，它反映底面真形（特征投影）；在垂直于棱锥底面的投影面上，棱锥的投影是一系列三角形。

3. 基本平面立体表面取点

平面立体表面上取点实际就是在平面上取点。首先应确定点位于该立体的哪个平面（直线）上，并分析该平面（直线）的投影特性，然后再根据点的投影规律求得。

（1）位于棱线或边线上的点（线上定点法）　当点位于立体表面的某条棱线或边线上时，可利用线上点的“从属性”直接在线的投影上定点，这种方法即为线上定点法，也可称为从属性法。

（2）位于特殊位置平面上的点（积聚性法）　当点位于立体表面的特殊位置平面上时，可利用该平面的积聚性，直接求得点的另外两个投影，这种方法称为积聚性法。

（3）位于一般位置平面上的点（辅助线法） 当点位于立体表面的一般位置平面上时，因所在平面无积聚性，不能直接求得点的投影，而必须先在一般位置平面上做辅助线（辅助线可以是一般位置直线或特殊位置直线），求出辅助线的投影，然后再在其上定点，这种方法称为辅助线法。

例题 3-6 在如图 3-41 所示的六棱柱表面上取点。

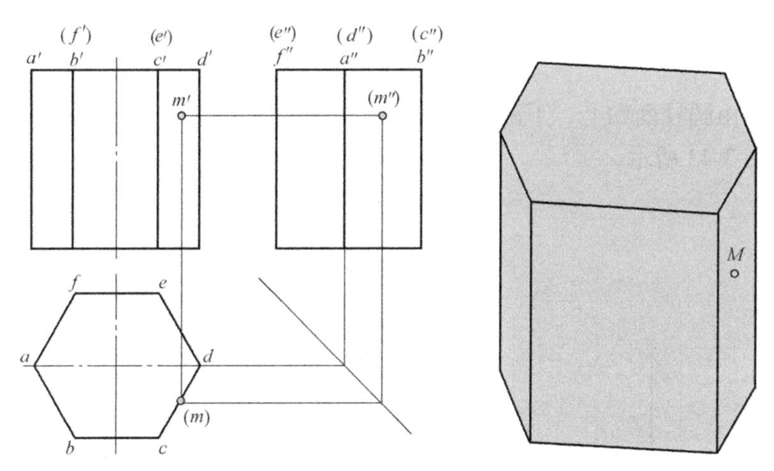

图 3-41 六棱柱的表面取点 M

例题 3-7 在如图 3-42a 所示的三棱锥表面上取点。

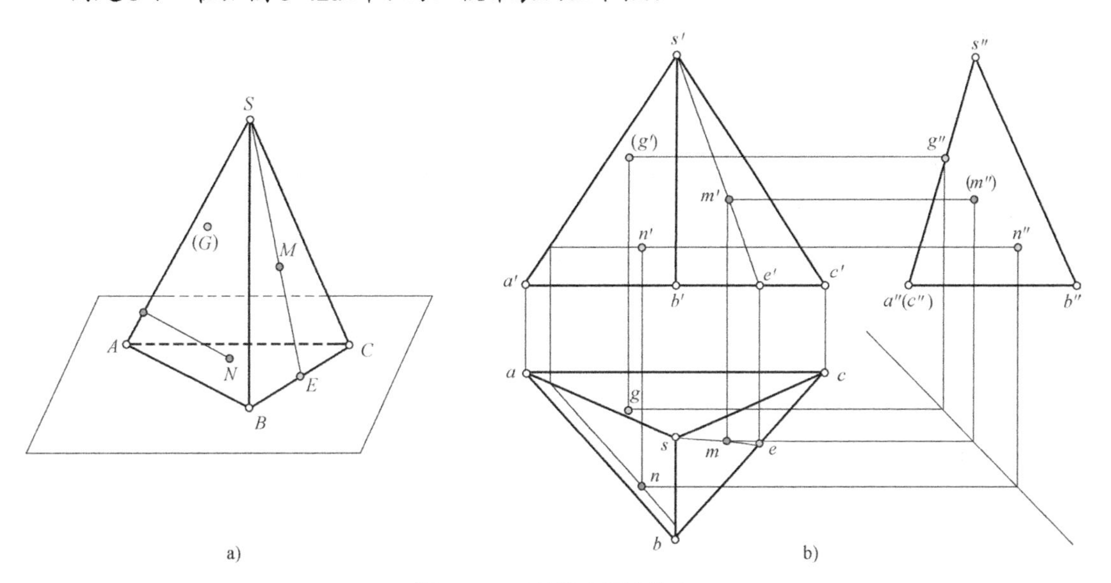

图 3-42 三棱锥表面上取点

3.2.2 基本曲面立体的投影

曲面可以看成是由直线或曲线在空间按一定规律运动而形成的。若是作回转运动而形成的曲面则称为回转曲面，简称回转面。回转体的曲表面是由一条母线（直线或曲线）绕定轴回转一周而形成的回转面，圆柱、圆锥、圆球和圆环是工程上常见的回转体，其回转面都是光滑曲面。

形成回转面的母线，它们在曲面上的任何位置称为素线。如圆柱体的素线都是互相平行的直线；圆锥体的素线是汇集于锥顶点的倾斜线；圆球体的素线是通过球体上下顶点的半圆弧线。

曲面立体表面范围的外形线常称为轮廓线（或转向轮廓线），即轮廓线是可见与不可见的分界线。由于曲面体曲面无棱线，所以我们只能用曲面在相应投影方向的最外轮廓线来表达曲面体的投影。

1．圆柱体的投影

圆柱体表面由圆柱面和上、下两个平面组成。圆柱面由直线 AB 绕与它平行的轴线等距旋转而成，如图 3-43 所示。

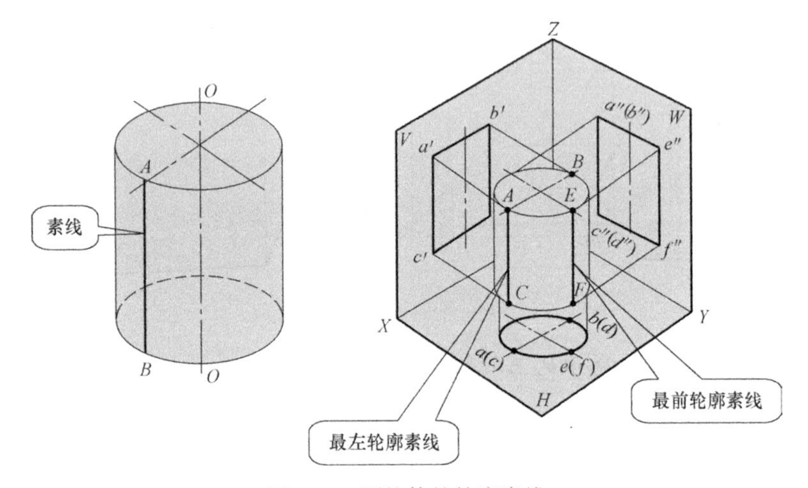

图 3-43　圆柱体的轮廓素线

水平放置的圆柱体的投影特性：俯视图是一个圆线框，主视图和左视图是两个全等的矩形线框，如图 3-44 所示。

例题 3-8　若已知属于如图 3-45 所示的圆柱体表面的点 M 的正面投影 m'，求另两面投影。

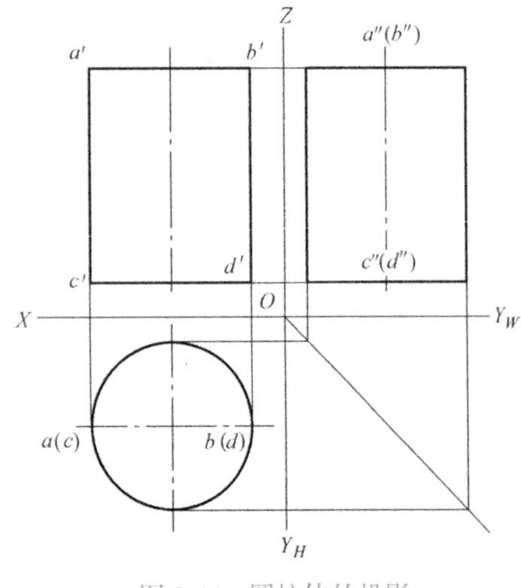

图 3-44　圆柱体的投影

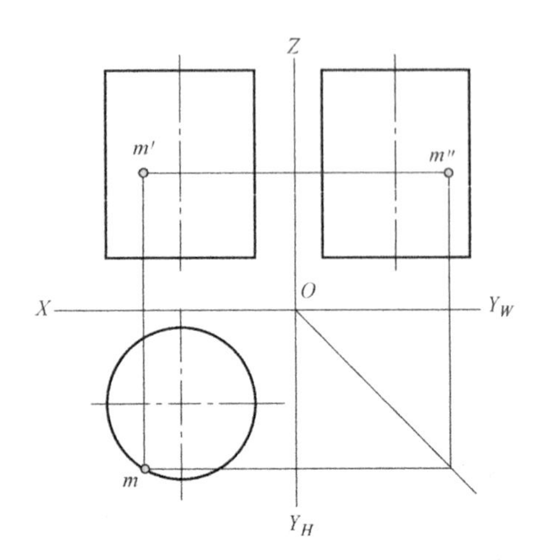

图 3-45　求圆柱体表面上一点 M 的投影

2. 圆锥体的投影

圆锥体由圆锥面，底面（平面）所围成。锥面可看作直线 SA 绕与它相交的轴线 $O—O$ 旋转而成，如图 3-46 所示。

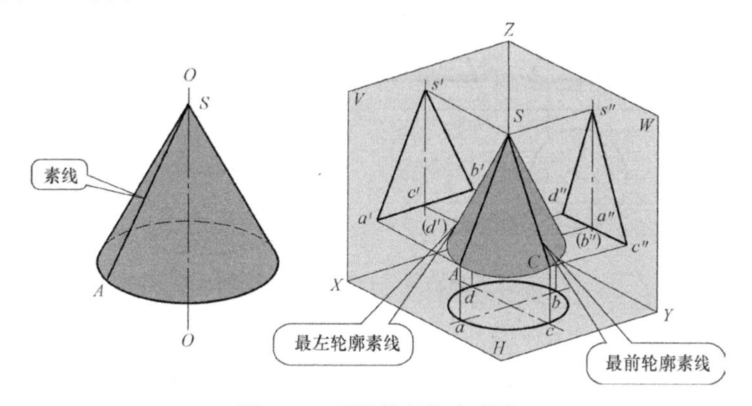

图 3-46　圆锥体的轮廓素线

水平放置的圆锥体的投影特性：俯视图是一个圆线框，主视图和左视图是两个全等的三角形线框，如图 3-47 所示。

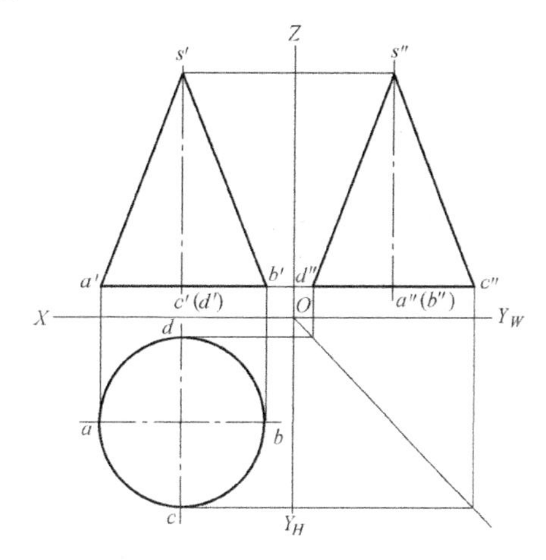

图 3-47　圆锥体的投影

例题 3-9　若已知圆锥表面点 M 的正面投影 m'，求 m 和 m''。

解：（1）辅助素线法（图 3-48）

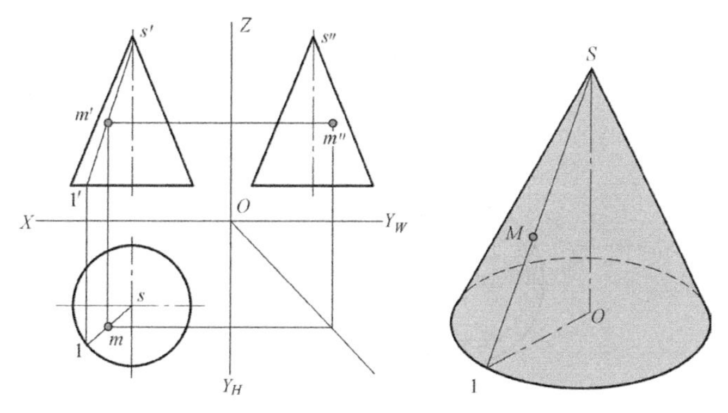

图 3-48　辅助素线法在圆锥体表面取点

（2）辅助圆法（图 3-49）

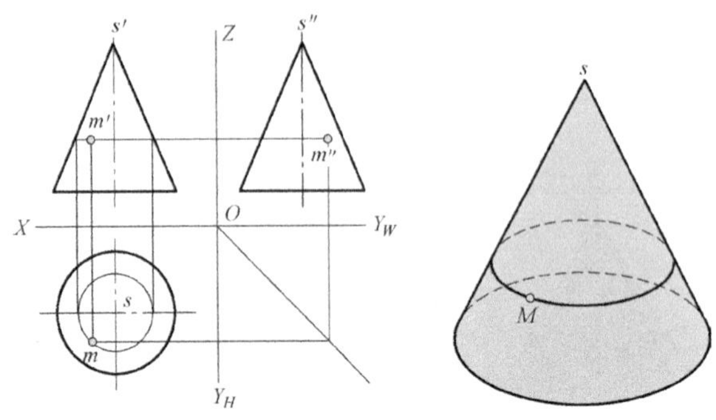

图 3-49　辅助圆法在圆锥体表面取点

3. 球体的投影

球的表面是球面。球面是一条圆母线绕过圆心且在同一平面上的轴线回转而形成的，如图 3-50 所示。

球体的投影的投影特性：球的三个投影均为圆，其直径与球直径相等，但三个投影面上的圆是不同的转向轮廓线，如图 3-51 所示。

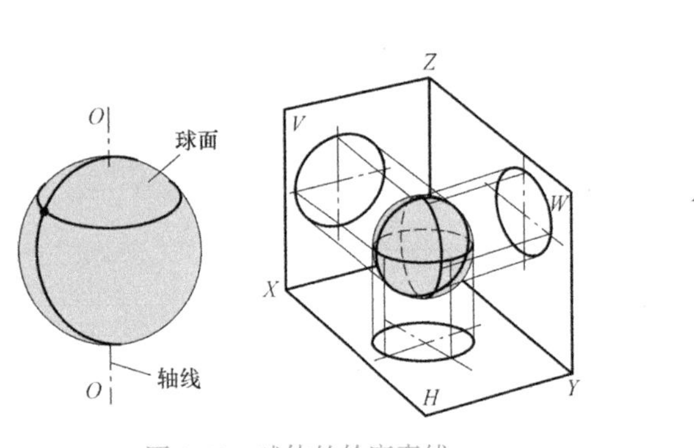

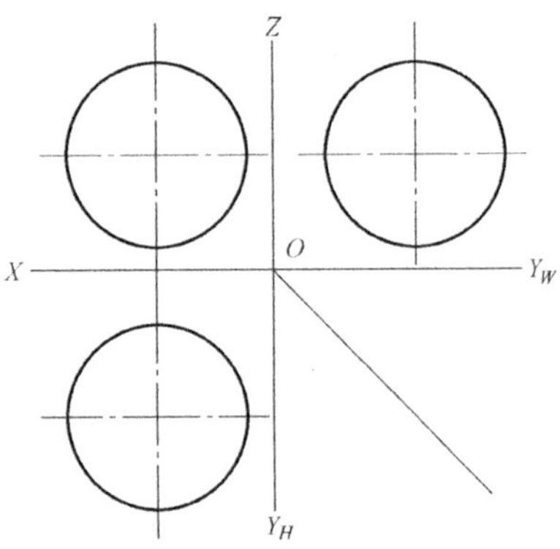

图 3-50　球体的轮廓素线　　　图 3-51　球体的投影

例题 3-10　已知圆球表面点 M 的水平投影 m，求其他两面投影。

解：采用辅助圆法（图 3-52）。过点 M 在球面上作一平行于投影面的辅助圆。点的投影必在辅助圆的同面投影上。

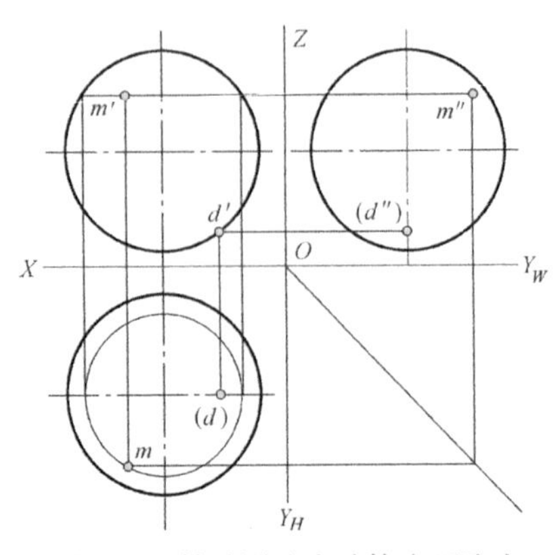

图 3-52　辅助圆法在球体表面取点

3.3　组合体的投影

任何复杂的形体都可以看作是由若干个基本形体组合而成的。组合体的组合必须符合构形合理的原则，即所构成的形体必须是一个单一的整体，它的表面必须是连续的、封闭的。

3.3.1　组合体的组合形式

按照组合体中各基本形体组合时的相对位置关系以及形状特征，组合体的组合形式可分为叠加、截割和综合三种形式。

1. 叠加

由若干个基本形体相互堆积、叠加而成的组合体，称为叠加型组合体。组合体是由若干个基本形体通过一个或几个面的连接而形成。基本形体之间表面的连接关系有不共面、共面、相切、相交和相贯等，如图 3-53 所示。

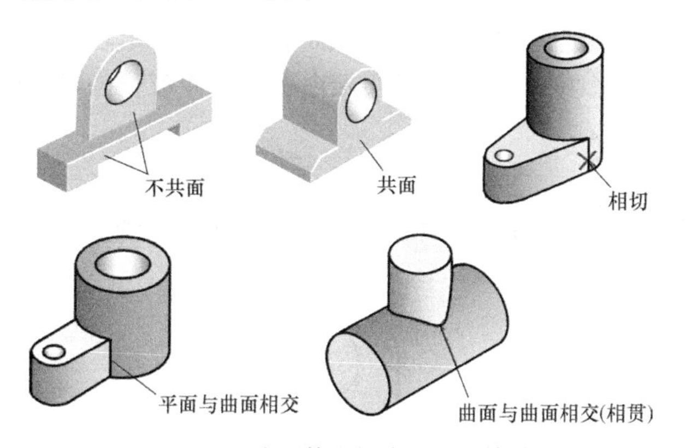

图 3-53　基本形体之间表面的连接关系

（1）叠合（共面）　相邻两形体的表面互相平齐连成一个平面，连接处没有界线，其投影如图 3-54 所示。

（2）叠合（不共面）　相邻两形体的表面相错，连接处有界线，其投影如图 3-55 所示。

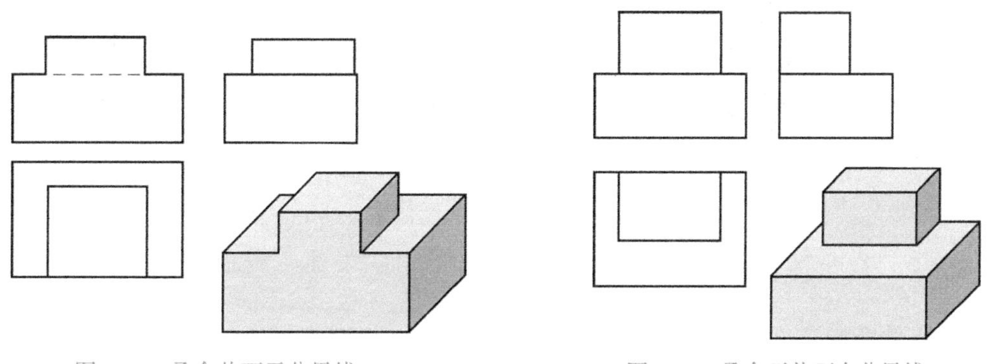

图 3-54　叠合共面无分界线　　图 3-55　叠合不共面有分界线

（3）相交　相邻的两个基本形体的相交处产生交线（截交线、相贯线），在作图时必须正确画出交线的投影，其投影如图 3-56 所示。

（4）相切　两形体表面相切时，其相切处是圆滑过渡，无分界线，故在视图上相切处不应画线，其投影如图 3-57 所示。

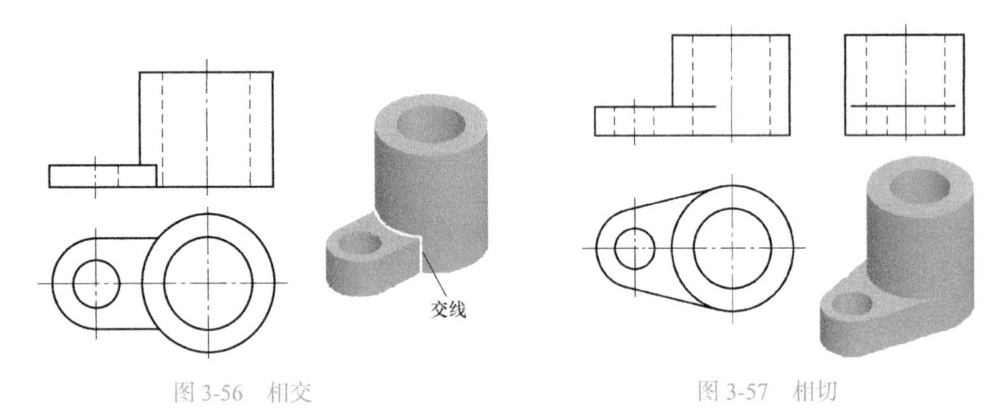

图 3-56　相交　　图 3-57　相切

2. 截割

由一个较大基本形体被一些不同位置的截面截割并挖切出较小基本形体后而形成的组合体，称为截割形成的组合体。它可以看作是由基本形体被一些平面或回转面切割而形成的，其投影如图 3-58 所示。

3. 综合

由基本体按一定的相对位置以叠加和截割两种方式混合组成的，其投影如图 3-59 所示。

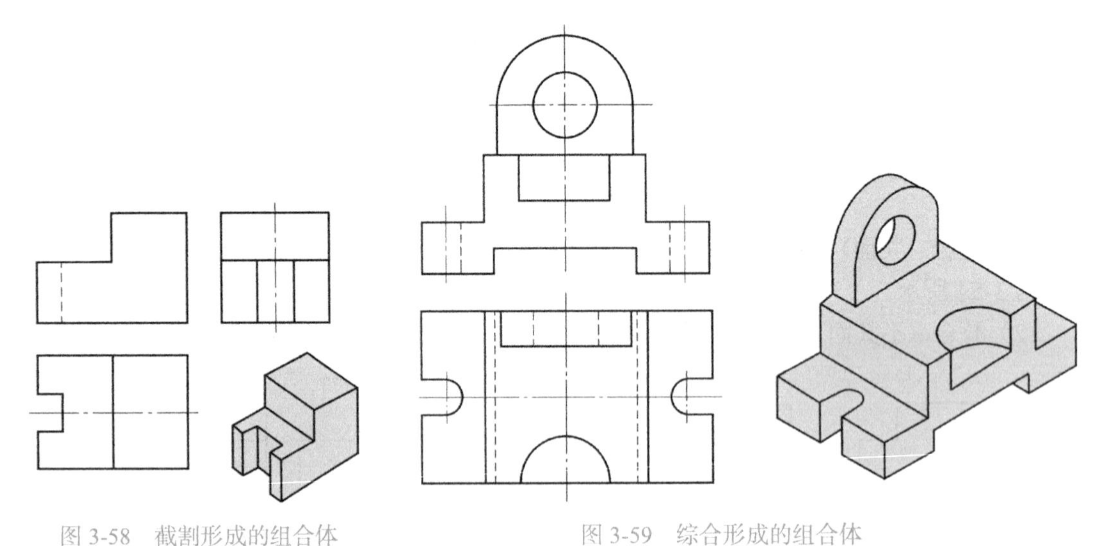

图 3-58　截割形成的组合体　　图 3-59　综合形成的组合体

3.3.2　组合体视图的画法

1. 形体分析

画组合体视图之前，应对组合体进行形体分析，了解组成组合体的各基本形体的形状、组合形式、相对位置及其在某方向上是否对称，以便对组合体的整体形状有个总的概念，为画其视图做好准备。

如图 3-60 所示为一室外台阶，把它可以看成是由左边墙、台阶、右边墙三大部分组成。

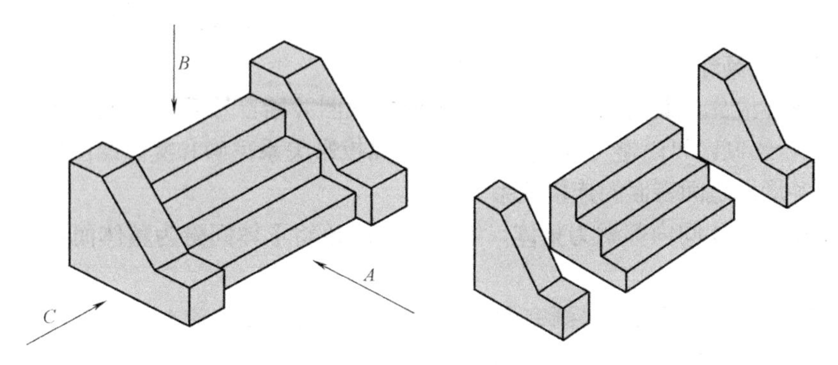

图 3-60　室外台阶分解

2. 视图选择

在形体分析的基础上，首先需要确定主视图的投射方向和物体的摆放位置。三视图中主视图是最主要的视图，一般选择反映其形状特征最明显、反映形体间相互位置关系最多的投射方向作为主视图的投射方向；主视图的摆放位置应反映位置特征，并使其表面相对于投影面尽可能多地处于平行或垂直位置，也可选择其自然位置；在此前提下，还应考虑使俯视图和左视图上虚线尽可能地减少。主视图一旦确定，其他视图也就随之而定，尽量用较少的投影图把物体的形状完整、清楚、准确地表达出来。

图 3-60 所示为一室外台阶，*A* 向为台阶入口方向，处于自然水平位置，能反映出台阶的踏步高、踏步宽、踏步数以及台阶的形式，形状特征最明显，因此 *A* 向选为主视方向。*B* 向选为俯视方向，*C* 向选为侧视方向。三个视图可以表达该台阶的所有形状参数。

3. 画图步骤

（1）定比例、布置视图　视图选择好后，首先根据组合体的大小和图幅规格，选定画图比例。然后，考虑标注尺寸所需的位置，力求匀称地布置视图。根据台阶的尺度，室外台阶视图布置如图 3-61 所示。

（2）画各个视图的作图基准线　通常选组合体中投影有积聚性的对称面、底面（上或下）、端面（左、右、前、后）或回转轴线、对称中心线作为画各视图的基准线。选择室外台阶的对称中心线为作图基准线，如图 3-62 所示。

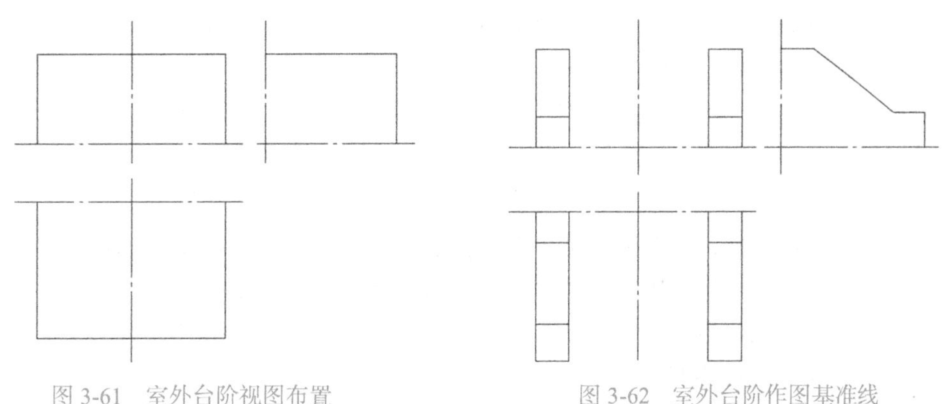

图 3-61　室外台阶视图布置　　　图 3-62　室外台阶作图基准线

（3）画出组合体三视图的底稿　根据物体投影规律，逐个画出各基本形体的三视图，如图 3-63 所示。画出组合体三视图底稿时还应注意：

1）按形体分析，可先下、再上、后中间逐一画出每个基本形体的三视图，这样有利于保持投影关系，提高作图的准确性和作图效率。

2）每个形体应先从具有积聚性或反映实形的视图开始，然后画其他投影，并且三个视图最好同时进行绘制，可以避免漏线、多线、确保投影关系正确和提高绘图速度。

3）注意各形体之间表面的连接关系。

4）要注意各形体间内部融为整体，绘图时不应该将形体间融为整体而不存在的轮廓线画出。

（4）检查、描深　用细实线画完的底稿要特别注意检查各基本形体表面间的连接、相交、相切等关系的处理，是否符合投影原则。检查无误后，擦去多余底稿线，按建筑制图的线形标准描深，如图 3-64 所示。

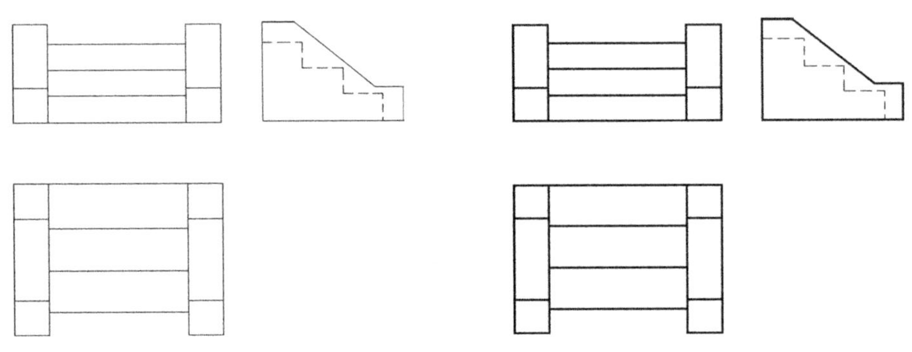

图 3-63　室外台阶三视图的底稿　　　　图 3-64　室外台阶三视图

 3.3.3　组合体视图的尺寸标注

组合体的形状由它的视图来反映，组合体的大小则由所标注的尺寸来确定。标注组合体尺寸的基本要求是：

（1）正确　所注的尺寸要正确无误，标注方法要符合国家标准中的相关规定。

（2）完整　所注的尺寸必须能完全确定组合体的大小、形状及相互位置，不遗漏，不重复。

（3）清晰　尺寸的布置要整齐清晰，便于看图。

任何基本形体都有长、宽、高三个方向上的大小，在视图上，通常要把反映这三个方向的大小尺寸都标注出来，如图 3-65 所示。

尺寸一般标注在反映实形的投影上，并尽可能集中注写在一两个投影的下方或右方，必要时可注写在上方或左方。一个尺寸只需标注一次，尽量避免重复。

1．组合体的尺寸种类

从形体分析角度来看，组合体的尺寸主要有定形尺寸、定位尺寸以及总体尺寸。

（1）定形尺寸　确定组合体中各基本几何体的形状和大小的尺寸。

（2）定位尺寸　确定组合体中各基本几何体之间相对位置的尺寸。

（3）总体尺寸　组合体的总长、总宽、总高尺寸。

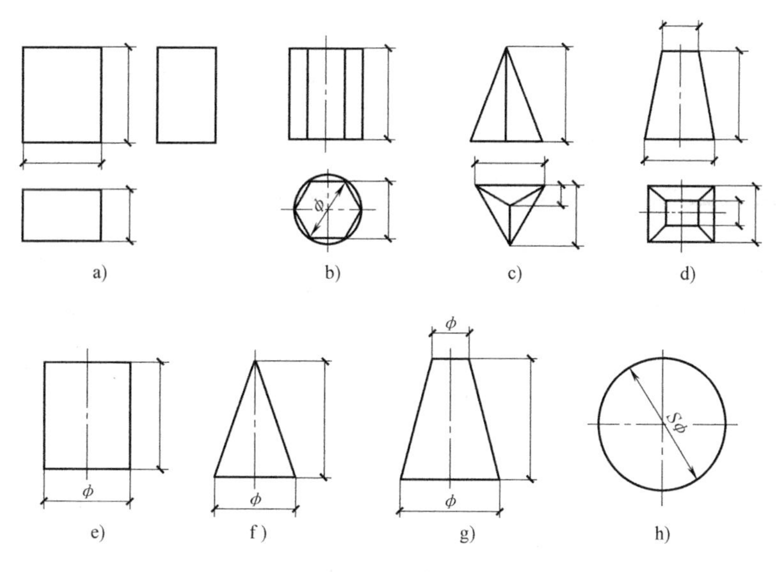

图 3-65　基本形体尺寸标注

2. 组合体的尺寸基准

标注尺寸的起点称为尺寸基准。组合体的长、宽、高三个方向（或径向、轴向两个方向）至少应各有一个尺寸基准。组合体上的点、线、平面都可以选作为尺寸基准，曲面一般不能作尺寸基准。通常采用较大的平面（对称面、底面、端面）、直线（回转轴线、转向轮廓线）、点（球心）等作为尺寸基准。

3. 组合体尺寸的标注原则

（1）尺寸标注明显　一般宜注写在反映形体特征的投影图上。

（2）尺寸标注集中　同一基本形体的定形、定位尺寸，应尽量集中标注。

（3）尺寸布置整齐　对同方向上的尺寸线，组合起来排成几道尺寸，从被注图形的轮廓线由近至远整齐排列，小尺寸线离轮廓线近，大尺寸线应离轮廓线远些，且尺寸线间的距离应相等。

（4）保持视图清晰　尽量避免在虚线上标注尺寸。

（5）避免尺寸线封闭　如果尺寸注成封闭形式，将产生重复尺寸，并且不易保证尺寸精度。

4. 标注组合体尺寸的方法步骤

以图 3-66 所示的肋式杯形基础为例，说明组合体尺寸标注的步骤：

1）形体分析，如图 3-67 所示。

2）标注各形体的定形尺寸。

3）确定长、高、宽三个方向的尺寸基准，标注形体间的定位尺寸。长度方向以空心圆柱右端面为基准，宽度方向以前后对称面为基准，高度方向以底面为基准。

4）进行尺寸调整，标注总体尺寸。

5）检查尺寸标注是否正确、完整，有无重复、遗漏，如图 3-68 所示。

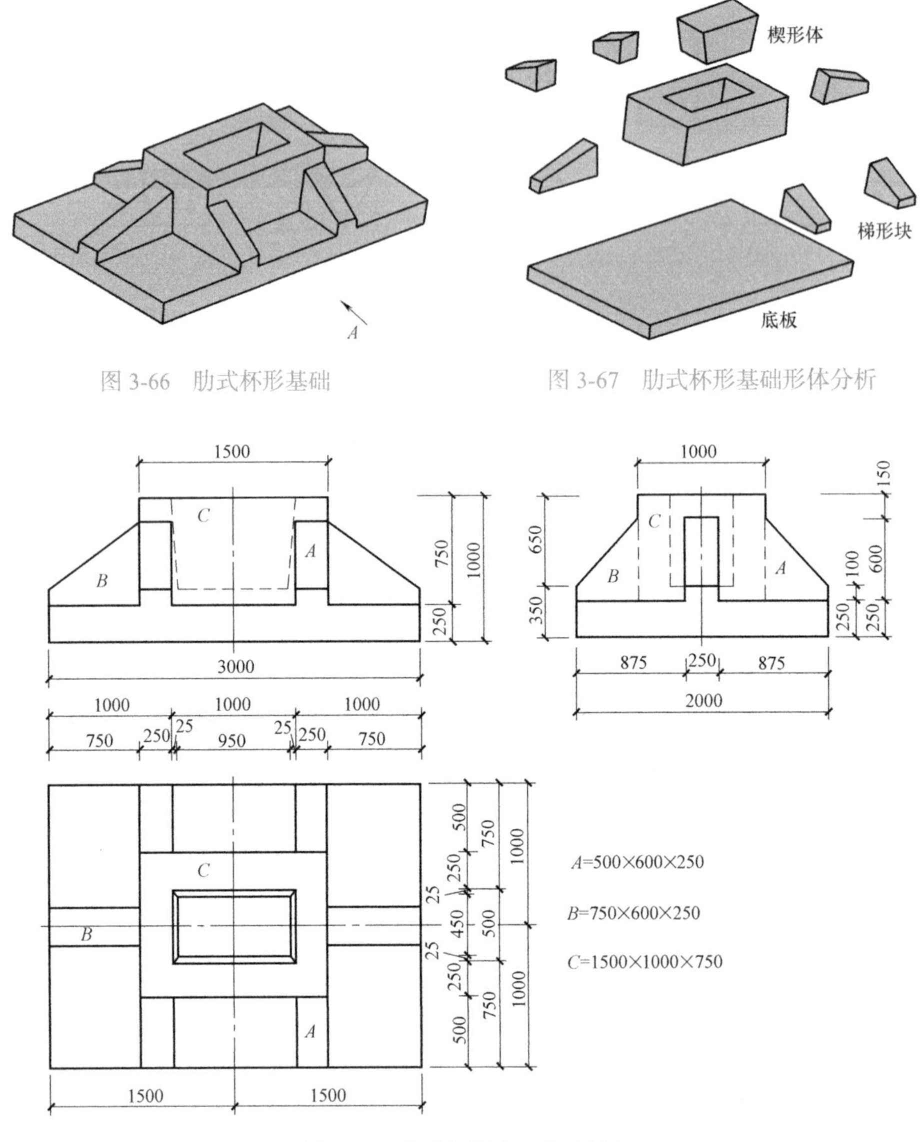

图 3-66　肋式杯形基础

图 3-67　肋式杯形基础形体分析

图 3-68　肋式杯形基础尺寸标注

3.3.4　组合体视图的阅读

读图是画图的逆过程，它既能提高空间想象能力，又能提高投影的分析能力。读图时应根据已知的视图，运用投影原理和三视图投影规律，正确分析视图中的每条图线、每个线框所表示的投影含义，综合想象出组合体的空间形状。

1）掌握形体三视图的基本关系，即“长对正、高平齐、宽相等”三等关系。

2）掌握各种位置直线，平面的投影特性（真实性、积聚性、类似性）。

3）联系形体各个视图来读图，形体表达在视图上，需两个或三个视图，读图时应将各个视图联系起来，只有这样才能完整、准确地想象出空间形体来。

1．读图的基本方法

（1）形体分析法　从形体的概念出发，根据组合体的视图，从图上识别出各个基本形体，运用三视图的投影规律，逐个读出各部分的形状，确定它们的组合形式及相对位置，最后综合起来想象出整体形状。

形体分析法读图的步骤：

1）分析视图，划分线框。从主视图入手，按照投影规律，几个视图联系起来看，把组合体大致分成几部分。

2）对照投影，识出形状。根据每一部分的三视图，识别出各基本形体的形状。

3）确定位置，想出整体。根据三视图，确定各基本形体之间的相互位置，想象出组合体的整体形状。

例题 3-11　试用形体分析法想象出图 3-69 所表示的组合体的形状。

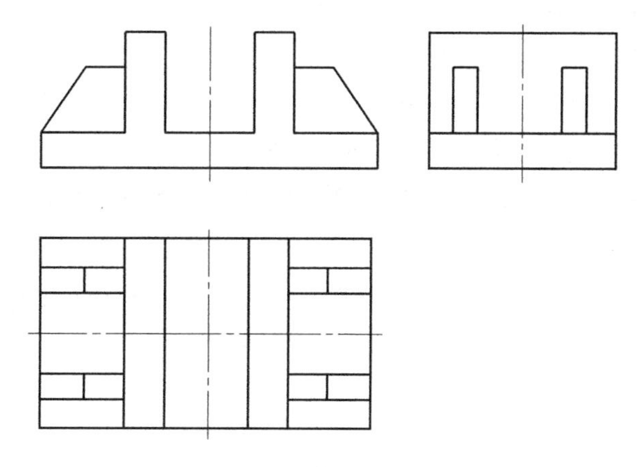

图 3-69　形体分析法读图

解：从正视图可以看出，该组合体可分为上、下两部分：下部为一整块长方体，确定为水平放置的底板；上部中间为两块长方体，确定为竖直放置的挡板；上部两侧为四块棱柱体，确定为两侧的肋板，如图 3-70 所示。

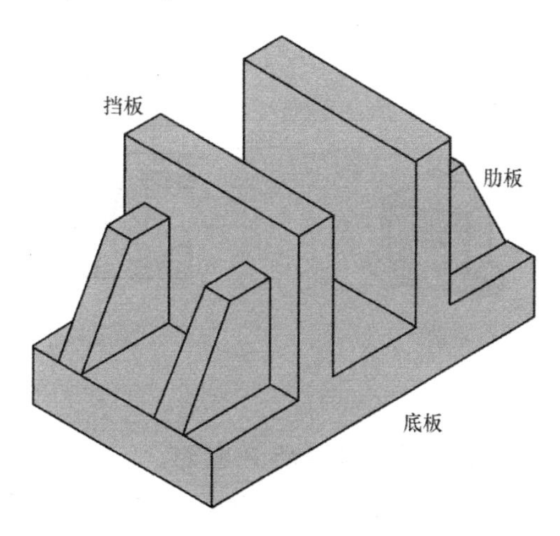

图 3-70　形体分析法读图想象整体

（2）线面分析法　线面分析法和形体分析法是有联系的，不能截然分开。对于比较复杂难懂的图形，先从形体分析获得形体的大致整体形象之后，不清楚的地方针对每一条“线段”和每一个封闭“线框”加以分析，根据线、面的投影特征，分析视图中图线和线框所代表的意义和相互位置关系，从而看懂视图，想象出形体形状的方法，称为线面分析法。线面分析法包括线型分析法和面型分析法。

线型分析法：视图上的图线，有三种可能的意义即可能是表面有积聚性的投影，可能是面与面的交线，可能是曲面的轮廓线。

面型分析法：视图中一个封闭的线框一般表示同一个表面（平面或曲面）的投影。面的投影特征是：凡“一框对两线”，则表示投影面平行面；凡“一线对两框”，则表示投影面垂直面；凡“三框相对应”，则表示一般位置面平面。

线面分析法读图的步骤：

1）形体分析。结合形体分析法，获得组合体的大致整体的全貌。读图时，应遵循“形体分析为主，线面分析为辅”的原则。

2）划分线框，识别面形。要善于利用线面投影的真实性、积聚性和类似性。在一个视图上划分线框，然后利用投影规律，找出每一线框在另两个视图中对应的线框或图线，从而分析出每一线框所表示的面的空间形状和相对位置，如图 3-71 ～图 3-74 所示。

3）空间平面组合，想出整体形状。

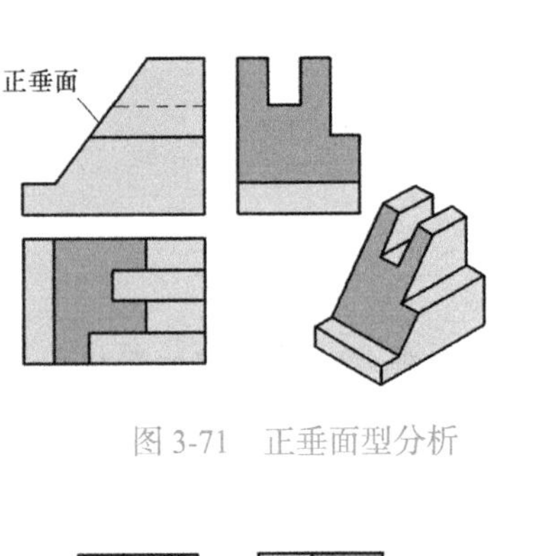

图 3-71　正垂面型分析

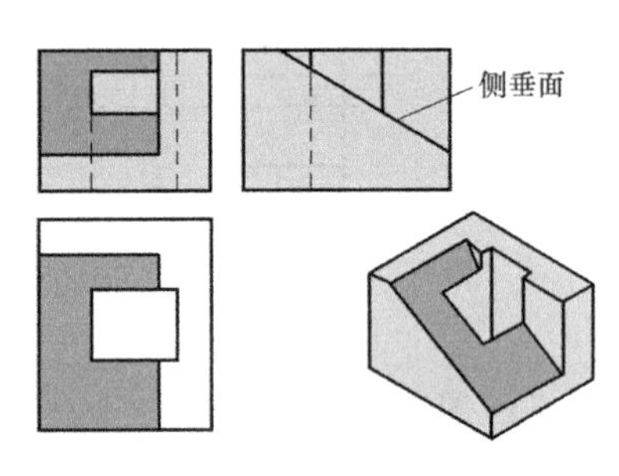

图 3-72　侧垂面型分析

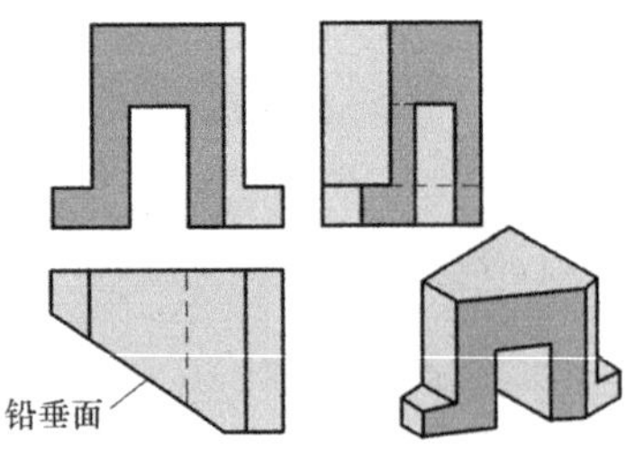

图 3-73　铅垂面型分析

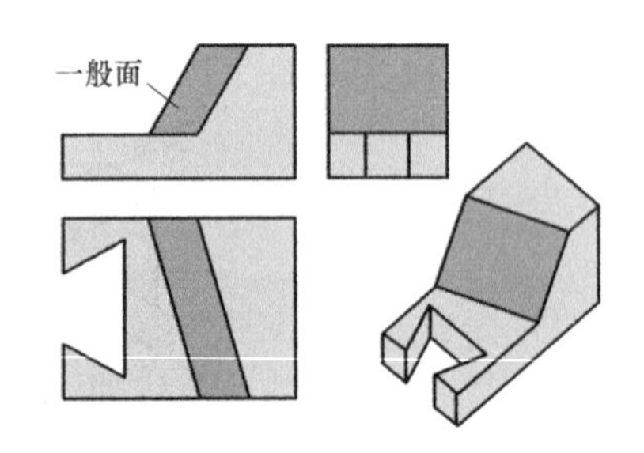

图 3-74　一般面型分析

2. 读图举例

例题 3-12　补绘图 3-75 所示的建筑构件的 W 投影。

根据图 3-75 所示的 H、V 投影，采取形体分析的方法可以想象该建筑构件为楼梯构件，该楼梯段为二跑，中间有一转角休息平台，如图 3-76 所示。补绘建筑构件的 W 投影如图 3-77 所示。

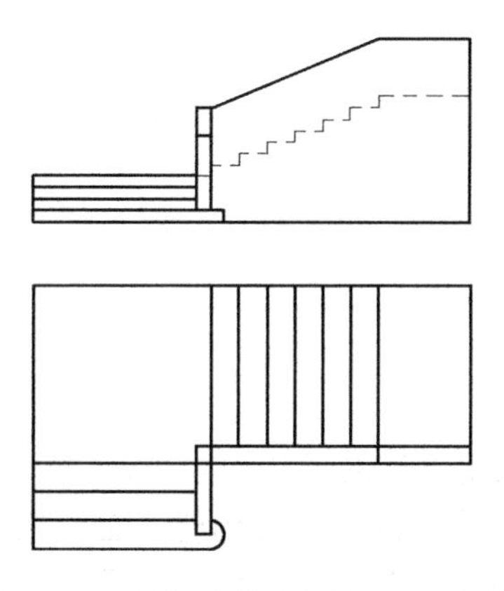

图 3-75　补绘建筑构件的 H、V 投影

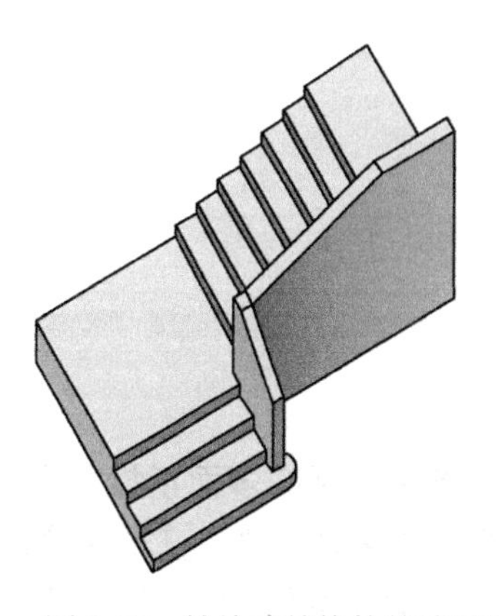

图 3-76　补绘建筑构件的读图想象

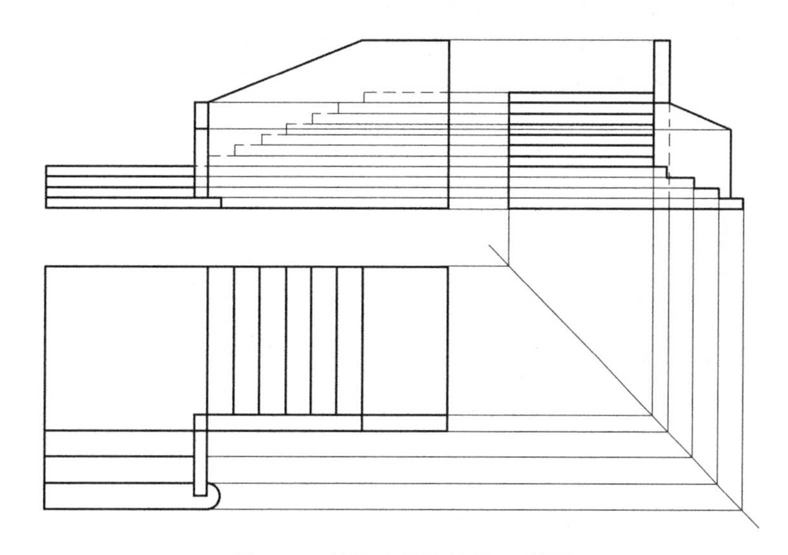

图 3-77　补绘建筑构件的 W 投影

第四章　轴测投影图

用正投影法绘制的多面正投影图，可以完全确定物体的形状和大小，且作图简便，度量性好，但它缺乏立体感，直观性较差，对缺乏读图知识的人难以看懂。轴测投影图（轴测图）是一种单面投影图，在一个投影面上能同时反映出物体三个坐标面的形状，接近于人们的视觉习惯，形象、逼真，富有立体感，如图 4-1 所示。但是轴测图通常不能反映出物体各表面的实形，因而度量性差，同时作图较复杂。在工程中轴测图一般为工程辅助图样，帮助设计师构思、想象物体的形状，以弥补多面正投影图的不足。

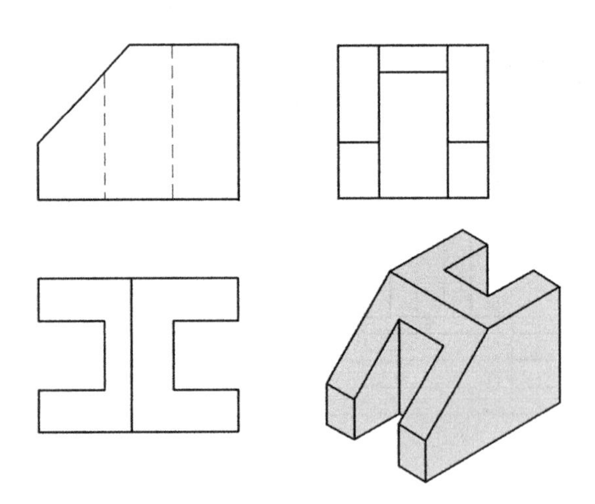

图 4-1　三视图和轴测投影图

4.1　轴测投影的概念

将物体连同确定其空间位置的直角坐标系，沿不平行于任一坐标面的方向，用平行投影法将其投射在单一投影面上所得的具有立体感的图形叫做轴测图。轴测图具有平行投影的所有特性，原物体和轴测图之间必然保持如下关系：

（1）平行性　物体上互相平行的线段，在轴测图上仍互相平行。物体上平行于坐标轴的线段，在轴测图中平行于轴测轴，且与其相应的轴测轴有着相同的轴向变化率。

（2）定比性　物体上两平行线段或同一直线上的两线段长度之比，在轴测图上保持不变。

（3）实形性　物体上平行轴测投影面的直线和平面，在轴测图上反映实长和实形。凡是与坐标轴平行的线段，都可以沿轴向进行作图和测量，“轴测”一词就是“沿轴测量”的意思。空间不平行于坐标轴的线段在轴测图上的长度不具备上述特性。

与坐标轴不平行的线段其伸缩系数与之不同，不能直接度量与绘制，只能根据端点坐标，作出两端点后连线绘制。

1. 轴测投影面、轴测轴、轴间角和轴向伸缩系数

得到轴测投影的单一投影面也称为轴测投影面；建立在物体上的坐标轴 OX、OY 和 OZ 在投影面上的投影 O_1X_1、O_1Y_1 和 O_1Z_1 称为轴测轴；轴测轴间的夹角 $\angle X_1O_1Y_1$、$\angle X_1O_1Z_1$ 和 $\angle Y_1O_1Z_1$ 称为轴间角，如图 4-2 所示。

物体上平行于坐标轴的线段在轴测图上的长度与实际长度之比称为轴向伸缩系数，则有 X 轴轴向伸缩系数 $\frac{O_1A_1}{OA}=p$、Y 轴轴向伸缩系数 $\frac{O_1B_1}{OB}=q$、Z 轴轴向伸缩系数 $\frac{O_1C_1}{OC}=r$。

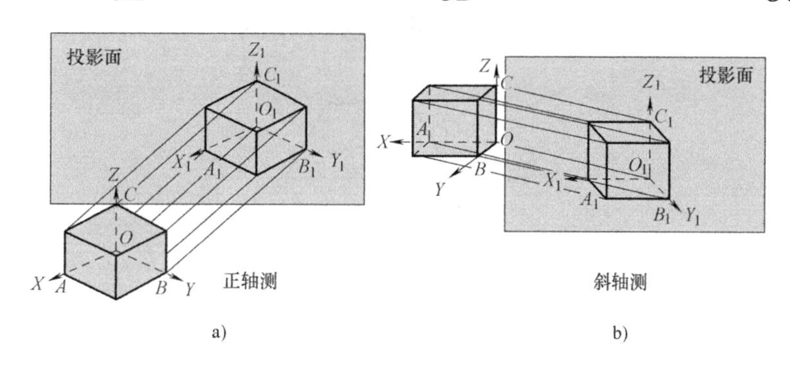

图 4-2 轴测轴、轴间角和轴向伸缩系数

2. 轴测图的分类

（1）按投射方向分 根据投射线方向和轴测投影面的位置不同，轴侧图可分为两大类：

1）正轴侧图：投射线方向垂直于轴侧投影面，如图 4-2a 所示。

2）斜轴侧图：投射线方向倾斜于轴侧投影面，如图 4-2b 所示。

（2）按轴向伸缩系数的不同分 在上述两类轴测图中，按轴向伸缩系数的不同，每类又可分为三种：

1）正（或斜）等轴测图（简称正等测或斜等测）：$p=q=r$。

2）正（或斜）二等轴测图（简称正二测或斜二测）：$p=r\neq q$ 或 $p=q\neq r$ 或 $r=q\neq p$。

3）正（或斜）三轴测图（简称正三测或斜三测）：$p\neq q\neq r$。

国家标准《技术制图 投影法》（GB/T 14692—2008）中规定，一般采用正等轴测图、正二等轴测图、斜二等轴测图三种，工程上使用较多的是正等轴测图和斜二等轴测图，下面主要介绍这两种轴测图的画法。

4.2 正等轴测图

使三条坐标轴对轴测投影面处于倾角都相等的位置，即将立方体的对角线放置成垂直于投影面的位置，并以该对角线的方向作为投影方向，所得到的轴测投影就是正等测投影。

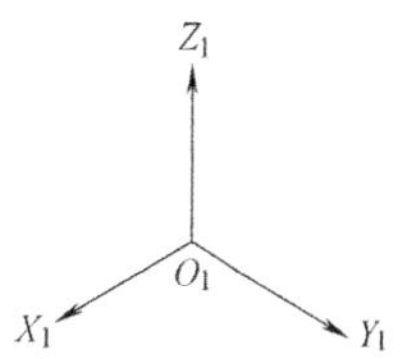

1. 轴间角与轴向伸缩系数

图 4-3 所示的正等轴测坐标系中，轴间角取为：$\angle X_1O_1Y_1=\angle X_1O_1Z_1=\angle Y_1O_1Z_1=120°$ ；轴向伸缩系数：$p=q=r=0.82$，为

图 4-3 正等轴测坐标系

了作图方便，轴向伸缩系数简化取为：$p=q=r=1$；

2. 正等测轴测图画法

（1）坐标法

例题 4-1　根据图 4-4 所示的正六棱柱的 H 面、V 面投影图，画出其正等测轴测图。

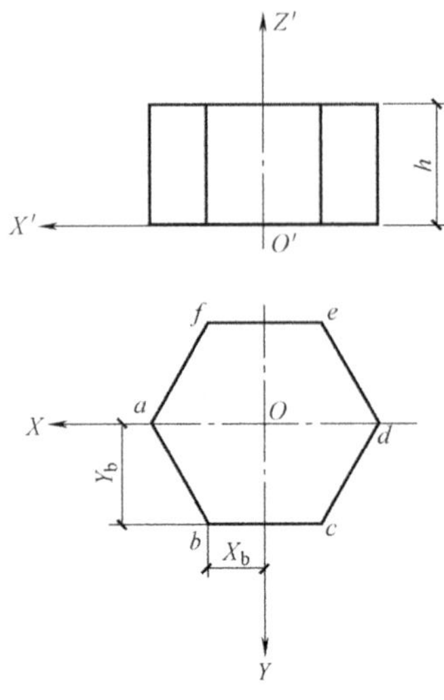

图 4-4　正六棱柱的 H 面、V 面投影图

解：1）确定原点及坐标轴，如图 4-5 所示。

2）定出 A、D 及Ⅰ、Ⅱ点，如图 4-5 所示。

3）过Ⅰ、Ⅱ点作 X 轴平行线，量取 B、C、E、F 四点，并连接各点，得六棱柱下底面六边形，如图 4-6 所示。

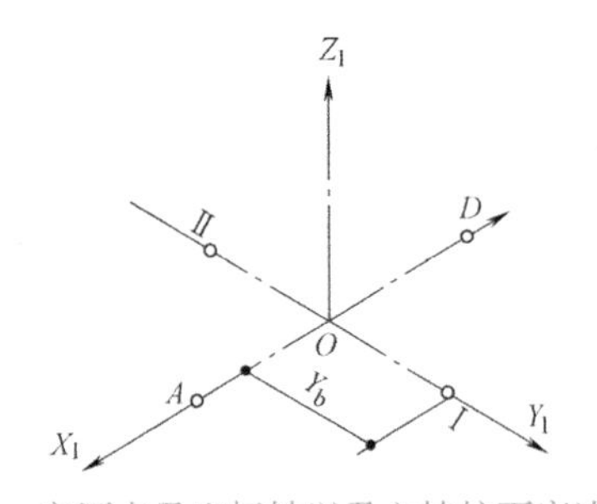

图 4-5　定原点及坐标轴以及六棱柱下底边控制点

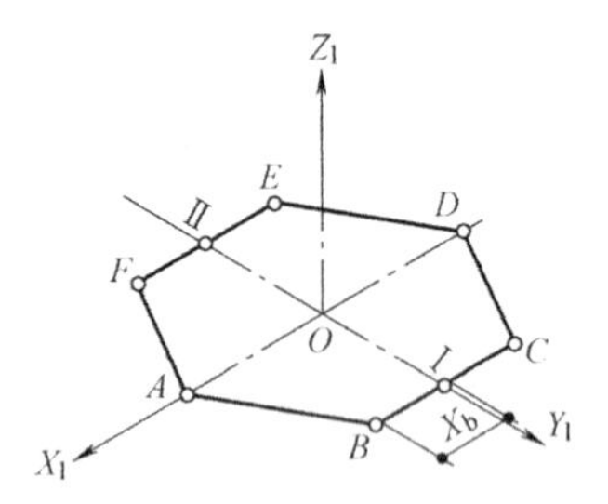

图 4-6　完成六棱柱下底面作图

4）过 A、B、C、D、E、F 点量取高 h，并连接各点，即得上底面六边形，如图 4-7 所示。

5）擦去辅助图线，如图 4-8 所示。

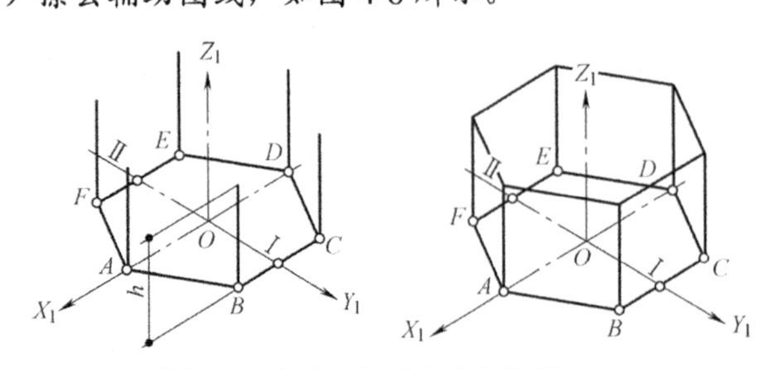

图 4-7　完成六棱柱上底面作图

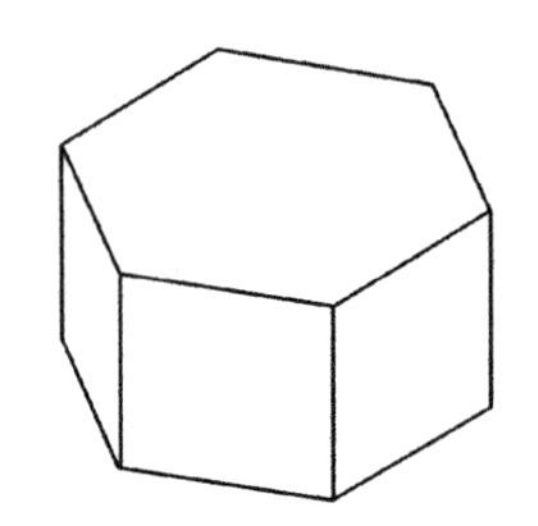

图 4-8　正六棱柱正等测轴测图

（2）切割法

例题 4-2 已知图 4-9 所示三视图，画出其正等轴测图。

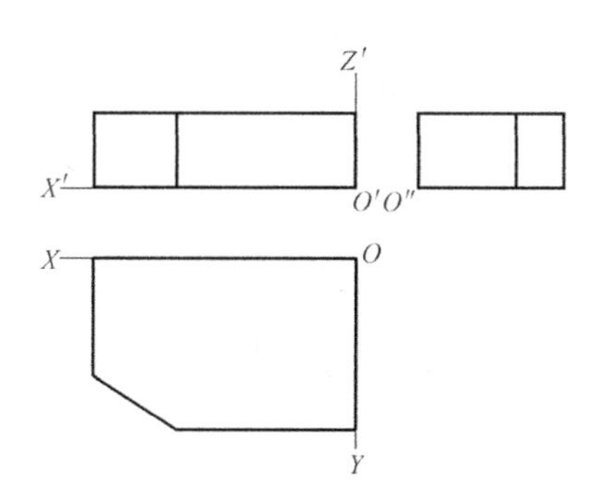

图 4-9 切割法画正等轴测图

解：1）作出长方体和小三棱柱体的正等轴测图，如图 4-10 所示。

2）切割多余的小三棱柱体的图线，并擦去辅助图线，如图 4-11 所示。

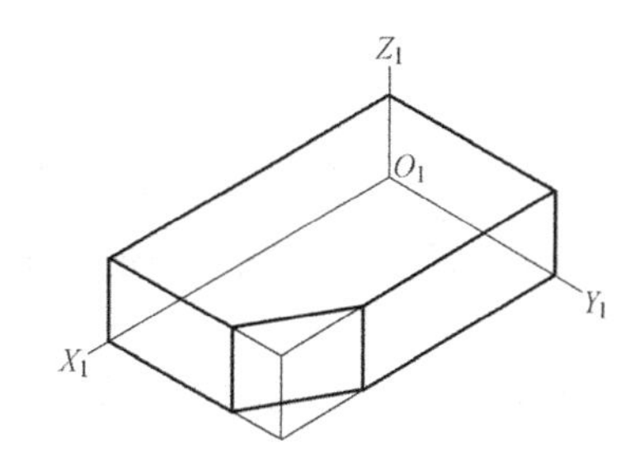

图 4-10 长方体和小三棱柱体的正等轴测图 图 4-11 切割法完成正等轴测图

（3）叠加法

例题 4-3 已知图 4-12 所示三视图，画出其正等轴测图。

解：1）作出长方体和小三棱柱体的正等轴测图，如图 4-13 所示。

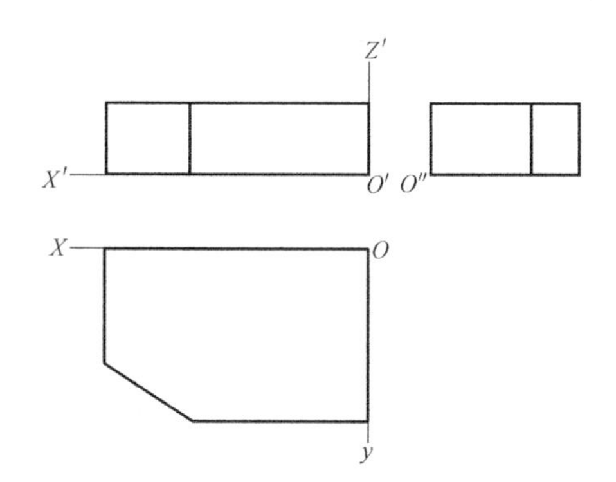

图 4-12 叠加法画正等轴测图

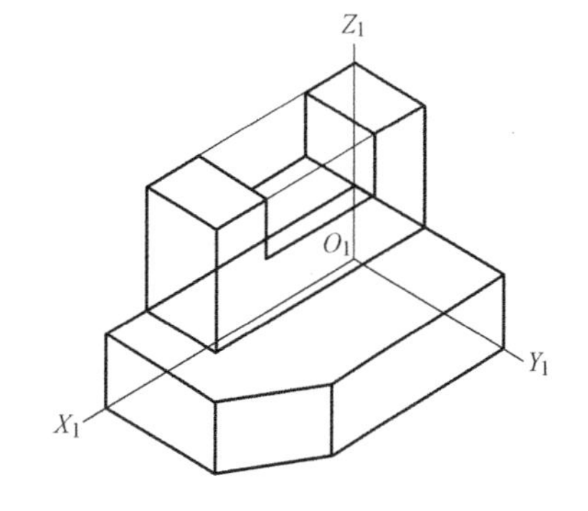

图 4-13 叠加组合体的正等轴测图

2）擦去辅助图线，如图 4-14 所示。

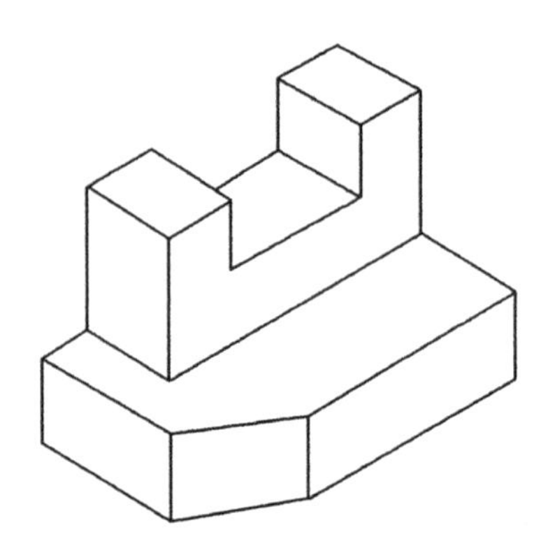

图 4-14 叠加法完成正等轴测图

4.3 斜二等轴测图

当轴测投影面平行于一个坐标平面，且平行于坐标平面的那两个轴的轴向伸缩系数相等的斜轴测投影也称为斜二等轴测投影（斜二测）。

1. 轴间角与轴向伸缩系数

正面斜二等轴测图：当轴测投影面平行于 V 面时，如图 4-15a 所示。其轴间角 $\angle X_1O_1Z_1=90°$，其余轴间角可以取为 $\angle X_1O_1Y_1=\angle Y_1O_1Z_1=135°$ 或其他值；轴向伸缩系数简化取为：$p=r=1$，$q=0.5$。

侧面斜二等轴测图：当轴测投影面平行于 W 面时，如图 4-15b 所示。其轴间角 $\angle Y_1O_1Z_1=90°$，其余轴间角可以取为 $\angle X_1O_1Y_1=\angle X_1O_1Z_1=135°$ 或其他值；轴向伸缩系数简化取为：$q=r=1$，$p=0.5$。

水平斜二等轴测图：当轴测投影面平行于 H 面时，如图 4-15c 所示。其轴间角 $\angle X_1O_1Y_1=90°$，其余轴间角可以取为 $\angle X_1O_1Z_1=\angle Y_1O_1Z_1=135°$ 或其他值；轴向伸缩系数简化取为：$p=q=1$，$r=0.5$。

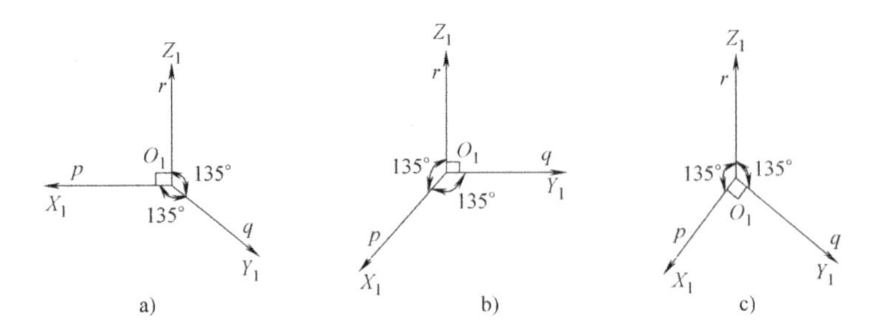

图 4-15 斜二等轴测坐标系

2. 斜二等轴测图画法

例题 4-4 已知图 4-16 所示花窗的正投影图，求作正面斜二等轴测图。

解：1）以 V 面视图为基础，沿着 Y 方向量取 $Y/2$ 长，如图 4-17 所示。

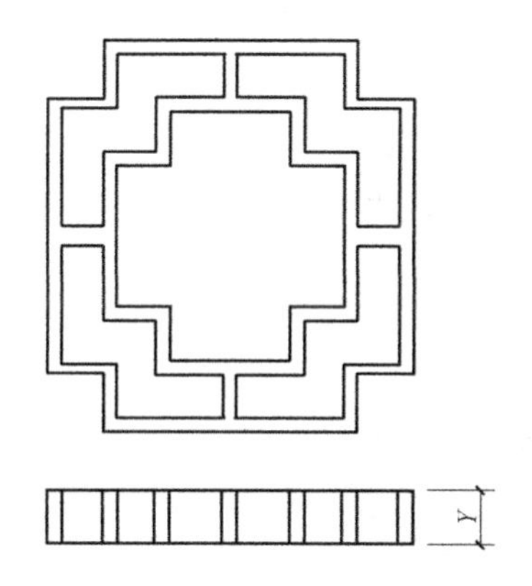

图 4-16　花窗的 H 面、V 面投影图

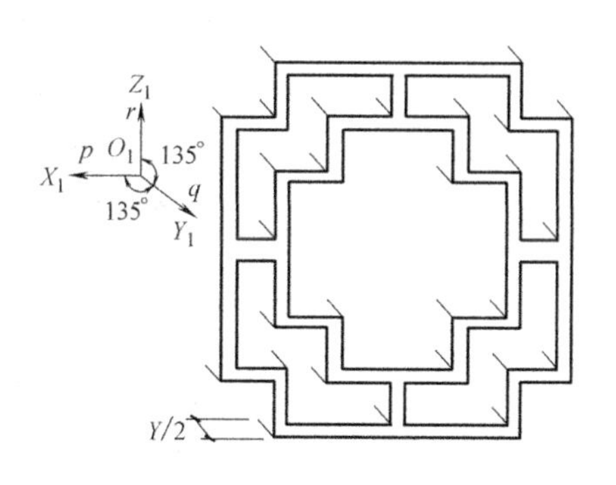

图 4-17　花窗的正面斜二等轴测图作图

2）擦去辅助图线，如图 4-18 所示。

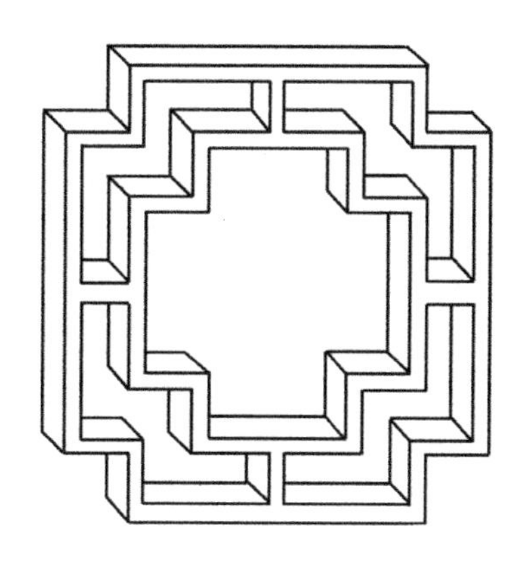

图 4-18　花窗的正面斜二等轴测图完成

例题 4-5　根据图 4-19 所示某建筑总平面图，作总平面的水平斜二等轴测图（建筑物高度自定）。

解：1）以 H 面视图为基础，取坐标如图 4-20 所示，轴向伸缩系数取为：$p=q=1$，$r=1$。

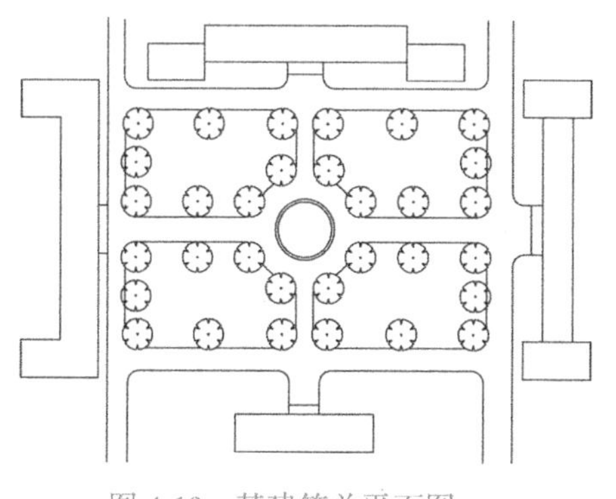

图 4-19　某建筑总平面图

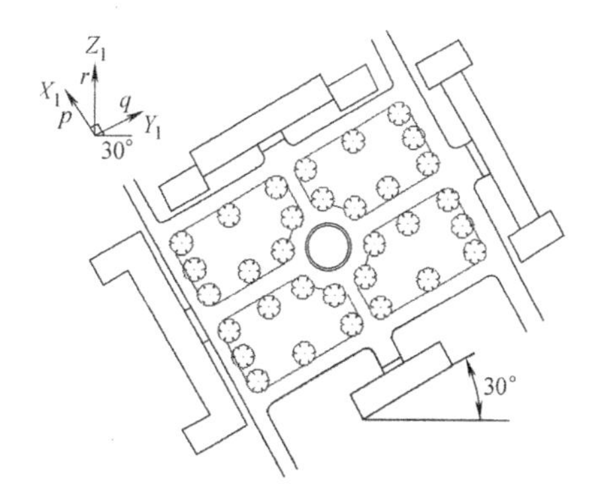

图 4-20　某建筑总平面图水平斜二等轴测图完成过程

2）建筑物高度自定量取，完成各部分图线，擦去多余图线并加深，如图 4-21 所示。

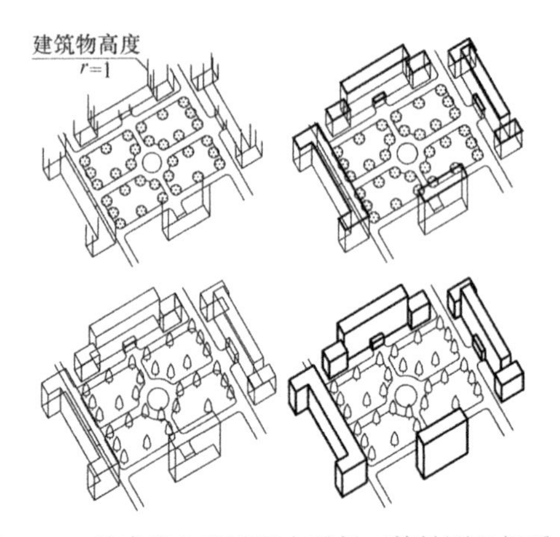

图 4-21　某建筑总平面图水平斜二等轴测坐标系

第五章　工程形体的表达方法

建筑物的形体复杂，结构多种多样，要想完整、清晰地表达工程形体的内外结构形状，有时仅用三个视图不能满足要求。《建筑制图标准》（GB/T 50104—2010）和《房屋建筑制图统一标准》(GB/T 50001—2017) 等国家相关标准规定了多种表达方法。

5.1　视图的组成

 5.1.1　基本视图

表示一个工程形体可以有六个基本投射方向，如图 5-1 所示，相应的有六个基本的投影平面分别垂直于六个基本投射方向。工程形体在基本投影面上的投影称为基本视图。基本视图包括正立面图、平面图、左侧立面图、底面图、背立面图、右侧立面图。

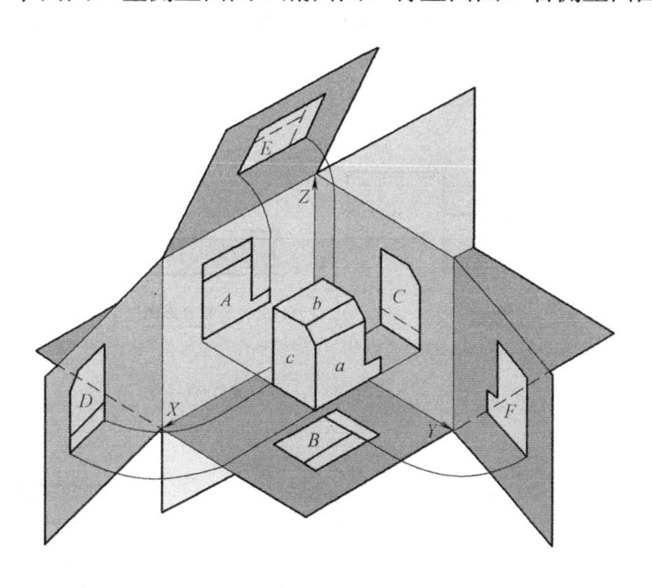

图 5-1　六个基本视图

在同一张图纸上画六个基本视图时，应按以下位置关系（图 5-2）摆放：正立面图在中间、平面图在下、左侧立面图在右、底面图在上、背立面图在左侧立面图的右方、右侧立面图在正立面图的左方。六个基本视图按上述位置布局时，可以不需要标注视图的名称。

在实际工作中，当在同一张图纸上绘制同一个物体的若干个视图时，为了合理地利用图纸可根据需要重新配置视图的位置，如图 5-3 所示。

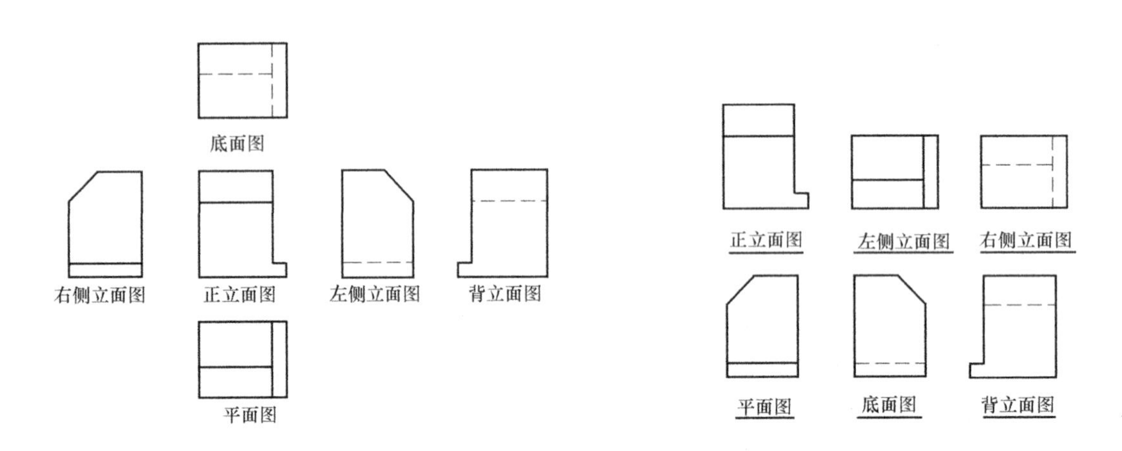

图 5-2　六个基本视图排列　　图 5-3　六个基本视图配置

虽然工程形体可以用六个基本视图来表达，但实际上要画哪几个视图应视具体情况而定。一般的建筑形体可用三面投影图（三视图）来表示，但当房屋各项立面变化较大时，可采用较多投影，如图 5-4 所示为一栋房屋的视图表达方案。

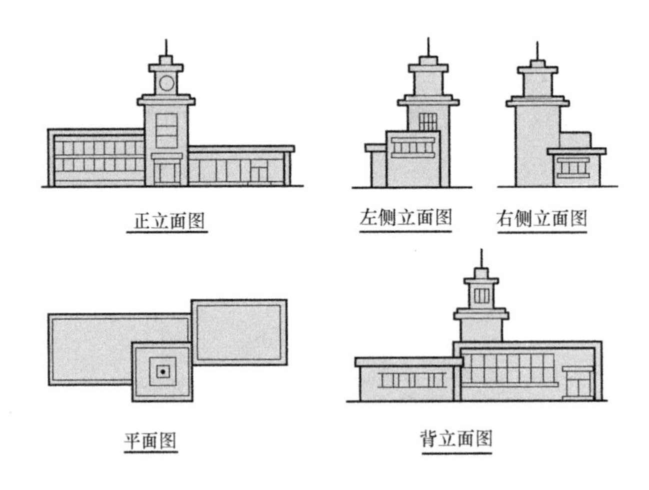

图 5-4　一栋房屋的视图表达方案

5.1.2　辅助视图

1. 镜像投影

把投影面当作一个镜面，在镜面中就能得到工程形体的反射图像，这种工程形体在镜面内的镜像图样也称为镜像投影，如图 5-5 所示。

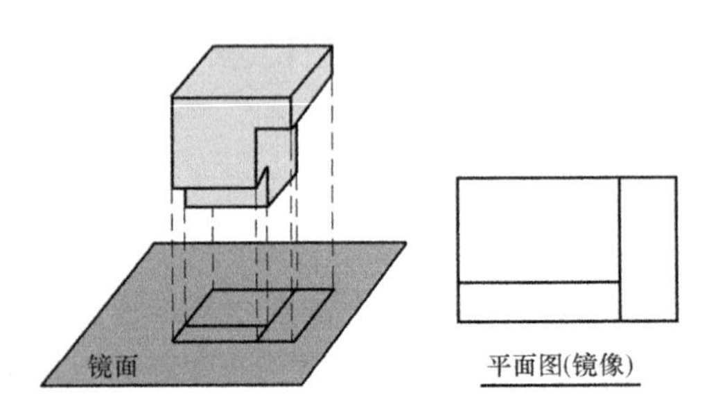

图 5-5　物体关于 H 面镜像投影

2. 局部视图

将工程形体的某一部分向基本投影面投射所得到的视图，称为局部视图。如图 5-6 所示的集水井，工程形体的大部分形状用正立面图和平面图已经表示清楚，只有左右两个局部形状还没表达，可以只画出没有表达清楚的那部分，不再画完整的左侧立面图和右侧立面图。

画局部视图时注意：

1）局部视图应该标注。一般在局部视图的上方标注出视图的名称“*X*”，并在相应基本视图附近标上箭头指明投射方向，注上相同字母，如图 5-6 中的 *A*。

2）局部视图的断裂边界用波浪线或双折线表示。当局部结构完整，而且轮廓线封闭时，可以省略波浪线，如图 5-6 中的 *B*。

3）局部视图一般按投影关系配置，必要时也可以配置在其他适当位置。

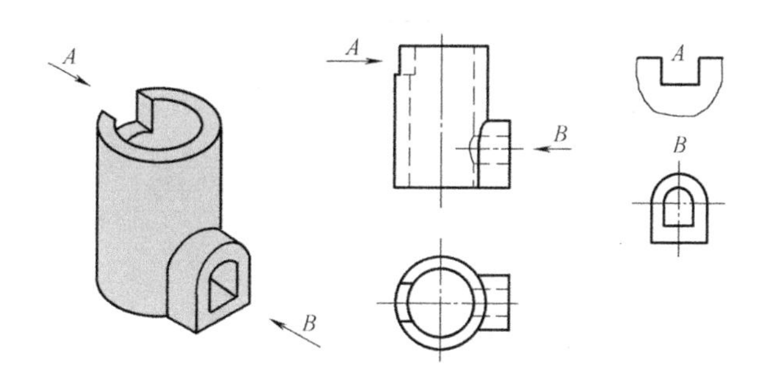

图 5-6　集水井局部视图

3．斜视图

将工程形体向不平行于任何基本投影面的平面投射所得到的视图，称为斜视图，如图 5-7 所示。为了表达工程形体上倾斜表面（不平行于基本投影面的表面）的实际形状，可以把它投射在与倾斜表面平行的辅助投影面上。

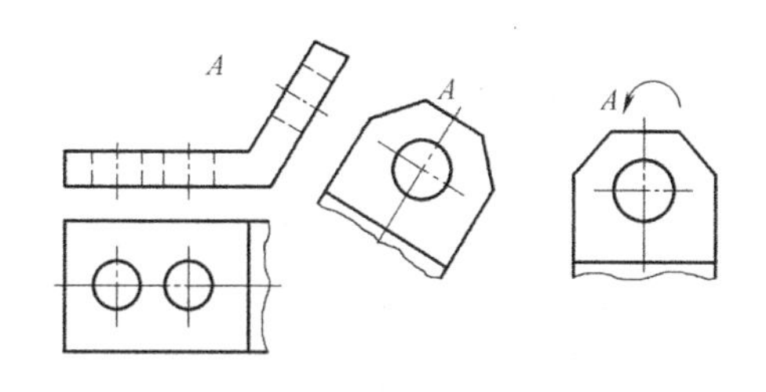

图 5-7　斜视图

画斜视图时应注意：

1）斜视图一般按投影关系配置，必要时可以配置在其他位置，或将图形旋转后摆正画出。旋转后的斜视图标注方法是：在图形上方以字高为半径旋转方向画一圆弧箭头，表示该视图的大写拉丁字母应靠近旋转符号的箭头端，也可以将旋转角度写在字母之后，如图 5-7 所示。

2）因为斜视图是用来表达工程形体倾斜部分的形状，所以其余部分不必完全画出，用波浪线或双折线断开。

4．旋转视图

假想把物体的某倾斜部分旋转到与基本投影面平行的位置上，然后再进行投射所得的投影图为旋转视图，也称为展开视图，如图 5-8 所示。

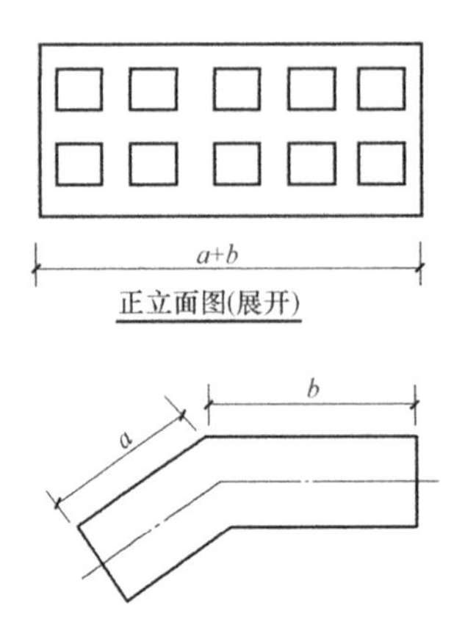

图 5-8　某建筑物正立面展开视图

5.2　剖面图

在视图中，建筑形体内部结构形状的投影用虚线表示。当形体复杂时，视图中出现较多的虚线，实线、虚线交错，混淆不清，给绘图、读图带来困难，此时，可采用“剖切”的方法来解决形体内部结构形状的表达问题。

5.2.1　剖面图的形成

假想用剖切面（平面或曲面）剖开物体，将处在观察者和剖切面之间的部分移去，而将其余部分向投影面投射所得的投影称为剖面图。如图 5-9a 所示是杯形基础，基础内孔投影出现了虚线，使形体表达不清楚。假想用一个与基础前后对称面重合的平面 P 将基础剖开，如图 5-9b、c 所示，移去观察者与平面之间的部分，而将其余部分向 V 面投射，如图 5-9d 所示，得到的投影图称为剖面图，剖开基础的平面 P 称为剖切面。杯形基础被剖切后，其内孔可见，并在其上补画材料图例，图 5-9e 用粗实线表示，避免了画虚线，这样使杯形基础的内部形状的表达更清晰。

根据上述原理，在剖切平面迹线的起、迄、转折处标注剖切位置线，在图形外的位置线两端画出投射方向线。剖面图的剖切符号应由剖切位置线和投射方向线组成，均用粗实线绘制，剖切位置线长度为 6 ～ 10mm。投射方向线应与剖切位置线垂直，长度为 4 ～ 6mm。剖切符号不应与图线相交，如图 5-10 所示。在投射方向线端注写剖切符号编号，如图 5-10 中的“1-1”、“2-2”。如果剖切位置线需要转折时，应在转角外侧注上相同的剖切符号编号，如图 5-10 中的“3-3”。剖切符号的编号应采用阿拉伯数字，从小到大连续编写，在图上按从左至右、从上到下的顺序进行编号。

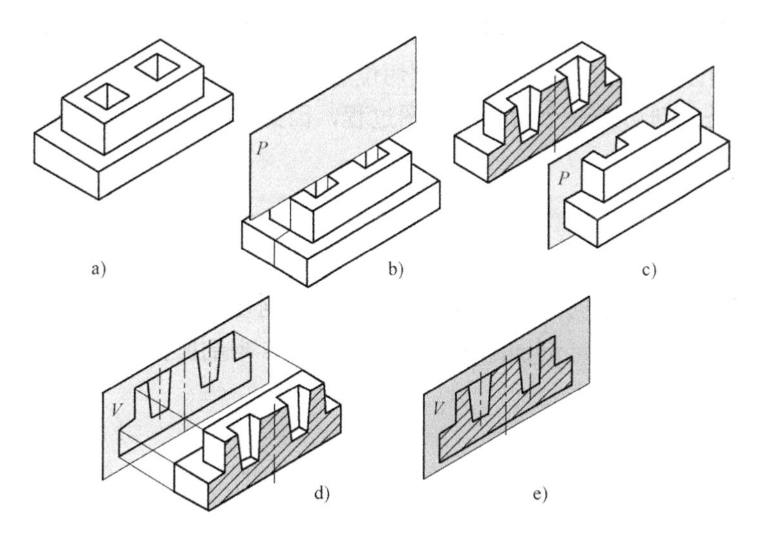

图 5-9 杯形基础剖面图投影过程

沿着杯形基础的两个方向的对称面切开杯形基础，分别向 *V* 面和 *W* 面投影，所得的剖面图如图 5-11 所示。在剖面图下方标注剖面图名称，如“ *X*—*X*（剖面图)”，在图名下绘一水平粗实线，其长度应以图名所占长度为准，如图 5-11 中的“1-1”。

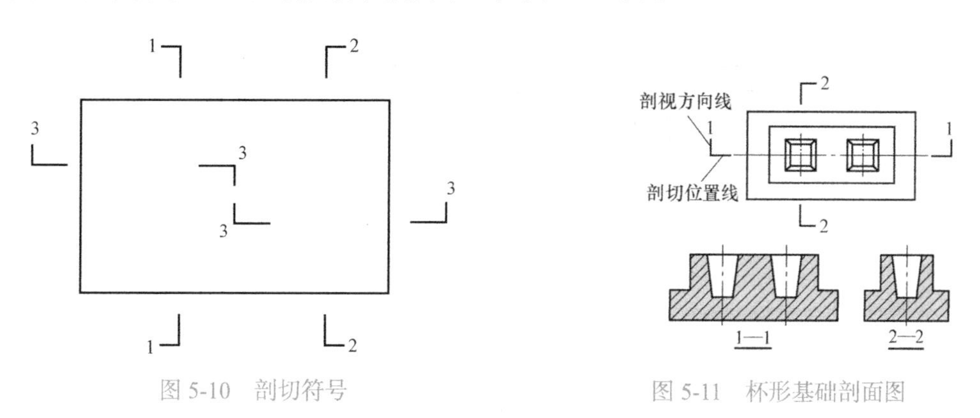

图 5-10 剖切符号

图 5-11 杯形基础剖面图

5.2.2 剖面图的画法

（1）确定剖切平面的位置和数量 应选择适当的剖切平面位置，使剖切后画出的图形能确切、全面地反映所要表达部分的真实形状。剖切面一般选与对称面重合或通过孔洞的中心线，使剖切后的图形完整，并反映实形。一个形体，有时需画几个剖面图，但应根据形体的复杂程度而定。

（2）画剖面图 剖切面与物体的接触部分称为剖切区域。剖面图除应画出剖切面剖切到部分的图形外，还应画出沿投射方向看到的部分——被剖切面切到部分的轮廓线用粗实线绘制，剖切面没有切到但沿投射方向可以看到的部分用中实线绘制。

（3）画材料图例 剖切区域的轮廓用粗实线绘制，并在剖面区域内画上表示建筑材料的图例，常用的部分建筑材料图例可参见第六章。

（4）省略不必要的虚线　为了使图形更加清晰，剖面图中一般不画虚线。

（5）剖面图的标注　用剖切符号表示剖切位置及投影方向，注明剖视图的名称。

需要说明的是：剖切是一个假想的作图过程，因此一个视图画成剖面图，其他视图仍应完整画出。

5.2.3　剖面图的种类

由于工程形体的形状不同，对形体做剖面图时所剖切的位置和作图方法也不同。根据剖面图中被剖切的范围划分，剖面图可分为全剖面图、半剖面图、阶梯剖面图、局部剖面图（分层剖面图）等。

1. 全剖面图

用剖切面完全地剖切物体所得的剖面图称为全剖面图，如图 5-12 所示。

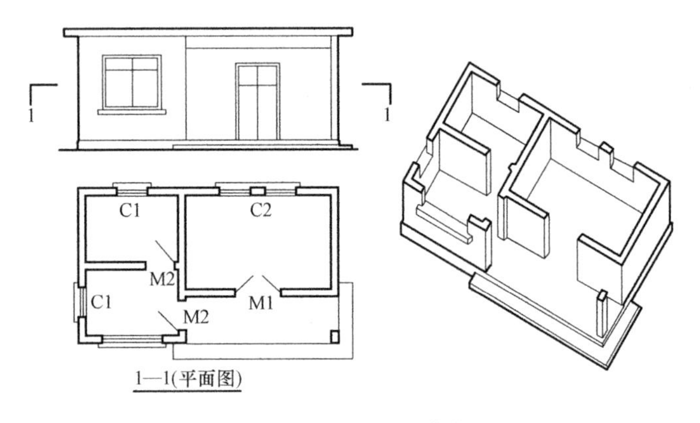

图 5-12　房屋的全剖面图（建筑平面图）

2. 半剖面图

当物体具有对称平面时，在垂直于对称平面的投影面上所得的投影，可以对称中心线为界，一半绘制成视图，另一半绘制成剖面图，这样的剖面图称为半剖面图，如图 5-13 所示。

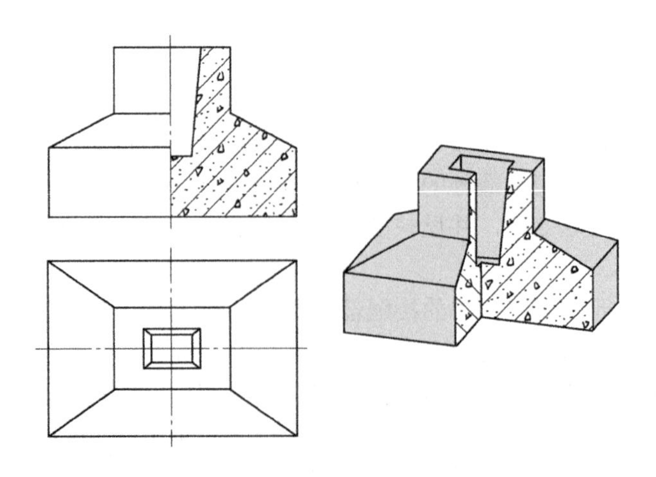

图 5-13　半剖面图画法

画半剖面图时应注意视图与剖面图的分界线应是中心线，不可画成粗实线。

3．阶梯剖面图

阶梯剖面图适用于有不同结构且其中心线排列在互相平行的平面上的物体；用两个或两个以上互相平行的剖平面，通过其中心线去剖切物体，注意必须标注；剖切平面的转折处不应画交线，如图 5-14 所示。

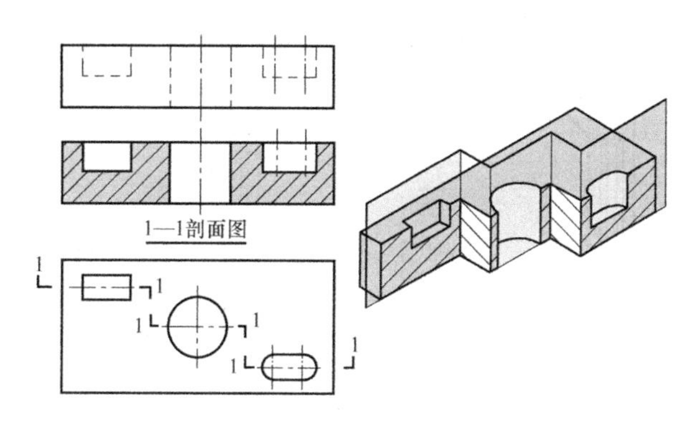

图 5-14　阶梯剖面图画法

4．局部剖面图

用剖切面局部地剖开物体所得的剖面图称为局部剖面图，如图 5-15 所示。作局部剖面图时，剖切平面的大小与位置应根据物体形状而定，剖面图与原视图用波浪线分开。

注意：波浪线表示物体断裂处的边界线的投影，因而波浪线应画在物体的实体部分，不应与任何图线重合或画在实体之外。

用几个互相平行的剖切平面分别将物体局部剖开，把几个局部剖面图重叠画在一个视图上，用波浪线将各层的投影分开，这样的剖切称为分层剖切，如图 5-16 所示。分层剖切主要用来表达物体各层不同的构造作法。分层剖切一般不标注。

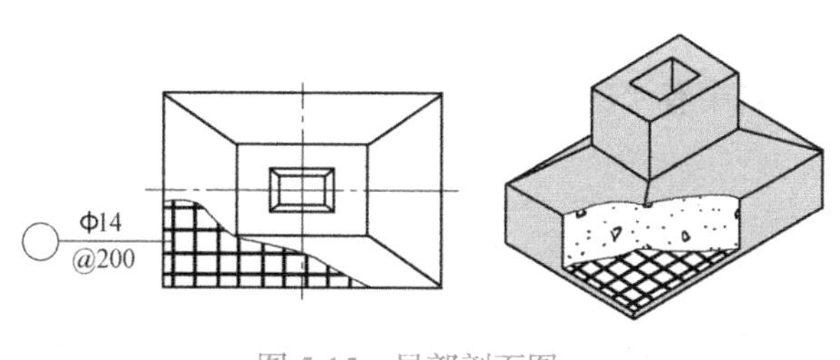

图 5-15　局部剖面图

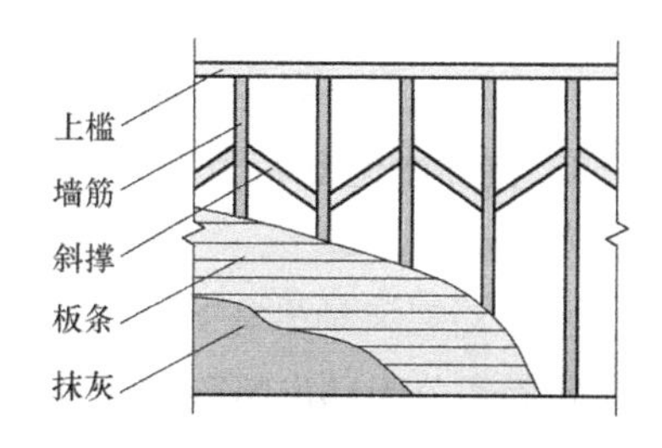

图 5-16　分层剖面图

5.3　断面图

断面图的标注步骤为：

1）在剖切平面的迹线上标注剖切位置线。

2）在剖切位置线一侧注写剖切符号编号，编号所在一侧表示该断面剖切后的投射方向。

3）在断面图下方标注断面图名称，如“ X—X”，并在图名下画一水平粗实线，其长度以图名所占长度为准。

断面图是假想用剖切面将物体某部分切断，仅画出该剖切面与物体接触部分的图形，如图 5-17a 所示。断面图可简称断面，常用来表示物体局部断面形状。

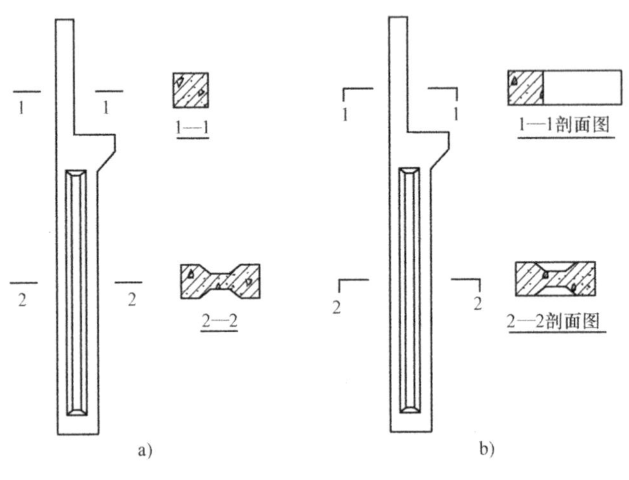

图 5-17　断面图与剖面图的区别

a）断面图　b）剖面图

1. 断面图标注

断面图中剖切符号用剖切位置线表示，剖切位置线用粗实线绘制，长度约 6 ～ 10mm，剖切符号编号与剖面图相同。

断面图与剖面图的区别为：

1）在画法上，断面图只画出物体被剖开后截面的投影，而剖面图除了要画出截面的投影，还要画出剖切面后物体可见部分的投影。

2）在不省略标注的情况下，断面图只需标注剖切位置线，用编号所在一侧表示投射方向，而剖面图用投射方向线表示投射方向；

3）剖面图的图名为“ X—X 剖面图”，图名中有“剖面图”三个字；断面图的图名只需标注为“X—X”。

2. 断面图的种类及画法

断面图分为移出断面和重合断面。

（1）移出断面　画在物体投影轮廓线之外的断面图称为移出断面。为了便于看图，移出断面应尽量画在剖切平面的迹线的延长线上。断面轮廓线用粗实线表示，如图 5-17a 所示。

细长杆件的断面图也可画在杆件的中断处，这种断面图也称为中断断面，中断断面不需要标注，如图 5-18 所示。

（2）重合断面　画在剖切位置迹线上并与视图重合的断面图称为重合断面，如图 5-19 所示。重合断面一般不需要标注。重合断面轮廓线用粗实线表示，当视图中的轮廓线与重合断面轮廓线重合时，视图的轮廓线仍应连续画出，不可间断。

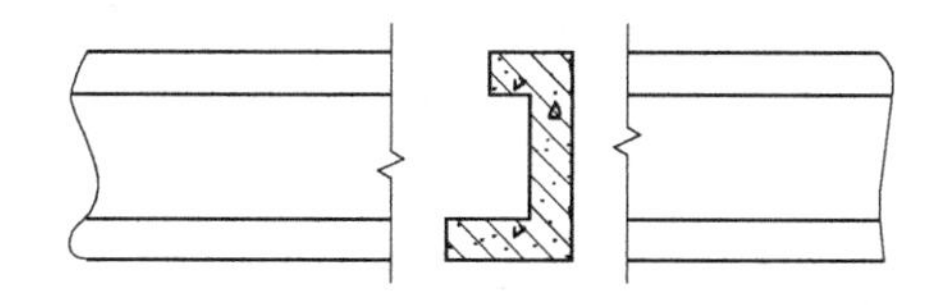

图 5-18 中断断面

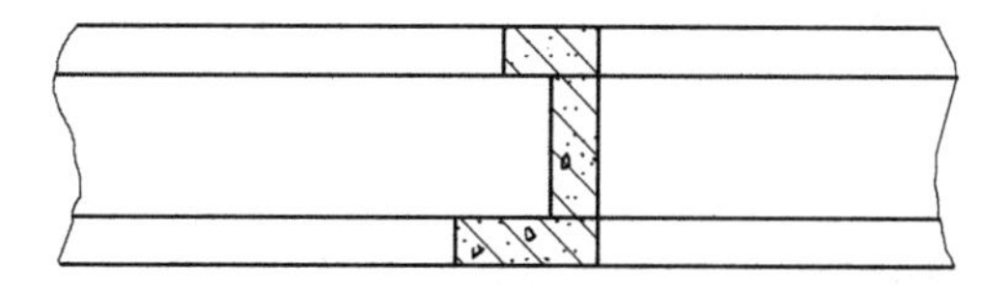

图 5-19 重合断面

这种断面图常用来表示墙立面装饰折倒后的形状、屋面形状、坡度时，也称为折倒断面，如图 5-20 所示。

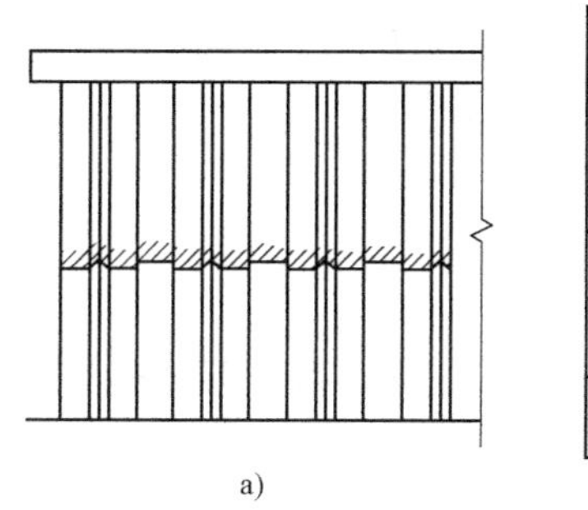

a)

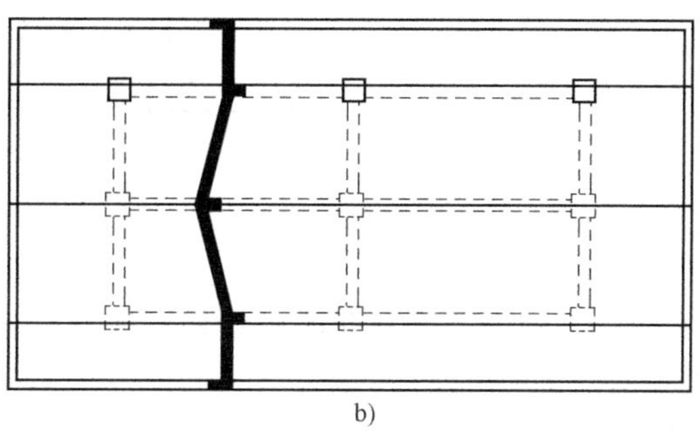

b)

图 5-20 折倒断面图

a）墙壁上装饰的断面图 b）断面图画在布置图上

5.4 简化画法

为了读图及绘图方便，国标中规定了一些简化画法。

1. 对称简化画法

构配件的视图有一条对称线时，可只画该视图的一半；视图有两条对称线时，可只画该视图的 1/4，并在对称中心线上画上对称符号，如图 5-21 所示。

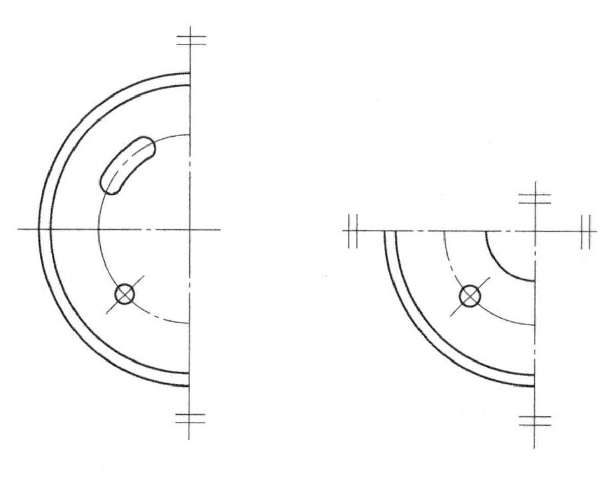

图 5-21 对称简化画法

对称符号用两段长度约为 6 ～ 10mm，间距约为 2 ～ 3mm 的平行线表示，用细实线绘制，分别标在图形外中心线两端。

2. 相同要素简化画法

构配件内多个完全相同而连续排列的构造要素，可仅在两端或适当位置画出其完整形状，其余部分以中心线或中心线交点表示，如图 5-22 所示。

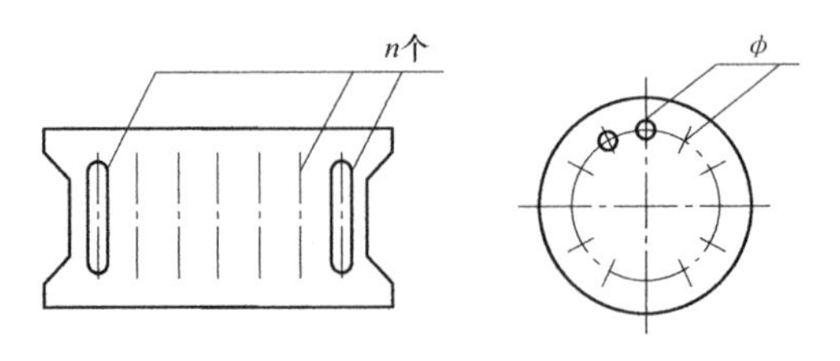

图 5-22　相同要素简化画法

3. 折断简化画法

较长的构件，如沿长度方向的形状相同或按一定规律变化，可断开省略绘制，断开处应以折断线表示，如图 5-23 所示。

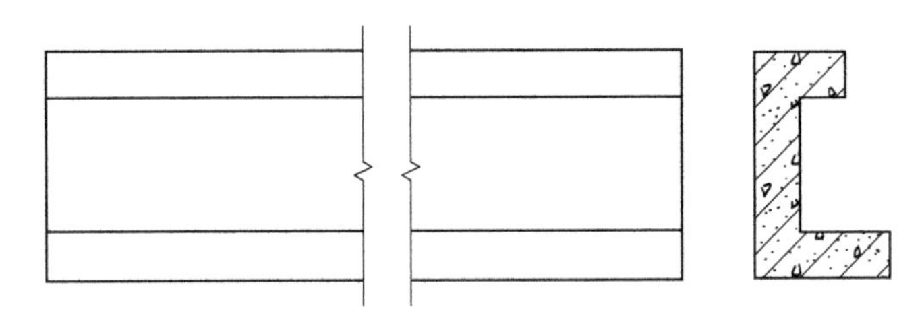

图 5-23　折断简化画法

5.5　第三角视图

将物体置于第一象限内，以“视点（观察者）、物体、投影面”关系而投影视图的画法，称为第一角法，也称为第一象限法，如图 5-24 所示。

将物体置于第三象限内，以“视点（观察者）、投影面、物体”关系而投影视图的画法，称为第三角法，也称为第三象限法，投影时就好像隔着“玻璃”看物 体，将物体的轮廓形状印在“玻璃”(投影面) 上，如图 5-25 所示。

第一角基本投影面展开方向，以观察者而言，为由近而远的方向翻转展开。左视图放右边，右视图放左边，俯视图（上视图）放下面，依此类推；前后判断：远离主视是前方，如图 5-26 所示。

第三角基本投影面展开方向，以观察者而言，为由远而近的方向翻转展开。左视图放左边，右视图放右边，俯视图 (上视图) 放上面，依此类推；前后判断：远离主视是后方，如图 5-27 所示。

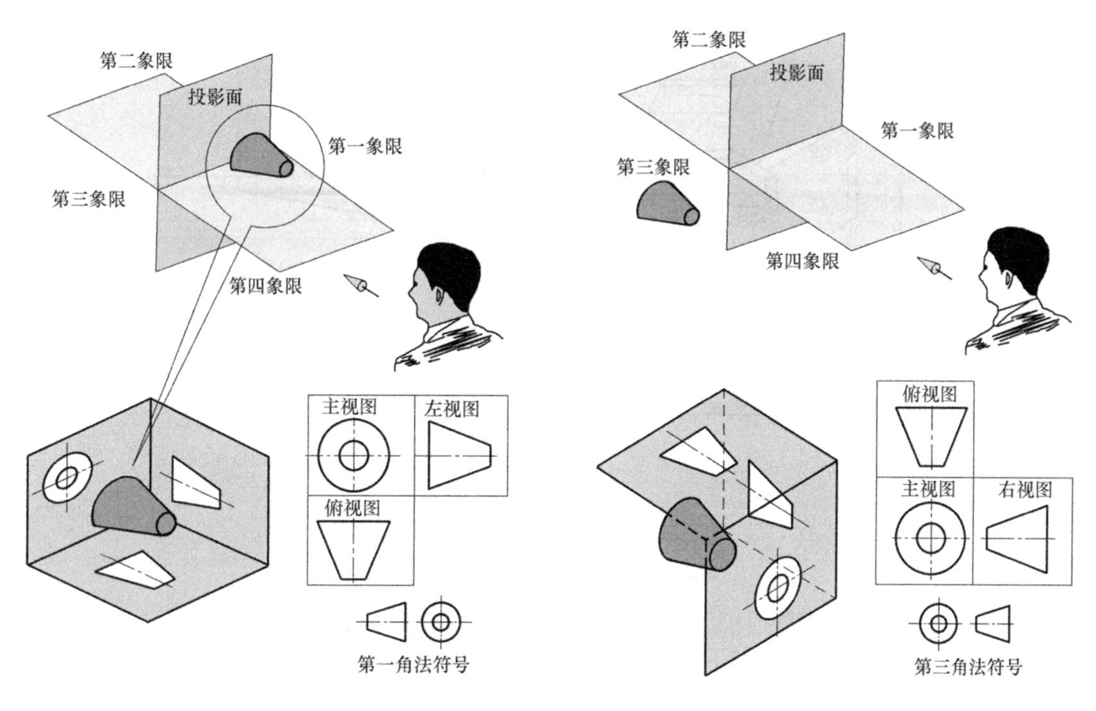

图 5-24　第一角视图　　　图 5-25　第三角视图

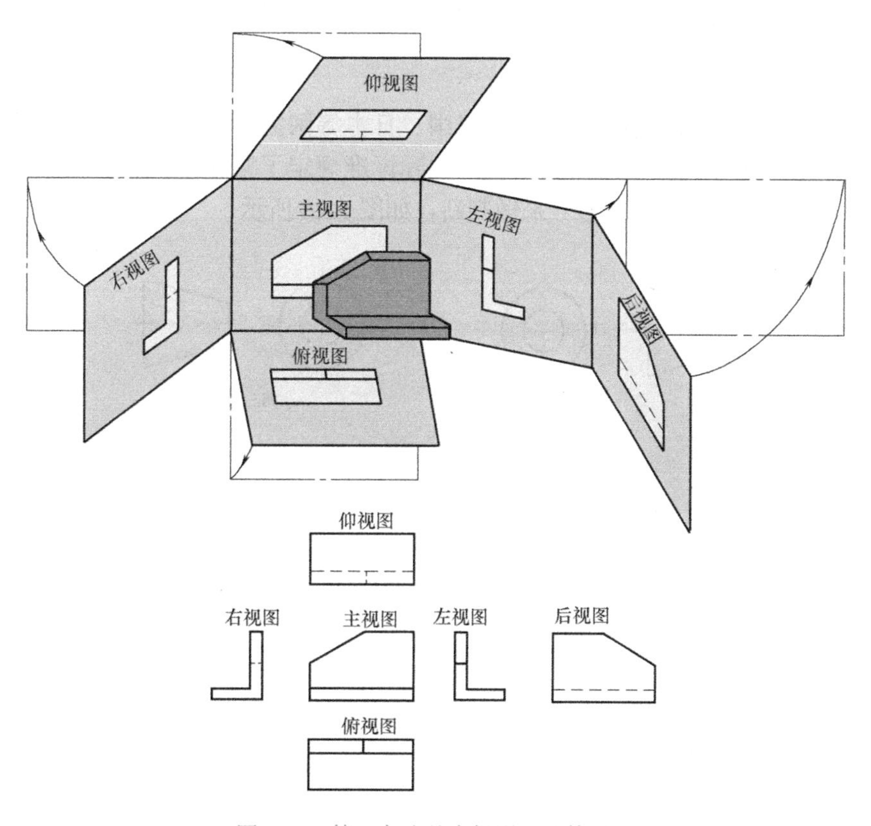

图 5-26　第一角法基本投影面及其展开

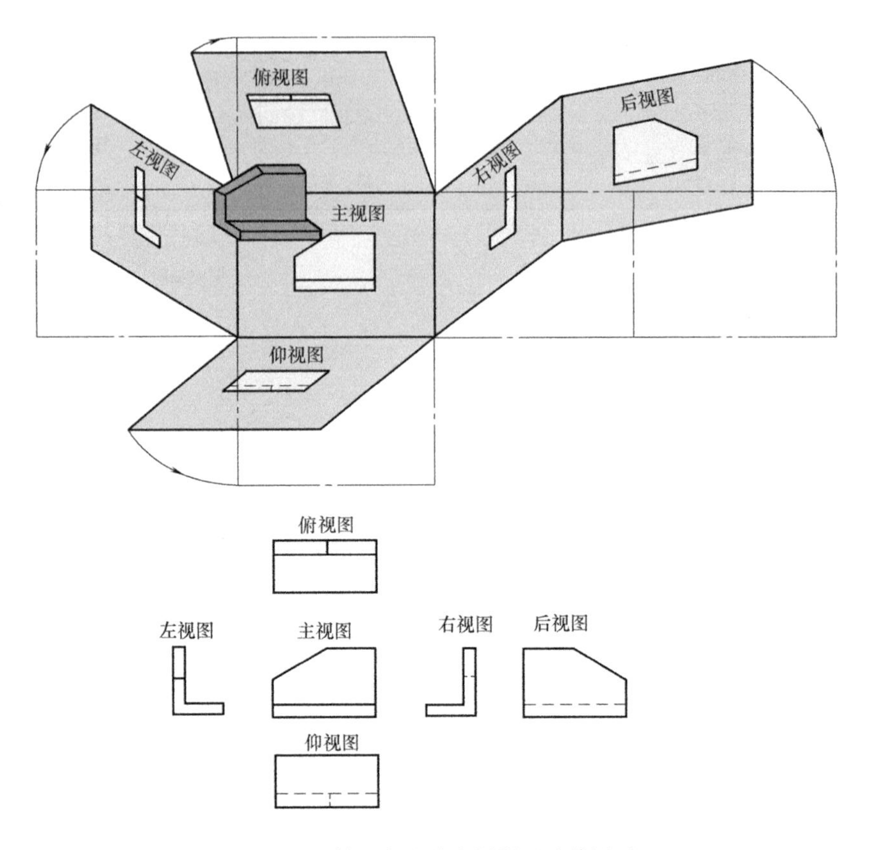

图 5-27　第三角法基本投影面及其展开

中国和德国等国家采用第一角画法，美国、日本等国家采用第三角画法。看图人员首先要先判断图纸是第一角法还是第三角法，国际标准规定了第一角投影和第三角投影的符号识别方法，可以通过角法识别符号来做判断，如图 5-28 所示。

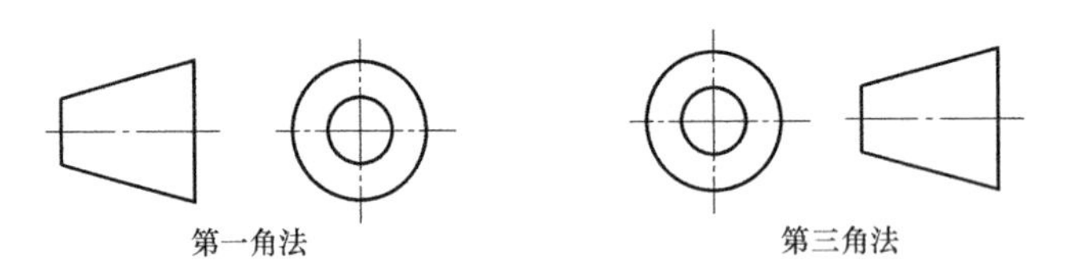

图 5-28　角法识别符号

第六章　建筑施工图图例

识读建筑施工图，必须熟悉常用建筑施工图图例，根据图纸和专业不同，列举见表 6-1、表 6-2 和表 6-3。

6.1　总平面图图例

表 6-1　总平面图图例

序号	图例	名称	备注
	一、总平面		
1	8 ▲	新建建筑物	1. 需要时，可用 ▲ 表示出入口，可在图形内右上角用点数或数字表示层数 2. 建筑物外形（一般以 ±0.000 高度处的外墙定位轴线或外墙面线为准）用粗实线表示。需要时，地面以上建筑用中粗实线表示，地面以下建筑用细虚线表示
2		原有建筑物	用细实线表示
3		计划扩建的预留地或建筑物	用中粗虚线表示
4		地下建筑物 / 构筑物	用粗虚线表示
5		拆除的建筑物	用细实线表示
6		建筑物下面的通道	
7		露天堆场或露天作业场	需要时可注明材料名称

（续）

序号	图例	名称	备注
8	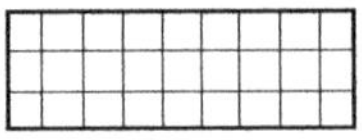	铺砌场地	
9	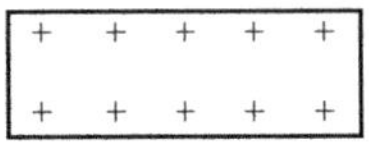	敞棚或敞廊	
10	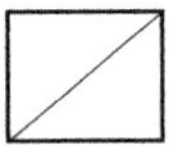	冷却塔（池）	应注明冷却塔或冷却池
11	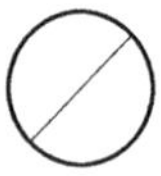	冷却塔（池）	
12	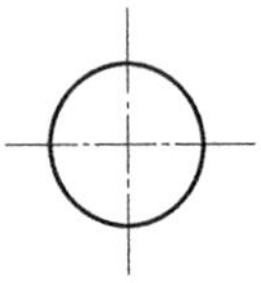	水塔、贮罐	上图为水塔或立式贮罐 下图为卧式贮罐
13	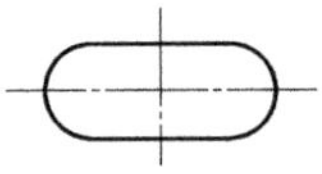		
14		矩形水池、坑槽	也可以不涂黑
15		圆形水池、坑槽	
16		烟囱	实线为烟囱下部直径，虚线为基础，必要时可注写烟囱高度和上、下直径
17		围墙及大门	上图为实体性质的围墙 下图为通透性质的围墙，若仅表示围墙时不画大门
18			
19		挡土墙	被挡土在“突出”的一侧
20		挡土墙上设围墙	
21	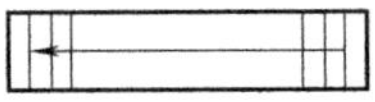	台阶	箭头指向表示向下
22	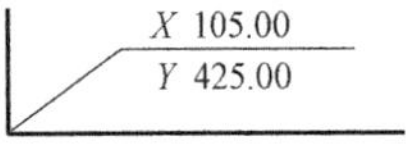 X 105.00 Y 425.00	测量坐标，建筑坐标	坐标

（续）

序号	图例	名称	备注
23	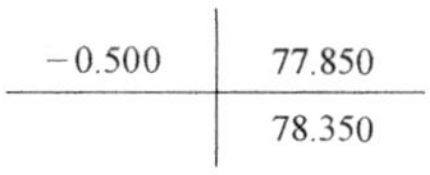 −0.500 77.850 78.350	土方方格网交叉点标高	“78.350”为原地面标高 “77.850”为设计标高 “− 0.500”为施工高度 “−”表示挖方 “+”表示填方
24	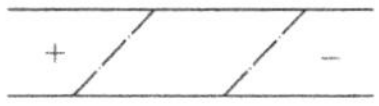 + −	填方区、挖方区、未平整区及零点线	“+”表示填方区 “−”表示挖方区 中间为未整平区 点画线为零点线
25	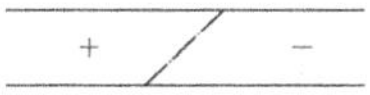 + −		
26	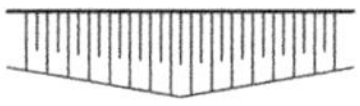	填挖边坡	1. 边坡较长时，可在一端或两端局部表示 2. 下边线为虚线时表示填方
27	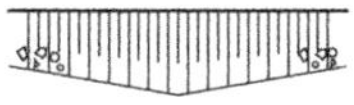	护坡	
28		地表排水方向	
29	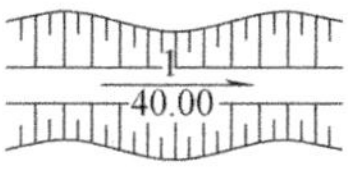 1 40.00	截水沟或排水沟	“1”表示 1% 的沟底纵向坡度，“40.00”表示变坡点间距离，箭头表示水流方向
30	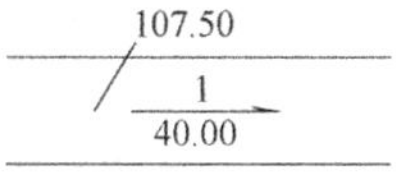 107.50 1 40.00	排水明沟	1. 上图用于比例较大的图面，下图用于比例较小的图面 2.“1”表示 1% 的沟底纵向坡度，“40.00”表示变坡点间距离，箭头表示水流方向 “107.50”表示沟底标高
31	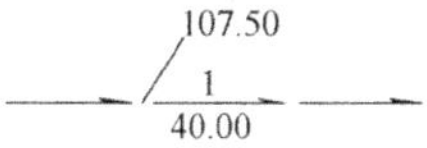 107.50 1 40.00		
32	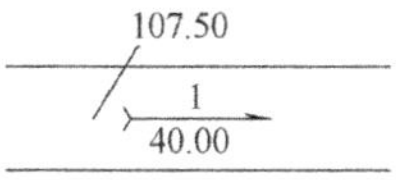 107.50 1 40.00	铺砌的排水明沟	1. 上图用于比例较大的图面，下图用于比例较小的图面 2.“1”表示 1% 的沟底纵向坡度，“40.00”表示变坡点间距离，箭头表示水流方向 “107.50”表示沟底标高
33	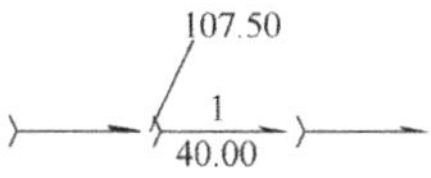 107.50 1 40.00		
34	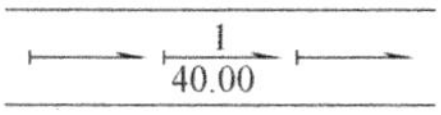 1 40.00	有盖的排水沟	1. 上图用于比例较大的图面，下图用于比例较小的图面 2.“1”表示 1% 的沟底纵向坡度，“40.00”表示变坡点间距离，箭头表示水流方向
35	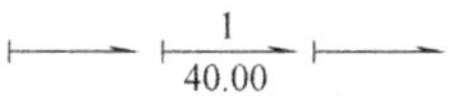 1 40.00		
36		雨水口	

（续）

序号	图例	名称	备注
37		消火栓井	
38		急流槽	箭头表示水流方向
39		跌水	
40		拦水（闸）坝	
41		透水路堤	边坡较长时，可在一端或两端局部表示
42		过水路面	
43	151.00(±0.00)	室内标高	
44	● 143.00	室外标高	室外标高也可采用等高线表示
45	▼ 143.00	室外标高	
	二、道路与铁路		
46	0.6 101.00 R9 150.00	新建的道路	“R9”表示道路转弯半径为9m，“150.00”为路面中心控制点标高，“0.6”表示0.6%的纵向坡度，“101.00”表示变坡点间距离
47		城市型道路断面 - 双坡	
48		城市型道路断面 - 单坡	
49		郊区型道路断面 - 双坡	
50		郊区型道路断面 - 单坡	
51		原有道路	
52		计划修建的道路	

（续）

序号	图例	名称	备注
53		拆除的道路	
54		人行道	
55	JD2 R20	道路曲线段	“JD2”为曲线转折点编号 “R20”表示道路中心曲线半径为20m
56		道路隧道	
	三、管线与绿化		
57	代号	管线	
58	代号	地沟管线	
59	代号		
60	代号	管桥管线	
61	○—代号—○	架空电力、电信线	“○”表示电杆
62		常绿针叶树	
63		落叶针叶树	
64		常绿阔叶乔木	
65		落叶阔叶乔木	
66		常绿阔叶灌木	
67		落叶阔叶灌木	
68		竹类	

（续）

序号	图例	名称	备注
69		花卉	
70		草坪	
71		花坛	
72		绿篱	
73		植草砖铺地	

6.2 平面图和立面图图例

表 6-2 平面图和立面图图例

序号	图例	名称	备注
1	±0.000	建筑标高	
2	0.300	结构标高	
3	X=11.375 Y=61.125	坐标	
4	屋面泛水 详见西南 1 —	索引标注	
5	钢雨篷详见二次设计	引出说明	
6	1 1	剖面符号	
7	1 1	断面符号	
8	40mm 厚刚性层 找平层 保温层 防水层 结构层	材料做法	

（续）

序号	图例	名称	备注
9		墙体	应加注文字或填充图例表示墙体材料，在项目设计图纸说明中列材料图例表给予说明
10		隔断	1. 包括板条抹灰、木制、石膏板、金属材料等隔断 2. 适用于到顶与不到顶隔断
11		栏杆	
12	上	底层楼梯	楼梯及栏杆扶手的形式和梯段踏步数应按实际情况绘制
13	下 上	中间层楼梯	
14	下	顶层楼梯	
15		长坡道	
16	下		
17	下	门口坡道	
18	下		
19	××	平面高差	适用于高差小于 100mm 的两个地面或楼面相接处
20		不可见检查孔	
21		可见检查孔	

（续）

序号	图例	名称	备注
22		矩形孔洞	阴影部分可以涂色代替
23		圆形孔洞	
24		矩形坑槽	
25		圆形坑槽	
26		电梯	1. 电梯应注明类型，并绘出门和平衡锤的实际位置 2. 观景电梯等特殊类型电梯应参照本图例按实际情况绘制
27		电梯	
28	上	自动扶梯	1. 自动扶梯和自动人行道、自动人行坡道可正逆向运行，箭头方向为设计运行方向 2. 自动人行坡道应在箭头线段尾部加注上或下
29	上 下	自动扶梯	
30		自动人行道及自动人行坡道	
31	上	自动人行道及自动人行坡道	
32	X.XX	吊顶高度	
33		新建的墙和窗 - 侧	1. 本图以小型砌块为图例，绘图时应按所用材料的图例绘制，不易以图例绘制的，可在墙面上以文字或代号注明 2. 小比例绘图时平、剖面窗线可用单粗实践表示
34		新建的墙和窗	
35		新建的墙和窗 - 立面	

（续）

序号	图例	名称	备注
36	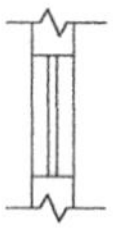	改建时保留的原有墙和窗 - 侧	
37	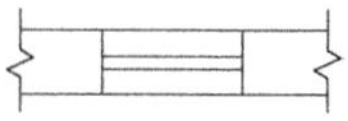	改建时保留的原有墙和窗	
38	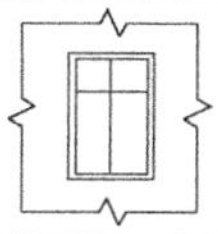	改建时保留的原有墙和窗 - 立面	
39	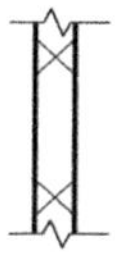	应拆除的墙 - 侧	
40		应拆除的墙 - 俯	
41	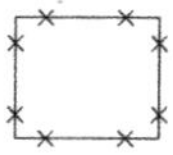	应拆除的墙 - 主	
42		在原有墙或楼板上新开的洞 - 侧	
43	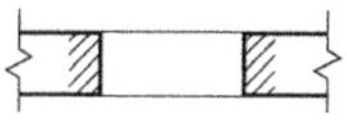	在原有墙或楼板上新开的洞 - 俯	
44	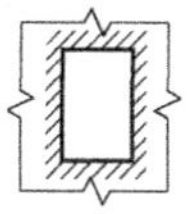	在原有墙或楼板上新开的洞 - 主	
45		在原有洞旁扩大的洞 - 侧	
46	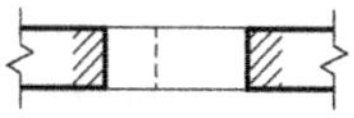	在原有洞旁扩大的洞 - 俯	
47		在原有洞旁扩大的洞 - 主	
48	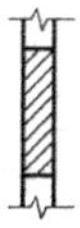	在原墙或楼板上全部填塞的洞 - 侧	
49	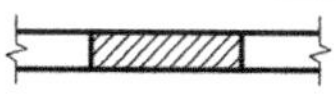	在原墙或楼板上全部填塞的洞 - 俯	

（续）

序号	图例	名称	备注
50	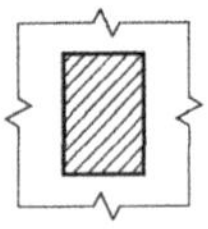	在原墙或楼板上全部填塞的洞 - 主	
51		在原墙或楼板上局部填塞的洞 - 侧	
52	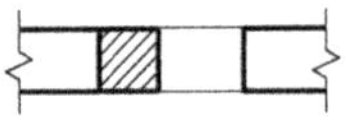	在原墙或楼板上局部填塞的洞 - 俯	
53		在原墙或楼板上局部填塞的洞 - 主	
54	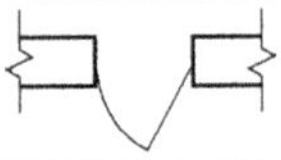	单扇门	1. 门的名称代号用 M 2. 图例中剖面图左为外、右为内，平面图下为外、上为内 3. 立面图上开启方向线交角的一侧为安装合页的一侧，实线为外开，虚线为内开 4. 平面图上门线应 90° 或 45° 开启，开启弧线宜绘出 5. 立面图上的开启线在一般设计图中可不表示，在详图及室内设计图上应表示 6. 立面形式应按实际情况绘制
55		双扇门	
56		对开折叠门	
57		推拉门	
58	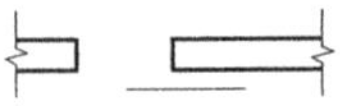	墙外单扇推拉门	
59		墙外双扇推拉门	
60	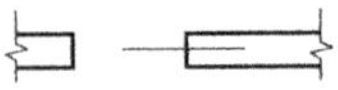	墙中单扇推拉门	
61		墙中双扇推拉门	
62	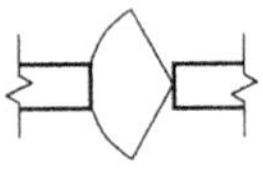	单扇双面弹簧门	1. 门的名称代号用 M 2. 图例中剖面图左为外、右为内，平面图下为外、上为内 3. 立面图上开启方向线交角的一侧为安装合页的一侧，实线为外开，虚线为内开 4. 平面图上门线应 90° 或 45° 开启，开启弧线宜绘出 5. 立面图上的开启线在一般设计图中可不表示，在详图及室内设计图上应表示 6. 立面形式应按实际情况绘制

（续）

序号	图例	名称	备注
63		双扇双面弹簧门	1. 门的名称代号用 M 2. 图例中剖面图左为外、右为内，平面图下为外、上为内 3. 立面图上开启方向线交角的一侧为安装合页的一侧，实线为外开，虚线为内开 4. 平面图上门线应 90°或 45°开启，开启弧线宜绘出 5. 立面图上的开启线在一般设计图中可不表示，在详图及室内设计图上应表示 6. 立面形式应按实际情况绘制
64	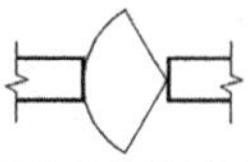	单扇内外开双层门	
65	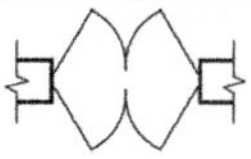	双扇内外开双层门	
66		转门	
67	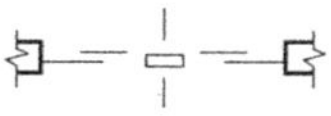	自动门	
68		竖向卷帘门	
69	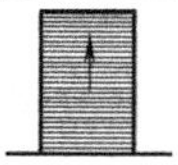	竖向卷帘门 - 立面	
70	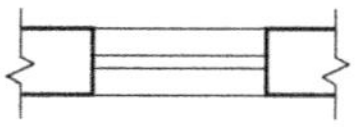	窗	1. 窗的名称代号用 C 表示 2. 立面图中的斜线表示窗的开启方向，实线为外开，虚线为内开；开启方向线交角的一侧为安装合页的一侧，一般设计图中可不表示 3. 图例中，剖面图所示左为外，右为内，平面图所示下为外，上为内 4. 平面图和剖面图上的虚线仅说明开关方式，在设计图中不需表示 5. 窗的立面形式应按实际绘制 6. 小比例绘图时平、剖面的窗线可用单粗实线表示
71		高窗	
72	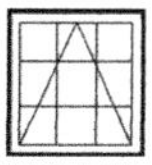	单层外开上悬窗 - 立面	
73	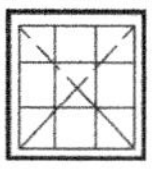	单层中悬窗 - 立面	
74	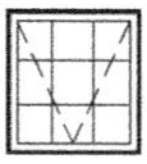	单层内开下悬窗 - 立面	
75	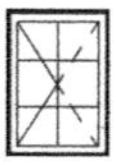	立转窗 - 立面	
76	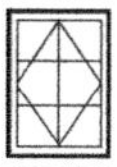	单层外开平开窗 - 立面	
77	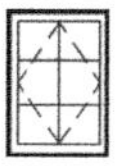	单层内开平开窗 - 立面	

（续）

序号	图例	名称	备注
78	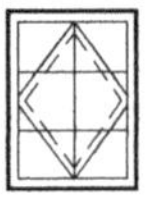	双层内外开平开窗 - 立面	1. 窗的名称代号用 C 表示 2. 立面图中的斜线表示窗的开启方向，实线为外开，虚线为内开；开启方向线交角的一侧为安装合页的一侧，一般设计图中可不表示 3. 图例中，剖面图所示左为外，右为内，平面图所示下为外，上为内 4. 平面图和剖面图上的虚线仅说明开关方式，在设计图中不需表示 5. 窗的立面形式应按实际绘制 6. 小比例绘图时平、剖面的窗线可用单粗实线表示
79	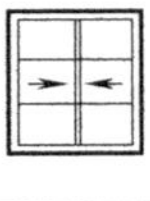	推拉窗 - 立面	
80	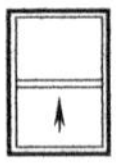	上推窗 - 立面	
81	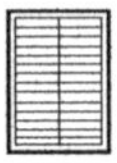	百叶窗 - 立面	
设备（空调，管线，消防等与其他专业相关的）			
1	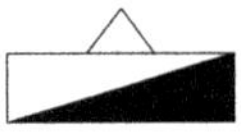	消火栓	空心三角示意箱下放手提式灭火器
2	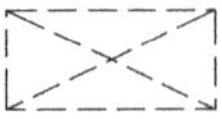	室内空调机	
3	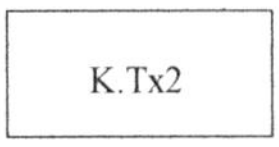 K.Tx2	室外空调机	K.Tx2 表示有两台
4	 R	燃气表	
5	 R	燃气热水器	
6	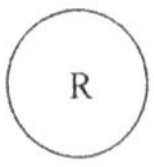 R	燃气锅炉	别墅采用
7		强电箱	
8	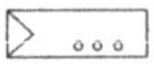	弱电箱	
9	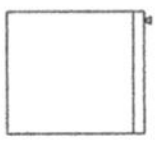	电冰箱	
10		洗衣机	

（续）

序号	图例	名称	备注
11		排烟道	
12			1. 阴影部分可以涂色代替 2. 烟道与墙体为同一材料，其相接处墙身线应断开
13		通风道	
14			1. 阴影部分可以涂色代替 2. 烟道与墙体为同一材料，其相接处墙身线应断开
15		圆形地漏	
16		方形地漏	
17		手提式二氧化碳灭火器	
18		推车式二氧化碳灭火器	
19		清水灭火器	
20		手提式泡沫灭火器	
21		推车式泡沫灭火器	
22		手提式干粉灭火器	
23		手提式干粉灭火器	
24		推车式干粉灭火器	
25		推车式干粉灭火器	

(续)

序号	图例	名称	备注
26	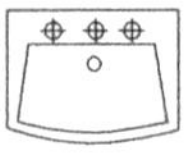	立式洗脸盆	
27	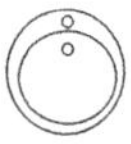	台式洗脸盆	
28	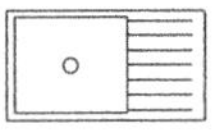	带蓖洗涤盆	
29	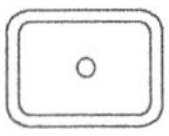	洗涤盆	
30		污水池	
31	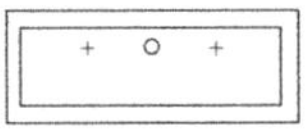	盥洗槽	
32	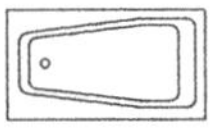	浴盆	
33	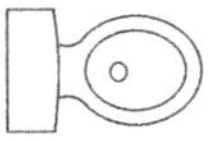	坐式大便器	
34	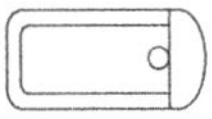	蹲式大便器	
35	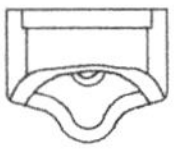	壁挂式小便器	
36	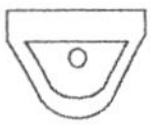	挂式小便器	
37		立式小便器	
38		净身盆（妇女卫生盆）	
39	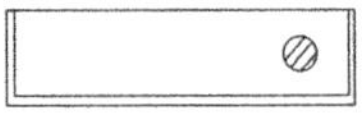	小便槽	

6.3 常用建筑材料图例

表 6-3 常用建筑材料图例

序号	图例	名称	备注
1		夯实土壤	
2		砂、灰土	
3	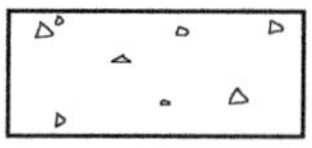	砂砾石、碎砖三合土	
4	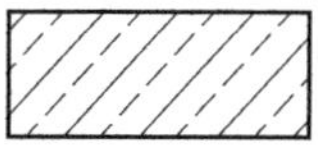	石材	
5		毛石	
6	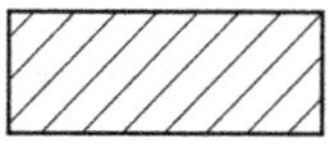	普通砖	包括实心砖、多孔砖、砌块等砌体。断面较窄不易绘出图例时，可涂红
7	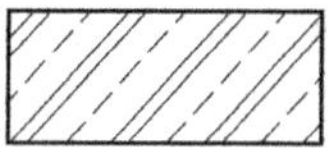	耐火砖	包括耐酸砖等砌体
8	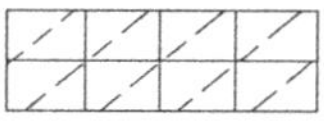	空心砖	指非承重砖砌体
9	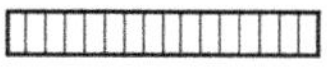	饰面砖	包括铺地砖、马赛克、陶瓷锦砖、人造大理石等
10	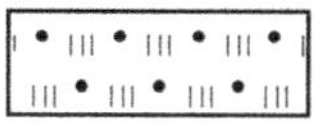	焦渣、矿渣	包括与水泥、石灰等混合而成的材料
11	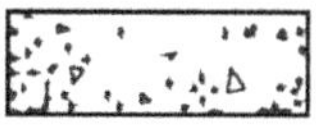	混凝土	1. 本图例指能承重的混凝土及钢筋混凝土 2. 包括各种强度等级、骨料、添加剂的混凝土 3. 在剖面图上画出钢筋时，不画图例线 4. 断面图形小，不易画出图例线时，可涂黑
12	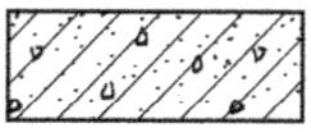	钢筋混凝土	
13	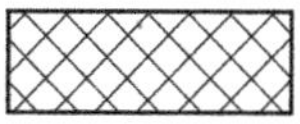	多孔材料	包括水泥珍珠岩、沥青珍珠岩、泡沫混凝土、非承重加气混凝土、软木、蛭石制品等
14	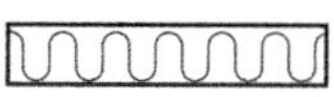	纤维材料	包括矿棉、岩棉、玻璃棉、麻丝、木丝板、纤维板等

（续）

序号	图例	名称	备注
15		泡沫塑料材料	包括聚苯乙烯、聚乙烯、聚氨酯等多孔聚合物类材料
16		木材	
17		胶合板	应注明为X层胶合板
18		石膏板	包括圆孔、方孔石膏板、防水石膏板等
19		金属	1. 包括各种金属 2. 图形小时，可涂黑
20		网状材料	1. 包括金属、塑料网状材料 2. 应注明具体材料名称
21		液体	应注明具体液体名称
22		玻璃	包括平板玻璃、磨砂玻璃、夹丝玻璃、钢化玻璃、中空玻璃、加层玻璃、镀膜玻璃等
23		橡胶	
24		塑料	包括各种软、硬塑料及有机玻璃等
25		防水材料	构造层次多或比例大时，采用上面图例
26		粉刷	本图例采用较稀的点

第七章　建筑施工图

组成房屋是一个复杂的空间结构体系，起承重作用的部分称为构件，如基础、墙、柱、梁和板等；依附于构件之上，起围护及装饰作用，满足建筑使用功能的部分称为配件，如门、窗和隔墙等，如图 7-1 所示。

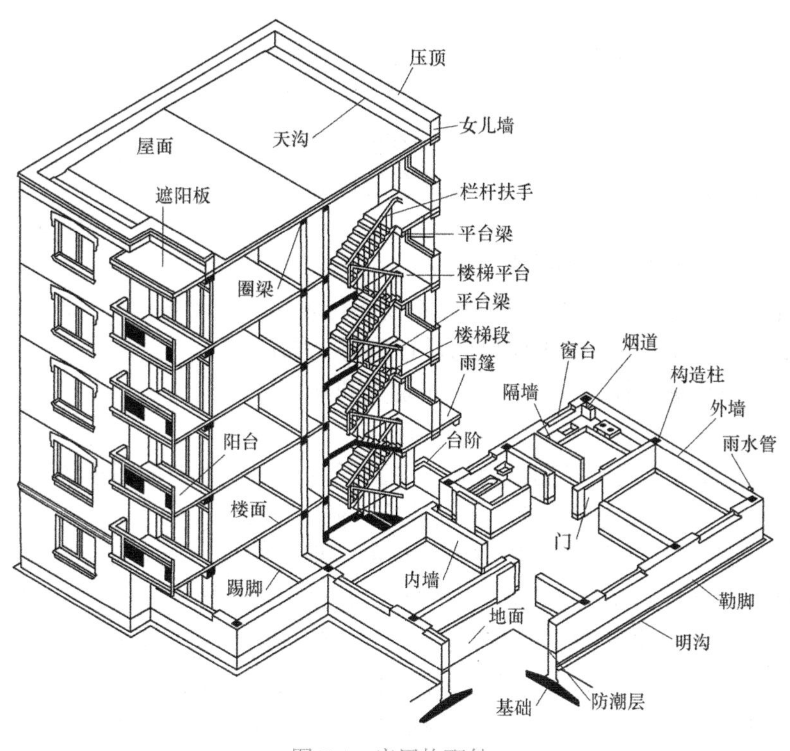

图 7-1　房屋构配件

房屋施工图是用来表示房屋的规划位置、外部造型、平面布置、建筑物构配件的组成、尺寸、材料做法、固定设施及施工要求等的图样，是组织施工和编制预、决算的依据。建造一幢房屋从设计到施工，需要由许多专业和不同工种共同配合来完成，根据施工图所表示的内容和各工种不同，房屋施工图可分为：

（1）建筑施工图（简称建施）　其主要用来表示建筑物的规划位置、外部造型、内部各房间的布置、内外装修构造和施工要求的图样。主要图样有：施工首页图、建筑总平面图、建筑平面图、建筑立面图、建筑剖面图和建筑详图（主要详图有外墙身剖面详图、楼梯详图、门窗详图、厨厕详图、檐口以及各种装修、构造的详细做法。）。

（2）结构施工图（简称结施）　其主要表示建筑物承重结构的结构类型、结构布置，构件种类、数量、大小及作法的图样。 主要图样有：结构设计说明、结构平面布置图（基础平面图、柱网平面图、楼层结构平面图及屋顶结构平面图和结构详图（基础断面图、楼梯结构施工图、柱、梁等现浇构件的配筋图）。

（3）设备施工图（简称设施） 其主要表达建筑物的给排水、暖气通风、供电照明等设备的布置和施工要求的图样。因此设备施工图又分为三类图样：

1）给排水施工图：表示给排水管道的平面布置和空间走向、管道及附件作法和加工安装要求的图样。包括管道平面布置图、管道系统图、管道安装详图和图例及施工说明。

2）采暖通风施工图：主要表示管道平面布置和构造安装要求的图样。包括管道平面布置图、管道系统图、管道安装详图和图例及施工说明。

3）电气施工图：主要表示电气线路走向和安装要求的图样。包括线路平面布置图、线路系统图、线路安装详图和图例及施工说明。

1．施工图的编排次序

为了便于查阅图件和档案管理，方便施工，一套完整的房屋施工图总是按照一定的次序进行编排装订，对于各专业图样，在编排时按下面要求进行：①基本图在前，详图在后；②先施工的在前，后施工的在后；③重要的在前，次要的在后。

江苏XX置业有限公司

XX办公楼

房屋施工图

XXXXX-XX

XX建筑设计研究院有限责任公司

二零XX年XX月

图 7-2 建筑施工图封面

一套完整的房屋施工图的编排次序如下：

1）总封面（图 7-2）：①项目名称。②编制单位名称。③设计资质证号（加盖公章）。④项目的设计编号。⑤设计阶段。⑥编制单位法定代表人、技术总负责人和项目负责人的姓名及其签字或授权盖章。⑦编制年月。

2）首页图：首页图列出了图纸目录，在图纸目录中有各专业图纸的图样名称、数量、所在位置，反映出了一套完整施工图的编排次序，便于查找。

3）设计总说明：①本子项目施工图设计的依据性文件、批文和相关规范。②项目概况一般应包括建筑名称、建设地点、建设单位、建筑面积、建筑基底面积、建筑工程等级、设计使用年限、建筑层数和建筑高度、防火设计建筑分类和耐火等级、人防工程防护等级、屋面防水等级、地下室防水等级、抗震设防烈度、采暖、通风、照明标准等，以及能反映建筑规模的主要技术经济指标等。③本子项的相对标高与总图绝对标高的关系。④施工要求、施工技术要求、建筑材料要求、用料说明和室内外装修，如水泥的标号、混凝土强度等级、砖的标号、钢筋的强度等级、水泥砂浆的标号、门窗表及门窗性能等。⑤对采用新技术、新材料的做法说明及对特殊建筑造型和必要的建筑构造说明。⑥幕墙工程（包括玻璃、金属、石材等）及特殊的屋面工程（包括金属、玻璃、膜结构等）的性能及制作要求，平面图、预埋件安装图等以及防火、安全、隔声构造。⑦电梯（自动扶梯）选择及性能说明（功能、载重量、速度、停站数、提升高度等）。⑧在设计说明中对消防工程应有专篇说明。

4）建筑施工图：总平面图、建筑平面图（底层平面图、标准层平面图、顶层平面图、屋顶平面图）、建筑立面图（正立面图、背立面图、侧立面图）、建筑剖面图、建筑详图（厨厕详图、屋顶详图、外墙身详图、楼梯详图、门窗详图、安装节点详图等）。

5）结构施工图：结构设计说明、基础平面图、基础详图、结构平面图（楼层结构平面图、屋顶结构平面图）、构件详图（楼梯结构施工图、现浇构件配筋图）。

6）给排水施工图：管道平面图、管道系统图、管道加工安装详图、图例及施工说明。

7）采暖通风施工图：管道平面图、管道系统图、管道加工安装详图、图例及施工说明。

8）电气施工图：线路平面图、线路系统图、线路安装详图、图例及施工说明。

2. 房屋施工图的特点

1）大多数图样用正投影法绘制。

2）用较小的比例绘制：基本图常用的绘图比例是 1∶100，也可选用 1∶50 或 1∶200；总平面图的绘图比例一般为 1∶500、1∶1000 或 1∶2000；详图的绘图比例较大一些，如 1∶2、1∶5、1∶10、1∶20、1∶30 等。

3）用图例符号来表示房屋的构、配件和材料：由于绘图比例较小，房屋的构、配件和材料都是用图例符号表示，要识读房屋施工图，必须熟悉建筑的相关图例。

3. 阅读房屋施工图的方法

1）具备正投影的基本知识，熟悉施工图中常用的图例、符号、线型、尺寸和比例的含义，熟悉各种用途房屋的组成和构造上的基本情况。

2）阅读方法，阅读时要从大局入手，按照施工图的编排次序，由粗到细、前后对照阅读。

① 先读首页图：从首页图中的图纸目录中，可以了解到该套房屋施工图由那几类专业图纸组成、各专业图纸有多少张，每张图纸的图名及图号，参见表 7-1。

表 7-1 图纸目录

序 号	图 号	图纸名称	页 码	序 号	图 号	图纸名称	页 码
建 筑				结 构			
1	建施 01	建筑设计说明	2	15	结施 04	J-4 ～ J-8 详图	16
2	建施 02	1 层平面图	3	16	结施 05	地下室 2 层结构平面图	17
3	建施 03	2 ～ 5 层平面图	4	17	结施 06	3 ～ 5 层结构平面图	18
4	建施 04	出屋顶平面图	5	18	结施 07	6 层结构平面图	19
5	建施 05	坡屋顶平面图	6	19	结施 08	屋面结构平面图	20
6	建施 06	地下室平面图 1-1 剖面图	7	20	结施 09	2 层楼面梁结构图	21
7	建施 07	立面图	8	21	结施 10	3 ～ 5 层楼面梁结构图	22
8	建施 08	2-2 剖面图	9	22	结施 11	6 层楼面梁结构图	23
9	建施 09	厕所及老虎窗详图	10	23	结施 12	地下室梁、柱结构图	24
10	建施 10	门窗详图及门窗表	11	24	结施 13	屋面梁结构图	25
11	建施 11	楼梯详图	12	25	结施 14	1 层柱平面结构图	26
结构				26	结施 15	2 ～ 5 层柱平面结构图	27
12	结施 01	结构设计说明	13	27	结施 16	出屋顶楼层柱平面结构图	28
13	结施 02	基础平面图	14	28	结施 17	楼梯结构图	29
14	结施 03	J-1 ～ J-3 详图	15				

② 阅读设计总说明：从中可了解设计的依据、设计标准以及施工中的基本要求以及图中没有绘出而设计人员认为应该说明的内容。

③ 按照建筑施工图 → 结构施工图 → 设备施工图顺序逐张阅读。阅读时，先整体后局部、先文字说明后图样、先图形后尺寸。

④ 专业图纸阅读中，基本图和详图要对照阅读，看清楚图样表示的主要内容。

⑤ 如果建筑施工图和结构施工图发生矛盾，应以结构施工图为准（构件尺寸），以保证建筑物的强度和施工质量。

7.1 概述

1. 定位轴线

定位轴线：指确定房屋主要承重构件墙、柱位置以及标注尺寸的基线。用于平面时，称为平面定位轴线（即定位轴线）；用于竖向时，称为竖向定位轴线。定位轴线之间的距离，应符合模数数列的规定（参见第八章 8.1.6 概述）。定位轴线用细点画线绘制，轴线编号圆为细实线，直径为 8 ～ 10mm 。

平面定位轴线编号原则：水平方向采用阿拉伯数字，从左向右依次编写；垂直方向采用大写拉丁字母，从下至上依次编写，其中 I、O、Z 不得使用，避免同 1、0、2 混淆，如图 7-3、图 7-4 所示。

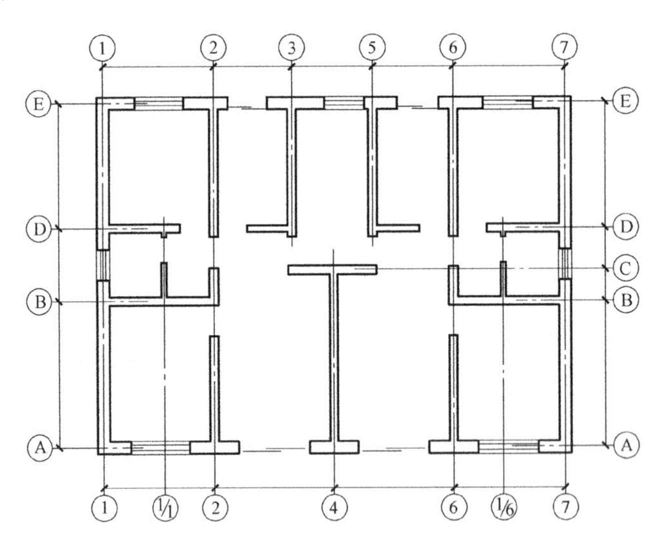

图 7-3　定位轴线的绘制和编号方法

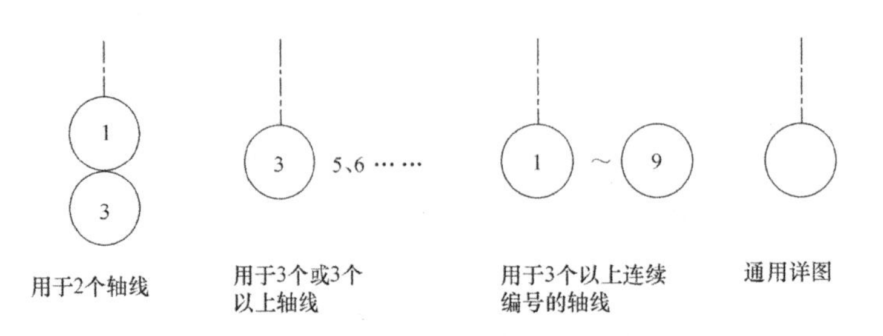

图 7-4　定位轴线的各种注法

附加定位轴线：与主要承重构件相联系的次要构件的定位轴线，如图 7-5 所示。

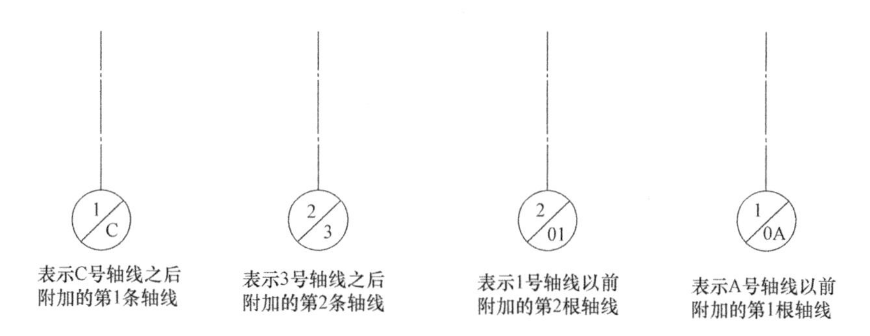

图 7-5 附加定位轴线

2. 标高

绝对标高：我国把以青岛市外的黄海海平面作为零点所测定的高度尺寸。

相对标高：凡标高的基准面是根据工程需要而自行选定的。一般是指以房屋底层主要房间地面为零点测定的相对高度尺寸。它又分为建筑标高和结构标高，如图 7-6 所示。

建筑标高，包括饰面层在内，装修完成后的标高。

结构标高，不包括构件饰面层在内的构件表面的标高。

在总平面图、平面图、立面图、剖面图上，常用标高符号表示某一部位的高度。各图上所用标高符号以细实线绘制，如图 7-7 所示。标高数值以米为单位，一般注至小数点后三位（总平面图中为两位数）。图中的标高数字表示其完成面的数值。如标高数字前有“-”号的，表示该处完成面低于零点标高。如数字前没有“-”的，表示高于零点标高。

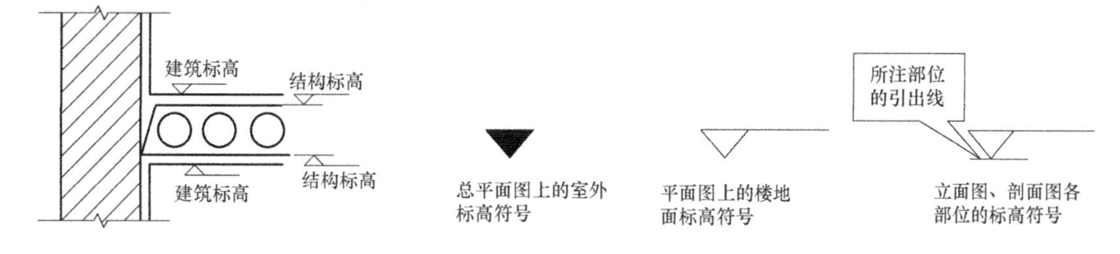

图 7-6 建筑标高和结构标高示意图

图 7-7 标高符号形式

3. 索引符号与详图符号

在施工图中，有时会因为比例问题而无法表达清楚图样中的某一局部或构件，为方便施工需另画详图，常以索引符号注明画出详图的位置、详图的编号以及详图所在的图纸编号，且索引符号和详图符号内的详图编号与图纸编号两者必须对应一致。

索引符号的圆和引出线均应以细实线绘制，圆直径为 8 ～ 10mm，如图 7-8 所示。引出线应对准圆心，圆内过圆心画一水平线，上半圆中用阿拉伯数字注明该详图的编号，下半圆中用阿拉伯数字注明该详图所在图纸的图纸号；如果详图与被索引的图样在同一张图纸内，则在下半圆中间画一水平细实线；索引出的详图，如采用标准图，应在索引符号水平直径的延长线上加注该标准图册的编号，如图 7-9 所示。

图 7-8 索引符号表示

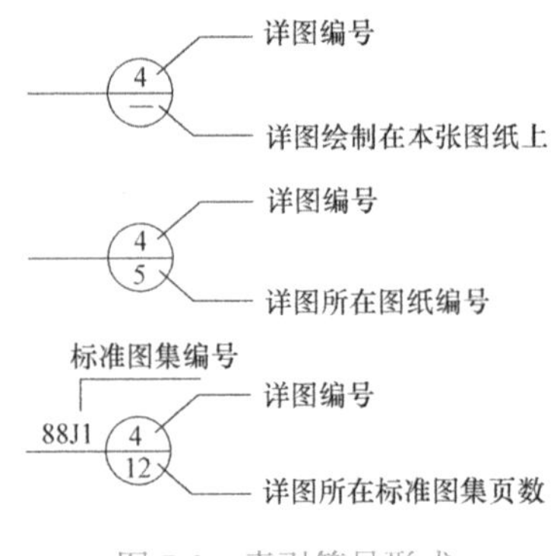

图 7-9　索引符号形式

当索引符号用于索引剖面详图时，应在被剖切的部位绘制剖切位置线。引出线所在一侧应为投射方向，如图 7-10 所示。

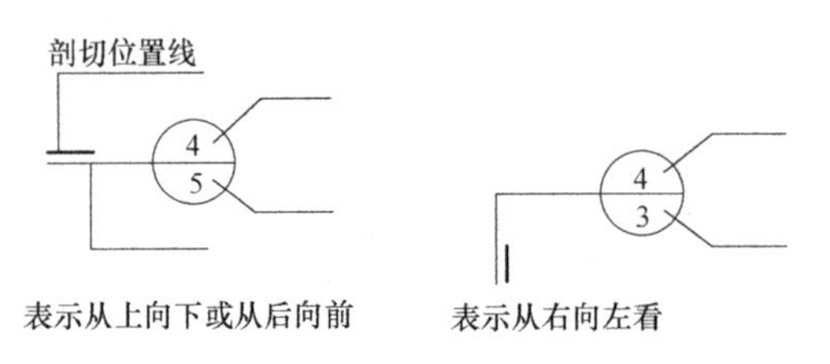

图 7-10　局部剖切详图索引符号

表示详图的位置和编号，用一粗实线圆绘制，直径为 14mm，如图 7-11 所示。详图与被索引的图样同在一张图纸内时，应在符号内用阿拉伯数字注明详图符号；如不在同一张图纸内，可用细实线在符号内画一水平直径，在上半圆中注明详图编号，在下半圆中注明被索引图纸号，如图 7-12 所示。

图 7-11　详图符号表示

图 7-12　详图符号形式

4．指北针和风玫瑰(图 7-13)

在总平面图及底层建筑平面图上，一般都画有指北针，以指明建筑物的朝向。指北针形状圆的直径宜为 24mm，用细实线绘制。指针尾端的宽度为 3mm，需用较大直径绘制指北针时，指针尾部宽度宜为圆的直径的 1/8，指针涂成黑色，针尖指向北方，并注“北”或“N”字。

风向是指从外吹向中心的方向，风向频率是指在一定的时间内某一方向出现风向的次数占总观察次数的百分比，实线代表全年的风向频率，虚线代表夏季的风向频率。

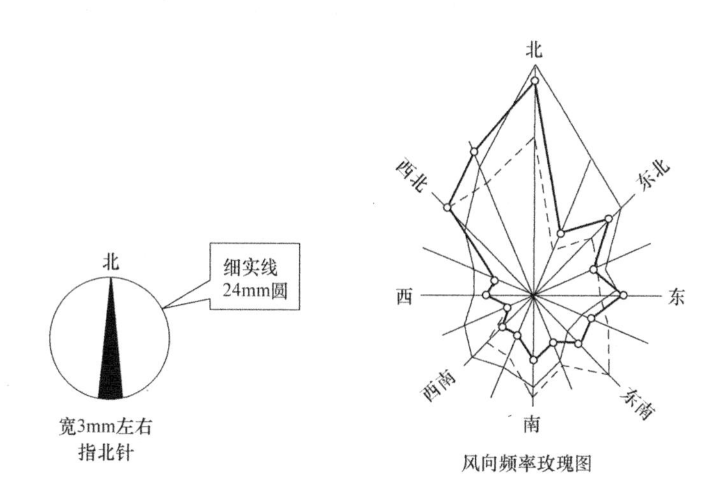

图 7-13　指北针和风玫瑰

5．其他符号

1）引出线用细实线绘制，并宜用与水平方向成 30°、45°、60°、90°的直线或经过上述角度再折为水平的折线，如图 7-14 所示。

规定一：同时引出几个相同部分的引出线，宜相互平行，也可画成集中于一点的放射线，如图 7-15 所示。

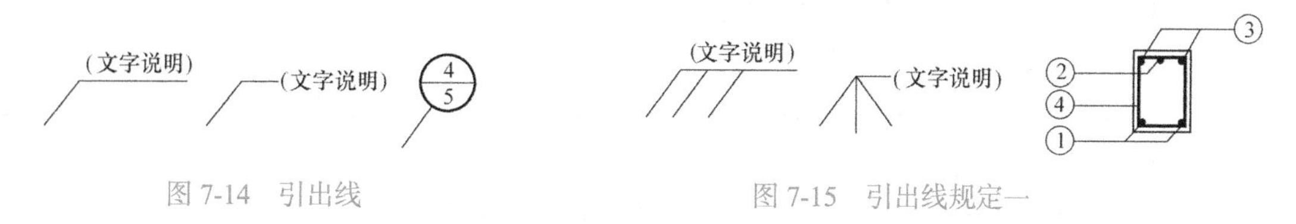

图 7-14　引出线　　图 7-15　引出线规定一

规定二：为了对多层构造部位加以说明，可以用引出线表示，如图 7-16 所示。

2）当图形采用直线折断时，其折断符号为折断线，它经过被折断的图面，如图 7-17a 所示；对圆形构件的图形折断，其折断符号为曲线，如图 7-17b 所示。

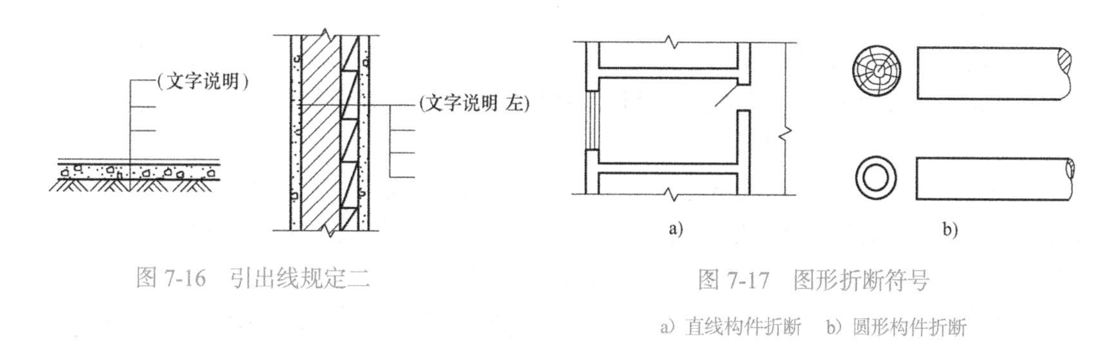

图 7-16　引出线规定二　　图 7-17　图形折断符号

a）直线构件折断　b）圆形构件折断

3）当房屋施工图的图形完全对称时，可只画该图形的一半，并画出对称符号，以节省图纸篇幅。对称符号即是在对称中心线（细单点长画线）的两端画出两段平行线（细实线)，平行线长度为 6 ～ 10mm，间距为 2 ～ 3mm，且对称线两侧长度对应相等，如图 7-18 所示。

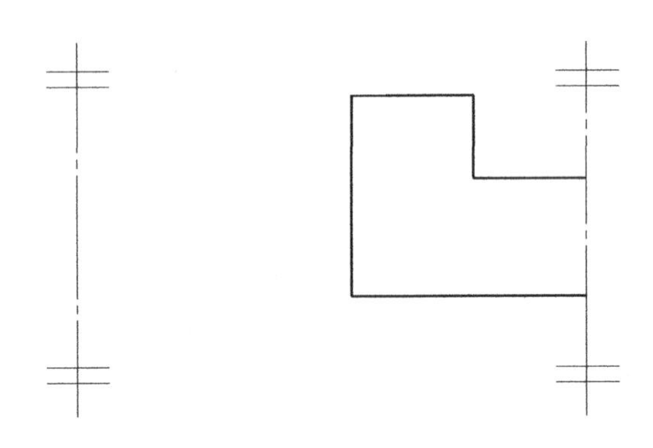

图 7-18 对称符号

7.2 总平面图

总平面图是表示建筑物场地总体平面布局的图样。总平面图作为新建房屋定位、施工放线、土方施工以及施工总平面布置的依据。它以平面图的形式表明建筑区域的地形、地物、道路、拟建房屋的位置、朝向以及与周围建筑物的关系等情形。常采用的比例为 1∶500、1∶1000、1∶2000。由于图的比例小，房屋和各种地物及建筑设施均不能按真实的水平投影画出，而是采用各种图例作示意性表达。

一套完整建筑总平面图应包括以下内容：

1）保留的地形地物。保留部分按现状用细实线表示，扩建预留建筑物用虚线表示，拆除建筑用细实线表示，细实线上打 X 表示。

2）测量坐标网、坐标值。测量坐标网一般为城市坐标系统（由当地规划院提供），也可根据项目需要建立场地建筑坐标网（也称为施工坐标网），但要列出建筑坐标与城市坐标的换算关系。表示建筑物、构筑物位置的坐标，可标注其三个点的坐标（建议标注外墙轴线的交点坐标），圆形建筑物、构筑物标注其中心。在一张图上，主要建筑物、构筑物用坐标定位时，较小的建筑物、构筑物也可用相对尺寸定位。

3）场地四界的测量坐标（或定位尺寸），道路红线和建筑红线或用地界线的位置。场地四界的坐标由城市规划部门提供，一般是以现场定桩坐标结果通知单为准。当无坐标或工程比较简单时可用定位尺寸表示。

4）场地四邻原有及规划道路的位置（主要坐标值或定位尺寸），以及主要建筑物和构筑物的位置、名称、层数。道路位置用中心线、路边线、道路红线等表示，注明原有建筑物、构筑物的名称，层数用阿拉伯数字表示或黑圆点的数目表示。

5）建筑物、构筑物（人防工程、地下车库、油库、储水池等隐蔽工程以虚线表示）的名称或编号、层数，定位（坐标或相互关系尺寸）。

① 建筑物用粗实线表示其地上底层 ±0.000 高度处的外轮廓线，±0.000 以外的轮线用中实线表示；构筑物用细实线表示其地上部分的外轮廓线；地下建筑用虚线表示外轮廓线。

层数用阿拉伯数字或黑圆点的数目表示。

② 建筑物的相互关系应以建筑物外墙线之间的相对距离为标注值（要注意标注到外墙保温层外皮）。另外还需要标注建筑物总控制尺寸，建筑物退红线的控制距离等。总图尺寸以米为单位，小数点后两位。

③ 本次出图的建筑物要涂红表示。

6）广场、停车场、运动场地、道路、无障碍设施、排水沟、挡土墙、护坡的定位（坐标或相互关系）尺寸。

① 围墙大门定位坐标和尺寸标注。

② 消防车道及车行、步行路网，高层建筑还应图示出消防扑救面范围。

7）指北针或风玫瑰图。总图一般按上北下南方向绘制，根据场地形状或布局，也可以向左右偏转，但偏转角度不宜大于 45°。

8）建筑物、构筑物使用编号时，应列出《建筑物、构筑物名称编号表》。编号表主要内容有：序号、编号、建筑物或构筑物名称、附注等。

9）高程系统。

① 总图中应说明所采用的高程系统，并注明相对标高与绝对标高的换算关系。

② 下列部位应标注标高：建筑物室内地坪，标注建筑图中 ±0.000 处的标高，对不同高度的地坪，分别标注其标高；建筑物出入口、地下车库出入口应标注标高；构筑物标注其有代表性的标高，并用文字注明标高所指的位置。

10）注明施工图设计的依据、尺寸单位、比例。

某住宅小区总平面图如图 7-19 所示。某工厂厂区总平面图如图 7-20 所示。

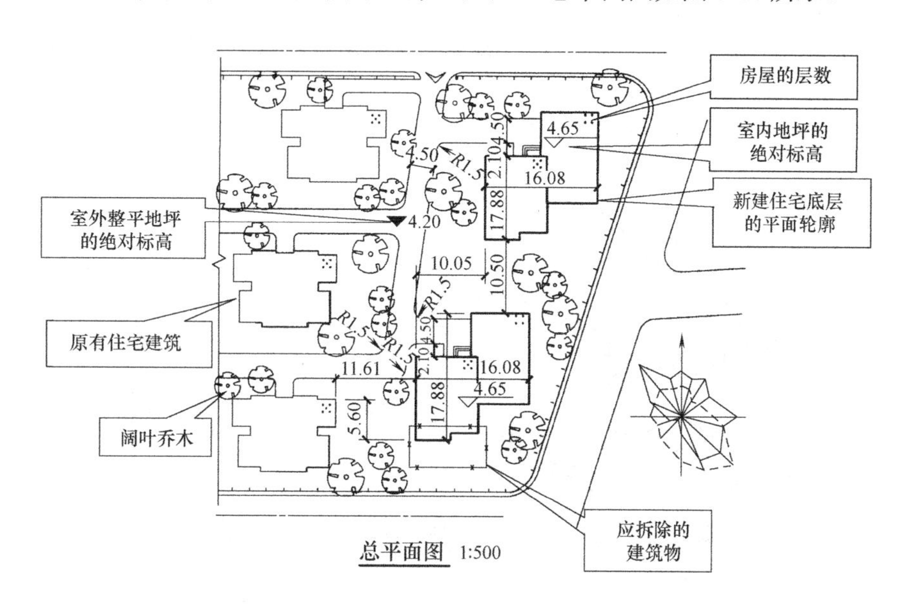

图 7-19 某住宅小区总平面图

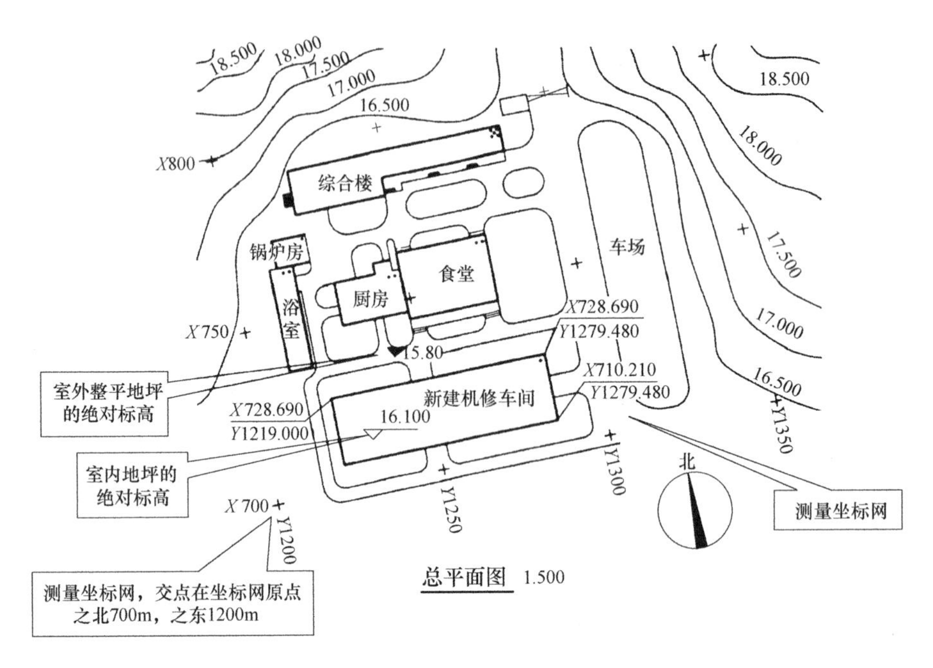

图 7-20　某工厂厂区总平面图

7.3　建筑平面图

建筑平面图实际上是水平剖面图。假想用一个水平切面沿房屋窗台以上位置通过门窗洞口处将房屋切开，移去剖切平面以上的部分，对剖切平面以下部分所做出的水平投影图，称为建筑平面图，简称平面图，如图 7-21 所示。平面图是放线、砌筑墙体、安装门窗、做室内外装修及编制预算、备料等工作的基本依据。

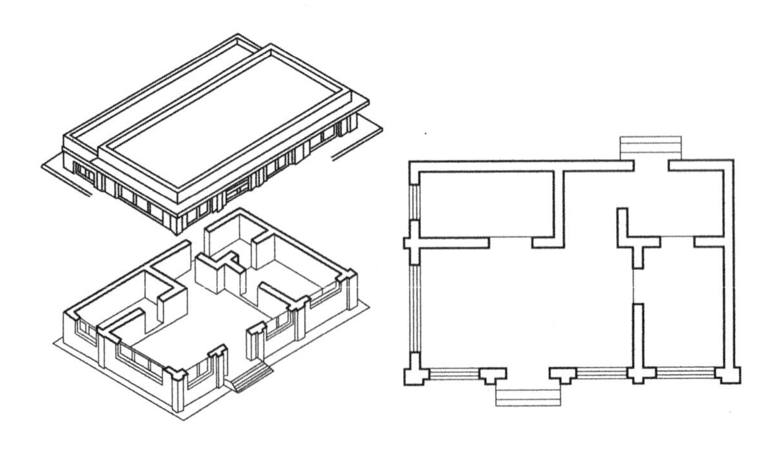

图 7-21　建筑平面图的形成

平面图一般依据层数绘制各层平面图，并在图的下面注明相应的图名，如其中有几层的房间布置、大小完全相同，也可用一张图（标准层平面图）来表示；通常包括底层平面图、标准层平面图、顶层平面图和屋顶平面图等。各层平面图除表示本层情况，尚需反映出下一层平面图未反映的可见建筑构配件。二层平面图应表达出入口门上部的雨篷等。底层平面图应反映出室外散水、台阶、花坛等。

门窗图例及编号：门窗均以图例表示，并在图例旁注上相应的代号及编号。门的代号为"M"，窗的代号为"C"。同一类型的门或窗，编号应相同，如M1、M2或M-1，M-2，C1、C2或C-1，C-2等。当门窗采用标准图时，注写标准图集编号及图号。

一套完整建筑平面图应包括以下内容：

1）承重墙、柱及其定位轴线和轴线编号，内外门窗位置、编号及定位尺寸，门的开启方向，注明房间名称或编号。

① 平面图中凡是结构承重并做基础的墙、柱均应编轴线及轴线号。

② 当在一个空间里的窗分上、下两樘时，窗号可重叠标注为：上C-1下C-2。

③ 各层或多层共用的详图索引号可不必层层标注，一般标注在底层和标准层即可。

④ 各类建筑的平面均应注明房间名称或编号。

⑤ 住宅单元平面应标注出各房间使用面积、阳台面积，在图中注明各单元平面的使用面积、阳台面积、建筑面积、本层建筑面积，其他类建筑各层平面也宜在图名下注出建筑面积。

⑥ 暗埋散水用虚线表示，注明宽度。

⑦ 总尺寸线为建筑最大外边缘线的尺寸，细部尺寸不得跨轴线标注。

⑧ 图面上的文字、数字不能重叠，图形填充时，要注意留出尺寸线。

2）总尺寸、轴线间尺寸、门窗洞口尺寸、分段尺寸。

三道尺寸线：第一道为总尺寸，也称为外包尺寸，表示建筑物的总长度和总宽度；第二道为开间进深轴线尺寸（开间或进深尺寸）；第三道为细部尺寸，表示门窗洞口和窗间墙、变形缝等尺寸及与轴线关系，是与建筑物外形距离较近的一道尺寸。

3）墙身厚度（承重墙和非承重墙），柱与壁柱宽、深尺寸，及其与轴线关系尺寸。

4）变形缝位置、尺寸及做法索引。要注意北方地区变形缝内要加设保温板板保温。

5）主要建筑设备和固定家具的位置及相关做法索引，如卫生器具、雨水管、水池、台、橱、柜、隔断等。

非固定设施不在各层平面图的表达范围之列。但作为设备专业布置管线的依据，建筑图可用灰度或细实线表示家具和设备（如冰箱、洗衣机、空调等）。

6）电梯、自动扶梯及步道、楼梯（爬梯）位置和楼梯上下方向示意和编号索引。

7）主要结构和建筑构造部件的位置、尺寸和做法索引，如中庭、天窗、地沟、地坑、重要设备或设备机座的位置尺寸、各种平台、夹层、人孔、阳台、雨篷、台阶、坡道、散水、明沟等。

室内地沟绘制应注意地沟的净宽及定位尺寸、沟深及沟底标高、坡度及坡向应标注齐全，并与设备专业所提供的资料要求相一致；地沟剖面无标准图可索引时，应绘图交代清楚。

8）楼地面预留孔洞和通气管道、管线竖井、烟囱、垃圾道等位置、尺寸和做法索引，以及墙体预留洞的位置、尺寸与标高或高度等。

除钢筋混凝土结构墙体的留洞由结构表示外，在墙上留洞，由建筑绘出并标注预留的水或电箱、盘、洞的定位尺寸及洞口尺寸，如平面图标不清可在大样图中体现，但要注意平面图与大样图中位置、尺寸要一致。平面设计要综合考虑各专业设备在室外的位置，以便土建更好设置，如空调搁板的位置以及有利于空调冷凝水有组织排放的处理等。

9）车库的停车位和通行路线。地下车库要画出停车位并标明数量，通行路线也应表示。

10）特殊工艺要求的土建配合尺寸。

11）室外地面标高、底层地面标高、各楼层标高、地下室各层标高。各层楼地面均应标注标高，建筑标高与结构标高要有所区别，屋面标注结构标高。一层室外也应标注标高。

12）剖切线位置及编号。剖切面应选在层高、层数、空间变化较多，最具有代表性的部位。复杂者应画多个剖视方向的全剖面或局部剖面。剖视方向宜在图面上向左、向上。剖切线编号一般注在首层平面图上，并引出剖面图所在图号。

13）有关平面节点详图或详图索引号。

14）指北针。指北针应画在底层平面图上，宜位于图面的右上角，不论图形比例及图幅大小，指北针的圆直径一律为 24mm。

15）每层建筑平面中防火分区面积和防火分区分隔位置示意图。各层平面的防火分区界线宜用粗点画线示出，并在分界线两侧框示标出分区序号和建筑面积，也可另画出防火分区示意图。

16）屋面平面应有女儿墙、檐口、天沟、坡度、坡向、雨水口、屋脊、变形缝、楼梯间、水箱间、电梯间、天窗及挡风板、屋面上人孔、检修梯、室外消防楼梯及其他构筑物，必要的详图索引号、标高等；表述内容单一的屋面可缩小比例绘制。

① 平屋面需绘出两端及主要轴线，要绘出分水线、汇水线；要绘出坡向符号并注明坡度，雨水口的位置应注明尺寸，出屋面的人孔或爬梯及挑檐或女儿墙、楼梯间、机房、天线座、排烟（风）道、变形缝要绘出，并标注所采用的详图索引号。

② 坡屋面应绘出屋面坡度或用直角三角形形式标注，注明材料、檐沟排水口位置，沟的纵坡度和排水方向箭头。出屋面的排烟（风）道、老虎窗等应绘出并注详图索引号，应在屋面下面一层平面上，以虚线表示屋顶闷顶检查孔位置。

③ 外排水雨水管的位置除在屋面平面中绘出外，还应在底层平面中绘出。

④ 一般屋面平面图采用 1∶100 比例，简单的屋面平面可用 1∶150 或 1∶200 绘制。

⑤ 设置雨水管排水的屋面，应根据当地的气候条件、暴雨强度、屋面汇水面积等因素确定雨水管的管径和数量（每个雨水口的汇水面积由给排水专业提供）。

某住宅楼平面图如图 7-22 ～图 7-25 所示。

17）根据工程性质及复杂程度，必要时可选择绘制局部放大平面图。

① 住宅单元平面图、卫生间、设备机房、变配电室、楼梯电梯间、车库的坡道、人防口部、高层建筑的核心筒等，需要绘制放大图。放大平面常用的比例为 1∶50。

② 放大平面中的留洞宜标注完全，此时在基本图的相应部位，可不必重复标注。

18）建筑平面较长较大时，可分区绘制，但须在各分区平面图适当位置上绘出分区组合示意图，并明显表示本区部位编号，涂红表示本区所在位置。

19）图纸名称、比例。平面图常用比例为：1∶50、1∶100、1∶200，必要时也可用 1∶300、1∶500。

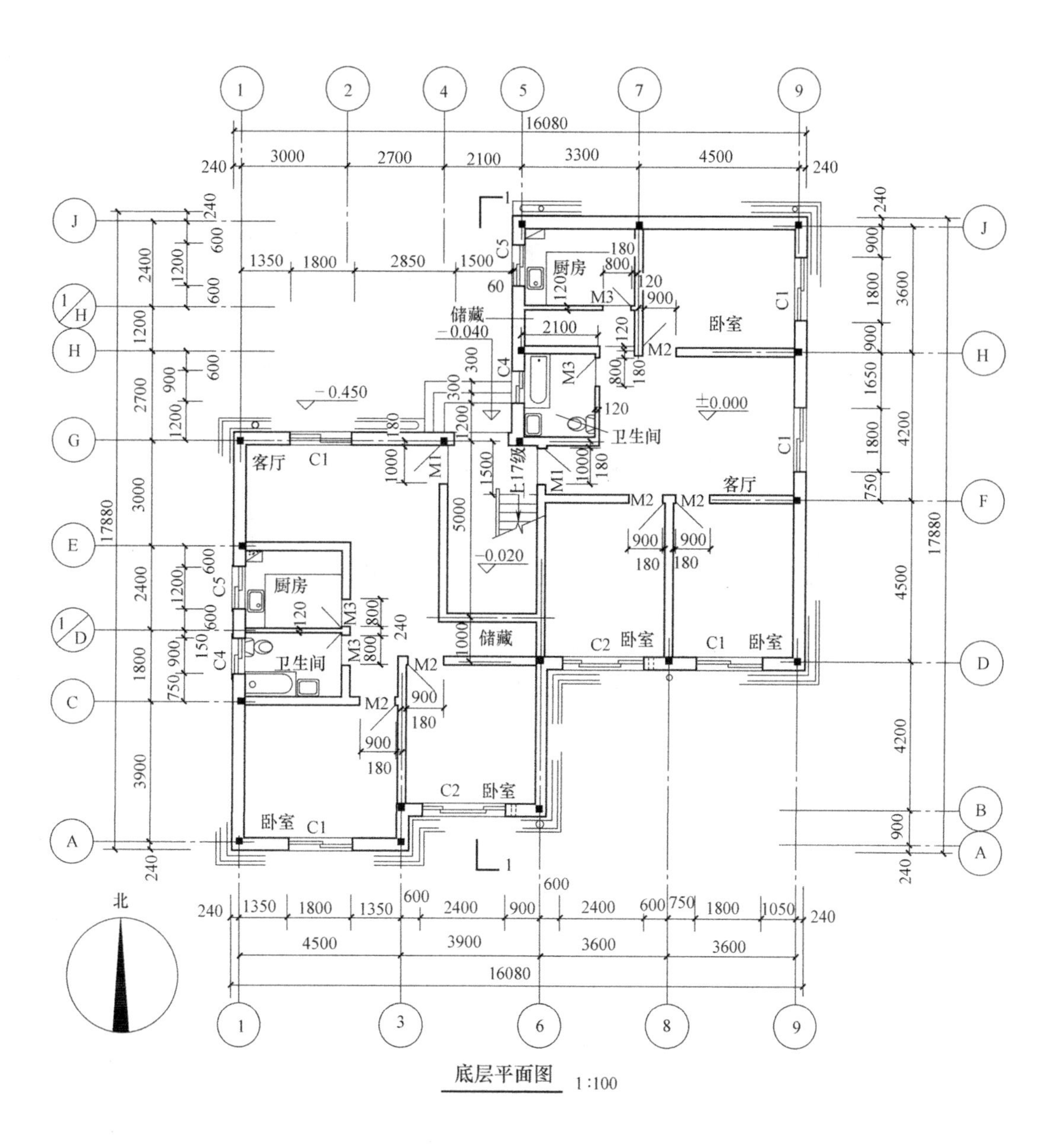

图 7-22　某住宅楼底层平面图

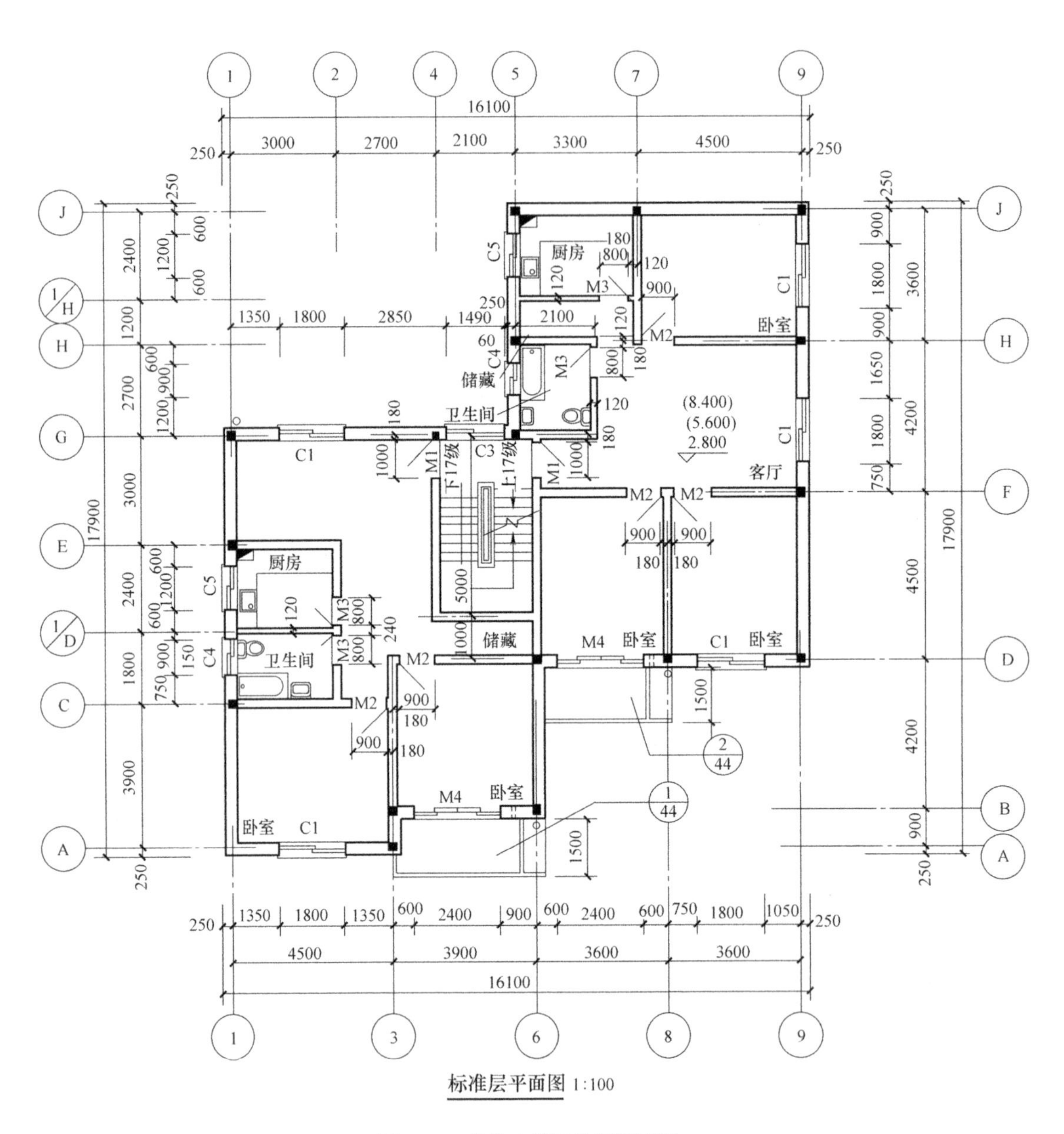

图 7-23 某住宅楼标准层平面图

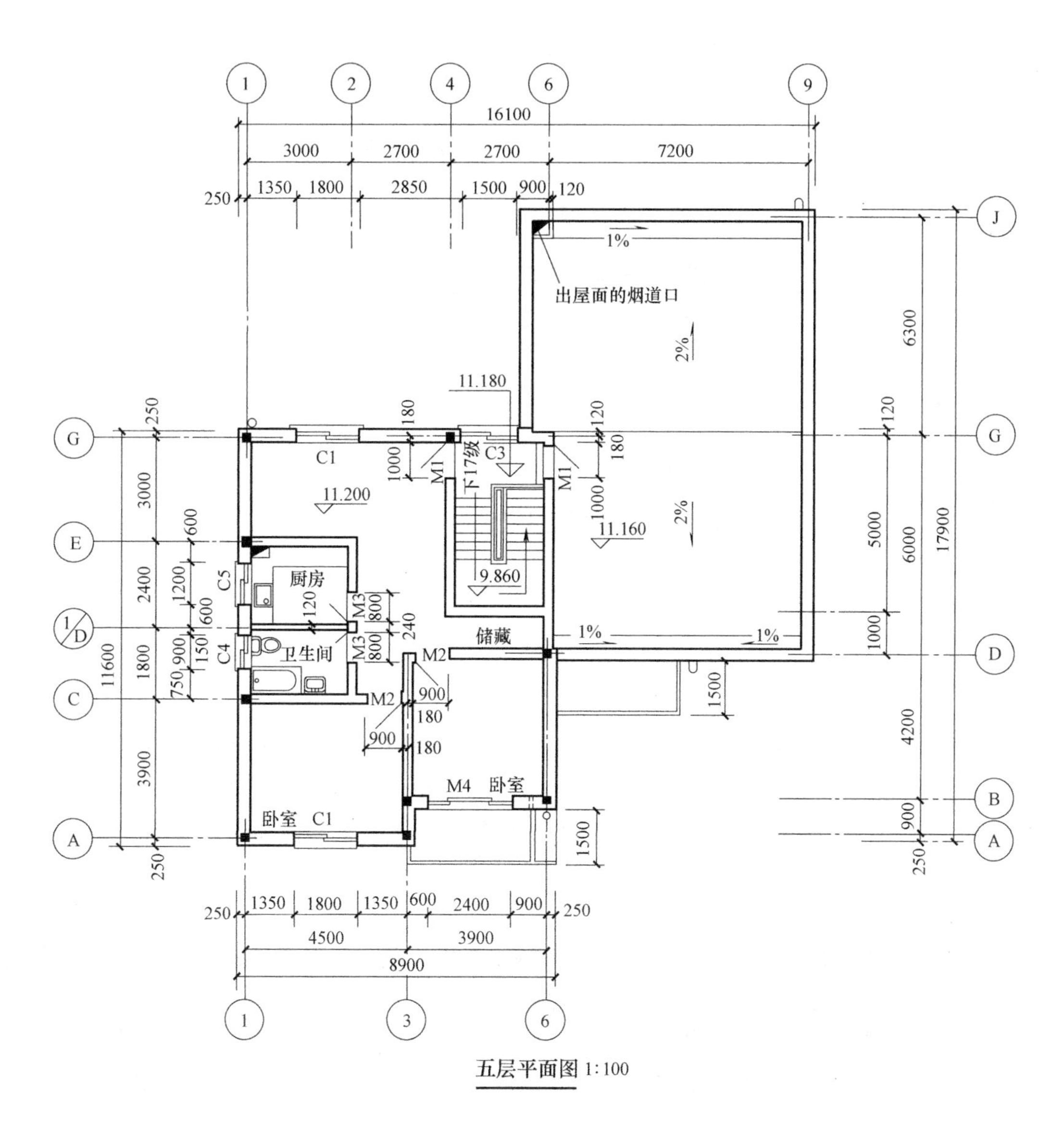

图 7-24 某住宅楼五层平面图

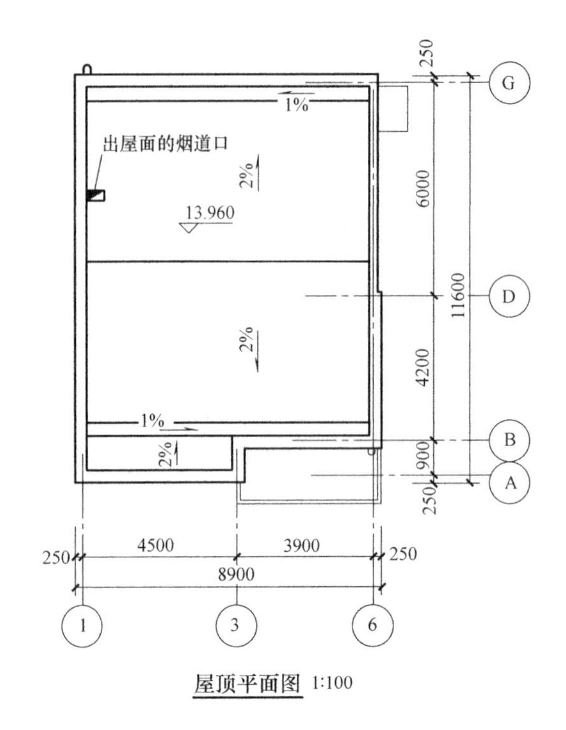

图 7-25 某住宅楼屋顶平面图

7.4 建筑立面图

建筑立面图是房屋各个方向的外墙在平行于该外墙面的投影面上所做的正投影图。建筑立面图是用来表示建筑物的体形和外貌、门窗形式和位置及墙面装修材料和色调等的图样，室内的构造与设施均不画出。由于图的比例较小，不能将门窗和建筑细部详细表示出来，图上只是画出其基本轮廓，或用规定的图例加以表示。

立面图的命名方法主要有三类（图 7-26）：

1）按立面的主次命名。所反映建筑物外貌主要特征或主要出入口的立面图命名。其他立面图分别称为背立面图、左侧立面图和右侧立面图等。

2）按建筑物的朝向命名。依据建筑物立面的朝向分别命名为南、北、西、东立面图。

3）按轴线编号命名。依据建筑物立面两端的轴线编号命名。如①～⑦立面图，Ⓐ～Ⓓ立面图等。

立面图的图线要求有整体效果、富有立体感、图线要求有层次。轮廓线用粗实线绘制；主要轮廓线用中粗线绘制；细部图形轮廓用细实线绘制；室外地平线用特粗实线绘制；门窗、阳台、雨罩等主要部分的轮廓线用中粗实线绘制；其他如扇门、墙面分格线等均用细实线绘制。

立面图的数量主要依据建筑物各立面的形状和墙面装修，当建筑物各立面造型复杂、墙面装修各异时，就需要画出所有立面图。平面形状曲折的建筑物立面，也可采用展开式立面图。当建筑物各立面造型简单，可以通过主要立面图和墙身剖面图表明次要的形状和装修要求时，可省略不画。

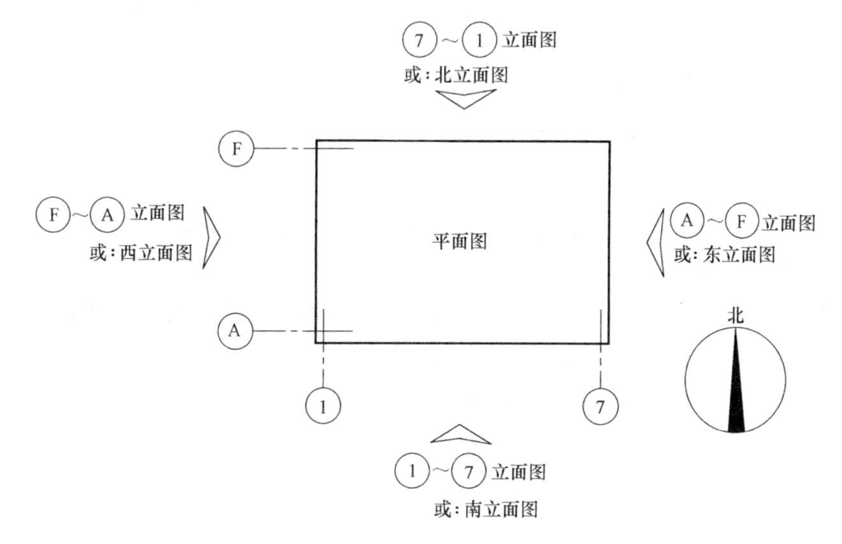

图 7-26　立面图的命名

一套完整建筑立面图应包括以下内容：

1）两端轴线编号，立面转折较复杂时可用展开立面表示，但应准确注明转角处的轴线编号。立面图的名称可以用方位命名，如东、南、西、北立面图，也可以按每一立面两端的轴线号命名，如 X—X 轴立面图。

2）立面外轮廓及主要结构和建筑构造部件的位置，如女儿墙顶、檐口、柱、变形缝、室外楼梯和垂直爬梯、室外空调机搁板、阳台、栏杆、台阶、坡道、花台、雨篷、烟囱、勒脚、门窗、幕墙、洞口、门头、雨水管，以及其他装饰构件、线脚和粉刷分格线等，以及关键控制标高的标注，如屋面或女儿墙标高等；外墙的留洞应注尺寸与标高或高度尺寸。

① 立面的门窗洞口轮廓线也宜粗于门窗和粉刷分格线，使立面更有层次、更清晰。

② 如遇前后立面重叠时，前者的外轮廓线宜向外加粗，以示区别。

③ 细部花饰可简绘轮廓，标注索引号另见详图。

3）立面图的尺寸标注：高度方向标注有三道尺寸：细部尺寸、层高及总高度。

① 细部尺寸：最里面一道尺寸。反映室内外地面高差、防潮层位置、窗下墙高度、门窗洞口高度、洞口顶面到上一层楼面、女儿墙或檐板的高度。

② 层高：中间一道尺寸。反映上下相邻两层楼地面之间的距离。

③ 总高度：最外面一道表示尺寸。反映从建筑物室外地坪至女儿墙压顶（或至檐口）的距离。

4）平、剖面未能表示出来的屋顶、檐口、女儿墙、花架、窗台以及其他装饰构件、线脚等的标高或高度。

① 立面图应标注平、剖面图未表示的标高或高度，标注关键控制性标高，其中总高度

即自室外地坪至平屋面檐口上皮或女儿墙顶面（结构层）的高度，坡顶房屋标注檐口及屋脊（结构层）高度；同时应注出外墙留洞、室外地坪、屋顶机房等标高。

② 立面图上应绘出在平面图无法表示清楚的窗、进排气口等，并注尺寸及标高，还应绘出附墙雨水管和爬梯等。

5）在平面图上表达不清的窗编号。

6）各部分装饰用料名称或代号，构造节点详图索引。外墙身详图的剖线索引号可以标注在立面图上，也可标注在剖面图上，以表达清楚，易于查找详图为原则。外装修用料、颜色等直接标注在立面图上，或用文字索引通用“外墙装饰材料表”。立面分格应绘制清楚，线脚宽深、做法宜注明或绘节点详图。

7）图纸名称、比例。立面图的比例应尽量与平面图一致，以能表达清楚又方便看图（图幅不宜过大）为原则，比例在 1∶100、1∶150 之间选择皆可。

8）各个方向的立面图应绘制齐全，内部院落或看不到的局部立面，可在相关剖面图上表示，若剖面图未能表示完全时，则需单独绘出。

某住宅楼立面图如图 7-27 ～图 7-30 所示。

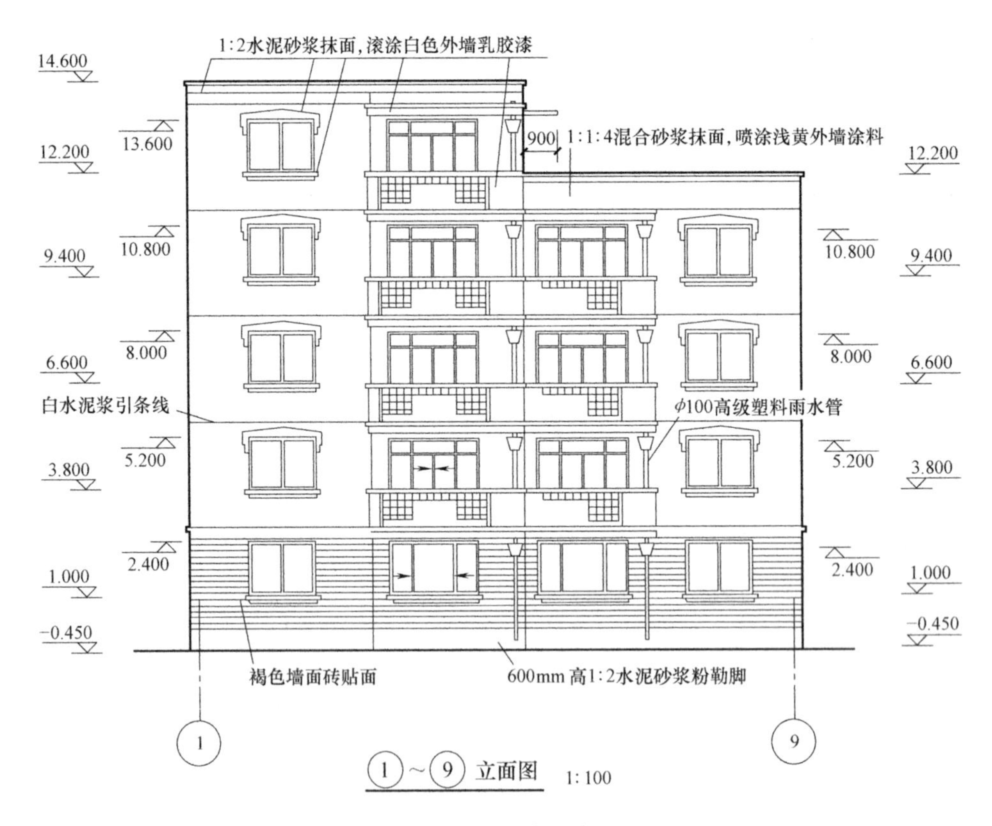

图 7-27　某住宅楼①～⑨立面图

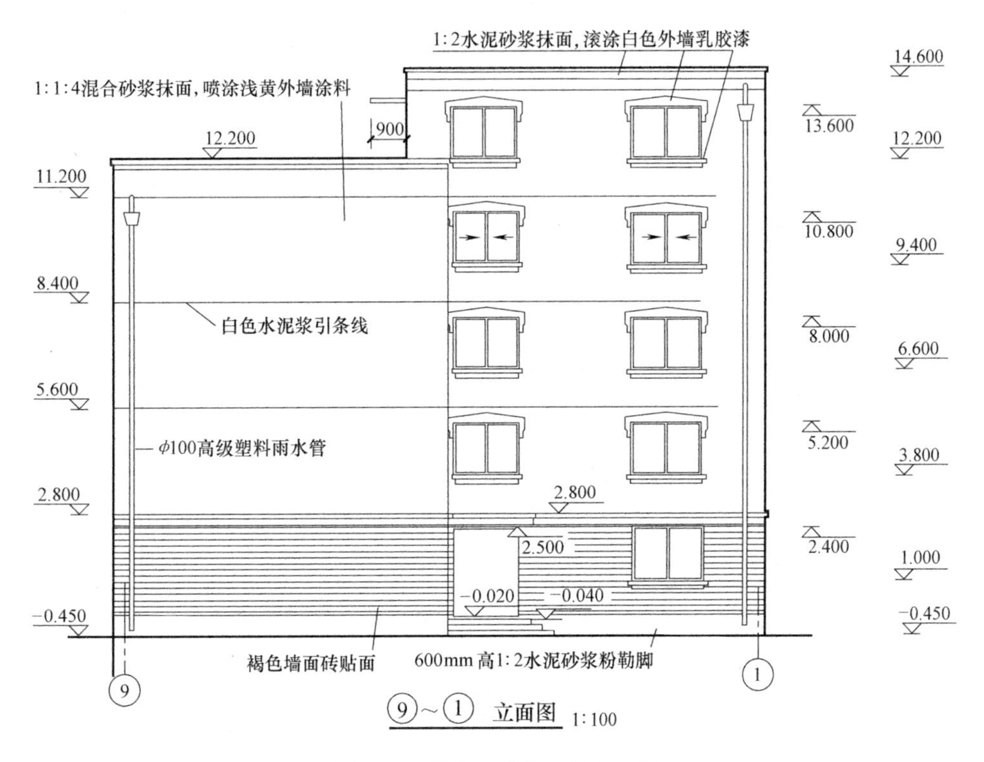

图 7-28 某住宅楼⑨～①立面图

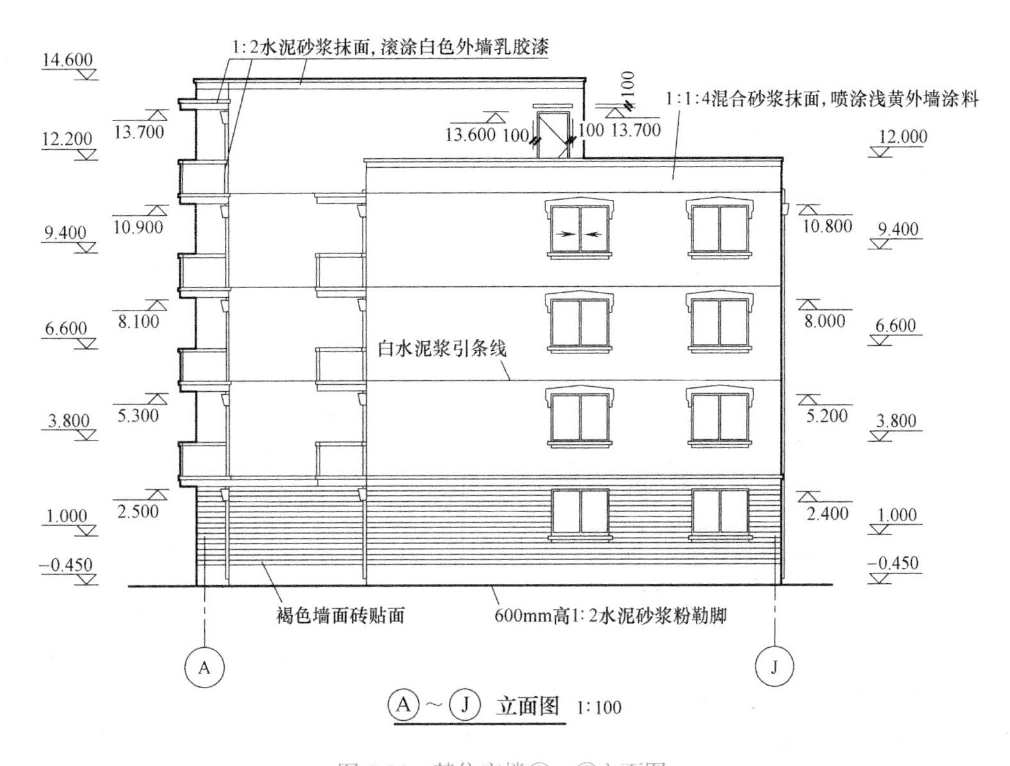

图 7-29 某住宅楼Ⓐ～Ⓙ立面图

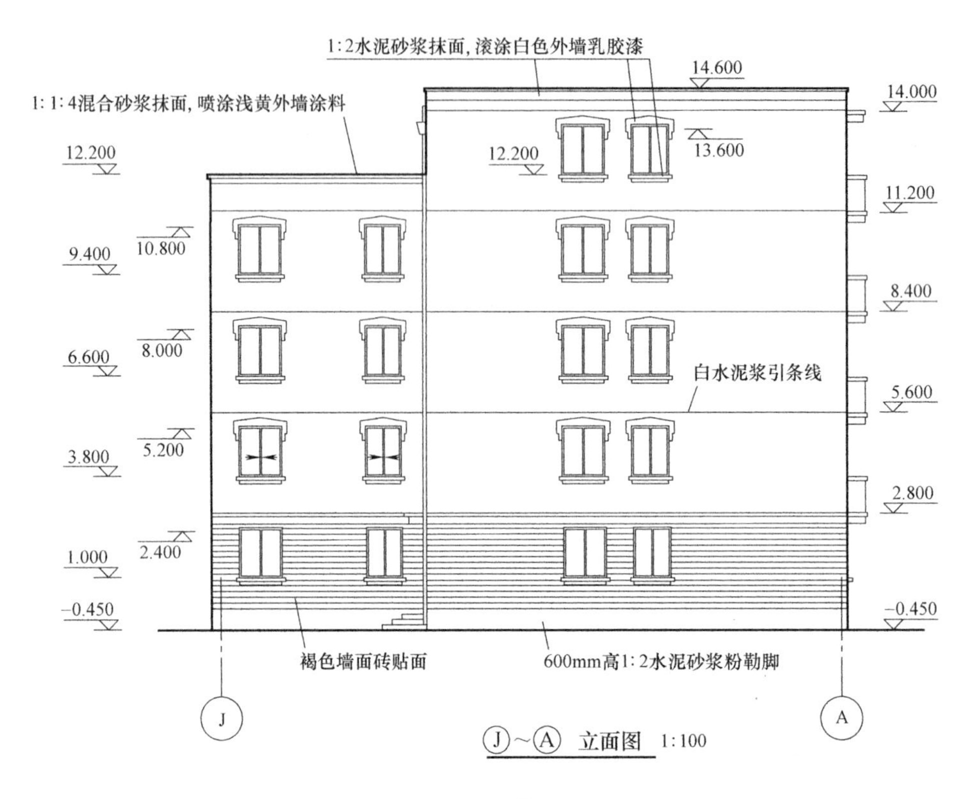

图 7-30　某住宅楼Ⓙ～Ⓐ立面图

7.5　建筑剖面图

假想用竖直的剖切平面在建筑平面图上沿着横向或纵向沿房屋的主要入口、门窗洞口、楼梯等位置上将房屋垂直地剖开，然后移去观察者与切平面之间的部分，将剩余的部分在与剖切平面平行的投影面上作正投影绘制成的图样，称为建筑剖面图。平行于开间方向的剖切称为纵剖，垂直于开间方向的剖切称为横剖，必要时可采用阶梯剖，但一般只转折一次。建筑剖面图的形成如图 7-31 所示。

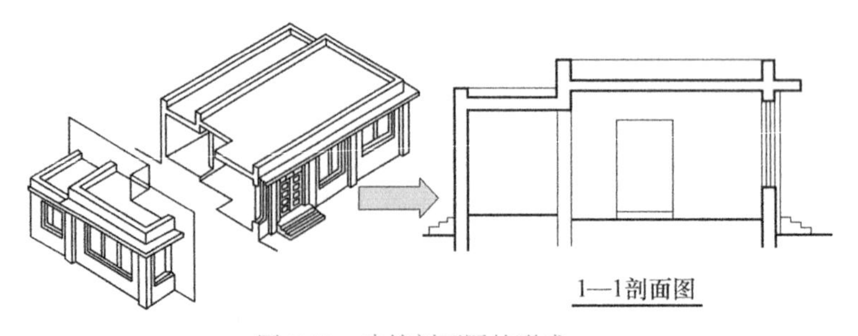

图 7-31　建筑剖面图的形成

建筑剖面图的数量应根据建筑物内部构造复杂程度决定。剖切位置通常选择在能表现建筑物内部结构和构造比较复杂、有变化、有代表性的部位，一般应通过窗洞口、楼梯间及主要出入口等位置。

一套完整建筑剖面图应包括以下内容：

1）剖视位置应选在层高不同、层数不同、内外部空间比较复杂，具有代表性的部位，建筑空间局部不同处以及平面、立面均表达不清的部位，可绘制局部剖面。

① 用粗实线画出所剖切到的建筑实体切面（如墙体、梁、板、地面、楼梯、屋面层等），标注必要的相关尺寸和标高。

② 剖面图必须与结构专业密切配合，所反映的结构构件必须与结构专业图样相符。

③ 一幢建筑单体的剖面图不得少于 2 个，个别特殊部位须加画剖面图，如在坡屋顶变化或楼层变化较复杂处。

④ 用细实线画出投影方向可见的建筑构造和构配件（如门、窗、洞口、梁、柱、室外花坛、坡道等），投影可见物以最近层面为准，从简示出，门洞后的窗可不表示。

⑤ 有时在投影方向还可以看到室外局部立面，其他立面图没有表示过，则可以用细实线画出该局部立面图；否则可简化为一条粗轮廓线。

⑥ 无地下室时，剖切面应绘制至室外地面，基础部分不表示；有地下室时，剖切面应绘制到底板下的基土，以下部分可不表示。

注意地下室底板厚度应与结构图核对后真实绘制，如果筏板有不同板厚的要如实表达板厚。

2）墙、柱、轴线和轴线编号。

① 横向编号用阿拉伯数字从左至右编写，纵向编号用大写字母从下至上编写。较复杂的可分区编写。

② 第一个轴线之前要加轴号的用 01 或 0A 表示。

3）剖切到或可见的主要结构和建筑构造部件，如室外地面、底层地（楼）面、地坑、地沟、各层楼板、夹层、平台、吊顶、屋架、屋顶、出屋顶烟囱、天窗、挡风板、檐口、女儿墙、爬梯、门、窗、楼梯、台阶、坡道、散水、平台、阳台、雨篷、洞口及其他装修等可见的内容。

4）高度尺寸

外部尺寸：门、窗、洞口高度、层间高度、室内外高差、女儿墙高度、总高度。应有三道尺寸线。

内部尺寸：地坑（沟）深度、隔断、内窗、洞口、平台、吊顶等。

5）标高：主要结构和建筑构造部件的标高，如地面、楼面、平台、吊顶、屋面板、屋面檐口、女儿墙顶、高出屋面的建筑物、构筑物及其他屋面特殊构件等的标高，室外地面标高。

① 各层地面标高为建筑完成面标高，屋面、门、窗、洞口标高为结构标高。

② 涉及有些需严加限定高度的，如顶棚净高、特殊用房及锅炉房、机房、阶梯教室等，其主梁下皮高度、楼梯休息平台下通行人时高度要注标高。注意，电梯机房的净高是指吊钩下到地面面层的高度。

6）节点构造详图索引号。

节点详图的索引号以从剖面图引出为首选，剖面图没有剖到的部位，可从立面图、平面图索引。

7）图纸名称、比例。凡比例大于 1∶100 的剖面应绘出楼面细线；比例小于等于 1∶100 者视实际面层厚度，厚则绘出，否则可不绘。

8）剖面设计时，要注意净高的合理性，注意结构梁对下层层高的影响，必要时，梁可上反。

9）当卫生间的下层为客厅、餐厅、卧室、门厅等主要房间时，卫生间均需做沉箱。在某些地区，卫生间上下对位，也需做沉箱以符合当地居民习惯。一般卫生间沉箱降板高度为 400mm（相对楼层标高），不做沉箱的卫生间需降板 150mm 或 100mm（看有无地热采暖）。

10）露台一般降板 250 ～ 300mm，当露台较大时，要经计算确定降板高度，保证成活后露台面层的最高点低于室内标高 50mm。个别小露台对结构而言降板有一定难度，或者有可能会因为降板而破坏下层空间的完整性时可不降板，由室内台阶解决高差。

选择如图 7-22 某住宅楼底层平面图中所示的 1-1 剖切位置，作 1-1 剖面图如图 7-32 所示。要注意画出剖切到的构配件及构造，不能漏掉未剖切到的可见构配件。

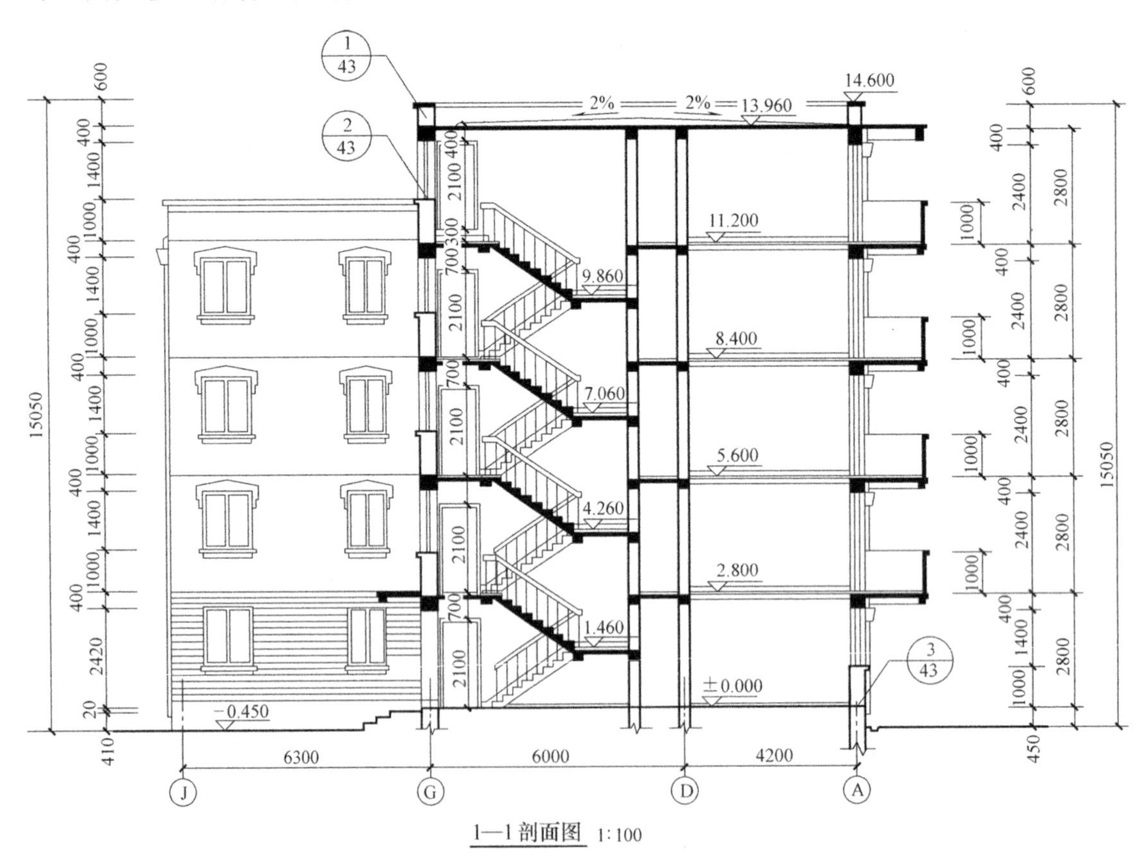

图 7-32　某住宅楼 1-1 剖面图

7.6 建筑详图

建筑详图是建筑细部的施工图，是建筑平面图、立面图、剖面图等基本图样的补充和深化，是建筑工程细部施工、建筑构配件的制作及编制预决算的依据。建筑详图用较大比例清楚地表达构配件或细部构造，如形状、尺寸、材料和做法等的图样，常用比例为：1∶20、1∶10、1∶5、1∶2、1∶1 等。建筑详图通常包括墙身详图（图 7-33）、楼梯详图、门窗详图等。

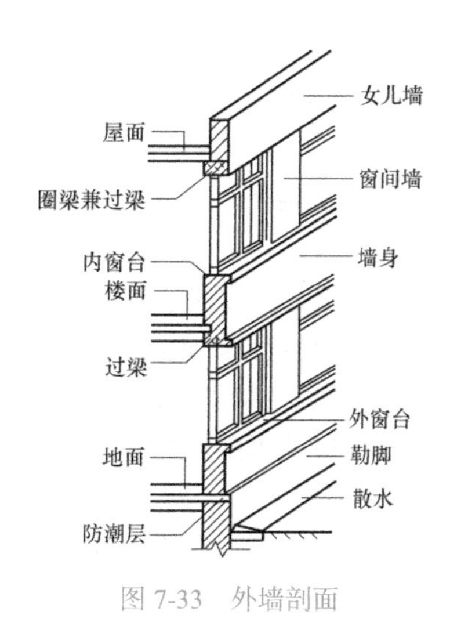

图 7-33　外墙剖面

一套建筑详图应包括以下内容：

1）内外墙节点、楼梯、电梯、厨房、卫生间等局部平面放大和构造详图。

① 墙身详图多以 1∶20 绘制。

② 楼梯平、剖面图多以 1∶50 绘制，所注尺寸皆为建筑完成面尺寸（结构标高也要标出），宜注明四周墙体轴线号、墙厚与轴线关系尺寸。

③ 楼梯栏杆高度从踏步前缘算起到扶手的高度，靠梯井一侧水平长度大于 500mm 时，栏杆高度不应小于 1050mm。

④ 电梯应绘出机坑平面、标准层井道平面和机房层平面，机房楼板留洞先暂按业主选定的样本预留，同时应绘出厅门立面图及留洞图。电梯剖面图要给出梯井坑道，不同层高楼层和机房层的剖面图，机房顶板上预埋吊钩及荷载，井道墙上轨道预埋件，消防电梯要绘制坑底排水和集水坑。

⑤ 自动扶梯宜按 1∶50 绘制，包括起始层平面图、标准层平面图和顶层平面图，将起始层、底坑和标准层、顶层的梯井平面图绘制并标注清楚。剖面图应根据各层层高和扶梯速度、角度及厂家型号绘出，底坑宜做成与下层封闭式，以利于防火分隔。

2）室内外装饰方面的构造、线脚、图案等。

3）特殊的或非标准门、窗、幕墙等应有构造详图。如属另行委托设计加工者，要绘制立面分格图，对开启面积大小和开启方式，与主体结构的连接方式，预埋件、用料材质、颜色等做出规定。

① 对由装修所做的门、窗，土建图只给出洞口即可。

② 对所需采用安全玻璃的部位，要注明使用安全玻璃。

4）其他凡在平、立、剖面图或文字说明中无法交代或交代不清的建筑构配件和建筑构造。

5）对紧邻的原有建筑，应绘出其局部的平、立、剖面图，并索引新建筑与原有建筑结合处的详图号。

6）大样图及详图必须与平面图一致。

7）家具、洁具、空调、洗衣机、热水器等布置要考虑到功能的合理性及可行性。尤其是热水器所在墙体，要考虑其承重能力。

8）空调机预留孔洞、配电箱、消火栓等尺寸定位明晰、准确、合理，且要与平面图中一致。

9）大样图中也应标注房间名称，且与平面图一致。

10）卫生间大样图的排水坡向、洁具定位、地漏定位应标明。

11）要注意露台栏杆高度及杆间净距，特别要注意栏杆下有无高度小于或等于 450mm、踏面大于 220mm 的可踏面，栏杆高度应从可踏面算起。

12）节点详图中的填充图例要准确。

13）墙身节点中，各部位结构梁、吊板、降板等的做法不得随意表示，要按实际尺寸画出，并与结构图一致。

14）节点详图中应注意一些细节，如抹灰的滴水、鹰嘴、端头的油膏封堵等要在详图中示意清楚或明确索引标准图集。

15）节点详图以平面节点图、剖面节点图、立面节点图排列为序。

16）瓦屋面檐口处的节点要注意瓦要探出檐口 50 ～ 70mm。

17）楼梯详图的尺寸标注，水平方向要标注结构尺寸。

7.6.1 墙身剖面详图

墙身详图实际上是建筑剖面图的局部放大图。其主要表达地面、楼面、屋面和檐口等处的构造，楼板与墙体的连接形式以及门窗洞口、窗台、勒脚、防潮层、散水等细部做法。外墙剖面详图表示方法：

1）外墙剖面详图一般采用 1∶20 的较大比例绘制，为节省图幅，通常采用折断画法，往往在窗洞中间处断开，成为几个节点详图的组合。

2）外墙剖面详图上标注尺寸和标高，与建筑剖面图基本相同，线型也与剖面图一样，剖切到的轮廓线用粗实线，粉刷线则为细实线，断面轮廓线内应画上材料图例。

外墙剖面详图示例如图 7-34 所示。

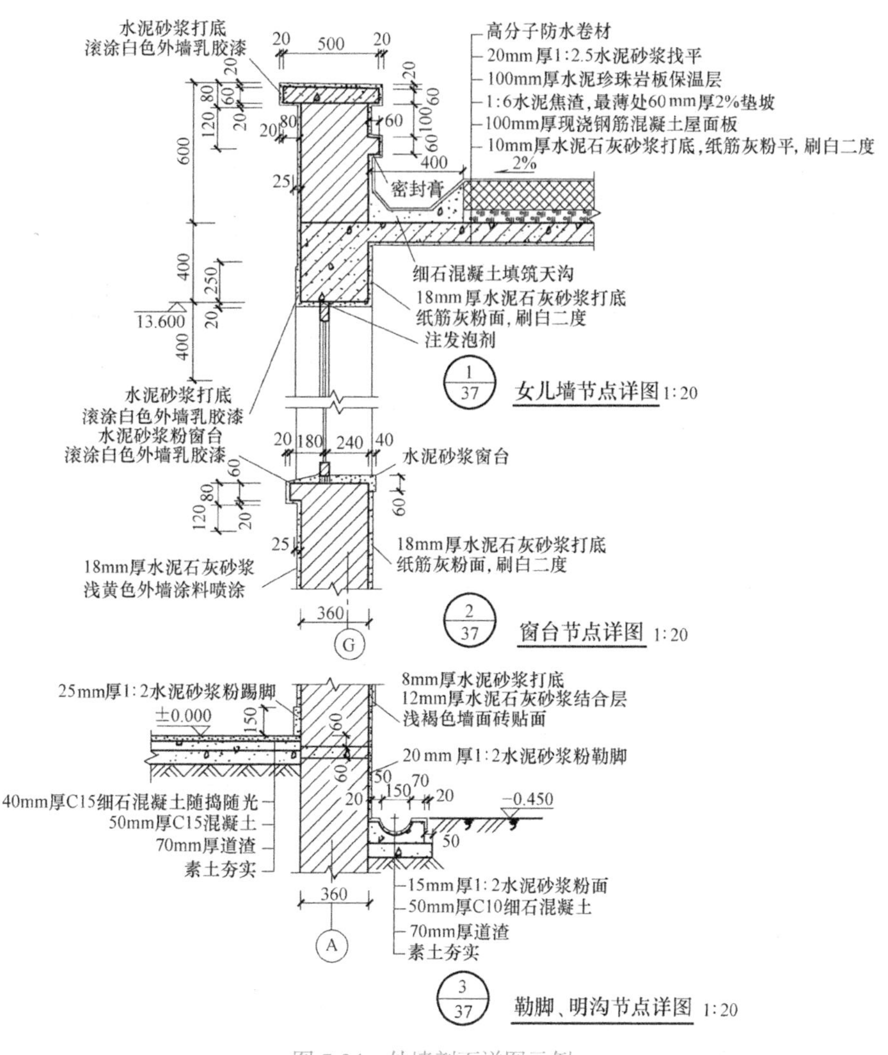

图 7-34 外墙剖面详图示例

7.6.2 楼梯详图

楼梯详图包括楼梯平面图、楼梯剖面图以及楼梯节点详图。

楼梯平面图是楼梯间部分的局部放大图，如图 7-35 所示。通常要画底层平面图，一个标准层平面图和顶层平面图。楼梯平面图中要标注楼梯间的开间和进深尺寸、梯段的长度和宽度、踏步面数和宽度、各层楼（地）面、休息平台的高度以及其他细部尺寸等。

楼梯剖面图是楼梯间部分的垂直剖面图，其剖切位置应通过各层的一个梯段和门窗洞口，向另一未剖切到的梯段方向投影所得到的剖面图。楼梯剖面图主要表达楼梯的梯段数、踏步数、类型及结构形式，表示各梯段、平台、栏杆等的构造及它们的相互关系。选择如图 7-35 某住宅楼楼梯平面图中底层平面图中所示的 1-1 剖切位置，作 1-1 剖面图如图 7-36 所示。

楼梯节点详图一般包括踏步、扶手、栏杆详图和梯段与平台处的节点构造详图，如图 7-37 所示。依据所画内容的不同，详图可采用不同的比例，以反映它们的断面形式、细部尺寸、所用材料、构件连接及面层装修做法等。

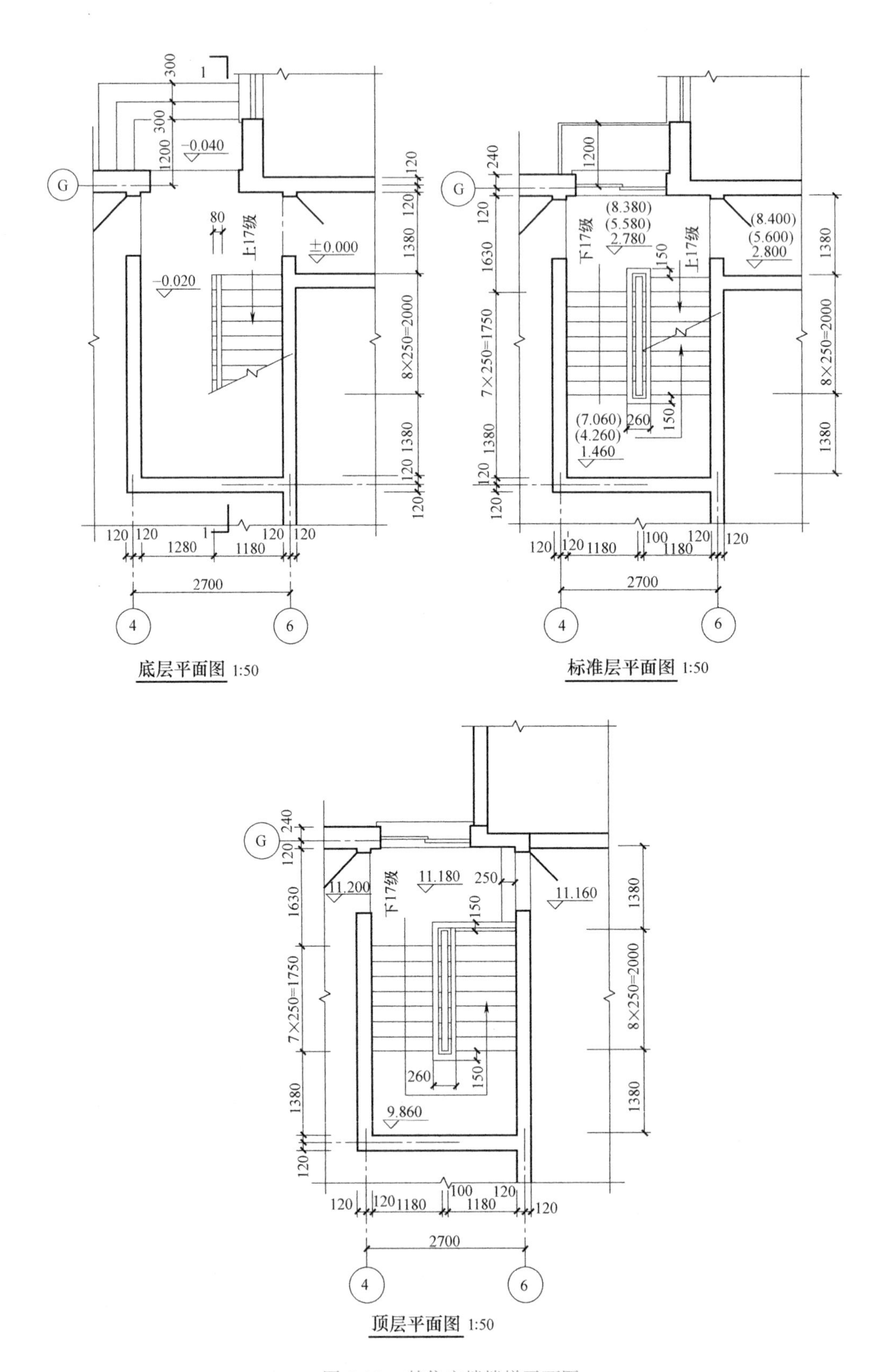

图 7-35 某住宅楼楼梯平面图

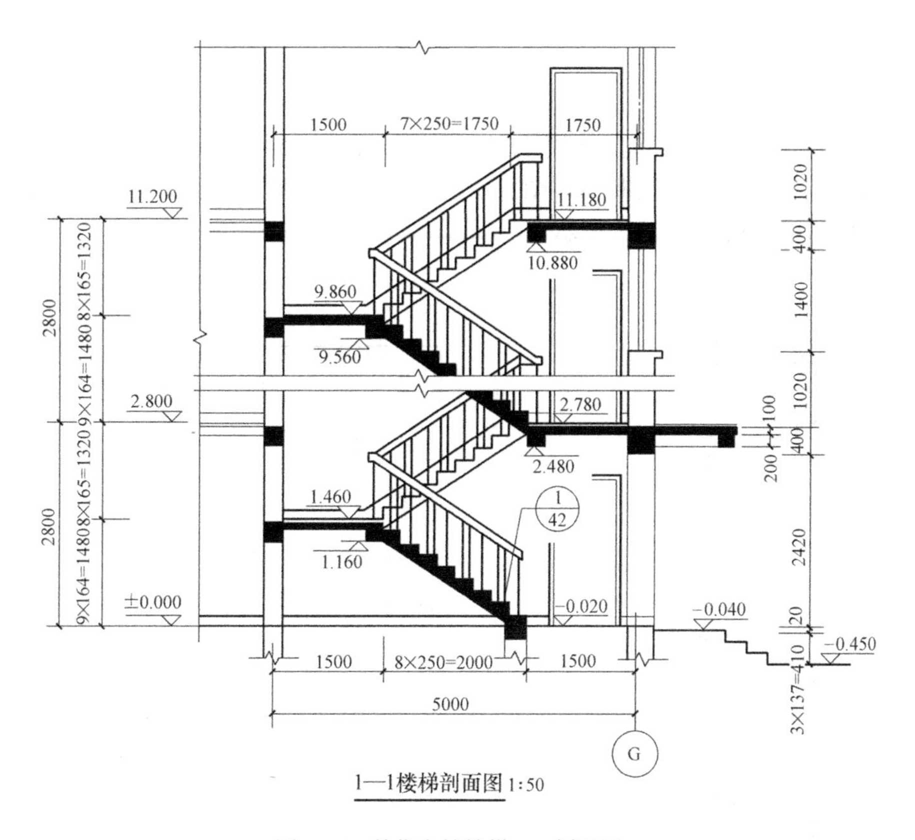

图 7-36　某住宅楼楼梯 1-1 剖面图

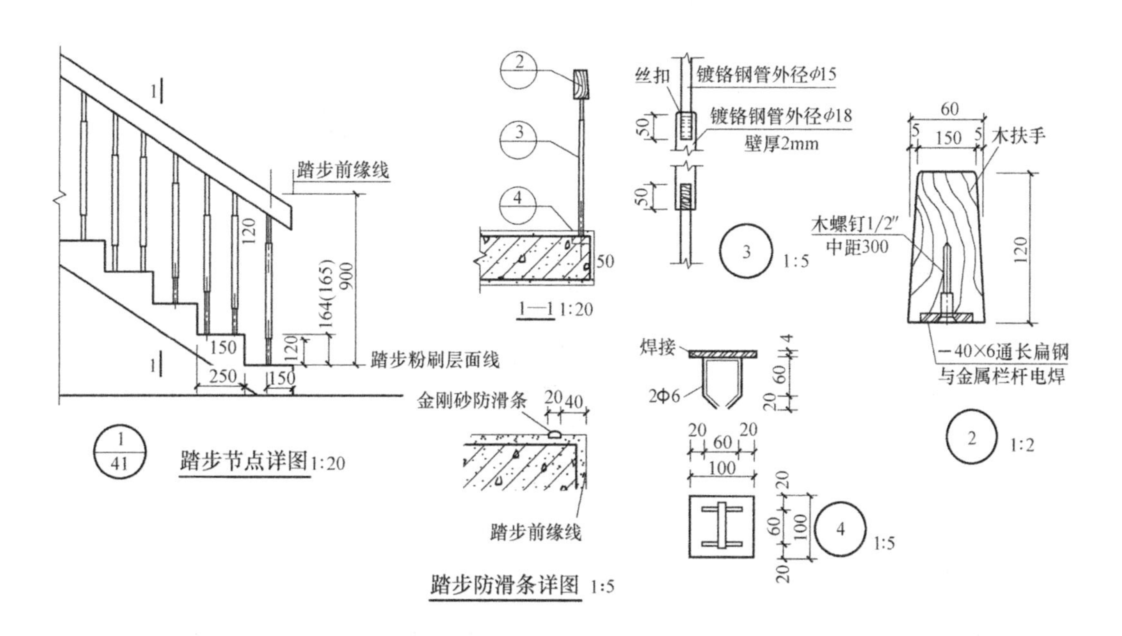

图 7-37　某住宅楼楼梯节点详图

7.6.3 门窗详图

门窗详图包含立面图、节点剖面图或断面详图以及标准图集。立面图表达门窗的外形尺寸、开启方式等。剖面图或断面详图表示门窗断面、用料、安装位置、门窗扇与框的关系。某住宅楼门窗详图如图 7-38 所示。

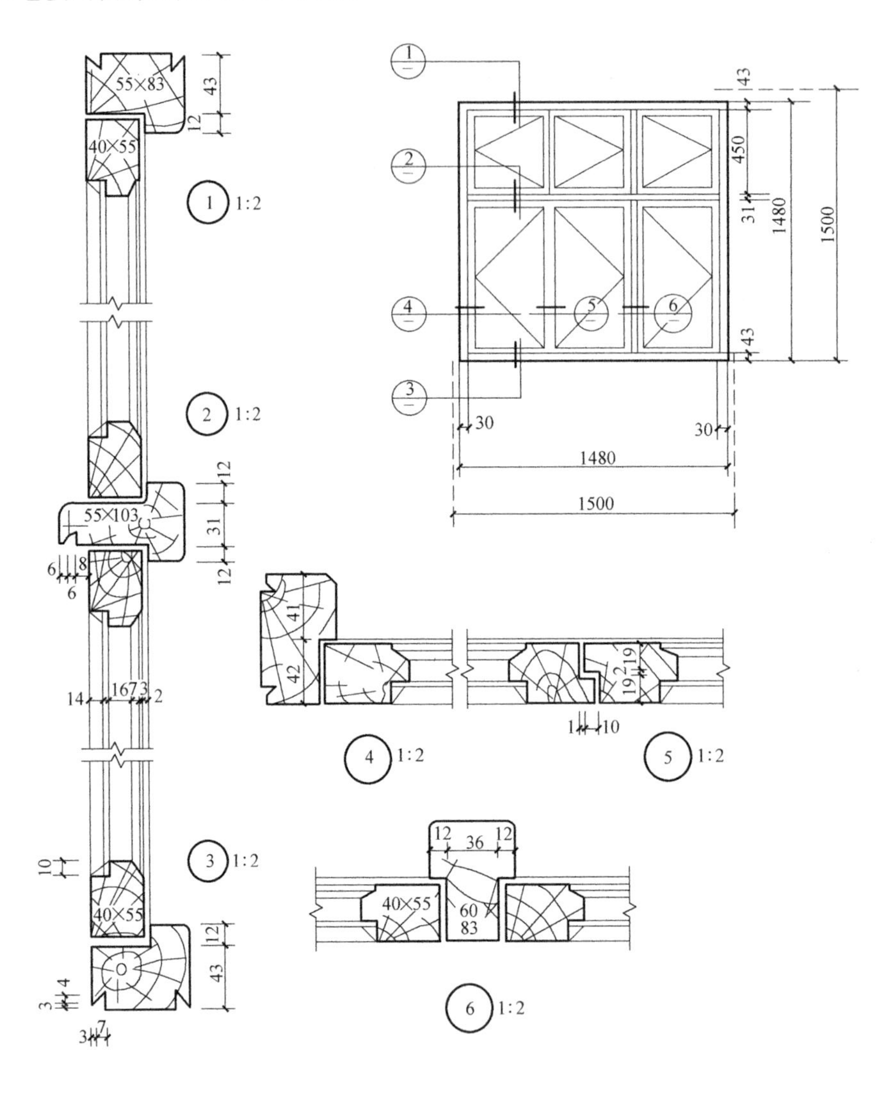

图 7-38 某住宅楼门窗详图

7.7 建筑施工图识读

建筑平面图、建筑立面图、建筑剖面图都画在不同图纸上，并没有按照三视图的位置排列，在阅读建筑施工图时，应把三者结合起来阅读。先阅读建筑平面图，再阅读建筑立面图，然后对照建筑平面图上的剖切位置，阅读建筑剖面图，如图 7-39 所示。

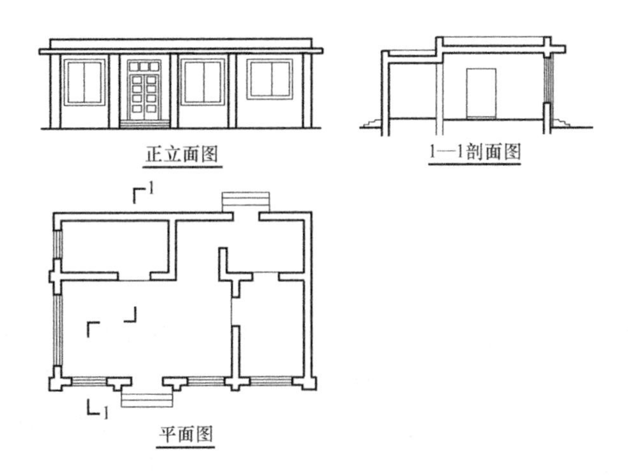

图 7-39 平面图、立面图、剖面图结合阅读

具体来讲，阅读一套完整的建筑施工图，应首先了解建筑施工的制图方法及有关标准。其次先看整体再看局部，先宏观再微观，具体流程如下：

1）建筑总说明：看工程的名称、设计总说明了解建筑物的大小、工程造价、建筑物的类型。

2）总平面图：了解建筑物的具体位置以及与四周的关系。具体的有周围的地形、道路、绿地率、建筑密度、容积率、日照间距或退缩间距等。具体步骤如下：

① 看工程性质、图纸比例尺、阅读文字说明，熟悉图例。

② 看地形，用地范围、建筑物的布置、四周环境、道路等。

③ 地形复杂时，要先了解地形地貌。

④ 看各新建房屋的室内外高差、道路标高、坡度以及地面排水情况。

⑤ 看新建房屋与各种管线走向的关系，管线引入建筑物的具体位置。

⑥ 看定位依据。

3）平面图：依次看各层平面图，由首层至顶层。

识读底层平面图：可以知道轴线之间的尺寸、房间墙壁尺寸、门窗的位置，知道各房间的用途和功能。

识读标准层平面图：可以看出本层和上下层之间是否有变化，具体内容和底层平面图相似。

识读屋顶平面图：可以看出屋顶的做法等。如屋顶的保温材料，防水做法等。

4）立面图：可以了解建筑的外形、外墙装饰（如所用材料、色彩)、门窗、阳台、台阶、檐口等形状，了解建筑物的总高度和个部位标高。

5）剖面图：首先要知道剖切位置，剖切位置一般都是房间布局比较复杂的地方，如门厅、楼梯等，可以看出各层的层高、总高、室内外高差以及了解空间关系。

6）建筑详图：要明确详图与有关图的关系、详图剖切部位，将局剖构件与建筑整体联系起来，形成完整概念。

第八章　一般民用建筑构造

建筑是建筑物与构筑物的总称，是人们为了满足社会生活需要，利用所掌握的物质技术手段，并运用一定的科学规律和美学法则创造的人工环境。建筑物是指用建筑材料构筑的空间和实体，供人们居住和进行各种活动的场所，如工业建筑、民用建筑、农业建筑和园林建筑等。构筑物是指不具备、不包含或不提供人类居住功能的人工建筑物，如围墙、道路、水塔、水池、水坝、水井、隧道、水塔、桥梁和烟囱等。

8.1　概述

8.1.1　建筑的基本构成要素

建筑的基本构成要素包括建筑功能、建筑技术和建筑形象等三方面。

建筑功能是建筑的第一基本要素。它是指建筑的实用性，是房屋的使用需要，体现了建筑的目的性。建筑功能在建筑中起决定性的作用，将直接影响建筑的结构形式、平面布局和组合、建筑体型、建筑立面以及形象等。人们建造房屋主要是满足生产、生活的需要，同时也充分考虑整个社会的其他需求。建筑功能也不是一成不变的，它将随着社会的发展和人们物质文化水平的不断提高而变化。

建筑技术是指实现建筑的手段，它包括建筑材料、建筑设计、建筑施工技术和建筑设备等方面的内容。随着材料技术的不断发展，各种新型材料不断涌现，为建造各种不同结构形式的房屋提供了物质保障；随着建筑结构计算理论的发展和计算机辅助设计的应用，建筑结构与构造的设计技术不断革新，为房屋建造的安全性提供了保障；各种高性能的建筑施工机械、新的施工技术和工艺提供了房屋建造的手段；建筑设备的发展为建筑满足各种使用要求创造了条件。随着建筑技术的不断发展，高强度建筑材料的产生、结构设计理论的成熟和更新、设计手段的更新、建筑内部垂直交通设备的应用，有效地促进了建筑朝大空间、大高度、新结构形式的方向发展。

建筑形象是建筑内、外感观的具体体现。优美的艺术形象给人精神上的享受，它包含建筑体形、空间、线条、色彩、质感、细部的处理及刻画等方面。由于时代、民族、地域、文化、风土人情的不同，人们对建筑形象的理解各有不同，出现了不同风格和特色的建筑，甚至不同使用要求的建筑已形成其固有的风格。如国家机构所属的建筑庄严雄伟、学校建筑多是朴素大方、居住建筑简洁明快、娱乐性建筑生动活泼等。成功的建筑应当反映时代特征、民族特点、地方特色、文化色彩，应有一定的文化底蕴，并与周围的建筑和环境有机融合与协调，能经受起时间的考验。

构成建筑的三个要素彼此之间是辩证统一的关系。建筑功能是主导因素，它对建筑技术和建筑形象起决定作用；建筑技术是实现建筑功能的手段，它对建筑功能起制约或促进的作用；建筑形象则是建筑功能、技术和艺术内容的综合表现。

8.1.2　建筑的分类

1. 按建筑的使用性质分

1）民用建筑：指供人们居住及进行社会活动等非生产性的建筑，又分为居住建筑和公共建筑。

2）工业建筑：指供人们进行工业生产活动的建筑。工业建筑一般包括生产用建筑及辅助生产、动力、运输、仓储用建筑。

3）农业建筑：指供人们进行农牧业的种植、养殖、贮存等用途的建筑。

2. 按建筑高度或层数分

民用建筑按地上层数或高度分类划分应符合下列规定：

1）住宅建筑按层数分类：1 ～ 3 层为低层；4 ～ 6 层为多层；7 ～ 9 层为中高层；10 层及 10 层以上为高层。

2）除住宅建筑之外的民用建筑高度不大于 24 m 者为单层和多层建筑，大于 24 m 者为高层建筑（不包括建筑高度大于 24 m 的单层公共建筑）。

3）高层建筑的具体分类：①第一类高层建筑 9 ～ 16 层（最高 50 m）；②第二类高层建筑 17 ～ 25 层（最高 75 m）；③第三类高层建筑 26 ～ 40 层（最高 100 m）。

4）40 层以上（高度 100 m 以上）称为超高层建筑。

3. 按建筑结构类型分

建筑结构简称结构，是指在建筑中，由若干构件连接而构成的起承受作用的平面或空间体系。结构必须具有足够的强度、刚度、稳定性，用来承受作用在建筑物、构筑物上的各种荷载。按构筑形式、组合形式及受力特点不同，一般分为砌体结构、框架结构、剪力墙结构、框架－剪力墙结构、筒体结构、壳体结构、网架结构、悬索结构等。

1）砌体结构是指在建筑中以砌体为主制作的结构。它包括砖结构、石结构和其他材料的砌块结构，分为无筋砌体结构和配筋砌体结构。一般民用和工业建筑的墙、柱和基础都可采用砌体结构。砌体结构的优点是：①容易就地取材；②砖、石或砌体砌块具有良好的耐火性和较好的耐久性；③砌体砌筑时不需要模板和特殊的施工设备。其缺点是：①与钢和混凝土相比，砌体的强度较低，因而构件的截面尺寸较大，材料用量多，自重大；②砌体的砌筑基本上是手工方式，施工劳动量大；③砌体的抗拉强度和抗剪强度都很低，因而抗震性较差，在使用上受到一定限制。砌体结构的住宅如图 8-1 所示。

图 8-1　砌体结构的住宅

2）框架结构（图 8-2）是由梁和柱组成承重体系的结构。主梁、柱和基础构成平面框架，各平面框架再由连系梁连接起来而形成框架体系。框架结构的最大特点是承重构件与围护构件有明确分工，建筑的内外墙处理十分灵活，应用范围很广。根据框架布置方向的不同，框架体系可分为横向布置、纵向布置及纵横双向布置三种。横向布置是主梁沿建筑的横向布置，楼板和连系梁沿纵向布置，具有结构横向刚度好的优点，实际采用较多。纵向布置同横向布置相反，横向刚度较差，应用较少。纵横双向布置是建筑的纵横向都布置承重框架，建筑的整体刚度好，是地震设防区采用的主要方案之一。

图 8-2　框架结构支承系统

3）剪力墙结构（图 8-3）是利用建筑的内墙或外墙做成剪力墙以承受垂直和水平荷载的结构。剪力墙一般为钢筋混凝土墙，高度和宽度可与整栋建筑相同。因其承受的主要荷载是水平荷载，主要承受剪力和弯矩，所以称为剪力墙，以便于与一般承受垂直荷载的墙体相区别。剪力墙结构的侧向刚度很大，变形小，既承重又围护，适用于住宅和旅游等建筑。采用剪力墙结构的建筑已达 70 层，并且可以建造高达 100 ～ 150 层的居住建筑。由于剪力墙的间距一般为 3 ～ 8m，使建筑平面布置和使用要求受到一定限制，对需要较大空间的建筑通常难以满足要求。

图 8-3　剪力墙结构

4）框架　剪力墙结构简称框剪结构（图 8-4）。它是指由若干个框架和剪力墙共同作为竖向承重结构的建筑结构体系。框架结构建筑布置比较灵活，可以形成较大的空间，但抵抗水平荷载的能力较差，而剪力墙结构则相反。框架－剪力墙结构使两者结合起来，取长补短，在框架的某些柱间布置剪力墙，从而形成承载能力较大、建筑布置又较灵活的结构体系。在这种结构中，框架和剪力墙是协同工作的，框架主要承受竖向荷载，剪力墙主要承受水平荷载。

图 8-4　框架－剪力墙结构

5）筒体结构是指由一个或数个筒体作为主要抗侧力构件而形成的结构。筒体是由密柱高梁空间框架或空间剪力墙组成，在水平荷载作用下起整体空间作用的抗侧力构件。筒体结构适用于平面或竖向布置繁杂、水平荷载大的高层建筑。筒体结构可分为筒体框架、框筒、筒中筒、束筒四种结构。

① 筒体框架结构是中心为抗剪薄壁筒，外围是普通框架组成的结构。

② 框筒结构是外围为密柱框筒，内部为普通框架柱组成的结构。

③ 筒中筒结构是中央为薄壁筒，外围为框筒组成的结构。

④ 束筒结构是由若干个筒体并列连接为整体的结构。

上海环球金融中心施工中的中部核心筒如图 8-5 所示。

图 8-5　上海环球金融中心施工中的中部核心筒

6）壳体结构是指由曲面形板与边缘构件（梁、拱或桁架）组成的空间结构。壳体结构具有很好的空间传力性能，能以较小的构件厚度形成承载能力高、刚度大的承重结构，能覆盖或围护大跨度的空间而不需中间支柱，能兼承重结构和围护结构的双重作用，从而节约结构材料。壳体结构可做成各种形状，以适应工程造型需要，因而广泛应用于工程结构中，如大跨度建筑物顶盖、中小跨度屋面板、工程结构与衬砌、冷却塔等。折板薄壳结构建筑如图 8-6 所示。

图 8-6　折板薄壳结构建筑

7）网架结构是指由多根杆件按照一定的网格形式通过节点联结而成的空间结构。其具有空间受力、重量轻、刚度大、抗震性能好等优点，可做体育馆、影剧院、展览厅、候车厅、体育场、看台雨篷、飞机库、双向大柱距车间等建筑的屋盖。其缺点是汇交于节点上的杆件数量较多，制作安装较平面结构复杂。网架结构按所用材料分有钢网架、钢筋混凝土网架以及钢与钢筋混凝土组成的网架，其中以钢网架用得较多。由网架结构覆盖的交通空间如图 8-7 所示。

图 8-7　由网架结构覆盖的交通空间

8）悬索结构（图 8-8）是以钢索（钢丝束、钢绞线、钢丝绳等）作为主要受拉构件的结构。钢索主要承受轴向拉力，可以充分发挥材料的强度，并且由于钢索的抗拉强度很高，从而使结构具有自重轻、用钢省、跨度大的优点。悬索结构按其表面形式不同分为单曲面及双曲面两类，每一类又按悬索的布置方式分为单层悬索与双层悬索两种。单曲面单层或双层悬索适用于矩形建筑平面；双曲面单层或双层悬索适用于圆形建筑平面；双曲面交叉索网体系的屋面因刚度大、层面轻、排水处理方便，能适应各种形状的建筑平面。

图 8-8　悬索结构屋面覆盖的世博会展厅

多、高层建筑已经成为我国城市住宅的主要类型，我们可以根据建筑层数和建筑结构之间的关系来选择适当的结构体系，见表 8-1。

表 8-1　各种结构体系的适用层数

体系名称	框　架	框架 - 剪力墙	剪力墙	框　筒	筒　体	筒中筒	束　筒	带刚臂框筒	巨型支撑
适用功能	商业娱乐	酒店办公	住宅公寓	办公、酒店、公寓	办公、酒店、公寓	办公、酒店、公寓	办公、酒店、公寓	办公、酒店、公寓	办公、酒店、公寓
适用高度	12 层 50m	24 层 80m	40 层 120m	30 层 100m	100 层 400m	110 层 450m	110 层 450m	120 层 500m	150 层 800m

 8.1.3 建筑物的等级划分

地震将房屋震倒、人为破坏结构承重部分造成房屋倒塌属于非正常使用。更换门窗、屋面防水、外墙装饰都不属于结构大修或更换结构构件。房屋达到设计使用年限是指正常使用条件下（非人为和不可抗力因素引起），不需进行结构大修和更换结构构件的年限，应符合表 8-2 的规定。

表 8-2 设计使用年限

类　别	设计使用年限 / 年	示　例
1	5	临时性建筑
2	25	易于替换结构构件的建筑
3	50	普通建筑和构筑物
4	100	纪念性建筑和特别重要的建筑

建筑物的等级一般按耐久性、耐火性、抗震设防、设计等级等进行划分。

1. 耐久等级

建筑物耐久等级的指标是耐久年限，耐久年限的长短是依据建筑物的性质决定的。影响建筑寿命长短的主要因素是结构构件的选材和结构体系。 耐久等级一般分为四级，其具体划分方法参见表 8-3。

表 8-3 建筑物耐久等级

耐久等级	耐久年限	使用建筑物的重要性和规模大小
一	100 年以上	适用于重要的建筑和高层建筑
二	50 ～ 100 年	适用于一般性建筑
三	25 ～ 50 年	适用于次要的建筑
四	15 年以下	适用于临时性建筑

2. 耐火等级

建筑构件是指建筑物的墙体、基础、梁、柱、楼板、楼梯、吊顶等一系列基本组成构件。燃烧性能是指建筑构件在明火或高温辐射的情况下，能否燃烧及燃烧的难易程度。建筑构件的燃烧性能可分为如下三类：

1）非燃烧体：指用非燃烧材料做成的建筑构件，如天然石材、人工石材、金属材料等。

2）燃烧体：指用容易燃烧的材料做成的建筑构件，如木材、纸板、胶合板等。

3）难燃烧体：指用不易燃烧的材料做成的建筑构件，或者用燃烧材料做成但用非燃烧材料作为保护层的构件，如沥青混凝土构件、木板条抹灰等。

建筑构件的耐火极限：将任一建筑构件按时间—温度标准曲线进行耐火试验，从受到火的作用时起，到失去支持能力或完整性被破坏或失去隔火作用时为止的这段时间称为耐火极限，以小时“h”表示。建筑构件达到耐火极限有三个条件，即：失去支持能力、完整性被破坏、失去隔火作用，只要三个条件中达到任一个条件，就确定其达到其耐火极限了。

1）失去支撑能力：如果试件在试验中受到火焰或高温作用下，承载能力和刚度降低，截面缩小，承受不了原设计的荷载而发生垮塌或变形量超过规定数值，则表明失去支持力。

2）失去完整性：主要指薄壁分隔构件（如楼梯、门窗、隔墙、吊顶等）在火焰或高温作用下，发生爆裂或局部塌落，形成穿透裂缝或孔洞，火焰穿过构件，使其背面可燃物燃烧起来。如楼板受火焰或高温作用时，完整性被破坏，火焰穿到上层房间，表明楼板的完整性被破坏。

3）失去隔火作用：主要指起分隔作用的构件失去隔热，过量热传导的性能。

建筑物的耐火等级取决于组成该建筑物的主要建筑构件的燃烧性能和耐火极限。影响耐火等级选定的因素有：建筑物的重要性、使用性质和火灾危险性、建筑物的高度和面积、火灾荷载的大小等因素。建筑耐火等级的划分是建筑防火技术措施中最基本的措施之一，中国的建筑设计规范把建筑物的耐火等级分为一、二、三、四级，一级最高，耐火能力最强；四级最低，耐火能力最弱。

根据《建筑设计防火规范》（GB 50016—2014）规定，高层民用建筑的耐火等级分为二级，多层建筑的耐火等级分为四级，其划分方法分别参见表 8-4 和表 8-5。

表 8-4 高层民用建筑的耐火等级

燃烧性能和耐火极限 /h 构件名称		耐 火 等 级	
		一级	二级
墙	防火墙	不燃烧体 3.00	不燃烧体 3.00
	承重墙、楼梯间的墙、电梯井的墙、住宅单元之间的墙、住宅分户墙	不燃烧体 2.00	不燃烧体 2.00
	非承重外墙、疏散走道两侧的隔墙	不燃烧体 1.00	不燃烧体 1.00
	房间隔墙	不燃烧体 0.75	不燃烧体 0.50
柱		不燃烧体 3.00	不燃烧体 2.50
梁		不燃烧体 2.00	不燃烧体 1.50
楼板、疏散楼梯、屋顶承重构件		不燃烧体 1.50	不燃烧体 1.00
吊顶		不燃烧体 0.25	难燃烧体 0.25

表 8-5 低、多层民用建筑的耐火等级

名称构件		耐火等级			
		一级	二级	三级	四级
墙	防火墙	不燃烧体 3.00	不燃烧体 3.00	不燃烧体 3.00	不燃烧体 3.00
	承重墙	不燃烧体 3.00	不燃烧体 2.50	不燃烧体 2.00	难燃烧体 0.50
	非承重外墙	不燃烧体 1.00	不燃烧体 1.00	不燃烧体 0.50	燃烧体
	楼梯间的墙、电梯井的墙、住宅单元之间的墙、住宅分户墙	不燃烧体 2.00	不燃烧体 2.00	不燃烧体 1.50	难燃烧体 0.50
	疏散走道两侧的隔墙	不燃烧 1.00	不燃烧体 1.00	不燃烧体 0.50	难燃烧体 0.25
	房间隔墙	不燃烧体 0.75	不燃烧体 0.50	难燃烧体 0.50	难燃烧体 0.25
柱		不燃烧体 3.00	不燃烧体 2.50	不燃烧体 2.00	难燃烧体 0.50

（续）

名称构件	耐火等级			
	一级	二级	三级	四级
梁	不燃烧体 2.00	不燃烧体 1.50	不燃烧体 1.00	难燃烧体 0.50
楼板	不燃烧体 1.50	不燃烧体 1.00	不燃烧体 0.50	燃烧体
屋顶承重构件	不燃烧体 1.50	不燃烧体 1.00	燃烧体	燃烧体
疏散楼梯	不燃烧体 1.50	不燃烧体 1.00	不燃烧体 0.50	燃烧体
吊顶（包括吊顶搁栅）	不燃烧体 0.25	难燃烧体 0.25	难燃烧体 0.15	燃烧体

3．抗震设防类别

根据《建筑工程抗震设防分类标准》（GB 50223—2008），建筑抗震设防类别划分应根据下列因素的综合分析确定：

1）建筑破坏造成的人员伤亡、直接和间接经济损失及社会影响的大小。

2）城镇的大小、行业的特点、工矿企业的规模。

3）建筑使用功能失效后，对全局的影响范围大小、抗震救灾影响及恢复的难易程度。

4）建筑各区段的重要性有显著不同时，可按区段划分抗震设防类别。下部区段的类别不应低于上部区段。

5）不同行业的相同建筑，当所处地位及地震破坏所产生的后果和影响不同时，其抗震设防类别可不相同。

建筑工程可分为以下四个抗震设防类别：

1）特殊设防类：指使用上有特殊设施，涉及国家公共安全的重大建筑工程和地震时可能发生严重次生灾害等特别重大灾害后果，需要进行特殊设防的建筑。简称甲类。

2）重点设防类：指地震时使用功能不能中断或需尽快恢复的生命线相关建筑，以及地震时可能导致大量人员伤亡等重大灾害后果，需要提高设防标准的建筑。简称乙类。

3）标准设防类：指大量的除 1）、2）、4）款以外按标准要求进行设防的建筑。简称丙类。

4）适度设防类：指使用上人员稀少且震损不致产生次生灾害，允许在一定条件下适度降低要求的建筑。简称丁类。

抗震设防的基本原则为：小震不坏，中震可修，大震不倒。各抗震设防类别建筑的抗震设防标准，应符合下列要求：

1）标准设防类，应按本地区抗震设防烈度确定其抗震措施和地震作用，达到在遭遇高于当地抗震设防烈度的预估罕遇地震影响时不致倒塌或发生危及生命安全的严重破坏的抗震设防目标。

2）重点设防类，应按高于本地区抗震设防烈度 1 度的要求加强其抗震措施；但抗震设防烈度为 9 度时应按比 9 度更高的要求采取抗震措施；地基基础的抗震措施，应符合有关规定。同时，应按本地区抗震设防烈度确定其地震作用。

3）特殊设防类，应按高于本地区抗震设防烈度提高 1 度的要求加强其抗震措施；但抗震设防烈度为 9 度时应按比 9 度更高的要求采取抗震措施。同时，应按批准的地震安全性评价的结果且高于本地区抗震设防烈度的要求确定其地震作用。

4）适度设防类，允许比本地区抗震设防烈度的要求适当降低其抗震措施，但抗震设防烈度为 6 度时不应降低。一般情况下，仍应按本地区抗震设防烈度确定其地震作用。

4．工程等级

按复杂程度，我国目前将各类民用建筑工程划分为六个等级，设计收费标准随等级高低而不同。

（1）特级工程

1）列为国家重点项目或以国际活动为主的大型公建以及有全国性历史意义或技术要求特别复杂的中小型公建。如国宾馆、国家大会堂、国际会议中心、国际大型航空港、国际综合俱乐部、重要历史纪念建筑、博物馆、美术馆和三级以上的人防工程等。

2）高大空间，有声、光等特殊要求的建筑。如剧院、音乐厅等。

3）30 层以上建筑。

（2）一级工程

1）高级大型公建以及有地区性历史意义或技术要求复杂的中小型公建。如高级宾馆、旅游宾馆、高级招待所、别墅、省级展览馆、博物馆、图书馆、高级会堂、俱乐部、科研实验楼（含高校）、300 床以下医院、疗养院、医技楼、大型门诊楼、大中型体育馆、室内游泳馆、室内滑冰馆、大城市火车站、航运站、候机楼、摄影棚、邮电通信楼、综合商业大楼、高级餐厅、四级人防工程和五级平战结合人防工程等。

2）16 ～ 29 层或高度超过 50m 的公共建筑。

（3）二级工程

1）中高级的大型公共建筑以及技术要求较高的中小型公共建筑。如大专院校教学楼、档案楼、礼堂、电影院、省部级机关办公楼、300 床以下医院、疗养院、地市级图书馆、文化馆、少年宫、俱乐部、排演厅、报告厅、风雨操场、大中城市汽车客运站、中等城市火车站、邮电局、多层综合商场和高级小住宅等。

2）16 ～ 29 层住宅。

（4）三级工程

1）中级、中型公共建筑。如重点中学及中专的教学楼、实验楼、电教楼，社会旅馆、饭馆、招待所、浴室、邮电所、门诊所、百货楼、托儿所、幼儿园、综合服务楼、二层以下商场、多层食堂和小型车站等。

2）7 ～ 15 层有电梯的住宅或框架结构建筑。

（5）四级工程

1）一般中小型公共建筑。如一般办公楼、中小学教学楼、单层食堂、单层汽车库、消防车库、消防站、蔬菜门市部、粮站、杂货店和阅览室等。

2）七层以下无电梯住宅、宿舍及砖混建筑。

（6）五级工程

一二层、单功能、一般小跨度结构建筑。

8.1.4 民用建筑的构造组成

民用建筑按其所在部位和功能的不同，可以分为：基础、墙和柱、楼板层和地坪层、楼梯和电梯、屋顶、门窗等，如图 8-9 所示。

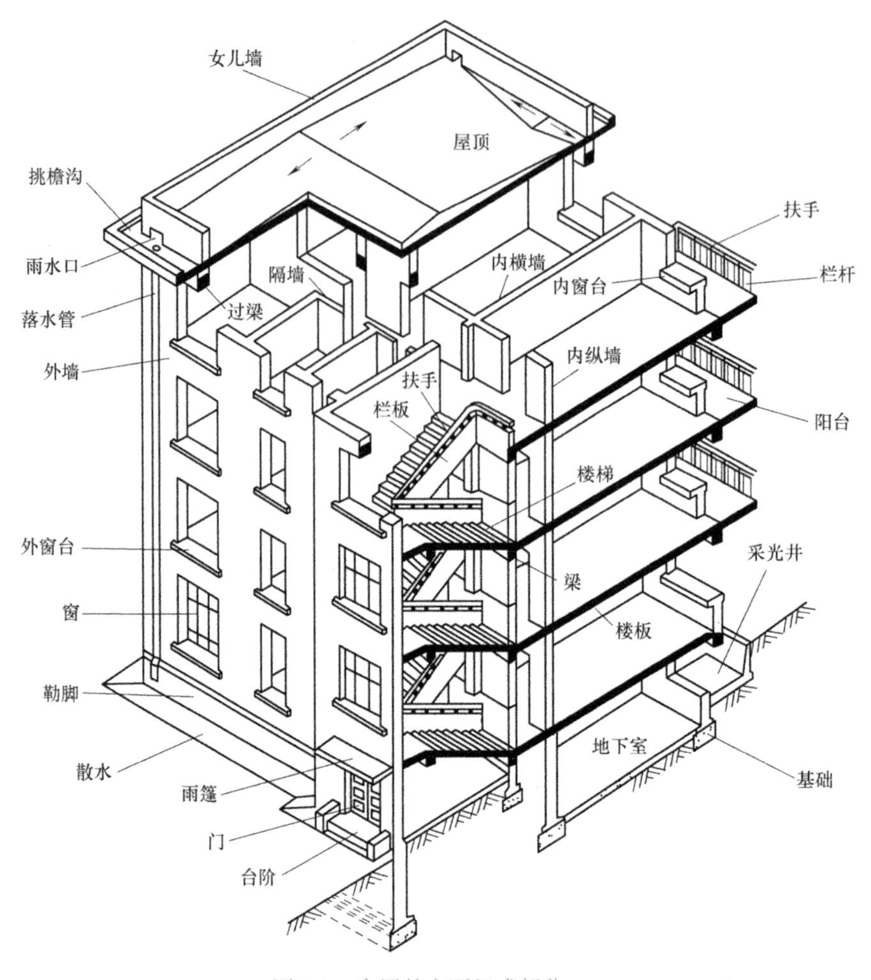

图 8-9　房屋的主要组成部分

（1）基础　基础是墙或柱下面的承重构件，埋在自然地面以下，承受建筑物全部荷载的承重构件，并将这些荷载传给地基。基础必须有足够的强度和稳定性，并能抵御地下水、冰冻等各种有害因素的侵蚀。

（2）墙（柱）　墙（柱）承受楼板和屋顶传来的荷载。在墙承重的房屋中，墙既是承重构件，又是围护构件；在框架承重的房屋中，柱是承重构件，而墙只是围护构件或分隔构件。作为承重构件，墙（柱）必须具有足够的强度和稳定性；作为围护构件，外墙必须抵御自然界各种因素对室内的侵袭。内分隔墙则必须隔声、保温、隔热、防火、防水等。

（3）楼板层与地坪层　楼板既是水平方向上的承重构件，又是分隔楼层空间的围护构件。支撑人、家具和设备荷载，并将这些荷载传递给承重墙或梁、柱；同时楼板层支撑在墙体上，对墙体起着水平支撑作用，增强建筑的刚度和整体性，并用来分隔楼层之间的空间。因此，楼板层应有足够的承载力和刚度，同时性能应满足使用和围护要求。当建筑物底层未用楼板架空时，地坪层作为底层空间与地基之间的分隔构件，支撑着人和家具设备的荷载，并将这些荷载传递给地基。地坪层应具有足够的承载力和刚度，并能均匀传力和防潮。

（4）楼梯与电梯　楼梯是建筑物中人们步行上下楼层的垂直交通联系部件，并根据需要满足紧急事故时的人员疏散。楼梯应有足够的通行能力，并做到兼顾耐久和满足消防疏散安全的要求。电梯是高层建筑和某些多层建筑（如医院、商场、厂房等）必需的垂直交通设施。电梯应具有足够的运送能力和方便快捷性能。消防电梯是用于紧急事故时消防扑救之用，还需要满足消防安全要求。自动扶梯是楼梯的机械化形式，用于传送人流但不能用于消防疏散。自动扶梯应注意梯段上人流通行安全。

（5）屋顶　屋顶是建筑物顶部构件，既是承重构件，又是围护构件。屋面板支撑屋面设施及自然界中风霜雪雨荷载，并将这些荷载传递给承重墙或梁柱。屋顶应具有足够的强度和刚度，并具有防水、保温、隔热等能力，上人屋面还得满足人员活动的使用要求。

（6）门窗　门主要是供联系内外交通或阻隔人流，有的门也兼有采光通风作用。门应该满足交通、消防疏散、防盗、隔声、热工等要求。窗的作用主要是采光、通风及眺望。窗应满足防水、隔声、防盗、热工等要求。

（7）其他　除了上述六大基本组成构件外，对不同使用功能的建筑，还有各种不同的构件和配件，如：阳台、雨篷、台阶、散水、垃圾井、烟道等。所有组成建筑的各个部分起不同的作用。在设计工作中还把建筑的各个组成部分划分为建筑构件和建筑配件。建筑构件主要是指墙、柱、梁、屋架等承重结构；建筑配件主要是指屋面、地面、墙面、门窗、栏杆、花格、细部装修等。

8.1.5　影响建筑构造的因素和构造设计原则

1．影响建筑构造的因素

（1）外力作用的影响　直接作用在建筑的外力统称为荷载，可分为恒荷载和活荷载两大类。外力的作用是影响建筑构造的主要因素。风荷载是对建筑影响较大的荷载之一，风力往往是建筑承受水平荷载的主体。高层建筑、空旷及沿海地区的建筑受风荷载的影响尤其明显。地震是对建筑造成破坏的主要自然因素，在构造设计中，应根据各地区的实际情况予以设防。

（2）自然气候的影响　构造设计应当根据当地的实际情况对房屋的各有关部位采取相应的构造措施，如保温隔热、防潮防水、防冻胀等，以保证房屋的正常使用。

（3）人为因素和其他因素的影响　构造设计应当充分考虑人为因素和其他因素的影响，如噪声、振动、化学辐射、爆炸、火灾等。应通过在房屋相应的部位采取可靠的构造措施提高房屋的生存能力。

（4）技术和经济条件的影响　建筑构造应根据行业发展的现状和趋势，以及经济水平的提高不断调整，推陈出新。

2．建筑构造的设计基本原则

建筑构造设计必须综合运用有关技术知识，并循序以下设计基本原则进行：

（1）结构坚固、耐久　除按荷载大小及结构要求确定构件的基本断面尺寸外，对阳台、楼梯栏杆、顶棚、门窗与墙体的连接等构造设计，都必须保证建筑构（配）件在使用时的安全。

（2）满足建筑物的各项功能要求　进行建筑设计时，应根据建筑物所处的位置不同和使用性质的不同，进行相应的构造处理，以满足不同的使用功能要求。

（3）技术先进　进行建筑构造设计时，应大力改进传统的建筑方式，从材料、结构、施工等方面引入先进技术，并注意因地制宜，适应建筑工业化和建筑施工的需要。

（4）合理降低造价　在经济上注意降低建筑造价，降低材料的能源消耗，又必须保证工程质量，不能单纯追求效益而偷工减料，注重整体建筑物的经济、社会和环境的三个效益之间的关系。

（5）美观大方　建筑构造设计必须综合考虑建筑体型组合、立面处理和建筑细部的构造设计，相互协调，注意美观大方。

8.1.6　建筑模数协调统一标准与平面定位轴线的确定

为了使建筑制品、建筑构（配）件和组合件实现工业化大规模生产，使不同材料、不同形式和不同制造方法的建筑构（配）件、组合件符合模数并具有较大的通用性和互换性，以加快设计速度，提高施工质量和效率，降低建筑造价，建筑设计应当采用统一的建筑模数协调标准。

1．模数

建筑模数是选定的标准尺度单位，作为建筑物、建筑构（配）件、建筑制品以及有关设备尺寸协调中的增值单位。

（1）基本模数　基本模数是模数协调中选用的基本单位，其数值应为100mm，符号为M，即1M=100mm，整个建筑物和建筑物的一部分或建筑组合构件的模数化尺寸应是基本模数的倍数。

（2）导出模数　由于建筑中需要用模数协调的各部位尺度相差较大，仅仅靠基本模数并不能满足尺度的协调要求，因此在基本模数的基础上又发展了相互之间存在内在联系的导出模数。导出模数应分为扩大模数和分模数，其基数应符合下列规定：

1）扩大模数。扩大模数指基本模数的整数倍，它包括水平扩大模数和竖向扩大模数。

水平扩大模数基数为3M、6M、12M、15M、30M、60M，其相应的尺寸分别为300 mm、600 mm、1200 mm、1500 mm、3000 mm、6000mm。它主要应用于建筑物的开间或柱距、进深或跨度、构（配）件尺寸和门窗洞口。

竖向扩大模数的基数为3M与6M，其相应的尺寸为300mm和600mm。

2）分模数。分模数是基本模数的分数值，基数为1/10M、1/5M和1/2M，其相应的尺寸为10 mm、20 mm和50mm。

（3）模数数列及应用　由基本模数、扩大模数和分模数为基础扩展成的一系列尺寸。它可以保证不同建筑及其组成部分之间尺度的统一协调，有效地减少建筑尺寸的种类，并确保尺寸具有合理的灵活性。建筑物的所有尺寸除特殊情况之外，均应满足模数数列的要求。

水平基本模数：1M至20M主要应用于门窗洞口和构（配）件断面尺寸等处。

竖向基本模数：1M至36M主要应用于建筑的层高、门窗洞口和构（配）件断面尺寸等处。

水平扩大模数：主要应用于建筑物的开间或柱距、进深或跨度、构（配）件尺寸和门窗洞口等处。

竖向扩大模数：主要应用于建筑物的高度、层高、门窗洞口尺寸和构（配）件截面等处。

分模数：主要应用于缝隙、构造节点和构（配）件的截面尺寸等处。

2. 平面定位轴线的确定

定位轴线是确定建筑构（配）件位置及相互关系的基准线，同时也是施工放线的基线。用于平面时称为平面定位轴线；用于竖向时称为竖向定位轴线。

（1）承重外墙的平面定位轴线　当底层墙体与顶层墙体厚度相同时，定位轴线与外墙内缘距离为 120mm；当底层墙体与顶层墙体厚度不同时，定位轴线与顶层外墙内缘距离为 120mm，如图 8-10 所示。

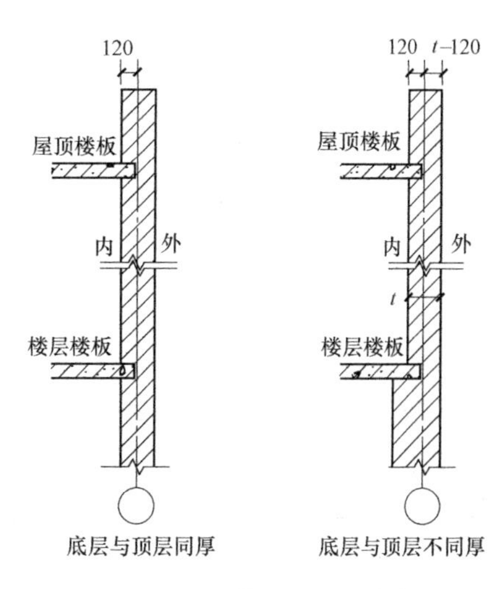

图 8-10　承重外墙的平面定位轴线

（2）承重内墙的平面定位轴线　承重内墙的定位轴线通常应与顶层墙身中心线相重合；当墙厚大于 370mm 时，往往采用双轴线形式；或定位轴线设在距离内墙某一外缘 120mm 处，如图 8-11 所示。

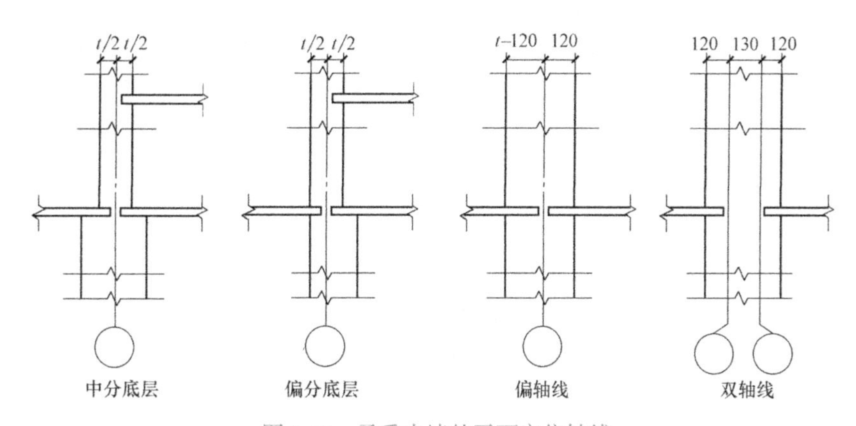

图 8-11　承重内墙的平面定位轴线

（3）非承重墙的平面定位轴线　非承重墙除了可按承重墙定位轴线的规定定位之外，还可以使墙身内缘与定位轴线重合。

（4）带壁柱外墙的平面定位轴线　带壁柱外墙的墙身内缘与平面定位轴线相重合或距墙身内缘的 120mm 处与平面定位轴线相重合。

（5）框架结构建筑的平面定位轴线　框架结构建筑中柱定位轴线一般与顶层柱截面中心线相重合。边柱定位轴线一般与顶层柱截面中心线重合或距柱外缘 250mm 处，如图 8-12 所示。

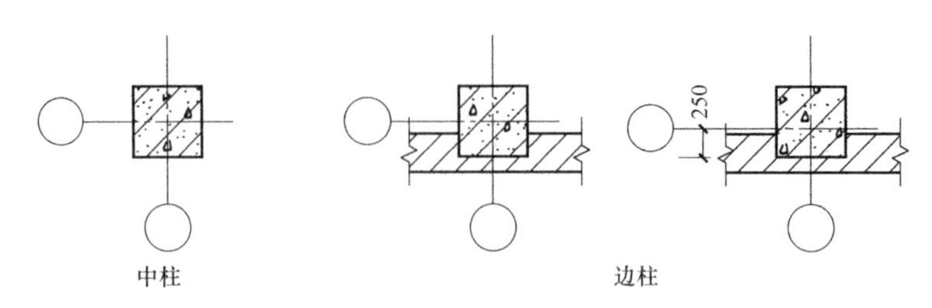

图 8-12　框架结构建筑的平面定位轴线

8.1.7 建筑设计相关

1. 建筑设计阶段

一般工业与民用建设项目按初步设计和施工图设计两个阶段进行，称为“两阶段设计”；对于技术上复杂的项目，可按初步设计、技术设计、施工图设计三个阶段进行，称为“三阶段设计”。各设计阶段主要内容及深度要求为：

（1）初步设计　初步设计（基础设计）的内容依项目的类型不同而有所变化，一般来说，它是项目的宏观设计，即项目的总体设计、布局设计、主要的工艺流程、设备的选型和安装设计、土建工程量及费用的估算等。初步设计文件应当满足编制施工招标文件、主要设备材料订货和编制施工图设计文件的需要，是下一阶段施工图设计的基础。

（2）技术设计　技术设计阶段是各种技术问题的定案阶段。

（3）施工图设计　施工图设计（详细设计）的主要内容是根据批准的初步设计，绘制出正确、完整和尽可能详细的建筑、安装图，包括建设项目部分工程的详图、构件结构明细表、验收标准、方法、施工图预算等。此设计文件应当满足设备材料采购、非标准设备制作和施工的需要，并注明建筑工程合理使用年限。

2. 面积

建筑面积是指建筑物外包尺寸的乘积再乘以层数，由使用面积、交通面积和结构面积组成。使用面积是指主要使用房间和辅助使用房间的净面积。交通面积是指走道、楼梯间和门厅等交通设施的净面积。结构面积是指墙体、柱子等所占的面积。

3. 建筑平面组合

建筑设计的平面组合就是根据使用功能特点及交通路线的组织，将不同房间组合起来。常见组合形式如下：

（1）走道式组合　走道式组合（又称为走廊式组合）是用走道将各房间连接起来，即在走道一侧或两侧并列布置。它的特点是房间与交通联系部分明确分开，各房间不被交通穿越，相对独立，同时各房间之间又可通过走道保持必要的功能联系。走道式组合适用于房间面积不大、同类型房间数量较多的建筑，如学校、办公楼、医院、宿舍等建筑。走道式组合可分为单内廊、单外廊、双内廊及双外廊四种组合方式，如图 8-13 所示。

（2）套间式组合　套间式组合的特点是用穿套的方式按一定的序列组织空间。房间与房间之间相互穿套，不再通过走道联系。其平面布置紧凑，面积利用率高，房间之间联系方便，但各房间使用不灵活，相互干扰大，适用于住宅、展览馆等。套间式组合可分为串联式和放射式两种组合方式，如图 8-14 所示。

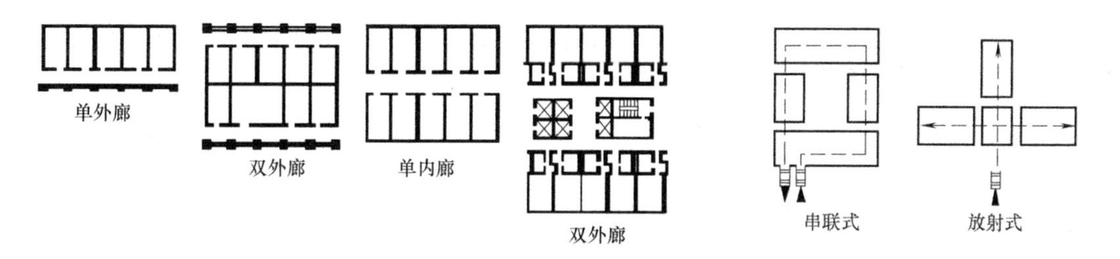

图 8-13　走道式组合

图 8-14　套间式组合

（3）大厅式组合　大厅式组合是以公共活动的大厅为主穿插布置辅助房间。这种组合的特点是主体房间使用人数多、面积大、层高大，辅助房间与大厅相比，尺寸大小悬殊，常布置在大厅周围并与主体房间保持一定的联系，适用于影剧院、体育馆等，如图 8-15 所示。

（4）单元式组合　将功能上联系紧密的几个房间组合在一起，成为一个相对独立的整体，称为单元；将一种或多种单元按地形和环境情况在水平或垂直方向重复组合起来成为一幢建筑，这种组合方式称为单元式组合，如图 8-16 所示。

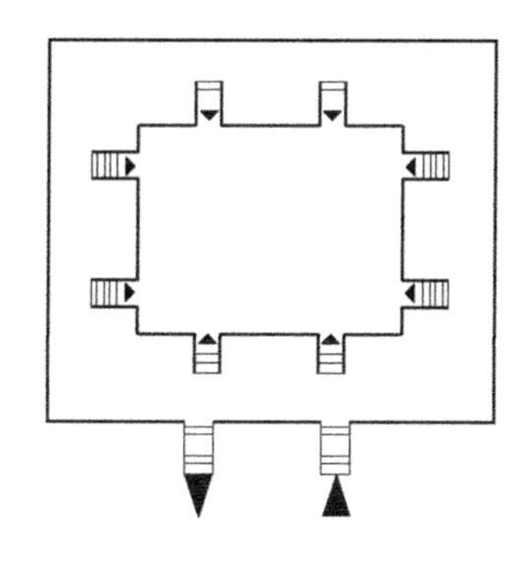

图 8-15　大厅式组合

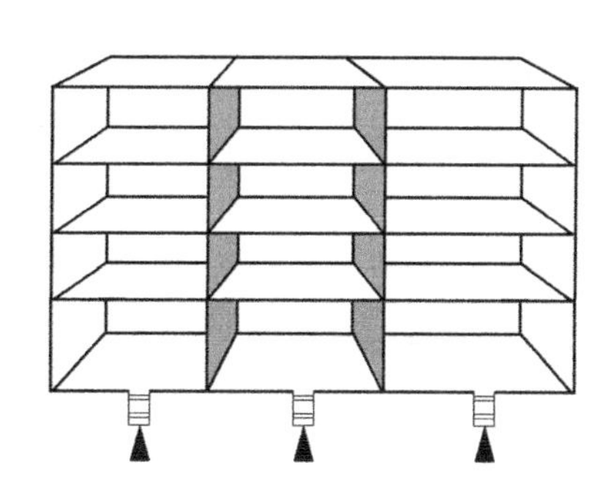

图 8-16　单元式组合

单元式组合的优点是：①能提高建筑标准化，节省设计工作量，简化施工；②功能分区明确，平面布置紧凑，单元与单元之间相对独立，互不干扰；③布局灵活，能适应不同的地形，满足朝向要求，形成多种不同组合形式。因此，单元式组合广泛用于大量性民用建筑，如住宅、学校、医院等。

（5）庭院式组合　建筑物围合成院落。庭院式组合用于学校、医院、图书室、旅馆等。

（6）混合式组合　以上几种建筑平面的组合方式，在各类建筑物中，结合房屋各部分功能分区的特点，也经常形成以一种组合方式为主，局部结合其他组合方式的布置，采用综合式的组合布局。

4．建筑物高度的确定

建筑高度是指室外地坪至檐口顶部的总高度。层高是指下层地板面或楼板上表面（或下表面）到相邻上层楼板上表面（或下表面）之间的竖向尺寸，即建筑结构的高度。净高是指房间的净空高度，即下层地板面至相邻上层楼板下表面（本层楼板顶棚下皮或相邻上层楼板主梁下表面）的高度。它等于层高减去楼地面厚度、楼板厚度和梁的高度（顶棚的高度），如图 8-17 所示。常用建筑室内净高见表 8-6。

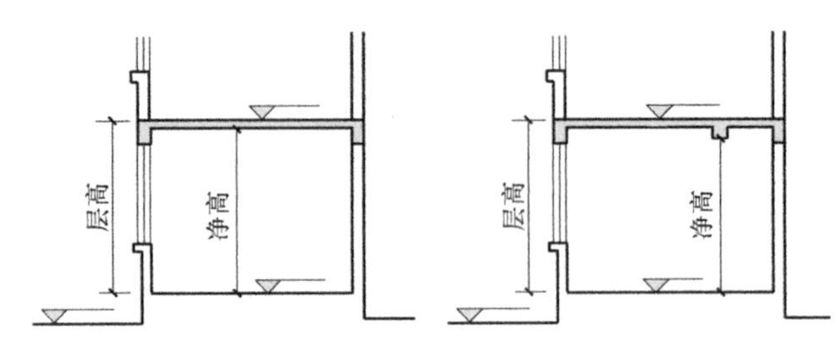

图 8-17　层高和净高

表 8-6　常用建筑室内净高

序号	建筑类别	房间部位	室内净高不低于 /m
1	托幼	活动室、寝室、乳儿室	2.8
		音体活动室	3.6
2	中小学	小学教室	3.1
		中学、中师、幼师教室	3.4
		实验室	3.4
		舞蹈教室	4.5
		教学辅助用房	3.1
		办公及服务用房	2.8
3	办公楼	办公室	2.6
		办公室	2.4（设空调时）
		走道	2.1
4	旅馆	客房	2.6
		客房	2.4
		利用坡屋顶内空间作客房时应至少有 $8m^2$	2.4（设空调时）
		卫生间及客房走道	2.1
		客房层公共走道	2.1
5	医院	诊查室	2.6
		病房	2.8
6	商店	设有货架的库房 设有夹层的库房 无固定堆放形式的库房 营业厅的净高	2.1 4.6 3.0
7	住宅	起居室（厅）、卧室	2.4
		厨房、卫生间	2.2

5. 开间和进深

在建筑施工图上，沿建筑物宽度方向设置的轴线称为横向轴线，沿建筑物长度方向设置的轴线称为纵向轴线。开间是指两条横向定位轴线之间的距离。进深是指两条纵向定位轴线之间的距离，如图 8-18 所示。

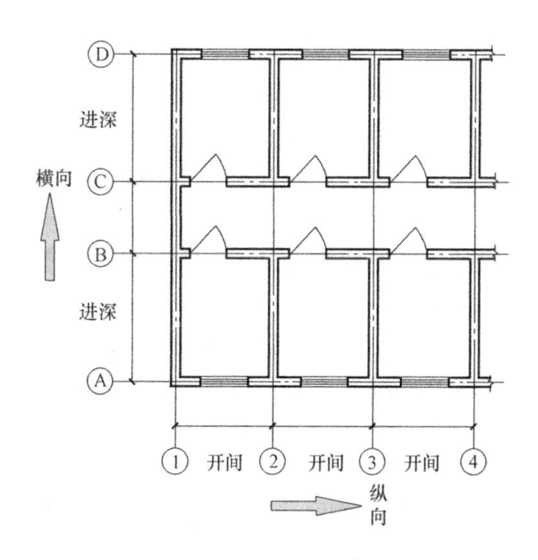

图 8-18　开间和进深

6. 建筑物朝向和日照间距

建筑物朝向是指建筑的最长立面及主要开口部位的朝向。影响建筑物朝向的主要因素是日照和通风。根据我国所处的地理位置，建筑物的朝向为南向或南偏东、偏西少许角度时，可获得良好的日照条件。

日照间距是指前后两列房屋之间为保证后排房屋在规定的时日获得所需日照量而保持的一定间距称为日照间距。一般要求在冬至日中午前后至少有 2 小时的日照时间。

日照间距计算公式：

$$D=(H-H_1)/\tan h$$

式中　D——日照间距；

h——当地冬至日正午十二时太阳的高度角；

H——前幢房屋女儿墙顶面至地面高度；

H_1——后幢房屋窗台至地面高度（一般 H_1 取值为 0.9m）。

8.2　地基与基础

8.2.1　基本概念

（1）基础　建筑物与土层直接接触的部分称为基础。基础是建筑物埋在地面以下的承重构件，它承受上部建筑物传递下来的全部荷载，并将这些荷载连同自重传给下面的土层，是建筑物的重要组成部分，如图 8-19 所示。

（2）地基　基础下面承受建筑物全部荷载的那一部分土体或岩体称为地基。地基不属于建筑的组成部分，但它对保证建筑物的坚固耐久具有非常重要的作用，是地球的一部分。其中，具有一定的地耐力，直接支承基

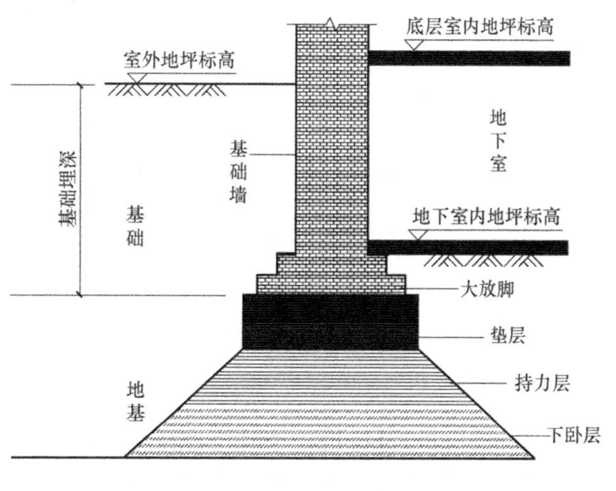

图 8-19　地基、基础与地下室示意图

础，具有一定承载能力的土层称为持力层；持力层以下的土层称为下卧层。地基土层在荷载作用下产生的变形，随着土层深度的增加而减少，到了一定深度则可忽略不计，如图 8-19 所示。

按照土层性质和承载力的不同，地基可分为天然地基、人工地基。

1）天然地基。凡天然土层具有足够的承载力，不需经人工改善或加固便可作为建筑物地基的称为天然地基。天然地基根据土质不同分为：岩石、碎石土、砂土、黏性土和人工填土等五类。

2）人工地基。当建筑物上部荷载较大或地基的承载力较差时，如淤泥、充填土、杂填土或其他高压缩性土层，须预先对土壤进行人工加固或加固处理后才能承受建筑物的荷载，这种经过人工处理的土层称为人工地基。人工加固地基常采用压实法、换土法、打桩法、化学加固法四类。

（3）基础宽度　基础宽度又称为基槽宽度，即基础底面的宽度。基础宽度由计算决定。

（4）大放脚　大放脚是指基础墙加大加厚的部分。用砖、混凝土、灰土等材料制作的基础均应作大放脚。

（5）垫层　垫层指的是设于基层以下的结构层。其主要作用是隔水、排水、防冻以改善基层和土基的工作条件，其水稳定性要求较好。常用垫层有灰土垫层、砂垫层和砂石垫层、碎石垫层和碎砖垫层、三合土垫层、炉渣垫层、水泥混凝土垫层等。

（6）基础埋深　基础埋深是从室外地坪至基础底面的垂直距离，简称埋深。埋深大于或等于 5m 称为深基础，如桩基、沉箱、沉井和地下连续墙等；不超过 5m 的称为浅基础；直接做在地表面上的基础称为不埋基础。基础埋深由勘察部门根据地基情况决定，基础最小埋深为 500mm。

影响基础埋深的因素很多，主要有以下几方面：

1）建筑物自身的特性。如建筑物的用途，有无地下室、设备基础和地下设施，基础的形式和构造。

2）作用在地基上的荷载大小和性质。

3）工程地质和水文地质条件。在满足地基稳定和变形要求的前提下，基础宜浅埋，当上层地基的承载力大于下层土时，宜利用上层土作持力层。 当表面软弱土层很厚，可采用人工地基或深基础，如图 8-20 所示。

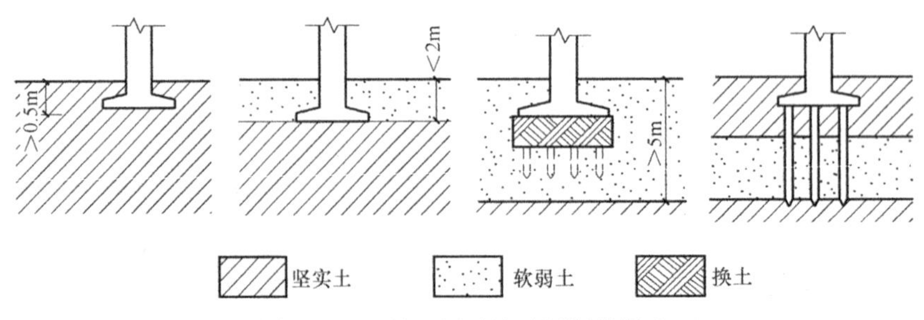

图 8-20　地基土层对基础埋深的影响

一般情况下，基础应位于地下水位之上，以减少特殊的防水、排水措施。当地下水位很高，基础必须埋在地下水位以下时，应采取地基土在施工时不受扰动的措施。地下水位高时，基础埋深在最低地下水位以下 200mm，如图 8-21 所示。

4）地基土冻胀和融陷的影响。对于冻结深度浅于500mm的南方地区或地基土为非冻胀土时，可不考虑土的冻结深度对基础埋深的影响。对于季节冰冻地区，地基为冻胀土时，为避免建筑物受地基土冻融影响产生变形和破坏，应使基础底面低于当地冻结深度；如果允许建筑基础底面之下有一定厚度的冻土层时，应通过计算确定基础的最小埋深，如图8-22所示。

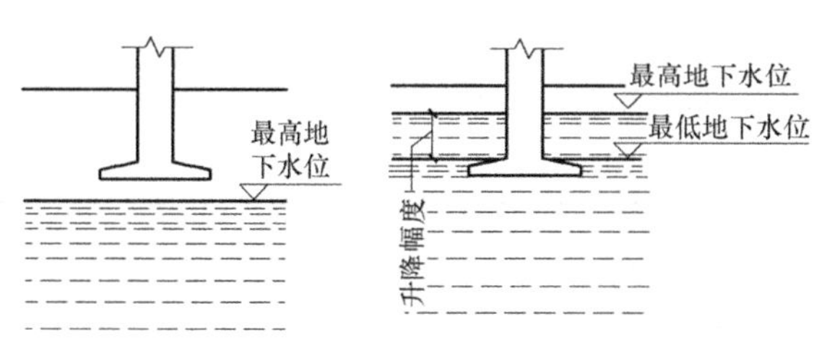

图8-21　地下水位对基础埋深的影响

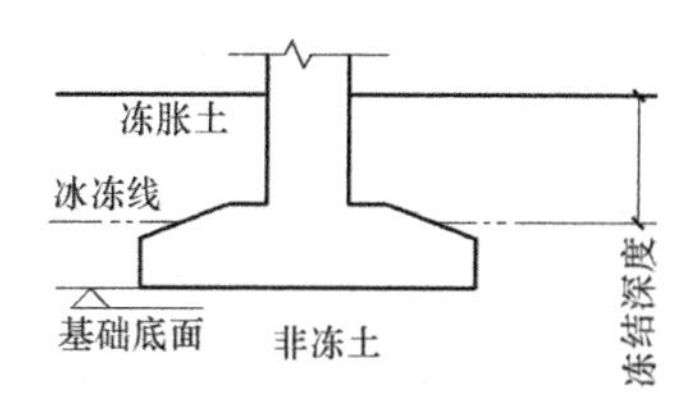

图8-22　冻结深度对基础埋深的影响

5）相临建筑物的基础埋深当存在相邻建筑物时，一般新建建筑物基础的埋深不应大于原有建筑基础，以保证原有建筑的安全；当新建建筑物基础的埋深必须大于原有建筑基础的埋深时，为了不破坏原基础下的地基土，应与原基础保持一定的净距L，L的数值应根据原有建筑荷载大小、基础形式和土质情况确定，如图8-23所示。当上述要求不能满足时，应采取分段施工、设临时加固支撑、打板桩、地下连续墙等施工措施，或加固原有建筑物的地基。

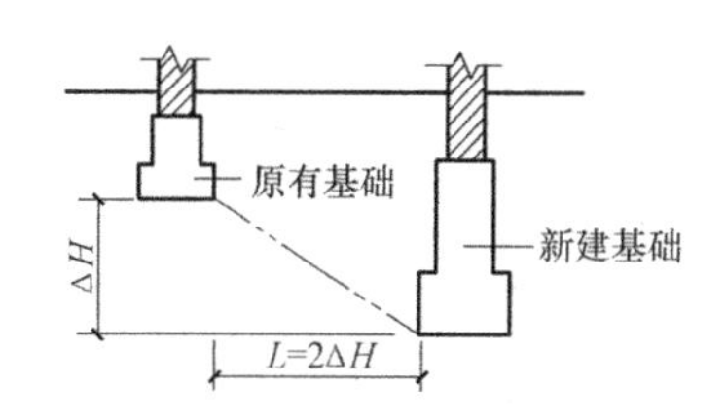

图8-23　相邻基础埋深的影响

8.2.2　基础的类型与构造

基础的类型很多。按基础的材料和受力特点来划分，可分为刚性基础和柔性基础。刚性基础包括砖基础、毛石基础、混凝土基础等；柔性基础一般指钢筋混凝土基础。按基础的构造形式可分为独立基础、带形基础、筏板基础、箱形基础和桩基础等。

1．按基础的材料和受力特点分

（1）刚性基础（或无筋扩展基础）　刚性基础是指由砖、毛石、灰土、三合土素和混凝土等抗压性能好，而抗弯抗剪性能差的材料砌筑而成的基础。为防止刚性基础（也称为无筋扩展基础）截面受拉或受剪破坏，从基础底角引出到墙边或柱边的斜线与铅垂线的最大夹角α的正切值（也称为刚性角）不能超过允许值，如图8-24所示。

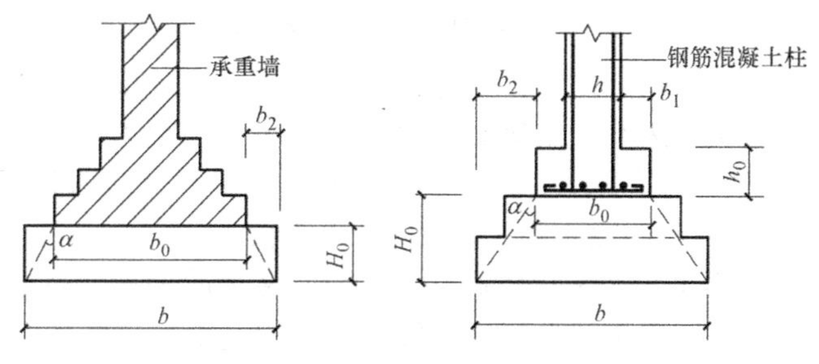

图8-24　刚性基础构造示意图

刚性角（宽高比）：

$$\frac{B_i}{H_i}=\tan\alpha$$

式中 B_i——任一台阶宽度；

H_i——相应台阶高度；

$\tan\alpha$——台阶宽高比的允许值。

不同材料构成的基础，其传递压力的角度也不相同，可参照表 8-7 值选用。

表 8-7 刚性基础台阶宽高比允许值

基础材料	质量要求	台阶宽高比允许值 $\tan\alpha$		
		$P_k\leqslant 100$	$100<P_k\leqslant 200$	$200<P_k\leqslant 300$
混凝土基础	C15 混凝土	1 ∶ 1.00	1 ∶ 1.00	1 ∶ 1.25
毛石混凝土基础	C15 混凝土	1 ∶ 1.00	1 ∶ 1.25	1 ∶ 1.50
砖基础	砖不低于 MU10，M15 砂浆	1 ∶ 1.50	1 ∶ 1.50	1 ∶ 1.50
毛石基础	M15 砂浆	1 ∶ 1.25	1 ∶ 1.50	—
灰土基础	体积比为 3 ∶ 7 或 2 ∶ 8 的灰土	1 ∶ 1.25	1 ∶ 1.50	—
三合土基础	体积比为 1 ∶ 2 ∶ 4～1 ∶ 3 ∶ 6（石灰 ∶ 砂 ∶ 骨料）	1 ∶ 1.50	1 ∶ 1.20	—

注：P_k 为荷载效应标准组合时基础底面处的平均压力值（kPa）。

刚性基础的传力受力特点如图 8-25 所示。

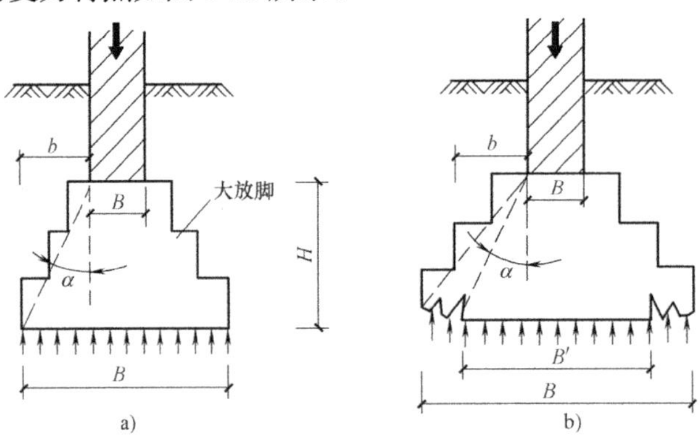

图 8-25 刚性基础传力受力特点

a）基础在刚性角范围内传力 b）基础地面宽超过刚性角范围而破坏

刚性基础抗压性能好，整体性、抗拉、抗弯、抗剪性能差。它适用于地基坚实、均匀、上部荷载较小，六层和六层以下的一般民用建筑和墙承重的轻型厂房。常见做法如下：

1）砖基础：用于基础的砖，其强度等级应在 MU7.5 以上，砂浆强度等级一般应不低于 M5。基础墙的下部要做成阶梯形，如图 8-26 所示。这种逐级放大的台阶形式习惯上称为大放脚，其具体砌法有两种：等高式大放脚：每两皮砖一收，两边各收进 1/4 砖长；不等高式大放脚：两皮一收和一皮一收间隔，两边各收进 1/4 砖长。

2）毛石基础。采用不小于 M5 砂浆砌筑，其断面多为阶梯形。基础墙的顶部要比墙或柱身每侧各宽 100mm 以上，基础墙的厚度和每个台阶的高度不应该小于 400mm，每个台阶挑出宽度不应大于 200mm，如图 8-27 所示。

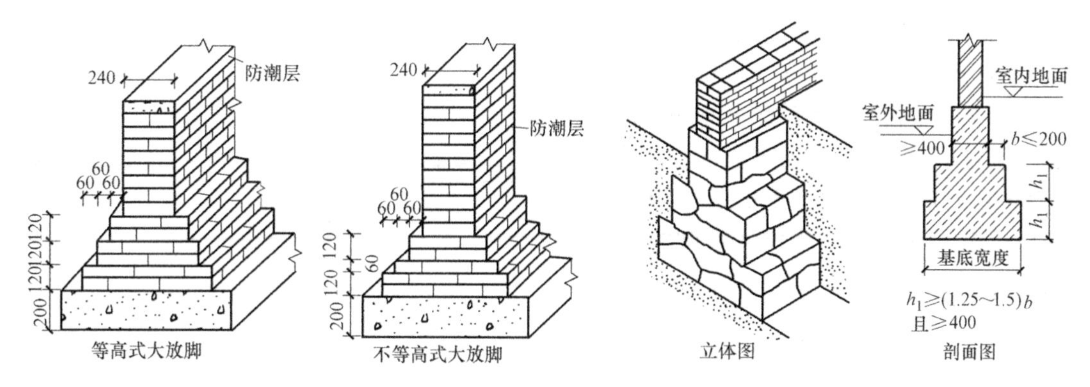

图 8-26 砖基础构造示意图　　图 8-27 毛石基础构造示意图

3）混凝土基础。混凝土基础也称为素混凝土基础，它具有整体性好、强度高、耐水等优点，如图 8-28 所示。

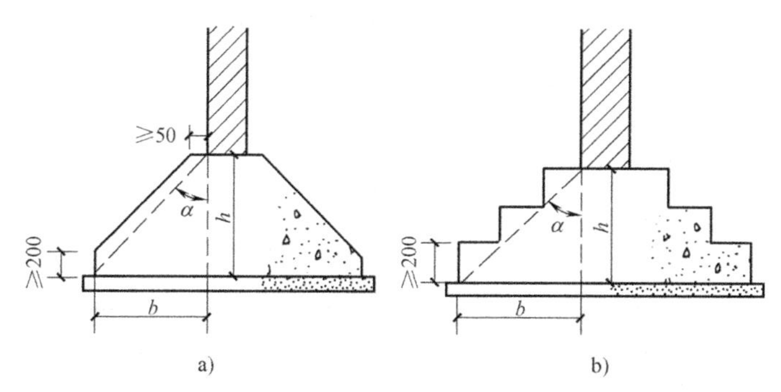

图 8-28 混凝土基础构造示意图

a）锥形截面 b）阶梯形截面

（2）柔性基础（钢筋混凝土扩展基础） 当建筑物的荷载较大而地基承载能力较小时，基础底面必须加宽，如果仍采用刚性材料做基础，势必加大基础的深度，这样，既增加了挖土工作量，又使材料的用量增加，对工期和造价都十分不利。此时，我们可以在混凝土基础底部配置钢筋，利用钢筋承受拉力，使基础底部能够承受较大的弯矩，基础宽度就不再受刚性角的限制，因此称钢筋混凝土基础为非刚性基础或柔性基础，如图 8-29 所示。

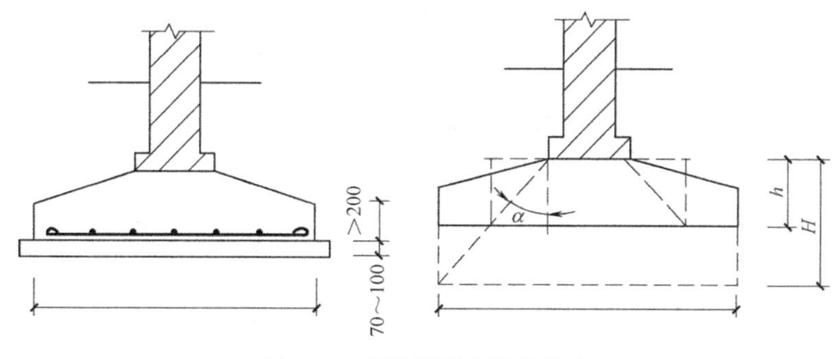

图 8-29 钢筋混凝土扩展基础

墙下钢筋混凝土扩展基础的混凝土强度等级不宜低于 C20；垫层厚度一般为 100mm；

底板受力钢筋最小直径不宜小于 10mm，间距不宜大于 200mm 和小于 100mm；有垫层时混凝土的净保护层厚不宜小于 40mm，无垫层时不宜小于 70mm；纵向分布筋直径不宜小于 8mm，间距不宜大于 300mm；当地基软弱或承受差异荷载时，为增强基础的整体性和抗弯能力，可采用带肋基础，如图 8-30 所示。

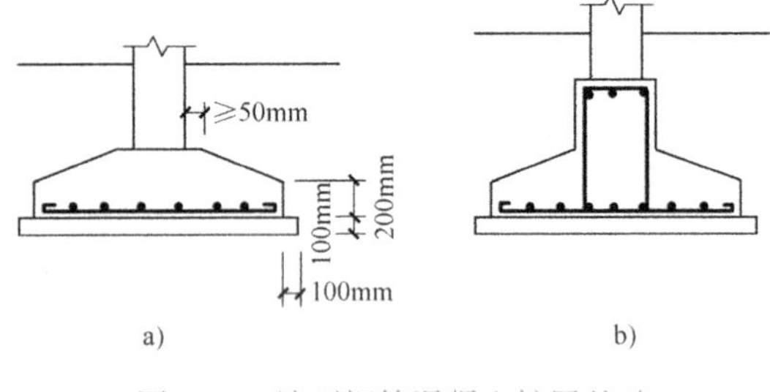

图 8-30 墙下钢筋混凝土扩展基础

a）无助 b）有助

2．按基础的构造形式分

基础的类型按其构造形式不同可以分为独立基础、带形基础和联合基础。其中联合基础的类型较多，常见的有柱下条形基础、柱下十字交叉基础、筏板基础和箱形基础等。联合基础有利于跨越软弱的地基。

（1）独立基础 独立基础一般用于柱子下面，每一根柱子一个基础，往往单独存在，所以称为独立基础。其形式有阶梯形、锥形、杯形等。它是柱下基础的基本形式，如图 8-31 所示。

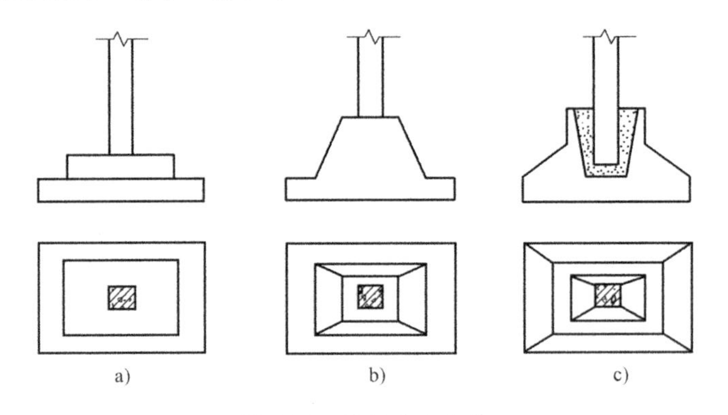

图 8-31 柱下独立基础

a）阶梯形基础 b）锥形基础 c）杯形基础

（2）带形基础 带形基础又称为条形基础，基础沿墙体连续设置成长条状，是砌体结构建筑墙下基础的基本形式。带形基础一般用于墙下，也可用于柱下，如图 8-32 所示。当框架结构处于地基条件较差或上部荷载较大时，为了提高建筑物的整体性，防止柱子之间产生不均匀沉降，常将柱下带形基础沿纵横两个方向扩展连接起来，做成十字交叉的井格基础。

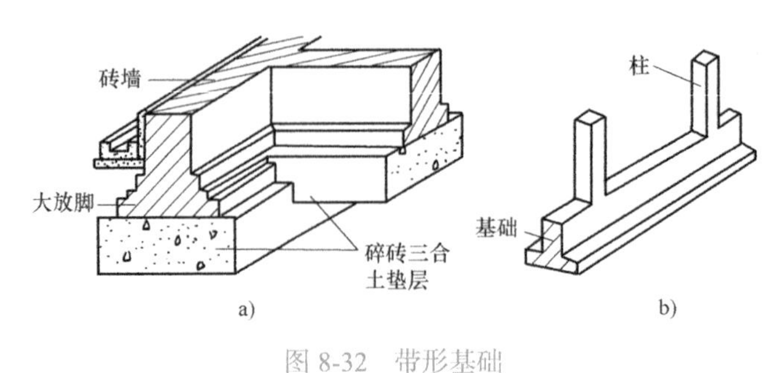

图 8-32 带形基础

a）墙下带形基础 b）柱下带形基础

（3）筏板基础　当建筑物上部荷载大，而地基又较弱，通常将墙或柱下基础连成一片，使建筑物的荷载承受在一块整板上成为筏板基础。筏板基础有平板式和梁板式两种，如图 8-33 所示。

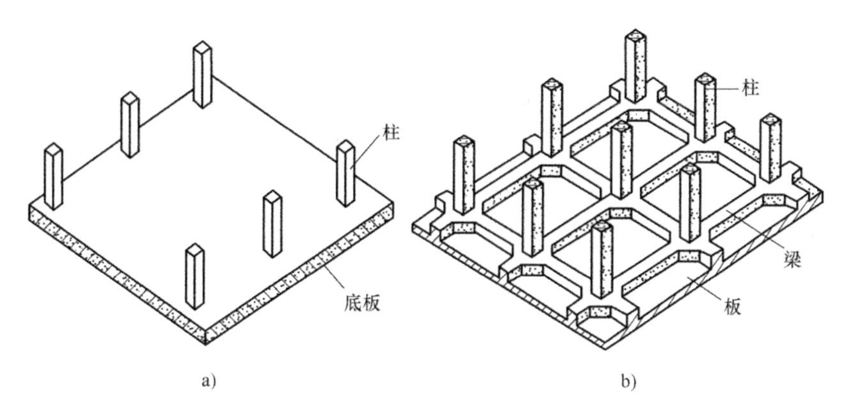

图 8-33　筏板基础

a）平板式　b）梁板式

（4）箱形基础　当板式基础做得很深时，常将基础改做成箱形基础。箱形基础是由钢筋混凝土底板、顶板和若干纵、横隔墙组成的整体结构，基础的中空部分可用作地下室（单层或多层的）或地下停车库。箱形基础整体空间刚度大，整体性强，能抵抗地基的不均匀沉降，较适用于高层建筑或在软弱地基上建造的重型建筑物，如图 8-34 所示。

（5）桩基础　当建筑物上部荷载较大，地基的软弱土层较厚（在 5m 以上），一般人工地基不具备条件或不经济时，可以采用桩基础，使基础上的荷载通过桩柱传给地基土层，以保证建筑物的安全使用和均匀沉降。桩基础由承台和桩柱两部分组成。承台是在桩柱顶现浇的钢筋混凝土梁或板，上部支撑墙的为承台梁，上部支撑柱的为承台板。按桩的制作方法可分为预制桩、灌注桩和爆扩桩三类，如图 8-35 所示。

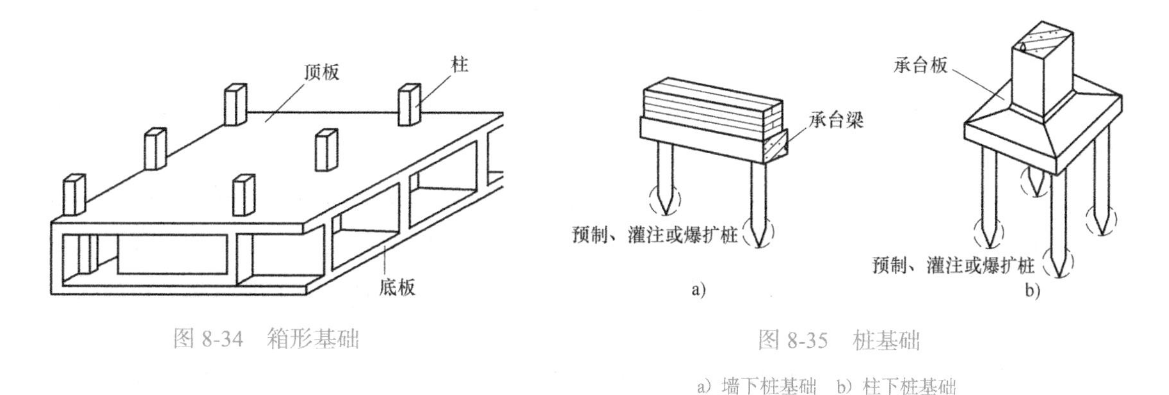

图 8-34　箱形基础

图 8-35　桩基础

a）墙下桩基础　b）柱下桩基础

桩基础按其受力性能可分为端承桩和摩擦桩两种。端承桩是将建筑物的荷载通过桩端传给坚硬土层，而摩擦桩是通过桩侧表面与周围土壤的摩擦力传给地基，如图 8-36 所示。

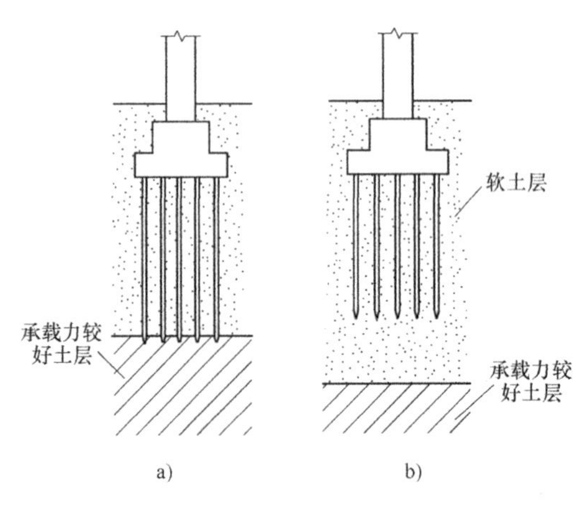

图 8-36　桩基础

a）端承桩　b）摩擦桩

8.2.3　地下室

建筑物下部的地下使用空间称为地下室。

1. 地下室的组成

地下室一般由顶板、底板、侧墙、楼梯、门窗、采光井等组成等部分组成，如图 8-37 所示。

（1）顶板　地下室的顶板采用现浇或预制混凝土楼板，板的厚度按首层使用荷载计算，防空地下室则应按相应防护等级的荷载计算。

（2）底板　在地下水位高于地下室地面时，地下室的底板不仅承受作用在它上面的垂直荷载，还承受地下水的浮力，因此必须具有足够的强度、刚度、抗渗透能力和抗浮力的能力。

（3）侧墙　地下室的外墙不仅承受上部的垂直荷载，还要承受土、地下水及土壤冻结产生的侧压力，因此地下室墙的厚度应按计算确定。

（4）楼梯　可与地面上房间结合设置，层高小或用做辅助房间的地下室，可设置单跑楼梯。有防空要求的地下室至少要设置两部楼梯通向地面的安全出口，并且必须有一个是独立的安全出口。安全出口与地面以上建筑应有一定距离，一般不小于地面建筑物高度的一半。

（5）门窗　地下室的门窗与地上部分相同。当地下室的窗台低于室外地面时，为了保证采光和通风，应设采光井。防空地下室应符合相应等级的防护和密闭要求，一般采用钢门或混凝土门，防空地下室一般不容许设窗。

（6）采光井　采光井由侧墙、底板、遮雨设施或铁箅子组成，采光井底板一般为钢筋混凝土浇筑，应有 1% ～ 3% 的坡度。侧墙可以用砖墙或钢筋混凝土板墙制作。采光井的上部应有铸铁篦子或尼龙瓦盖，以防止人员、物品掉入采光井内。一般每个窗户设一个，当窗户的距离很近时，也可将采光井连在一起，如图 8-38 所示。

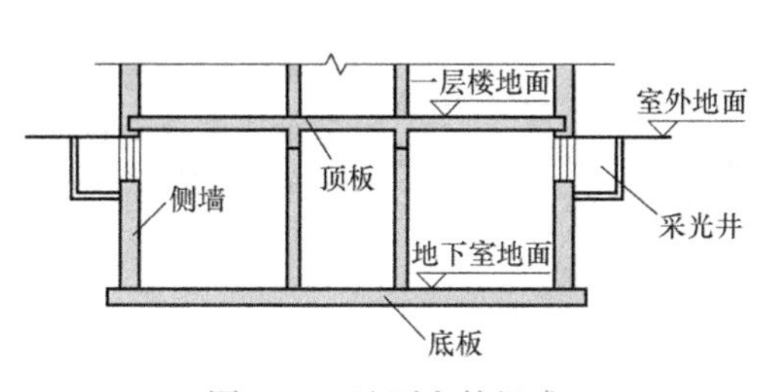

图 8-37　地下室的组成

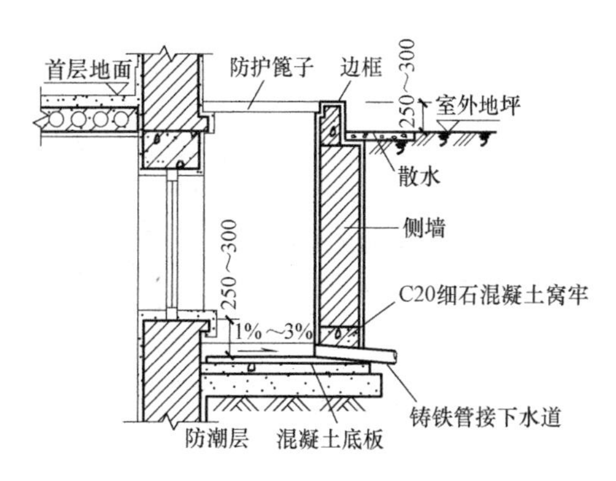

图 8-38　采光井的构造

2．地下室的分类

（1）按埋入地下深度的不同分类

1）全地下室。全地下室是指地下室地面低于室外地坪的高度超过该房间净高的 1/2。

2）半地下室。半地下室是指地下室地面低于室外地坪的高度为该房间净高的 1/3 ～ 1/2。

（2）按使用功能不同分类

1）普通地下室。一般用作高层建筑的地下停车库、设备用房；根据用途及结构需要可做成一层、二层或三层以及多层地下室。

2）人防地下室。有人民防空要求的地下空间。人防地下室应妥善解决紧急状态下的人员隐蔽与疏散，应有保证人身安全的技术措施。

（3）按结构材料分类

1）砖墙结构地下室。用于上部荷载不大及地下水位较低的情况。

2）钢筋混凝土结构地下室。当地下水位较高及上部荷载很大时，常采用钢筋混凝土墙结构的地下室。

3．地下室的防水

如何保证地下室在使用时不渗漏，是地下室构造设计的主要任务。我国把地下工程防水分为四级，参见表 8-8。

表 8-8　地下室防水工程设防表

防水等级	适用范围	标　准	设防做法	选择要求
一级	人员长期停留的场所；因有少量湿渍会使物品变质、失效的储物场所及严重影响设备正常运转和危及工程安全运营的部位；极重要的战备工程	不允许漏水，结构表面无湿渍	多道设防，其中应有一道钢筋混凝土结构自防水和一道柔性防水，其他各道可采取其他防水措施	1. 自防水钢筋混凝土 2. 优先选用合成高分子卷材 3. 增加其他防水措施，如架空层或夹壁墙等

（续）

防水等级	适用范围	标　准	设防做法	选择要求
二级	人员经常活动的场所；在有少量湿渍的情况下不会使物品变质、失效的储物场所及基本不影响设备正常运转和工程安全运营的部位；重要战备工程	不允许漏水结构表面有少量湿渍；工业与民用建筑总湿渍面积不应大于总防水面积（包括顶板、墙面、地面）的 1/1000；任意 100m² 防水面积上的湿渍不超过 1 处，单个湿渍面积不大于 0.1m²；其他地下工程总湿渍面积不应大于总防水面积的 6/1000；任意 100m² 防水面积上的湿渍不超过 4 处，单个湿渍面积不大于 0.2m²	两道设防，一般为一道钢筋混凝土结构自防水和一道柔性防水	1. 自防水钢筋混凝土 2. 合成高分子卷材一层，或高聚物改性沥青防水卷材
三级	人员临时活动场所；一般战备工程	有少量漏水点，不得有线流和漏泥沙； 任意 100m² 的防水面积上的漏水点数不超过 7 处，单个漏水点的最大漏水量不大于 2.5L/(m²·d)，单个湿渍面积不大于 0.3m²	可采用一道设防或两道设防；也可对结构做抗水处理，外做一道柔性防水层	合成高分子卷材一层或高聚物改性沥青防水卷材
四级	对漏水无严格要求的工程	有漏水点，不得有线流和漏泥沙； 整个工程平均漏水量不大于 2L/(m²·d)，任意 100m² 防水面积上的平均漏水量不大于 4L/(m²·d)	一道设防，也可做一道外防水层	高聚物改性沥青防水卷材

（1）地下室防潮　当设计最高地下水位低于地下室底板 300mm 以上，且地基范围内的土壤及回填土无形成上层滞水可能时，采用防潮做法。地下室墙体为钢筋混凝土，不必做防潮。地下室墙体为砌体，应做防潮，如图 8-39 所示。

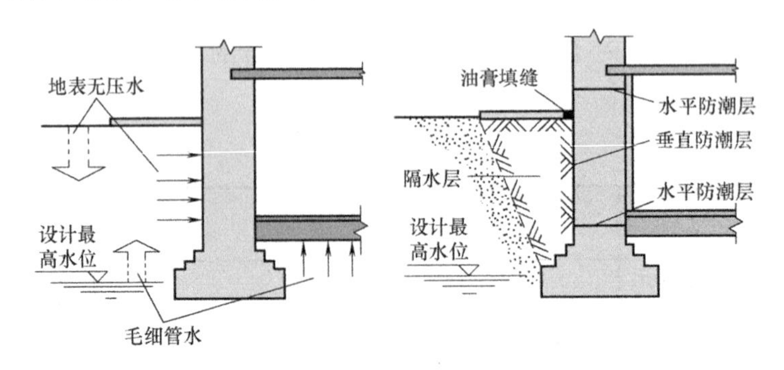

图 8-39　地下室防潮

地下室防潮的构造要求如图 8-40 所示。

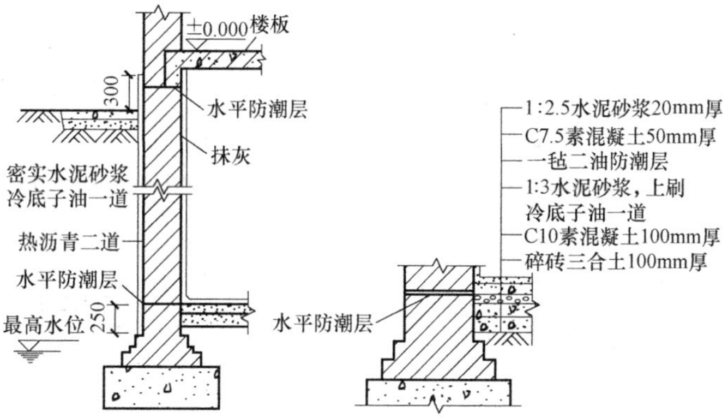

图 8-40　地下室防潮的构造

1）砖墙体必须采用水泥砂浆砌筑，灰缝必须饱满。

2）在外墙外侧设垂直防潮层，防潮层做法一般为 1 ∶ 2.5 水泥砂浆找平、刷冷底子油一道、热沥青两道，防潮层做至室外散水处，然后在防潮层外侧回填低渗透性土壤如粘土、灰土等，并逐层夯实，底宽 500mm 左右。

3）地下室所有墙体，必须设两道水平防潮层，一道设在底层地坪附近，一般设置在结构层之间。另一道设在室外地面散水以上 150 ～ 200mm 的位置。

（2）地下室防水　当设计最高地下水位高于地下室底板，或地下室周围土层属于弱透水性土存在滞水可能，应采取防水措施。目前我国地下工程防水常用的措施有卷材防水、混凝土构件自防水、涂料防水、塑料防水板防水、金属防水层等。选用何种材料防水，应根据地下室的使用功能、结构形式、环境条件等因素合理确定。一般处于侵蚀介质中的工程应采用耐腐蚀的防水混凝土、防水砂浆或卷材、涂料；结构刚度较差或受振动影响的工程应采用卷材、涂料等柔性防水材料。

1）材料防水。材料防水是在外墙和底板表面敷设防水材料，利用材料的高效防水特性阻止水的渗入，工程上常用做法有卷材防水、涂料防水和水泥砂浆防水等。

① 卷材防水：卷材防水是以防水卷材和相应的胶粘剂分层粘贴，铺设在地下室底板垫层至墙体顶端的基面上，形成封闭防水层的做法。根据防水层铺设位置的不同分为外包防水和内包防水。外包防水是将防水材料贴在迎水面，即外墙的外侧和底板的下面，防水效果好，采用较多，但维护困难，缺陷处难于查找。内包防水是将防水材料贴于背水一面，其优点是施工简便，便于维修，但防水效果较差，多用于修缮工程。具体做法：在铺贴卷材前，先将基面找平并涂刷基层处理剂，然后按确定的卷材层数分层粘贴卷材，并做好防水层的保护，如图 8-41 所示。

② 涂料防水：指在施工现场以刷涂、刮涂、滚涂等方法将无定型液态冷涂料在常温下涂敷于地下室结构表面的一种防水做法，如图 8-42 所示。

③ 水泥砂浆防水：采用合格材料，通过严格多层次交替操作形成的多道防线整体防水层或掺入适量的防水剂以提高砂浆的密实性。

2）混凝土构件自防水。地下室的墙采用混凝土或钢筋混凝土结构时，可连同底板采用防水混凝土，使承重、围护、防水功能三者合一。防水混凝土墙和底板不能过薄，一般外墙厚为 200mm 以上，底板厚应在 150mm 以上，否则会影响抗渗效果。为防止地下水对混凝土的侵蚀，在墙外侧应抹水泥砂浆，然后刷沥青，如图 8-43 所示。

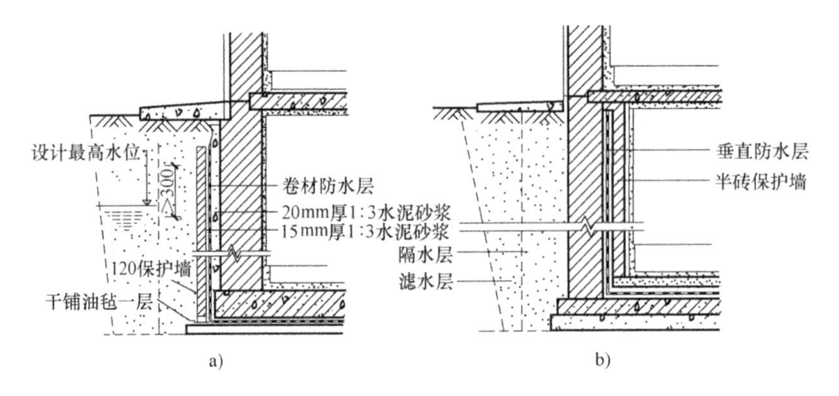

图 8-41　卷材防水

a）外包防水　b）内包防水

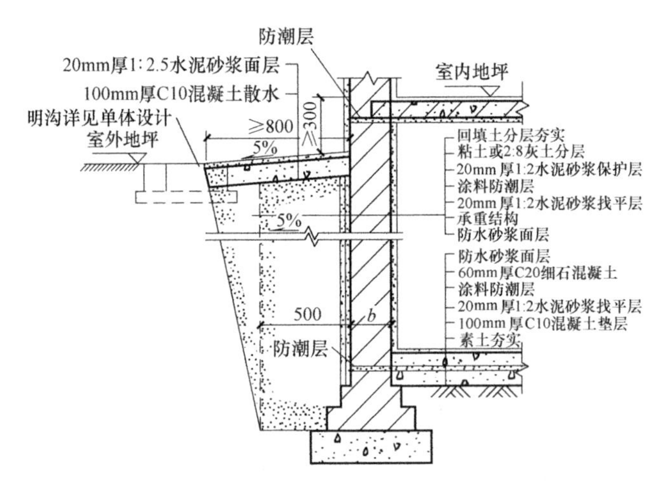

图 8-42　涂料防水

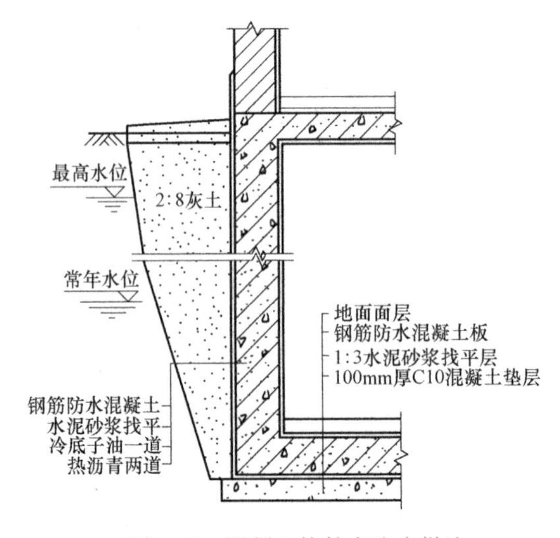

图 8-43　混凝土构件自防水做法

8.3 墙体

墙体是建筑物的重要组成部分，墙体在建筑中的作用有以下四点：

（1）承重作用　具有足够的承载力和稳定性，能够承受房屋的屋顶、楼层、人和设备的荷载，以及墙体自重、风荷载、地震荷载等。

（2）围护作用　能够抵御自然界风、雪、雨等的侵袭，防止太阳辐射和噪声的干扰等。

（3）分隔作用　墙体可以把房间分隔成若干个小空间或小房间。

（4）装饰作用　墙体是营造建筑室内、室外环境的重要因素。

8.3.1 墙体的类型

在一般砌体结构建筑中，墙体是主要的承重构件；在其他类型建筑中，墙体可能是承重构件，也可能是围护构件，但所占的造价比重也较大。因而在工程设计中，合理地选用墙体的材料、结构方案及构造做法十分重要。

1．按墙体所在位置及方向分

按在平面上所处位置不同，墙体可分为外墙和内墙，纵墙和横墙，如图 8-44 所示。

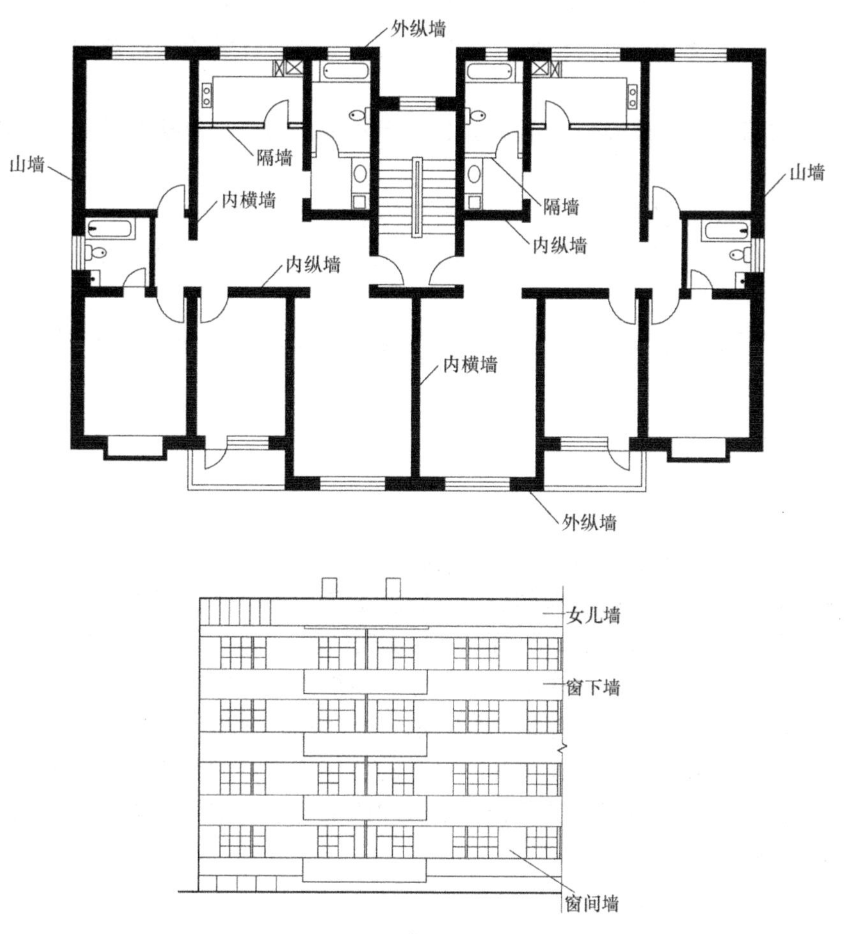

图 8-44　墙体各部分名称

位于建筑物内部的墙称为内墙，起着分隔房间的作用。位于建筑物外界四周的墙称为外墙，外墙是建筑物的外围护结构，起着挡风、阻雨、保温、隔热等围护室内房间不受侵袭的作用。窗或门与窗之间的墙称为窗间墙，窗洞下部的墙为窗下墙。

沿建筑物长轴方向布置的墙体称为纵墙，纵墙有内纵墙和外纵墙之分；沿建筑物短轴方向布置的墙体称为横墙，横墙有内横墙和外横墙之分，外横墙一般又称为山墙。

2. 按使用材料分

按所用材料分，墙体有砖墙、石墙、土墙、混凝土墙及各种天然、人工的或工业废料制作而成的砌块墙、板材墙等。

1）砖墙：用砖和砂浆砌筑的墙为砖墙，砖有普通黏土砖、黏土多孔砖、黏土空心砖、灰砂砖、矿渣砖等。

2）石墙：用块石和砂浆砌筑的墙为石墙。

3）土墙：用土坯和黏土砂浆砌筑的墙或模板内填充黏土夯实而成的墙为土墙。

4）钢筋混凝土墙：用钢筋混凝土现浇或预制的墙为钢筋混凝土墙。

5）其他墙：多种材料结合的组合墙、各种幕墙、用工业废料制作的砌块砌筑的砌块墙。

3. 按墙体受力状况分

根据结构受力状况的不同，墙体可分为承重墙和非承重墙。

（1）承重墙　承重墙是指直接承受上部楼板、屋面板或梁传来荷载的墙。它是建筑物的支撑构件。

（2）非承重墙　非承重墙是指不承受上部传来荷载的墙，包括自承重墙、隔墙、框架填充墙和幕墙。

1）自承重墙：只承受自身重量，并把自重传给基础。

2）隔墙：把自重传给楼板层；起分隔房间的作用，不承受外来荷载，并把自身重量传给梁或楼板。

3）框架填充墙：在框架结构中，填充在框架间的墙，只起分隔和围护作用，不承受任何荷载，其自重由框架承受。

4）幕墙：悬挂于框架梁柱的外侧起维护作用的墙体，幕墙的自重由其连接固定定位的梁柱承担。

4. 按施工方式分

墙体按施工方法可以分为块材墙、板筑墙及装配式墙三种。

（1）块材墙　把各种材料制作的块材（如黏土砖、空心砖、灰砂砖、石块、小型砌块等），用砂浆等胶结材料砌筑而成。块材墙包括实砌砖墙、空斗墙和砌块墙等。

（2）板筑墙　在施工时，先在墙体部位竖立模板，然后在模板内夯筑或浇筑材料捣实而成的墙体。如夯土墙、灰砂土筑墙以及滑模、大模板施工的混凝土墙体等。

（3）装配式墙　装配式墙是在预制厂生产的墙体构件，运到施工现场进行机械安装的墙体，包括预制混凝土大板墙、各种轻质条板内隔墙、组合墙和幕墙等。装配式墙机械化程度高、施工速度快、工期短。

5. 按墙体构造分

墙体按构造方式可以分为实体墙、空体墙和组合墙三种。

（1）实体墙　由单一材料组成，如砖墙、砌块墙等。

（2）空体墙　也是由单一材料组成，可由单一材料砌成内部空腔，如空斗砖墙；也可用具有孔洞的材料建造墙，如空心砌块墙、空心板材墙等。

（3）组合墙　由两种以上材料组合而成的多功能墙体，例如混凝土、加气混凝土复合板材墙。其中混凝土起承重作用，加气混凝土起保温隔热作用。

8.3.2　墙体的设计要求

在工程设计中，墙体还应当满足建筑物所需的结构布置、热工等其他方面设计要求。

（1）结构布置的要求　对以墙体承重为主的结构，常要求各层的承重墙上、下必须对齐；各层的门、窗洞孔也以上、下对齐为佳。此外，还需考虑以下两方面的要求。

1）合理选择墙体结构布置方案。墙体结构布置方案有横墙承重、纵墙承重、纵横墙混合承重和墙与柱混合承重（内框架结构）等，如图 8-45 所示。

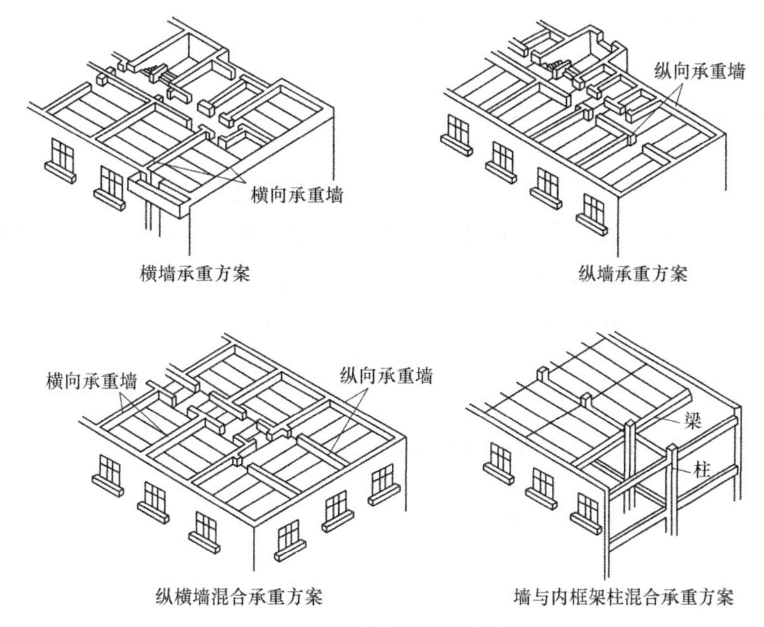

图 8-45　墙体的承重方案

① 横墙承重：将楼板及屋面板等水平承重构件搁置在横墙上。采用横向承重时，楼板或屋面板的荷载均由横墙承受，纵墙只起围护、分隔、承受自身重量和纵向稳定的作用。

优点：整体刚度和抗震性能好，开窗较灵活。

缺点：房间开间受到楼板跨度的影响，空间组合不够灵活。

适用范围：房间使用面积不大，墙体位置比较固定的建筑，如住宅、宿舍、普通办公楼、旅馆等。

② 纵墙承重：将楼板及屋面板等水平承重构件，搁置在纵墙上。采用纵墙承重时，楼板或屋面板搁置在纵墙上，横墙只起分隔和横向稳定的作用。

优点：空间布局较灵活。

缺点：整体刚度和抗震性能差，开窗受限制。

适用范围：适用于房间使用上要求有较大空间，墙体位置在同层或上下层之间可能有变化的建筑，如教室、会议室、阅览室、实验室等。

③ 纵横墙混合承重：在建筑物内部平面格局不规则的情况下，根据墙体的布置情况，有些部分采用横向承重，有些部分采用纵向承重。这样的承重方式称为“纵横墙混合承重”。

优点：平面布置灵活，整体刚度好。

缺点：增加了板型。

适用范围：适用于开间、进深变化较多的建筑，如医院、实验楼等。

④ 墙与柱混合承重有时根据建筑物的使用要求，某些部位不设墙体，而由梁、柱与墙体共同组成承重体系，如梁的一端支承于外墙上，另一端由柱支承。楼板搁置在梁上，这种承重体系称为“梁与柱混合承重”，又称为“部分框架承重”或“内框架承重”。

优点：不需增加梁的跨度，使用上可以有较大的空间灵活性。

缺点：结构中容易产生不均匀的变形和较大的附加内力，空间刚度较差，抗震性能也差。

适用范围：适用于具有较大内部空间的建筑，如大型商店、餐厅等。

2）具有足够的强度和稳定性。

① 强度是指墙体承受荷载的能力。它与所采用的材料以及同一材料的强度等级有关。作为承重墙的墙体，必须具有足够的强度，以确保结构的安全。

砖墙是脆性材料，变形能力小，如果层数过多，重量就大，砖墙可能破碎和错位，甚至被压垮，应验算承重墙或柱在控制截面处的承载力。地震区，房屋的破坏程度随层数增多而加重，设计规范对房屋的高度及层数有一定的限制值。

② 墙体的稳定性与墙的高度、长度和厚度有关。高而薄的墙稳定性差，矮而厚的墙稳定性好；长而薄的墙稳定性差，短而厚的墙稳定性好。

墙体的高厚比是保证墙体稳定的重要措施。墙、柱高厚比是指墙、柱的计算高度与墙厚、柱宽比值。高厚比越大构件越细长，其稳定性越差。高厚比限值综合考虑因素：砂浆强度等级、材料质量、施工水平、横墙间距。满足高厚比要求的采用方法：在墙体开洞口部位设置门垛，在长而高的墙体中设置壁柱，设置贯通的圈梁和钢筋混凝土构造柱，设置防震缝。

（2）热工设计的要求

1）墙体的保温要求。对有保温要求的墙体，须提高其构件的热阻，通常采取以下措施。

① 增加墙体的厚度。

② 选择导热系数小的墙体材料：如泡沫混凝土、加气混凝土、陶粒混凝土、膨胀珍珠岩、膨胀蛭石、浮石及浮石混凝土、泡沫塑料、矿棉及玻璃棉等。

③ 采取隔热汽措施：为防止墙体产生内部凝结，常在墙体的保温层靠高温一侧，即蒸汽渗入的一侧，设置一道隔蒸汽层。隔蒸汽材料一般采用卷材、隔汽涂料、涂膜以及铝箔等防潮、防水材料。

④ 冷（热）桥：由于结构上的需要，外墙中常嵌有钢筋混凝土柱、梁、垫块、圈梁、过梁等构件，钢筋混凝土的传热系数大于砖的传热系数，热量很容易从这些部位传出去，因此它们的内表面温度比主体部分的温度低，这些保温性能低的部位通常称为冷桥（或热桥）。

为防止冷桥部分外表面结露，应采取局部保温措施：在寒冷地区，外墙中的钢筋混凝土过梁可做成 L 形，并在外侧加保温材料；对于框架柱，当柱子位于外墙内侧时，可不必另作保温处理；当柱子外表面与外墙平齐或突出时，应作保温处理，如图 8-46 所示。

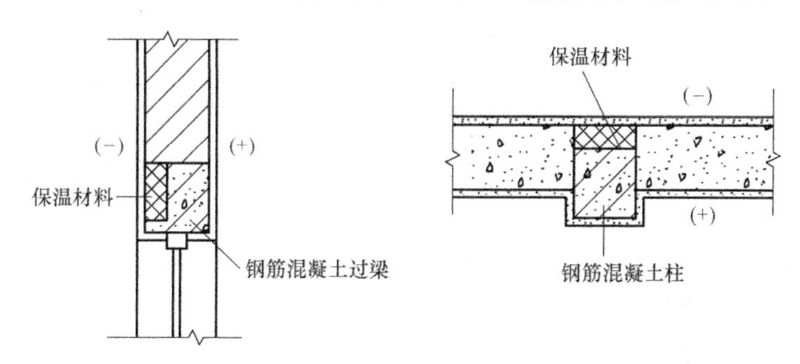

图 8-46 冷桥做局部保温处理

2）墙体的隔热要求。

① 外墙采用浅色而平滑的外饰面，如白色外墙涂料、玻璃马赛克、浅色墙地砖、金属外墙板等，以反射太阳光，减少墙体对太阳辐射的吸收。

② 在外墙内部设置风间层，利用空气的流动带走热量，降低外墙内表面温度。

③ 在窗口外侧设置遮阳设施，以遮挡太阳光直射室内。

④ 在外墙外表面种植攀缘植物使之遮盖整个外墙，吸收太阳辐射热，从而起到隔热作用。

3）建筑节能要求。建筑节能是指按节能设计标准进行设计和建造，使其在使用过程中降低能耗的建筑，具体指应达到“四节一环保”(节水、节地、节能、节材，环保) 的指标。

4）隔声要求。一般采取以下措施：①加强墙体的密封处理。如墙体与门窗、通风管道等的缝隙进行密封处理。②增加墙厚和墙体的密实性，避免噪声穿透墙体及墙体振动。③采用有空气间层式多孔性材料的夹层墙，空气或玻璃棉等多孔材料具有减振和吸声作用，以此提高墙体的隔声能力。④尽量利用垂直绿化降低噪声。

5）其他方面的要求。

① 防火要求：选择燃烧性能和耐火极限符合防火规范规定的材料；设置防火墙，防止火灾蔓延。根据防火规范，一、二级耐火等级建筑，防火墙最大间距为 150m，三级为 100m，四级为 60m。

② 防水防潮要求：选择良好的防水材料以及恰当的构造做法，保证墙体的坚固耐久性，使室内有良好的卫生环境。

③ 建筑工业化要求：建筑工业化的关键是墙体改革，提高机械化施工程度，提高工效、降低劳动强度，采用轻质高强的墙体材料，以减轻自重、降低成本。

8.3.3 墙身的细部构造

为了保证墙体的耐久性和墙体与其他构件的连接，应在相应的位置进行构造处理。墙身的细部构造包括墙脚构造、门窗洞口构造、墙身加固措施以及其他构造等。

（1）墙脚构造

1）墙脚是指室内地面以下基础以上的这段墙体，外墙的墙脚称为勒脚。由于墙脚位于地下，常受到地表水和土壤中水的侵袭，致使墙身受潮、饰面层脱落、影响室内外环境。因此，吸水率较大、对干湿交替作用敏感的砖和砌块不能用于墙脚部位，如加气混凝土砌块等。为防止雨水上溅墙身和机械力等的影响，所以要求墙脚坚固耐久和防潮。一般采用以下几种构造做法（图 8-47）：

① 抹灰：可采用 20mm 厚 1 ∶ 3 水泥砂浆抹面，1 ∶ 2 水泥白石子浆水刷石或斩假石抹面。其多用于一般建筑。

② 贴面或镶嵌：可采用天然石材或人工石材，如花岗石、水磨石板等。其耐久性、装饰效果好，用于高标准建筑。

③ 勒脚采用石材，如条石或毛石等。

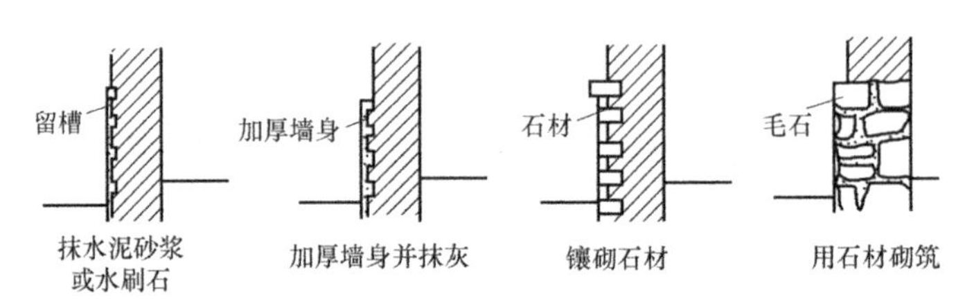

图 8-47 勒脚构造

2）踢脚是室内地面或楼面与墙面相接处的构造处理，其主要作用是加固保护内墙脚，遮盖楼面或地面与墙面的接缝，防止漏水、掉灰等。踢脚的高度一般为 120 ～ 180mm。常用的材料有水泥砂浆、水磨石、木材、缸砖、油漆等，选用时一般应与地面材料一致。

3）为了尽快排除建筑外墙周围的雨水，房屋四周可设置散水或明沟。当屋面为有组织排水时一般设散水，屋面为无组织排水时一般设明沟或暗沟（或设散水，但应加滴水砖带）。

散水也称为护坡，即外墙周围向外倾斜的坡面。散水的做法通常是在夯实的素土上铺三合土、混凝土等材料，厚度为 60 ～ 70mm。散水应设不小于 3% 的排水坡。散水宽度一般为 0.6 ～ 1.0m。散水与外墙交接处应设分格缝，分格缝用弹性材料嵌缝，防止外墙下沉时将散水拉裂。散水整体面层纵向距离每隔 6 ～ 12m 做一道伸缩缝，如图 8-48 所示。

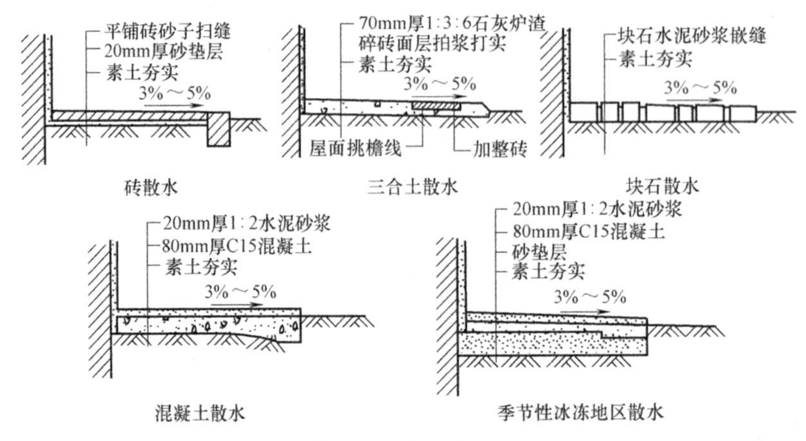

图 8-48 散水构造

明沟又称为阳沟，可将水落管流下的雨水导向地下排水井。明沟的构造做法可用砖砌、石砌、混凝土现浇，沟底应做纵坡，坡度为 0.5% ～ 1%，宽度为 220 ～ 350mm，如图 8-49 所示。

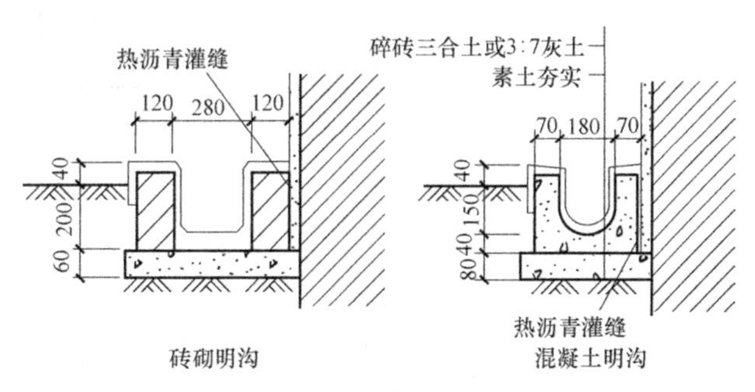

图 8-49　明沟构造

4）为了防止地面以下土壤中的水分进入墙体，需要在墙脚铺设防潮层。构造形式上有水平防潮层和垂直防潮层两种。

当室内地面垫层为混凝土等密实材料时，应设在高于室外地面 150mm 以上处，防止雨水溅湿墙面；低于室内地面 60mm 处地坪结构层内；当室内地面垫层为透水材料（如炉渣、碎石等），水平防潮层的位置应平齐或高于室内地面 60mm 处，如图 8-50 所示。

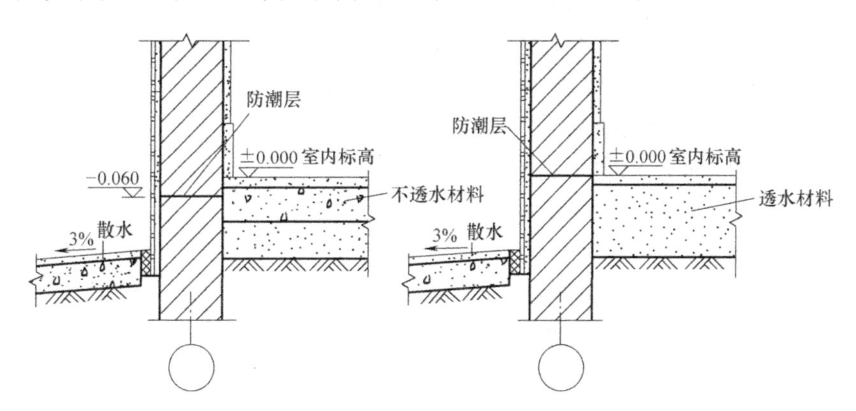

图 8-50　水平防潮层位置

墙身水平防潮层构造常用做法有以下三种，如图 8-51 所示：

防水砂浆防潮层：采用 1 ∶ 2 水泥砂浆加水泥用量 3% ～ 5 % 防水剂，厚度为 20 ～ 25mm 或用防水砂浆砌三皮砖作防潮层。此种做法构造简单，但砂浆开裂或不饱满时影响防潮效果。

油毡防潮层：先抹 20mm 厚水泥砂浆找平层，上铺一毡二油，此种做法防水效果好，但有油毡隔离，削弱了砖墙的整体性，不应在刚度要求高或地震区采用。

细石混凝土防潮层：采用 60mm 厚的细石混凝土带，内配三根 ϕ 8 钢筋，其防潮性能好。

如果墙脚采用不透水的材料（如条石或混凝土等），或设有钢筋混凝土地圈梁时，可以不设防潮层。

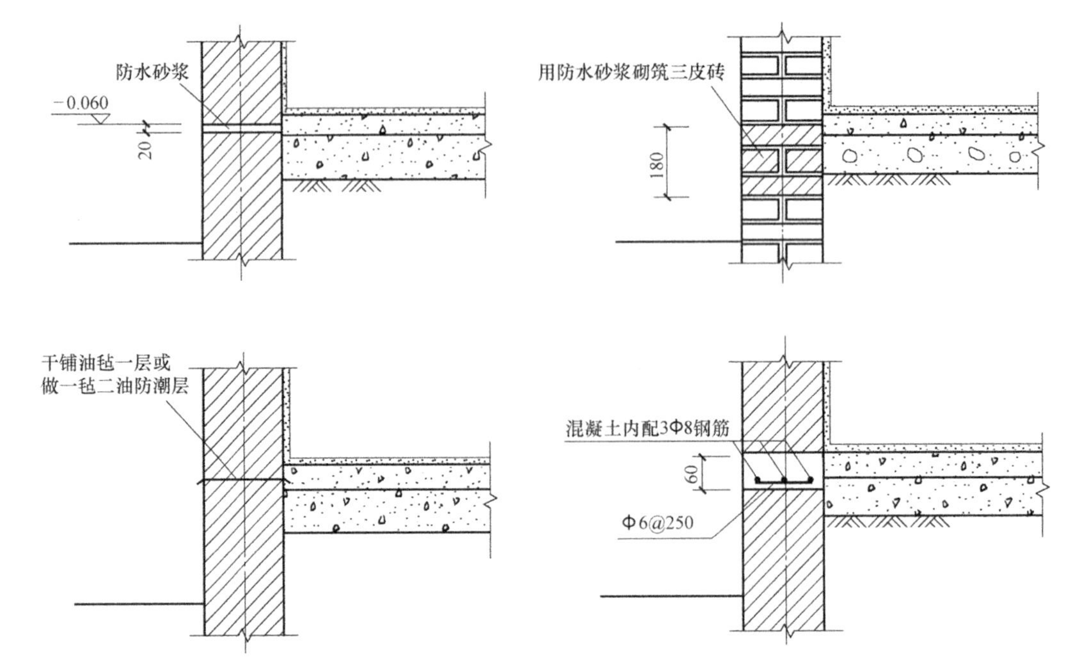

图 8-51　水平防潮层的做法

当室内地坪出现高差或室内地坪低于室外地坪，墙体上下需要设置两道水平防潮层，水平防潮层应设在各个不同标高的室内地面以下 60mm 处的墙体中；靠土层一侧设置垂直防潮层，防止高地坪下填土中的潮气侵入墙体。垂直防潮层的做法：水泥砂浆抹面，外刷冷底子油一道，热沥青两道(或防水砂浆防潮)；低地坪一边的墙面的做法：水泥砂浆打底抹灰，如图 8-52 所示。

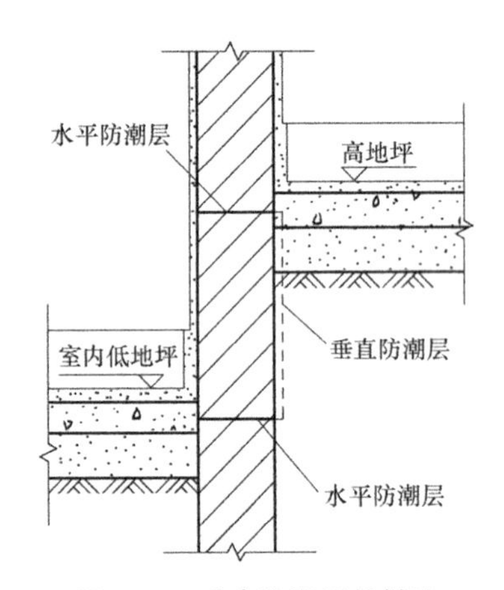

图 8-52　垂直防潮层的做法

（2）门窗洞口构造

1）为避免沿窗面流下的雨水渗入墙身，且沿窗缝渗入室内，同时避免雨水污染外墙面，常与窗下靠外墙一侧设置泄水构件，即窗台。位于内墙或阳台等处的窗不受水冲刷，可不必设挑窗台。外墙面材料为贴面砖时，墙面被雨水冲洗干净，也可不设挑窗台。

挑窗台可以用砖砌，也可以用混凝土窗台构件。砖砌挑窗台根据设计要求可分为：60mm 厚平砌挑砖窗台及 120mm 厚侧砌挑砖窗台，悬挑窗台向外出挑 60mm，窗台长度最少每边应超过窗宽 120mm，如图 8-53 所示。

窗台表面应做好抹灰或贴面处理。侧砌窗台可做水泥砂浆勾缝的清水窗台。窗台表面应作一定的排水坡度，并应注意抹灰与窗下槛的交接处理，防止雨水向室内渗入。挑窗台下作滴水槽或斜抹水泥砂浆，引导雨水垂直下落不致影响窗下墙面。

2）墙体上开设门窗洞口时，且墙体洞口大于 300mm 时，为了支撑洞口上部砌体所传来的各种荷载，并将这些荷载传给门窗等洞口两边的墙，必须在洞口上部设置过梁。根据材料和构造方式不同，过梁的形式有砖拱过梁、钢筋砖过梁和钢筋混凝土过梁三种。

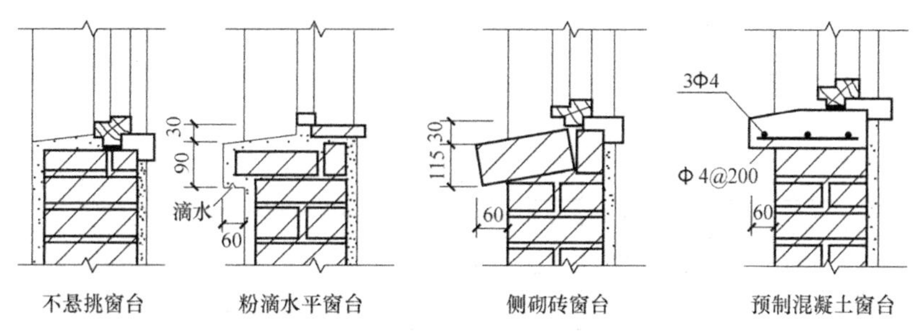

图 8-53　窗台的构造

① 砖拱过梁分为平拱和弧拱。由竖砌的砖作拱圈，一般将砂浆灰缝做成上宽下窄，上宽不大于 20mm，下宽不小于 5mm。砖不低于 MU7.5，砂浆不能低于 M2.5，砖砌平拱过梁净跨宜小于 1.2m，不应超过 1.8m，中部起拱高约为 1/50L。砖砌弧拱过梁采用竖砖砌筑，最大跨度可达 4m，如图 8-54 所示。

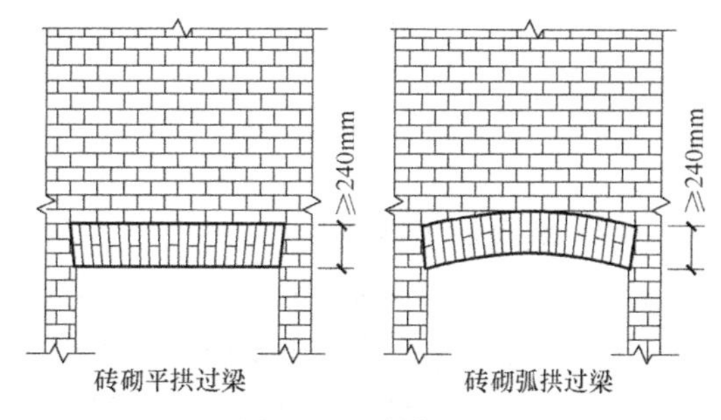

图 8-54　砖拱过梁

② 钢筋砖过梁用砖不低于 MU7.5，砌筑砂浆不低于 M2.5。一般在洞口上方先支木模，砖平砌，下设 3 ～ 4 根 ϕ 6 钢筋要求伸入两端墙内不少于 240mm，梁高砌 5 ～ 7 皮砖或 ≥ L/4，钢筋砖过梁净跨宜为 1.5 ～ 2m，如图 8-55 所示。

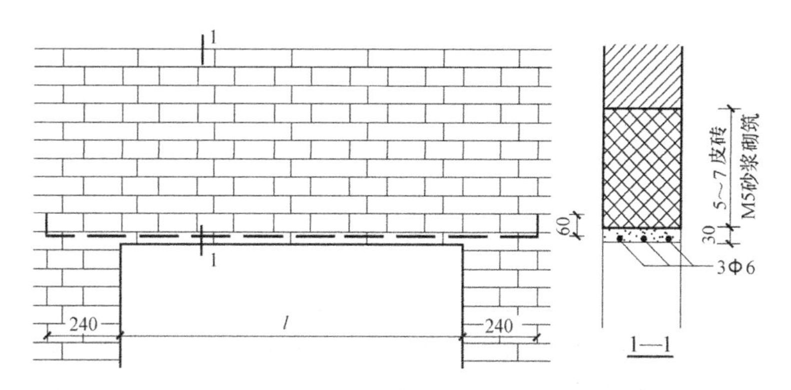

图 8-55　钢筋砖过梁

③ 钢筋混凝土过梁有现浇和预制两种，梁高及配筋由计算确定。为了施工方便，梁高应与砖的皮数相对应，以方便墙体连续砌筑，故常见梁高为 60mm、120mm、180mm、240mm，即 60mm 的整倍数。梁宽一般同墙厚，梁两端支承在墙上的长度不少于 240mm，以保证足够的承压面积。过梁断面形式有矩形和 L 形。为简化构造，节约材料，可将过梁与圈梁、悬挑雨篷、窗楣板或遮阳板等结合起来设计。如在南方炎热多雨地区，常从过梁上挑出 300~500mm 宽的窗楣板，既保护窗户不淋雨，又可遮挡部分直射太阳光，如图 8-56 所示。

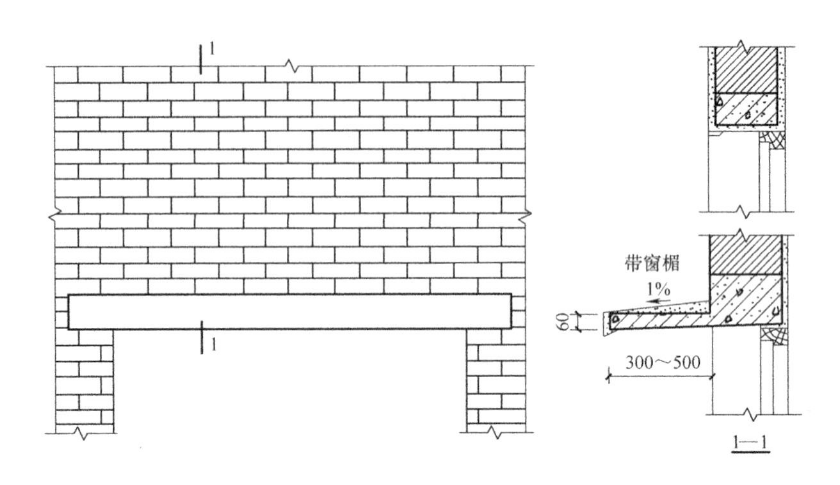

图 8-56　钢筋混凝土过梁

（3）墙身加固措施

1）当墙体的窗间墙上出现集中荷载，而墙厚又不足以承担其荷载；或当墙体的长度和高度超过一定限度并影响到墙体稳定性时，常在墙身局部适当位置增设凸出墙面的壁柱以提高墙体刚度，壁柱突出墙面的尺寸一般为 120mm×370mm、240mm×370mm、240mm×490mm 或根据结构计算确定；当在较薄的墙体上开设门洞时，为便于门框的安置和保证墙体的稳定，须在门靠墙转角处或丁字接头墙体的一边设置门垛，门垛凸出墙面不少于 120mm，宽度同墙厚，如图 8-57 所示。

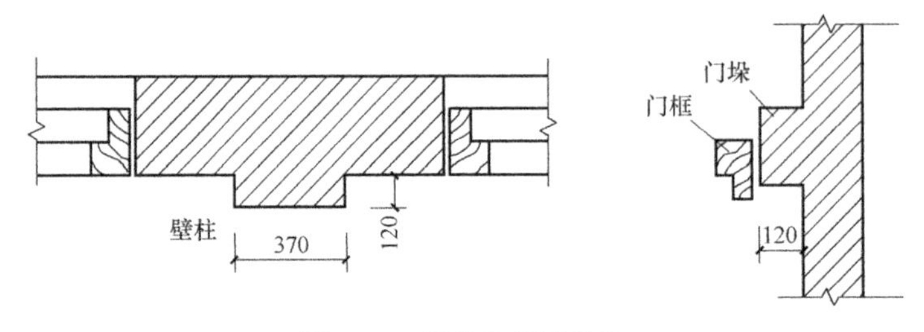

图 8-57　壁柱和门垛构造

2）圈梁是沿外墙四周及部分内墙设置在楼板处的连续闭合的梁，可提高建筑物的空间刚度及整体性，减少由于地基不均匀沉降而引起的墙身开裂，增加墙体的稳定性。圈梁有钢筋砖圈梁和钢筋混凝土圈梁两种：钢筋混凝土圈梁的宽度宜与墙厚相同，当墙厚为 240mm 以上时，其宽度可以为墙厚的 2/3，高度不小于 120mm。最小截面为 240mm×120mm，如图 8-58 所示。钢筋混凝土圈梁的宽度一般与墙同厚，寒冷地区，由于钢筋混凝土导热系数较大，宽度不应贯通砌体整个厚度，并应在局部做保温处理。

屋盖处及每层楼盖处的外墙和内纵墙均应设置圈梁。现浇圈梁的混凝土强度等级不宜低于 C15，圈梁的最小纵筋不应小于 4ϕ10，箍筋最大间距不应大于 250mm。圈梁应连续设置在墙的同一水平面上，并尽可能的形成封闭圈，当圈梁被门窗洞口截断时，应在洞口上部增设相同截面的附加圈梁，其配筋和混凝土强度等级均不变。附加圈梁与圈梁的搭接长度应不小于 2h，也不应小于 1m，如图 8-59 所示。

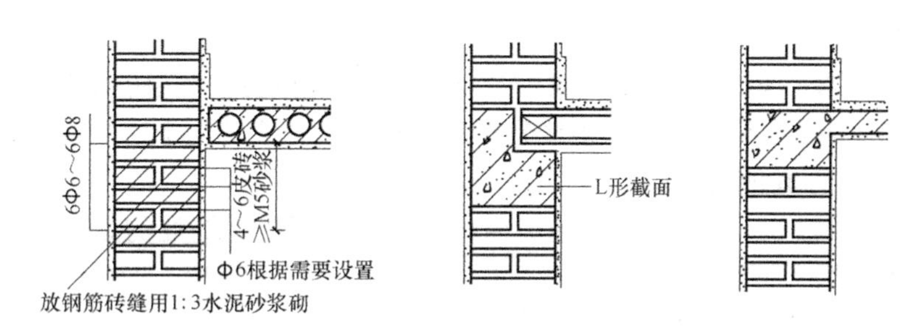

图 8-58 圈梁构造

3）钢筋混凝土构造柱是从构造角度考虑设置的，是防止房屋倒塌的一种有效措施。构造柱必须与圈梁及墙体紧密相连，从而加强建筑物的整体刚度，提高墙体抗变形的能力。构造柱应当设置在地震时震害较重，连接构造比较薄弱和易于应力集中的部位，如外墙转角、内外墙交接处及楼梯间的内墙上；砌体丁字接关处；通窗或者连窗的两侧。

墙高超过 4m 时，半高或门洞上皮宜设置与柱连接且沿墙长贯通的混凝土现浇带；墙长大于 5m 时，墙顶与梁（板）宜有钢筋拉接；当顶部拉结施工有困难时，可在砌体填充墙中设置构造柱，间距≤ 5m；当墙长大于层高 2 倍时，宜设构造柱。

构造柱的构造应满足以下要求，如图 8-60 所示：

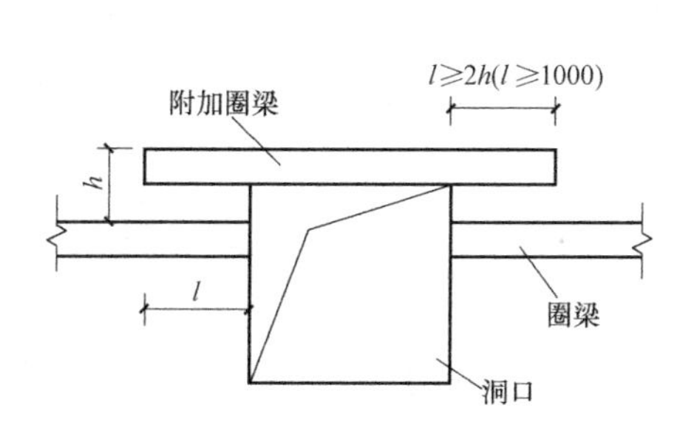

图 8-59 附加圈梁构造

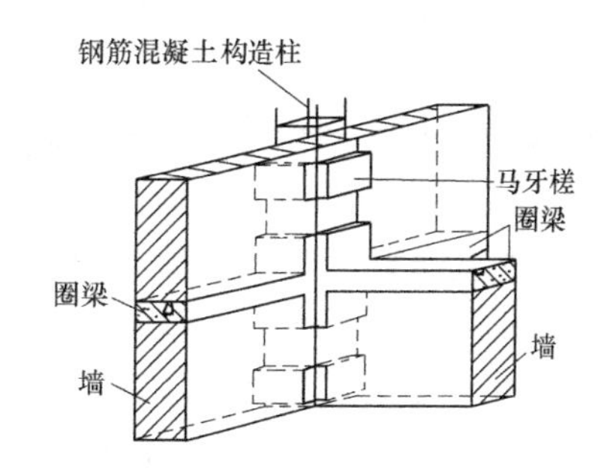

图 8-60 构造柱的构造

① 构造柱应与圈梁连接，构造柱的纵筋应穿过圈梁，保证构造柱的纵筋上下贯通。隔层设置圈梁的房屋，应在无圈梁的楼层设置配筋砖带。

② 构造柱与墙连接处宜砌成马牙槎，并应沿墙高每隔 500 mm，设 2 ϕ 6 拉结钢筋，每边伸入墙内不小于 1m 或伸至洞口边。

③ 构造柱的最小截面可采用 240 mm×180 mm，房屋四角的构造柱可适当加大截面尺寸，施工时应先砌墙后浇柱，构造柱的混凝土强度等级不宜低于 C15，混凝土保护层厚度为 20 mm，并不得小于 15 mm，也不宜大于 25 mm。构造柱的最小配筋应采用 4 ϕ 12，箍筋为 ϕ 6@200mm，箍筋间距不宜大于 250mm，且在柱上、下端宜适当加密；抗震设防烈度为 7 度时超过 6 层，抗震设防烈度为 8 度时超过 5 层，抗震设防烈度为 9 度时构造柱纵向钢筋宜采用 4 ϕ 14，且箍筋间距不应大于 200mm。圈梁和构造柱的交接处，圈梁钢筋应放在构造柱钢筋的内侧，即把构造柱当作圈梁的支座，这样对结构有利。

④ 构造柱可不单独设置基础，但应伸入地下 500 mm，宜在柱根设置 120 mm 厚的混凝土座，将柱的竖向钢筋锚固在该座内，这样有利于抗震，方便施工。

（4）其他构造

1）窗套与腰线。窗套是由带挑檐的过梁、窗台和窗边挑出立砖构成，外抹水泥砂浆后，可再刷白灰浆或作其他装饰。腰线是指过梁和窗台形成的上下水平线条，外抹水泥砂浆后，刷白灰浆或作其他装饰。

2）烟道和通风道。在住宅或其他民用建筑中，为了排除炉灶的烟气常在墙内设置烟道，为了排除其他污浊气体常在墙内设置通风道。烟道设于厨房，通风道设于暗厕内。烟道和通风道有现场砌筑和预制构件进行拼装两种做法。

砖砌烟道和通风道的断面尺寸应根据排气量来决定，但不应小于120mm×120mm。烟道和通风道除单层房屋外，均应有进气口和排气口。烟道的排气口在下，距楼板1m左右较合适。通风道的排气口应靠上，距楼板底300mm较合适。烟道和通风道宜设于室内十字形或丁字形墙体交接处，不宜设于外墙。烟道和通风道不能混用，以避免串气。混凝土通风道，一般为每层一个预制构件，上下拼接而成。

3）防火墙（图8-61）。防火墙应该采取以下措施：耐火极限不小于4.0h；直接设在基础或钢筋混凝土框架上，并高出不燃烧体屋面不小于400mm，高出燃烧体或难燃烧体屋面不小于500mm，当屋顶承重构件为耐火极限不低于0.5h的不燃烧体时，防火墙（包括纵向防火墙）可砌至屋面基层的底部，不必高出屋面；防火墙上不应开设门窗洞口，如必须开设时，应采用甲级防火门窗，并应能自动关闭，防火墙上不应设排气道，必须设时，两侧的墙厚不小于120mm。

4）垃圾道。垃圾道由垃圾管道（砖砌或预制）、垃圾斗、排气道口、垃圾出灰口等组成。垃圾道垂直布置，要求内壁光滑。垃圾管道可设于墙内或附于墙内。垃圾道常设置在公共卫生间或楼梯间两侧。垃圾管道的有效断面不得小于：多层住宅为0.40m×0.40m、中高层住宅为0.50m×0.50m、高层住宅为0.60m×0.60m。

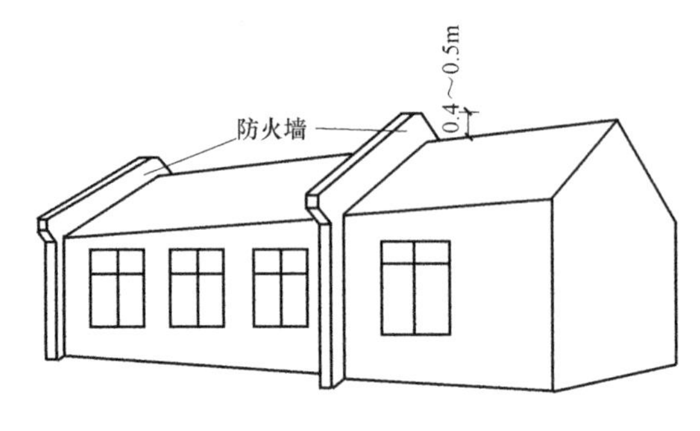

图8-61 防火墙构造

8.3.4 墙体构造

1. 砖墙构造

（1）砖 砖按材料不同，有黏土砖、页岩砖、粉煤灰砖、灰砂砖、炉渣砖等；按形状分有实心砖（无孔洞或孔洞率小于25%的砖）；多孔砖（孔洞率等于或大于25%），孔的尺寸小而数量多的砖，常用于承重部位，强度等级较高；空心砖（孔洞率等于或大于40%，孔的尺寸大而数量少的砖，常用于非承重部位，强度等级偏低）。

普通黏土砖以黏土（包括页岩、煤矸石等粉料）为主要原料，经泥料处理、成形、干燥焙烧而成。有红砖和青砖之分，青砖比红砖强度高，耐久性好。黏土砖就地取材，价格便宜，经久耐用，还有防火、隔热、隔声、吸潮等优点，在土木建筑工程中使用广泛。

我国标准砖的规格为240mm×115mm×53mm，砖长：宽：厚=4：2：1（包括10mm宽灰缝），密度为1800～1900kg/m^3，1m^{3}标准砖529块。砌筑墙体是以标准砖宽度的倍数

（115 mm +10 mm =125mm）作为模数（与基本模数 M = 100mm 不协调），如图 8-62 所示。砖的强度以强度等级表示，分为 MU30、MU25、MU20、MU15、MU10、MU7.5 六个级别，如 MU30 表示砖的极限抗压强度平均值为 30MPa，即每平方毫米可承受 30N 的压力。

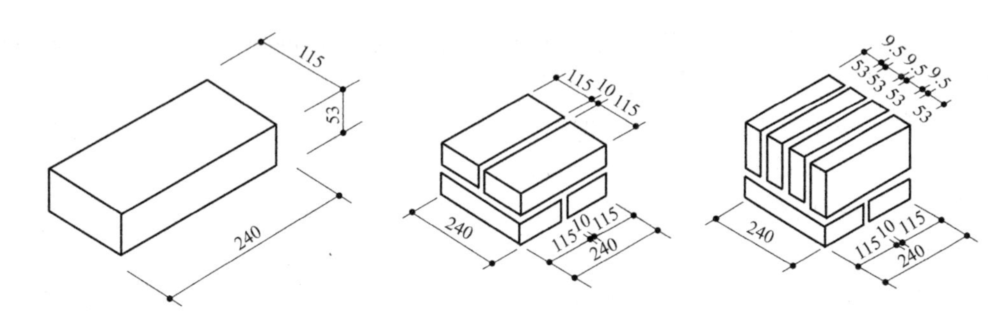

图 8-62　普通黏土砖规格尺寸（单位：mm）

为改进普通黏土砖块小、自重大、耗土多的缺点，适应建筑模数及节能的要求等，近年来开发了许多砖型，如空心砖、多孔砖等。烧结多孔砖是以黏土、页岩、煤矸石为主要原料经焙烧而成，孔洞率不小于 15%，孔形为圆孔或非圆孔，孔的尺寸小而数量多，主要适用于承重部位的砖，简称多孔砖。多孔砖的强度等级分别为 MU30、MU25、MU20、MU15、MU10 共五个级别。多孔砖可分为 P 型砖和 M 型砖，如图 8-63 所示。

P 型多孔砖：外形尺寸为 240mm×115mm×90mm；

M 型多孔砖：外形尺寸为 190mm×190mm×90mm。

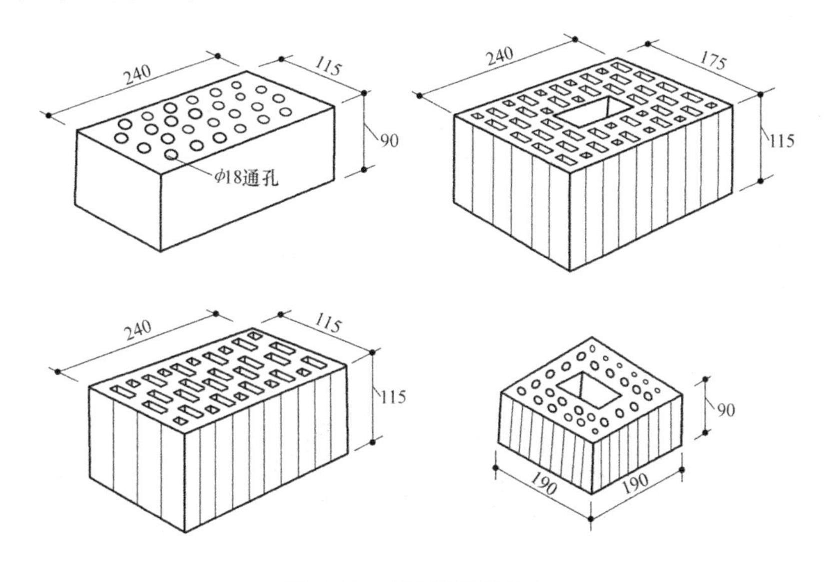

图 8-63　多孔砖规格尺寸

（2）砂浆　砂浆是由胶凝材料（水泥、石灰）和填充料（砂、矿渣、石屑等）混合加水搅拌而成的胶结材料。它将砖块粘结成砌体，提高了墙体的强度、稳定性及保温、隔热、隔声、防潮等性能。常用的砂浆有水泥砂浆、混合砂浆、石灰砂浆和黏土砂浆等。

水泥砂浆：由水泥、砂加水拌和而成，属于水硬性材料，强度高，但可塑性和保水性较差，适应砌筑湿环境下的砌体，如地下室、砖基础等。

石灰砂浆：由石灰膏、砂加水拌和而成。由于石灰膏为塑性掺合料，所以石灰砂浆的可塑性很好，但它的强度较低，且属于气硬性材料，遇水强度即降低，所以适宜砌筑次要的民用建筑的地上砌体。

混合砂浆：由水泥、石灰膏、砂加水拌和而成。既有较高的强度，也有良好的可塑性和保水性，故民用建筑地上砌体中被广泛采用。

黏土砂浆：由黏土加砂加水拌和而成，强度很低，仅适于土坯墙的砌筑，多用于乡村民居。它们的配合比取决于结构要求的强度。

砂浆强度等级有 M15、M10、M7.5、M5、M2.5、M1、M0.4 共 7 个级别。

（3）砖墙的组砌方式

1）实心砖墙。实心砖墙是用普通实心砖砌筑的实体墙。实心砖墙体的厚度除应满足强度、稳定性、保温隔热、隔声及防火等功能方面的要求外，还应与砖的规格尺寸相配合。常见的砖墙厚度有半砖墙（120 墙）、3/4 砖墙（180 墙）、一砖墙（240 墙）、一砖半墙（370 墙）和二砖墙（490 墙）等尺度，如图 8-64 所示。

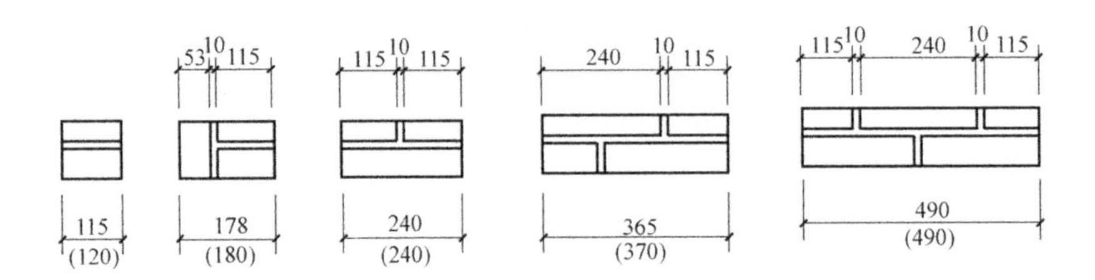

图 8-64　砖墙的尺度

为了保证墙体的强度，砖砌体的砖缝必须横平竖直，错缝搭接，避免通缝，如图 8-65 所示。同时砖缝砂浆必须饱满，厚薄均匀。常用的错缝方法是将顶砖和顺砖上下皮交错砌筑。每排列一层砖称为一皮，如图 8-65 所示。

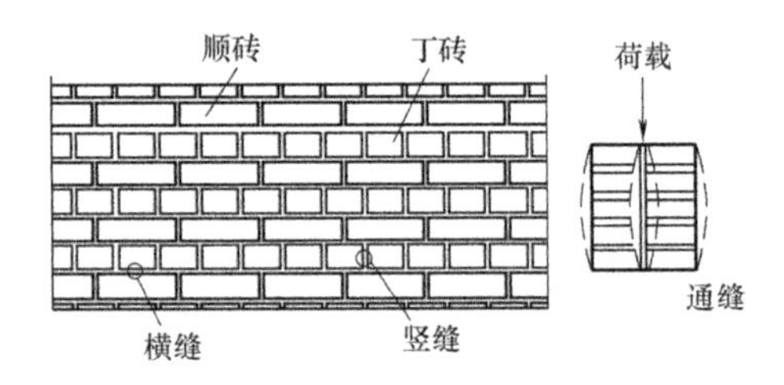

图 8-65　砖砌体组砌名称

常见的砌筑方式：一顺一丁式、十字式、多顺一丁式、全顺式等，如图 8-66 所示。

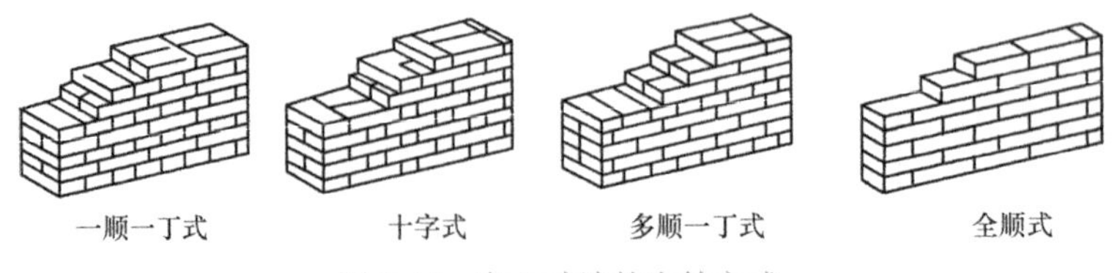

图 8-66　实心砖墙的砌筑方式

一顺一丁式：丁砖和顺砖隔层砌筑，这种砌筑方法整体性好，主要用于砌筑一砖以上的墙体。

十字式：又称为“梅花丁”“沙包丁”，在每皮之内，丁砖和顺砖相间砌筑而成，优点是墙面美观，常用于清水墙的砌筑。

多顺一丁式：多层顺砖、一皮丁砖相间砌筑。

全顺式：每皮均为顺砖，上下皮错缝 120mm，适用于砌筑 120mm 厚砖墙。

2）空斗墙。空斗墙是用实心砖侧砌，或平砌与侧砌相结合砌成的空体墙。其中，平砌的砖称为眠砖，侧砌的砖称为斗砖。常见的砌筑方式：无眠空斗墙和有眠空斗墙等，如图 8-67 所示。

无眠空斗墙：全由斗砖砌筑成的墙；

有眠空斗墙：每隔一至三皮斗砖砌一皮眠砖的墙。

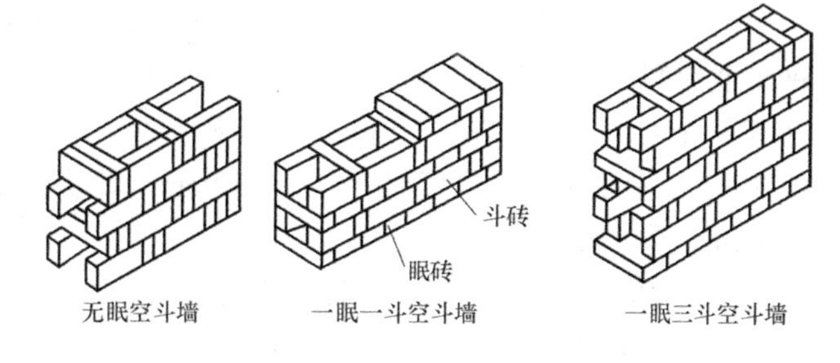

图 8-67　空斗墙的砌筑方式

3）空心砖墙。空心砖墙是用各种空心砖砌筑的墙体，有承重空心砖墙和非承重空心砖墙两种。

承重空心砖墙一般采用竖孔的黏土多孔砖，也称为多孔砖墙。常见的砌筑方式：一顺一丁式、十字式和整砖顺砌等，如图 8-68 所示。

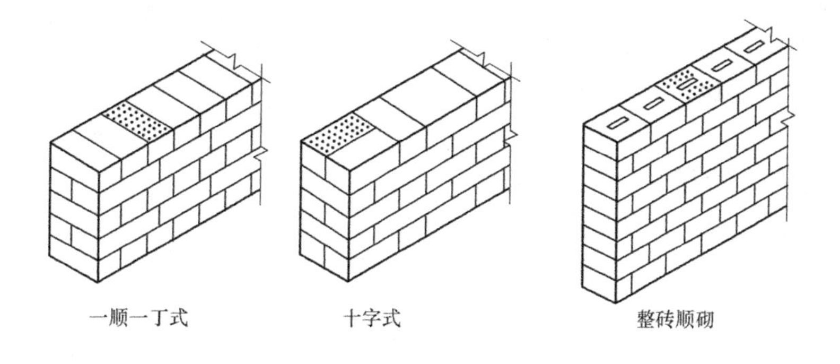

图 8-68　多孔砖墙的砌筑方式

4）组合砖墙。组合砖墙是用砖和轻质保温材料组合构成的既承重又保温的墙体，按保温材料的设置位置不同，可分为外保温墙、内保温墙和夹心墙，如图 8-69 所示。

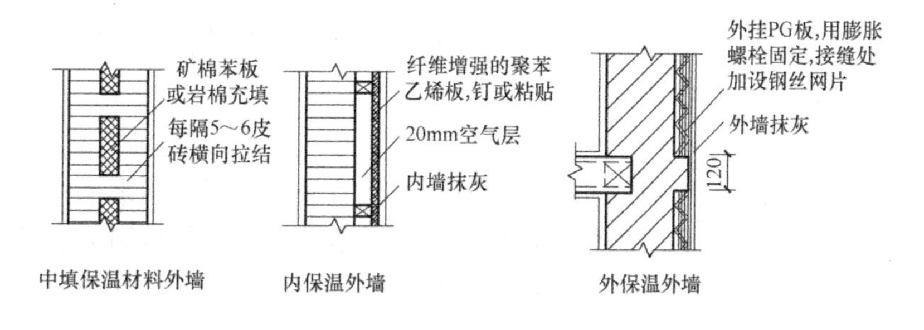

图 8-69　组合砖墙构造

2．砌块墙构造

砌块墙是使用预制块材所砌筑的砌体，砌块在工厂预制，施工时现场组砌。砌块可以采用素混凝土或利用工业废料和地方材料制作成实心、空心或多孔的块材。砌块的优点是由于其重量、尺寸相对较小，因而制作方便、施工简单、效率高，运输方式也比较灵活。块材取材广泛、可以利用工业废料，能减少对耕地的破坏和节约能耗，是很有前途的建筑构件。

（1）砌块的材料、规格和类型　目前广泛采用的砌块材料有混凝土、加气混凝土、各种工业废料、粉煤灰、煤矸石、石渣等，砌块构造形式有实心砌块和空心砌块。砌块按尺寸和重量可分为小、中、大型砌块三种类型：小型砌块，高度为 115 ～ 380mm，单块重量 20kg；中型砌块，高度为 380 ～ 980mm，单块重量为 20 ～ 35kg；大型砌块，高度大于 980mm，重 35kg。

（2）砌块墙的组砌方式　为了使砌块墙合理组合并搭接牢固，砌块必须在多种规格间进行排列设计，在建筑平面图和立面图上进行合理的排列、分块和搭接，并画出专门的砌块排列图，如图 8-70 所示。

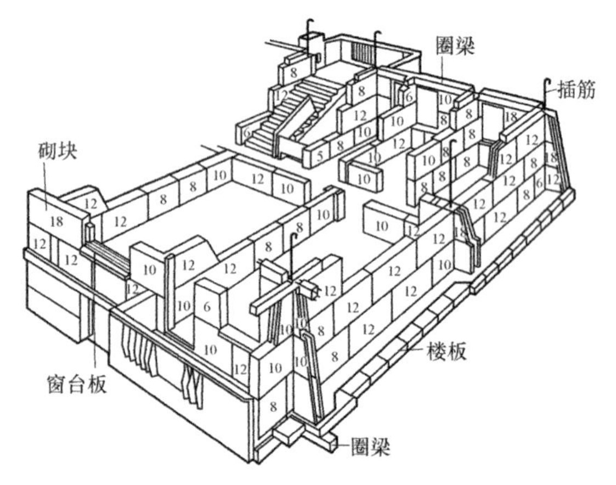

图 8-70　砌块墙的组砌方式

1）砌块整齐、统一，有规律性。

2）砌块排列设计应正确选择砌块规格尺寸，减少砌块规格类型，优先选用大规格的砌块做主要砌块，以加快施工速度。

3）上下皮应错缝搭接，内外墙和转角处砌块应彼此咬接，以加强整体性；砌块墙与后砌墙交接处，应沿墙高每 400mm 在水平灰缝内设置 2ϕ4、横筋间距不大于 200mm 的焊接钢筋网片。

4）空心砌块上下皮应孔对孔、肋对肋，上下皮搭接长度不小于 90mm，保证有足够的受压面积。

5）使用钢筋混凝土空心砌块时，上下皮砌块应尽量孔对孔、肋对肋，以便于穿钢筋灌注构造柱。

6）砌块的体积远大于砖块，因此更要处理好接缝。在中型砌块的两端一般设有封闭式的灌浆槽，在砌筑、安装时，必须使竖缝填灌密实，水平缝砌筑饱满，使上、下、左、右砌块能更好地连接。

3. 隔墙构造

隔墙是分隔建筑物内部空间的非承重构件，本身重量由楼板或梁来承担。设计要求隔墙自重轻，厚度薄，有隔声和防火性能，便于拆卸，浴室、厕所的隔墙能防潮、防水。特殊情况下，隔墙还可以采取拼装式、滑动式、折叠式、悬吊式、卷帘式和起落式等多种可移动形式，其移动多由上下两条轨道或是单由上轨道来控制和实现。

常用隔墙有块材隔墙、轻骨架隔墙和板材隔墙三大类。

（1）块材隔墙　块材隔墙是用普通黏土砖、空心砖、加气混凝土等块材砌筑而成，常采用普通砖隔墙和砌块隔墙两种。

1）普通砖隔墙。普通砖隔墙一般采用1/2砖（120mm）隔墙。1/2砖墙用普通黏土砖采用全顺式砌筑而成，砌筑砂浆强度等级不低于M5，砌筑较大面积墙体时，长度超过6m应设砖壁柱，高度超过5m时应在门过梁处设通长钢筋混凝土带。

为了保证砖隔墙不承重，在砖墙砌到楼板底或梁底时，将立砖斜砌一皮，或将空隙塞木楔打紧，然后用砂浆填缝。

2）砌块隔墙。为减轻隔墙自重，可采用轻质砌块，墙厚一般为90～120mm。加固措施同1/2砖隔墙做法。砌块不够整块时宜用普通黏土砖填补。因砌块孔隙率大、吸水量大，故在砌筑时先在墙下部实砌3～5皮实心黏土砖再砌砌块。

（2）轻骨架隔墙　轻骨架隔墙主要用木料或钢材构成骨架，再在两侧做面层。面板本身不具有必要的刚度，难以自立成墙，需要先制作一个骨架，再在其表面覆盖面板。由于先立骨架（墙筋），再做面层，因此也称为立筋式隔墙或龙骨隔墙。

骨架也称为龙骨或墙筋，材料可以是木材和金属等，构成可分为上槛、下槛、纵筋（竖筋）、横筋和斜撑，如图8-71所示。墙筋间距视面板规格而定。金属骨架一般采用薄型钢板、铝合金薄板或拉眼钢板网加工而成，并保证板与板的接缝在墙筋和横档上。饰面层可以是胶合板、纸面石膏板、硅钙板、塑铝板、纤维水泥板等。采用金属骨架时，可先钻孔，用螺栓固定，或采用膨胀铆钉将板材固定在墙筋上。立筋面板隔墙为干作业，自重轻，可直接支撑在楼板上，施工方便，灵活多变，故得到广泛应用，但隔声效果较差。

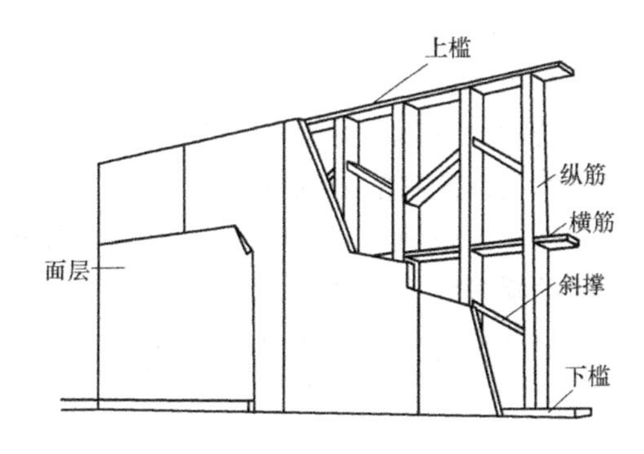

图8-71　轻骨架隔墙构造

（3）板材隔墙　板材隔墙是指各种轻质板材的高度相当于房间净高，不依赖骨架，可直接装配而成，如图8-72所示。目前多采用条板，如碳化石灰板、加气混凝土条板、多孔石膏条板、纸蜂窝板、水泥刨花板、复合板等。

可移动隔墙可分为拼装式、滑动式、折叠式、悬吊式、卷帘式和起落式等多种形式，其移动多由上下两条轨道或是单由上轨道来控制和实现。

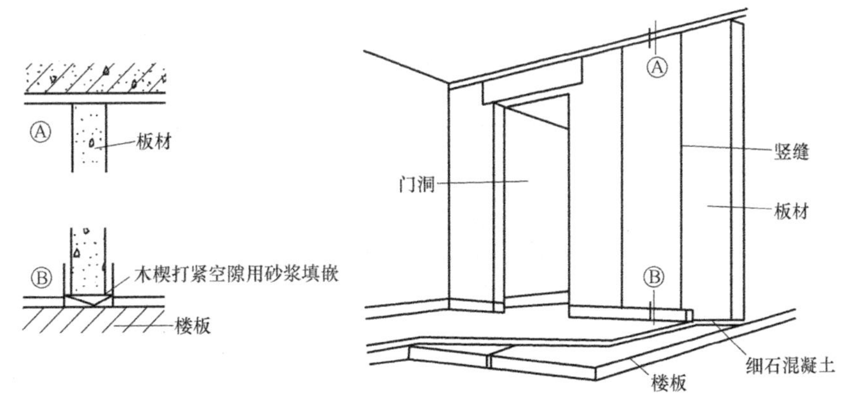

图8-72　板材隔墙构造

4．隔断构造

隔断是指不完全分隔空间，但可局部遮挡视线或组织交通路线。常用的隔断有屏风式、镂空式、玻璃墙式、移动式以及家具式等。

屏风式隔断通常不隔到顶，使空间通透性强。隔断与顶棚保持一段距离，起到分隔空间和遮挡视线作用，形成大空间中的小空间。

镂空花格式隔断是分隔建筑门厅、客厅等外分隔空间常采用的一种形式。隔断与地面、顶棚的固定也根据材料不同而变化。可以钉焊等方式连接。

玻璃隔断有玻璃砖隔断和空透式玻璃隔断两种。玻璃砖隔断是采用玻璃砖砌筑而成，既可分隔空间又透光，常用于公共建筑的接待室、会议室等。空透式玻璃隔断常采用普通平板玻璃、磨砂玻璃、刻花玻璃、压花玻璃、彩色有机玻璃等嵌入木框或金属框的内架中，具有透光性。当采用普通玻璃时，还具有可视性，主要用于幼儿园、医院病房、精密车间走廊等。当采用彩色玻璃、压花玻璃和彩色有机玻璃时，除遮挡视线外，还具有装饰性，可用于餐厅、会议室、会客室。

家具式隔断是利用各种适用的室内家具来分隔空间的一种设计处理方式。它把空间分隔与功能使用以及家具配套巧妙地结合起来，既节约费用又节省面积。其多用于住宅的室内设计及办公室的分隔等。

移动式隔断又称为活动隔断，常用的室内活动隔断有单侧推拉、双向推拉活动隔断；按活动隔断铰合方式分类有：单对铰合、连续铰合；按存放方式分类有：明露式和内藏式。活动隔断构造做法如图 8-73 所示。

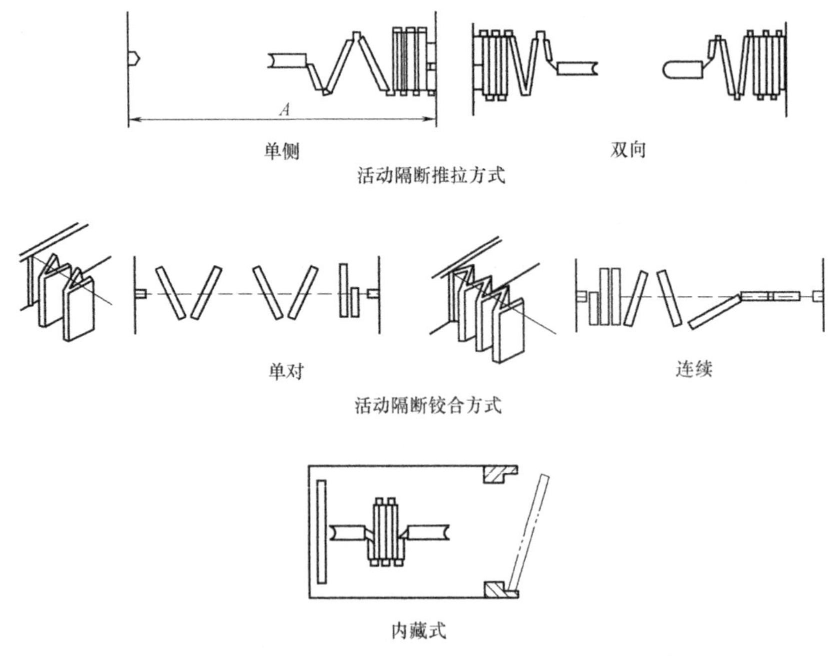

图 8-73　室内活动隔断示意图

5．非承重外墙板

非承重外墙板是将板材通过干挂等施工方法悬挂于墙体的外面，以达到装饰或保温等效果。非承重外墙板按其自身构造可分为单一外墙板和夹心保温外墙板（图 8-74）；按其与主体结构连接形式可分为悬挂式和侧连式；按其外饰面种类可分为素面（清水面）外墙板、面砖饰面外墙板及石材饰面外墙板。常见的外墙挂板有蒸压轻质混凝土挂板、纤维水泥外墙挂板、金属外墙挂板、PVC 外墙挂板、石材外墙挂板等。

非承重外墙板设计应该满足以下规定：

1）非承重外墙板应按围护结构进行设计。其与主体结构的连接构造应具有足够的承载力、刚度和适应主体结构的变位能力；在重力荷载、风荷载、地震作用、温度作用等不利组合及主体结构变形影响下，应具有安全性。

2）预制外墙板之间的接缝应满足力学、耐候、耐久、环保和防火性能；应同时采用材料防水和构造防水的方式，保证接缝的防水、防潮性能。采用材料防水时，防水材料应具有一定的弹性。

3）预制外墙挂板与主体结构的连接宜采用柔性连接构造，连接节点应采取可靠的防腐蚀和防火措施，保证设计使用年限内的安全性。

4）预制外墙板的混凝土强度等级应不低于与其相连的结构构件的混凝土强度等级，且不宜低于 C30。

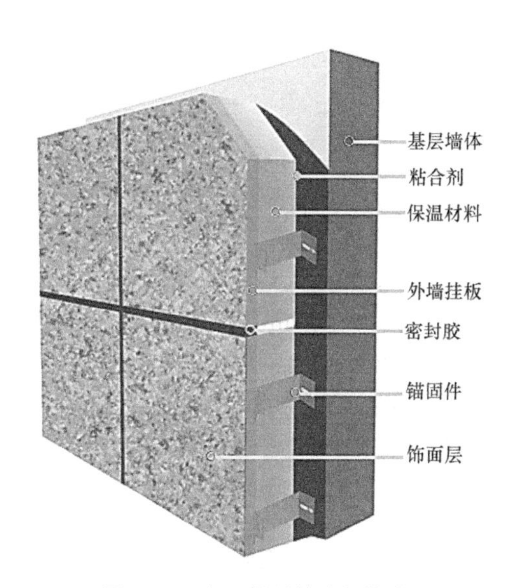

图 8-74　夹心保温外墙板构造

6. 建筑幕墙

建筑幕墙是指建筑的外围护结构或装饰性结构，它不承重，由面板和支承结构体系组成的，可相对主体结构有一定位移能力或自身有一定变形能力。

1）按幕墙面材料可分为：玻璃、金属、轻质混凝土挂板、天然花岗石板等幕墙。其中玻璃幕墙是当代的一种新型墙体，不仅装饰效果好，安装速度快，适应外墙轻型化、装配化的发展趋势。

玻璃可分为：普通玻璃、中空玻璃、真空玻璃、镀膜玻璃。

中空玻璃：保温隔声性能优越，主流产品（国家强制性规定，建筑外围护门窗必须使用中空玻璃）。

真空玻璃：其性能比中空玻璃优越，可以与中空、夹胶复合形成标真 + 中空、标真 + 夹胶、夹胶 + 标真 + 中空、中空 + 标真 + 中空等不同性能系列产品。

镀膜玻璃：在蓝色或紫色吸热玻璃表面经特殊工艺，使玻璃表面形成金属氧化膜，像反光镜一样反光，有单向透视性；主要用于公共建筑的外立面及门窗等处。

2）玻璃幕墙按构造方式不同可分为：明框玻璃幕墙、隐框玻璃幕墙、半隐框玻璃幕墙、点式玻璃幕墙以及全玻式玻璃幕墙等。明框玻璃幕墙的玻璃四周全都在金属嵌槽内固定，整个幕墙平面上显示出竖横金属框架，如图 8-75 所示；全隐框玻璃幕墙是将玻璃用结构胶黏结在铝框上，在大多数情况下，不再加金属连接件，铝框全部隐蔽在玻璃后面，形成大面积全玻璃镜面，由于安全原因，已逐渐开始禁止全隐框玻璃幕墙的建造，如图 8-76 所示；

半隐框玻璃幕墙有横明竖隐玻璃幕墙（图 8-77）和横隐竖明玻璃幕墙（图 8-78）两种，玻璃的一对边采用金属嵌槽内固定，而玻璃的另一对边则采用结构胶粘贴；点式玻璃幕墙由玻璃面板、点支撑装置和支撑结构构成的玻璃幕墙，每块玻璃的四角各钻一孔，通过点支撑装置固定在支撑结构上，如图 8-79 所示；全玻璃幕墙是指由玻璃肋和玻璃面板构成的玻璃幕墙，如图 8-80 所示。

图 8-75　明框玻璃幕墙

图 8-76　隐框玻璃幕墙

图 8-77　横明竖隐玻璃幕墙

图 8-78　横隐竖明玻璃幕墙

图 8-79　点式玻璃幕墙

图 8-80　全玻璃幕墙

3）按施工方式可分为：构件式幕墙（现场组装）和单元式幕墙（预制装配）两种。构件式玻璃幕墙是在施工现场将金属边框、玻璃、填充层和内衬墙，以一定顺序安装组合而成。单元式玻璃幕墙是一种工厂预制组合系统，将面板和金属框架在工厂组装为幕墙单元，以幕墙单元形式在现场完成安装施工的框支承玻璃幕墙，工程现场工作量减少，可以有效地缩短施工工期。

8.3.5　墙面装饰的构造

墙面装饰的主要目的是保护墙体，避免受到风、霜、雨、雪的侵蚀，提高墙体的防潮、抗风化的能力，增强墙体的坚固性、耐久性，延长墙体的使用年限，改善墙体的使用功能。对墙面进行装修处理，可增加墙体厚度，用装修材料堵塞孔隙，可改善墙体的热工性能，提高墙体的保温、隔热和隔声能力；平整、光滑、色浅的内墙装修，可增加光线的反射，提高室内照度和采光均匀度，改善室内卫生条件；建筑的艺术化的墙面装修，可以增加建筑物立面的艺术效果，通过材料的质感、色彩和线型等的表现，丰富建筑的艺术形象。

墙面装修的种类繁多：

1）按装修所处部位不同，有室外装修和室内装修两类。

室外装修：要求采用强度高、抗冻性强、耐水性好以及具有抗腐蚀性的材料。

室内装修：因室内使用功能不同，要求有一定的强度、耐水及耐火性的材料。

2）按饰面材料和构造不同，有清水勾缝、抹灰类、贴面类、涂料类、裱糊类和板材类等。

1. 清水砖墙

清水砖墙是不做抹灰和饰面的墙面。为防止雨水浸入墙身和整齐美观，可用 1 ∶ 1 或

1 ∶ 2 水泥细砂浆勾缝，勾缝的形式有平缝、平凹缝、斜缝、弧形缝等，如图 8-81 所示。

2．抹灰类墙面装饰

抹灰分为一般抹灰和装饰抹灰两类。

1）一般抹灰：有石灰砂浆、混合砂浆、水泥砂浆等。外墙抹灰一般为 20 ～ 25mm 厚，内墙抹灰为 15 ～ 20mm 厚，顶棚为 12 ～ 15mm 厚。一般民用建筑中，多采用普通抹灰，如果有保温要求，宜在底层抹灰时采用保温砂浆。常用抹灰做法，各地均有标准图集可供选用。

为了保证抹灰牢固、平整、颜色均匀和面层不开裂脱落，施工时须分层操作，且每层不宜抹得太厚。底层厚 10 ～ 15mm，主要起粘接和初步找平作用，施工上称为刮糙；中层厚 5 ～ 12mm，主要起进一步找平作用；面层抹灰又称为罩面，厚 3 ～ 5mm，主要作用是表面平整、光洁、美观，以取得良好的装饰效果，如图 8-82 所示。

图 8-81　一顺一丁清水青砖墙

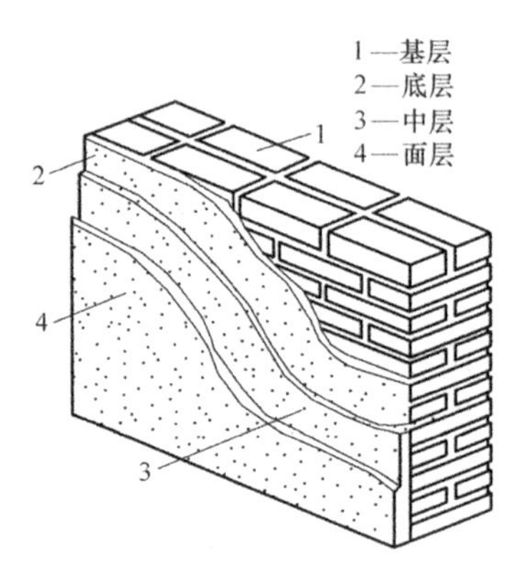

图 8-82　抹灰的构造组成

抹灰按质量及工序要求分为三种标准，见表 8-9。

表 8-9　抹灰类标准

层次标准	底　层	中　层	面　层	总厚度	适用范围
普通抹灰	1 层		1 层	≤ 18 mm	简易宿舍、仓库等
中级抹灰	1 层	1 层	1 层	≤ 20 mm	住宅、办公楼、学校、旅馆等
高级抹灰	1 层	若干层	1 层	≤ 25 mm	公共建筑、纪念性建筑如剧院、展览馆等

在内墙抹灰中，对门厅、走廊、楼梯间、厨房、卫生间等处因常受到碰撞、摩擦、潮湿的影响而变质，常对这些部位采取适当保护措施，称为墙裙或台度，墙裙高度一般为 1.2 ～ 1.8m。墙裙饰面常见有水泥砂浆饰面、水磨石饰面、瓷砖饰面、大理石饰面等。经常受到碰撞的内墙阳角，常抹以高 2.0m 的 1 ∶ 2 水泥砂浆或用角钢护角，如图 8-83 所示。

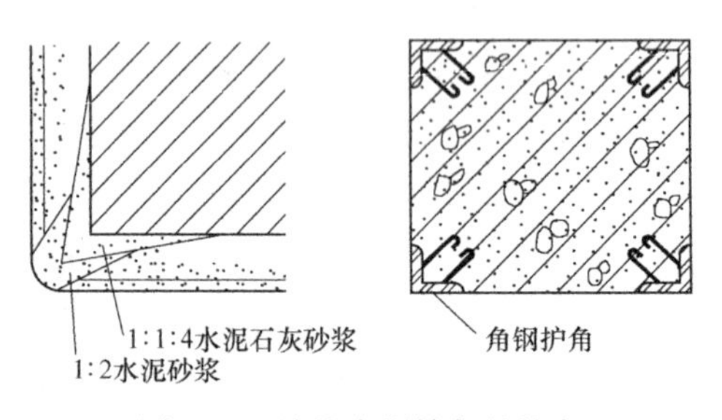

图 8-83　墙柱水泥抹灰的护角

在外墙抹灰中，由于墙面抹灰面积较大，为防止面层开裂，方便操作和立面设计的需要，常在抹灰面层做分格，称为引条线。引条线的做法是在底灰上埋设梯形、三角形或半圆形的木引条，面层抹灰完成后，即可取出木引条。再用水泥砂浆勾缝。以提高其抗渗能力，如图 8-84 所示。

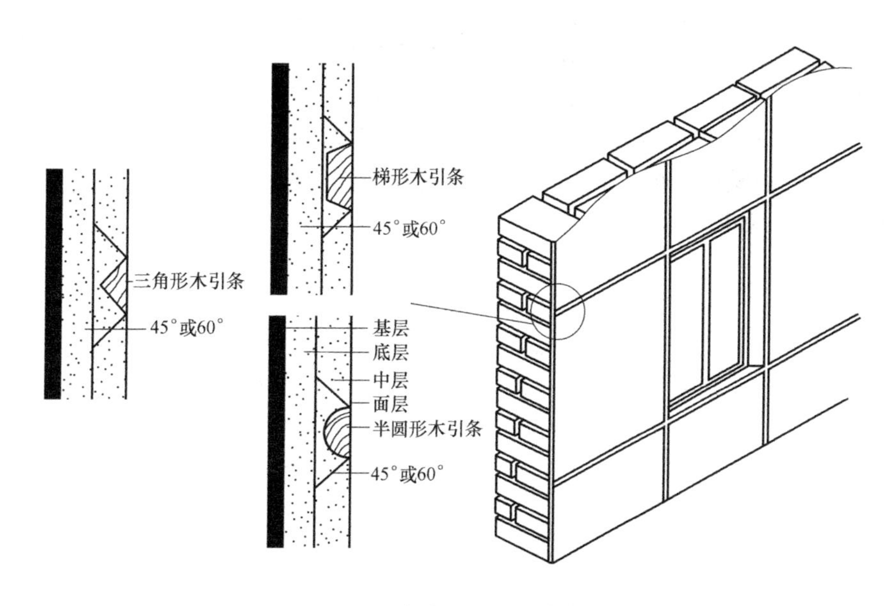

图 8-84　引条线分割水泥抹灰墙面

2）装饰抹灰：有水刷石、干粘石、斩假石、水泥拉毛等。装饰抹灰一般是指采用水泥、石灰砂浆等抹灰的基本材料，除对墙面做一般抹灰之外，利用不同的施工操作方法将其直接做成饰面层，如图 8-85 所示。

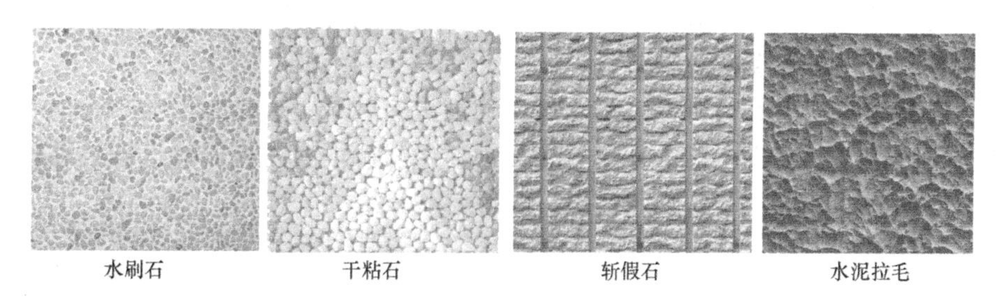

图 8-85　装饰抹灰

3. 贴面类墙面装修

贴面类装修指在内外墙面上黏贴各种马赛克砖、天然石板、人造石板等。

（1）陶瓷面砖饰面　面砖是用陶土或瓷土为原料，压制成形后经焙烧而成，有粉红色、蓝色、绿色、金砂釉色、黄白色、白色等，此外还有表面带立体图案的釉面砖。面砖常用的规格有 200mm×200mm× 12mm、150mm×75mm×12mm、75mm×75mm×8mm 等。面砖质地坚固、耐污染、装饰效果好，适用于装饰要求较高的建筑。

面砖常采用粘贴法，具体做法为：先用 1 ∶ 3 水泥砂浆做底层抹灰，黏结砂浆用 1 ∶ 0.3 ∶ 3 的水泥石灰膏混合砂浆，厚度为 10 ～ 15mm。粘贴砂浆也可用掺 5%～ 7% 的 108 胶的水泥素浆，厚度为 2 ～ 3mm。为便于清洗和防水，要求安装紧密，一般不留灰缝，细缝用白水泥擦平，如图 8-86 所示。

（2）马赛克饰面　马赛克分为陶瓷锦砖和玻璃马赛克。陶瓷锦砖是高温烧制的小型块材，表面致密光滑、色彩艳丽、坚硬耐磨、耐酸耐碱，一般不宜褪色。玻璃马赛克又叫作玻璃锦砖或玻璃纸皮砖。它是一种小规格的彩色饰面玻璃。一般规格为 20mm×20mm、30mm×30mm、40mm×40mm，厚度为 4 ～ 6mm。玻璃马赛克由天然矿物质和玻璃粉制成，是最安全的建材。它耐酸碱、耐腐蚀、不褪色，适合装饰卫浴房间墙地面的建材，如图 8-87 所示。

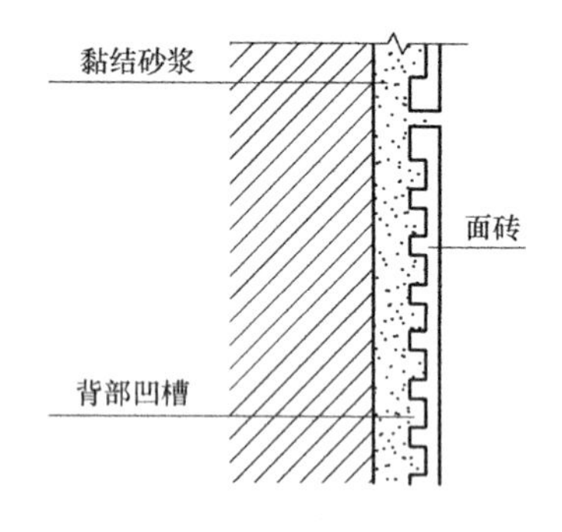

图 8-86　陶瓷面砖饰面构造

图 8-87　马赛克饰面

铺贴时先按设计的图案，用 1 ∶ 1 水泥砂浆将小块的面材贴于基底，待凝后将牛皮纸洗去，再用 1 ∶ 1 水泥砂浆擦缝，如图 8-88 所示。

（3）天然石材和人造石材饰面　石材按其厚度分有两种，通常厚度为 30 ～ 40mm 为板材，厚度为 40 ～ 130mm 以上称为块材。常见天然板材饰面有花岗石、大理石和青石板等，具有强度高、耐久性好，多做高级装饰用，如图 8-89 所示。

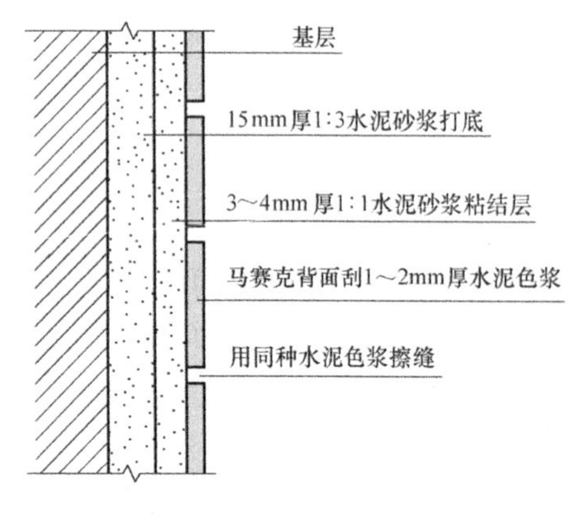

图 8-88　马赛克铺贴构造

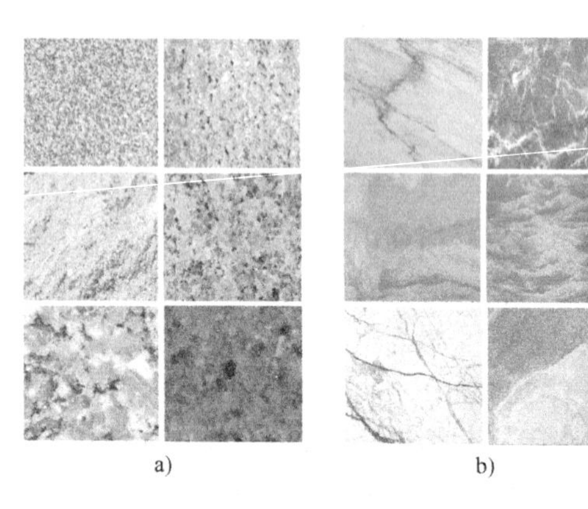

图 8-89　天然石材

a）花岗岩　b）大理石

花岗岩石板结构密实，强度和硬度较高，吸水率较小，抗冻性和耐磨性较好，抗碱性和抗风化能力较强。花岗岩石板多用于宾馆、商场、银行等大型公共建筑物和柱面装饰，也适用于地面、台阶、水池等。

大理石又称云石，表面经磨光加工后，纹理清晰，色彩绚丽，具有很好的装饰性。由于大理石质地软、不耐酸碱，多用于室内装饰的建筑物中。

我国目前常采用的天然石板厚度为 20mm，具体安装方法为：

1）拴挂法：先铺贴基层并剁毛，然后用电钻打直径 6mm 左右、深度 6mm 左右的孔，插入 ϕ6 钢筋，外露 50mm 以上并弯钩，穿入竖向钢筋后，在同一标高上插上水平钢筋，并在墙柱表面绑扎拴挂钢筋网；将背面打好眼的板材用双股 16 号钢丝或不易生锈的金属丝拴结在钢筋网上；灌注砂浆一般采用 1 ∶ 2.5 的水泥砂浆，砂浆层厚 30mm 左右。每次灌浆高度不宜超过 150 ～ 200mm，且不得大于板高的 1/3，待下层砂浆凝固后，再灌注上一层，使其连接成整体；最后将表面挤出的水泥浆擦净，并用与石材同颜色的水泥浆勾缝，然后清洗表面，如图 8-90 所示。

2）干挂法：用不锈钢或镀锌型材及连接件将板块支托并锚固在墙面上，连接件用膨胀螺栓固定在墙面上，上、下两层之间的间距等于板块的高度。板块上的凹槽应在板厚中心线上，且应与连接件的位置相吻合，如图 8-91 所示。

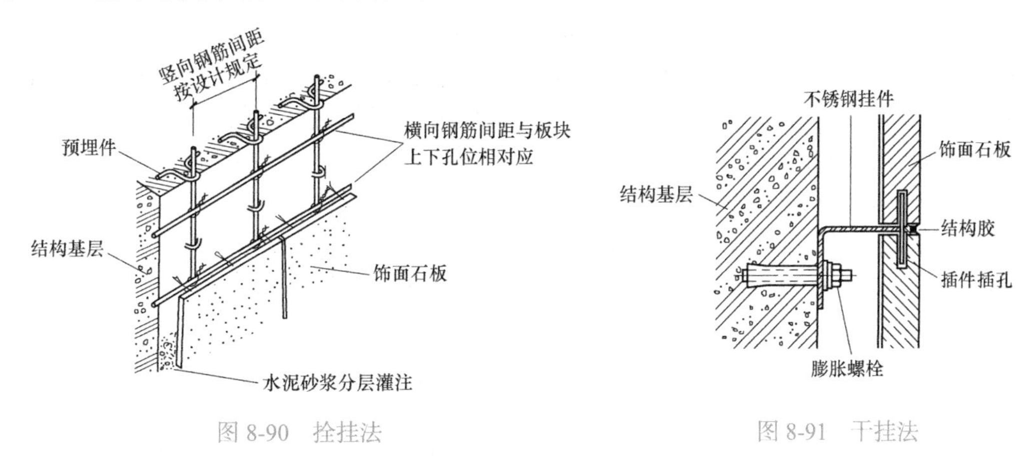

图 8-90　拴挂法　　　　图 8-91　干挂法

常见人造石板有预制水磨石板、人造大理石板等。人造石材板料的厚度为 8 ～ 20mm，它经常应用于室内墙面、柱面和门套等部位的装修。安装方法与天然石材墙面基本相同。一般可根据板材的厚度分别采用拴挂法和粘贴法。

4. 涂料类墙面装修

涂料按其主要成膜物的不同，可以分为有机涂料和无机涂料两大类。

1）无机涂料：常用的无机涂料有石灰浆、大白浆和无机高分子涂料等，多用于一般标准的室内装修。

2）有机涂料：依其主要成膜物质和稀释剂的不同，有机涂料可分为溶剂型涂料、水溶性涂料和乳液型涂料三种，多用于外墙装修和有擦洗要求的内墙装修。

涂料施工工效高、工期短、材料用量少、自重轻、造价低、维修方便、更新快，但耐久性略差。构造上可与基层很好地黏结，可配成多种色彩，有些高级涂料有很好的防水功能，表面可擦洗。

纯丙乳胶漆和苯丙乳胶漆是目前被广泛使用的两种外墙涂料，可配置成无光、半光、有光型；丙烯酸复层涂料具有浮雕质感，又称为凹凸花纹涂料或浮雕涂料（另有波纹、图案涂料等称呼），是装饰性较强的厚质涂料；合成树脂乳液砂壁状涂料，又称为仿石漆、真石漆（另有砂岩、仿石、彩石、岩片漆等称呼），有天然石材感厚质涂料。

聚氨酯丙烯酸又称为仿瓷涂料，是一种装饰效果酷似瓷釉饰面的建筑涂料；氟碳树脂涂料是性能优异的一种新型涂料，可用做金属幕墙表面涂料、铝合金门窗、型材等的涂层。

5．裱糊类墙面装修

裱糊类墙面装修是将各种装饰性的墙纸、墙布、织锦等材料裱糊在内墙面上的一种装修饰面。裱糊是在抹灰的基层上进行，依面层材料的不同，墙纸可分为以下五类：

1）纸面纸基壁纸：又称为糊墙纸，不耐水，不能擦洗。

2）塑料壁纸：以纸基、布基、石棉纤维等为底层，以聚氯乙烯和聚乙烯为面层，经过复合、印花、压花等工序制成。塑料壁纸有仿锦缎、静电植绒、印花、压花、仿木、仿石等类型。塑料壁纸具有一定的伸缩性和耐裂性，表面可以擦洗，装饰效果好。塑料壁纸有普通型、发泡型和特种型三种。特种壁纸是指防火、防水壁纸。

3）玻璃纤维贴墙布：以玻璃纤维布为基材，表面涂布树脂、印花而成。其花样繁多，色泽鲜艳，且不褪色，不老化，防火、防潮性能良好。

4）无纺贴墙布：采用棉、麻等天然纤维或涤、腈等合成纤维，经过无纺成型、上树脂、印制彩色花纹而成。具有富有弹性，并有不易折断、表面光洁、不褪色、可擦洗等特点。

5）锦缎：丝织物的一种。在三色以上纬丝织成的缎纹底上，织出绚丽多彩、典雅精致的花纹。这种材料柔软易变形，价格较贵，只适用于室内高级饰面裱糊用。

裱糊类墙面饰面装饰性强、造价较经济、施工方法简捷高效、材料更换方便，并且在曲面和墙面转折处粘贴可以适应基层，可取得连续的饰面效果。

6．板材类墙面装修

板材类墙面装修是指采用天然木板或各种人造薄板借助于镶钉胶等固定方式对墙面进行装饰处理。板材类墙面由墙筋（龙骨）和面板组成，墙筋有木骨架和金属骨架，面板有硬木板、胶合板、纤维板、石膏板等各种装饰面板和近年来应用日益广泛的金属面板。

1）木质板墙面。木质板墙面是用各种硬木板、胶合板、纤维板以及各种装饰面板等做的装修。其具有美观大方、装饰效果好，且安装方便等优点，但防火、防潮性能欠佳，一般多用作宾馆、大型公共建筑的门厅以及大厅面的装修。木质板墙面装修构造是先立墙筋，然后外钉面板。

墙筋的断面为40mm×40mm或50mm×50mm，用防火剂处理，与板材的接触面应刨光，其纵向、横向间距一般为450～600mm。用来固定墙筋的防腐木楔中距一般为500～1000mm。木板一般可采用10mm厚的木板或5mm厚的胶合板。

2）金属薄板墙面。金属薄板墙面是指利用薄钢板、不锈钢板、铝板或铝合金板作为墙面装修材料。以其精密、轻盈，体现着新时代的审美情趣。金属薄板墙面装修构造，也是先立墙筋，然后外钉面板。墙筋用膨胀铆钉固定在墙上，间距为60～90mm。金属板用自攻螺丝或膨胀铆钉固定，也可先用电钻打孔后用木螺丝固定。

3）石膏板墙面。纸面石膏板材：以熟石膏为主要原料，掺入适量添加剂与纤维作板芯，用牛皮纸为护面层的一种板材。石膏板的厚度为；9mm、12mm、15mm、18mm、25mm，板长有2400mm、2500mm、2600mm、2700mm、3000mm、3300mm，板宽有900mm、1200mm两种。其具有可刨、可锯、可钉、可粘等优点。一般构造做法是：首先在墙体上涂刷防潮涂料，然后在墙体上铺设墙筋，可采用钉固法将石膏板固定在墙筋骨架上，最后进行板面修饰。

8.4 楼地层

楼地层是楼板层与底层地坪层的统称。楼板层是建筑物中用来分隔空间的水平分隔构件，它将建筑物沿竖直方向分隔成若干部分。地坪层是建筑物中与土壤直接接触的水平构件。

 8.4.1 楼地层的组成和设计要求

1. 楼地层的基本组成

为了满足使用要求，楼板层主要由面层、结构层和顶棚层三部分组成，有特殊要求的房间通常增设附加层，如图8-92所示。

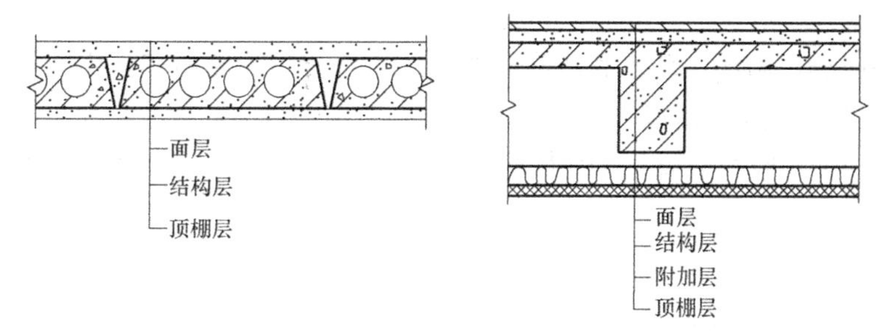

图8-92 楼板层的基本组成

地坪层主要由面层、垫层和基层组成，如图8-93所示。

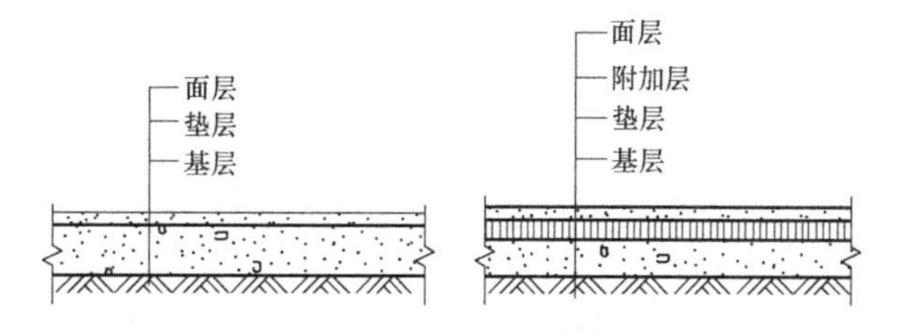

图8-93 地坪层的基本组成

1）面层是楼板层和地层的面层部分，楼板层的面层称为楼面，地层的面层称为地面。面层起着保护楼板、承受并传递荷载的作用，同时对室内有很重要的清洁及装饰作用。

2）楼板层的结构层位于面层和顶棚层之间，是楼板层的承重构件，包括板、梁等构件。其主要作用是承受楼板层上的全部静、活荷载．并将这些荷载传给墙或柱，同时还对墙体起水平支撑的作用，并增强建筑物的整体刚度和墙体的稳定性。地面层的结构层为垫层，垫层将所承受的荷载及自重均匀地传递给夯实的地基。

3）附加层通常设置在面层和结构层之间，有时也布置在结构层和顶棚层之间，主要有

管线敷设层、隔声层、防水层、保温层或隔热层等。

4）顶棚层是楼板层下表面的面层，也是室内空间上部的装修层。其主要功能是保护楼板、装饰室内、敷设管线及改善楼板在功能上的某些不足；根据其构造不同，有抹灰顶棚、粘贴类顶棚和吊顶棚等。

2. 楼地层的设计要求

1）楼地层应具有足够的强度和刚度，保证在正常使用状态下的安全可靠。强度要求是指楼板应保证在自重和使用荷载作用下不发生破坏，刚度要求是指楼板在一定荷载作用下的挠度值不超过规定值（楼板挠度值控制在 $L/300 \sim L/200$，L 为板、梁的跨度）。

2）楼地层应满足隔声要求。为避免上下楼层之间的相互干扰，楼层应具备一定的隔声能力。

3）楼地层应满足防火要求。楼地层的防火应满足建筑物耐火等级对构件的耐火极限和燃烧性能的要求。除四级耐火建筑物外，楼板一般都应为非燃烧体。非预应力钢筋混凝土预制楼板耐火极限为1.0h，预应力钢筋混凝土楼板耐火极限为0.5h。现浇钢筋混凝土楼板为1～2h。

4）楼地层应满足热工要求。楼地层中应设置保温层，具有一定的蓄热性，使地面有舒适的感觉。

5）楼地层应满足建筑经济的要求。楼板层的选用应考虑就地取材和提高装配化程度等问题，以降低工程成本。

6）楼地层应满足防潮、防水和防腐蚀要求。对于厨房、厕所和卫生间等易积水、潮湿的房间，楼层应具备一定的防潮、防水、防渗漏和防腐蚀能力。

7）楼地层应便于管线敷设。楼地层应方便给排水、电气及采暖管道的敷设安装。

8.4.2 钢筋混凝土楼板

楼板层按其结构层所用材料的不同，可分为木楼板、砖拱楼板、钢筋混凝土楼板及压型钢板与混凝土组合楼板等多种形式。

木楼板是在木搁栅之间设置剪刀撑，形成有足够整体性和稳定性的骨架，并在木搁栅上下铺钉木板所形成的楼板。这种楼板构造简单，自重轻、保温性能好、舒适、有弹性、节约钢材和水泥，但易燃、易腐蚀、耐久性差，特别是需要耗用大量的木材，现已基本不用。

砖拱楼板采用密排的钢筋混凝土倒T形梁，其间填以普通黏土砖或特制的拱壳砖砌筑成拱形，故称为砖拱楼板。这种楼板节省木材、钢筋和水泥，造价低，但承载能力和抗震能力差，结构层所占的空间大，顶棚不平整，施工较繁琐。此外，砖拱楼板的抗震性能较差，故在要求进行抗震设防的地区不宜采用。

钢筋混凝土楼板因其承载能力大、刚度好，且具有良好的耐久、防火和可塑性，目前被广泛采用。按其施工方式不同，钢筋混凝土楼板可分为现浇整体式、预制装配式和装配整体式三种类型。

1. 现浇整体式钢筋混凝土楼板

现浇钢筋混凝土楼板是在其结构位置处现场支模、绑扎钢筋、浇筑混凝土而成形的楼板结构。由于楼板为整体浇注成形，因此结构的整体性强、刚度好，有利于抗震，但现场湿作业量大，施工速度慢，施工工期较长，主要适用于平面布置不规则，尺寸不符合模数要求或管道穿越较多的楼面，以及对整体刚度要求较高的高层建筑。

现浇钢筋混凝土楼板根据受力和传力情况的不同，可分为板式楼板、梁板式楼板、井式楼板、无梁楼板和压型钢板混凝土组合楼板等。

（1）板式楼板　将楼板现浇成一块平板，板内不设梁，并直接搁置在四周墙上的板称为板式楼板。板式楼板适用于平面尺寸较小的房间，如图 8-94 所示。荷载传递为：荷载→板→ 墙（或柱）。这种楼板按支撑情况和受力特点有单向板和双向板之分，为满足施工要求和经济要求，对各种板式楼板的最小厚度和最大厚度，一般规定如下：单向板（板的长边与短边之比 >2）时：板厚为 100 ～ 150mm；双向板（板的长边与短边之比 ≤ 2）时：板厚为 80 ～ 160mm。

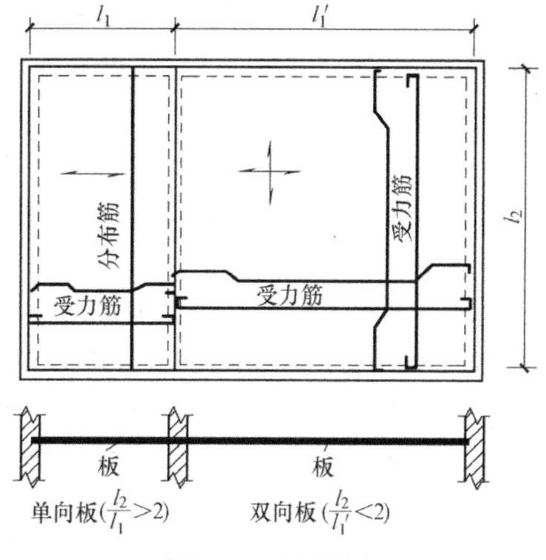

图 8-94　板式楼板

此外，板的支承长度规定：当板支承在砖石墙体上，其支承长度不小于 120mm 或板厚；当板支承在钢筋混凝土梁上时，其支承长度不小于 60mm；当板支承在钢梁或钢屋架上时，其支承长度不小于 50mm。

（2）梁板式楼板　当房间的跨度较大时，在板下设梁来增加板的支点，从而减小板跨，这种由板和梁组成的楼板称为梁板式楼板，如图 8-95 所示。荷载传递为：荷载→板→梁（或次梁→主梁）→ 墙（或柱）。

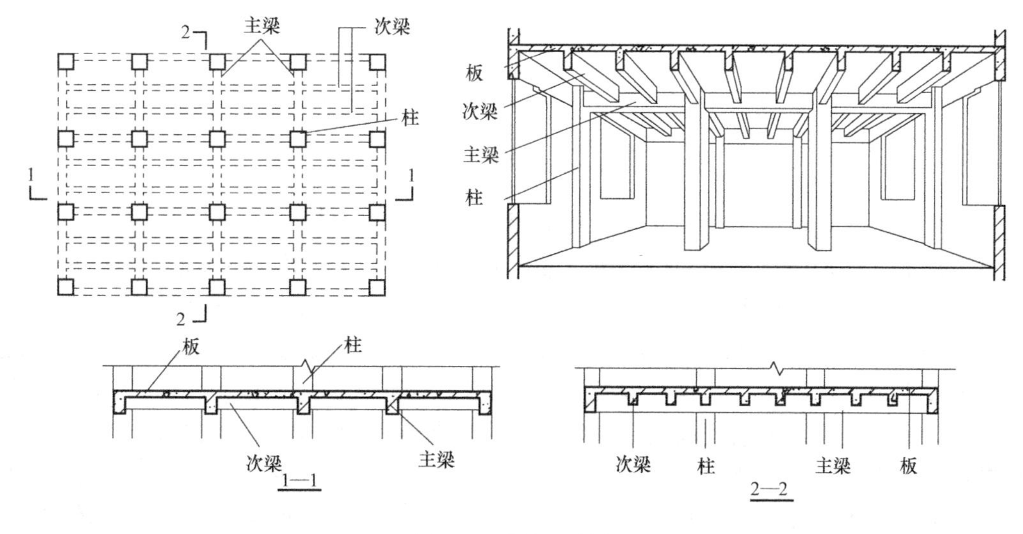

图 8-95　梁板式楼板

梁板式楼板通常在纵横两个方向都设置梁，有主梁和次梁之分（也可以采用单梁）。主梁和次梁的布置应整齐有规律，并应考虑建筑物的使用要求、房间的大小形状及荷载作用情况等。一般主梁沿房间短跨方向布置，次梁则垂直于主梁布置。

楼板结构的经济尺度如下：

主梁：跨度 L：5 ～ 9m，最大可达 12m，高度 h：(1/14 ～ 1/8)L，宽度 B：(1/3 ～ 1/2)h；

次梁：跨度（主梁间距）L：4 ～ 6m，高度 h：（1/18~1/2）L，宽度 B：（1/3 ～ 1/2）h；

板：跨度（次梁或主梁的间距）L：1.7 ～ 2.5m，双向板不宜超过 5m×5m。

板厚：单向板，屋面板板厚 60 ～ 80mm，一般为板跨（短跨）的 1/35 ～ 1/30，民用建筑楼板板厚 70 ～ 100 mm，生产性建筑的楼板板厚 18 ～ 80 mm，当混凝土强度等级≥ C20 时，板厚可减少 10mm，但不得小于 60mm。

双向板，板厚为 80 ～ 160mm；一般为板跨（短跨）的 1/40 ～ 1/35。

除了考虑承重要求之外，梁的布置还应考虑经济合理性，要考虑梁、板的经济跨度和截面尺寸。

对平面尺寸较大且平面形状为方形或接近方形的房间或门庭，可将两方向的梁等间距布置，并采用相同的梁高，形成井字形梁，称为井字梁式楼板或井式梁，如图 8-96 所示。它是梁式楼板的一种特殊布置形式，无主梁、次梁之分。井式楼板的梁通常采用正交正放或正交斜放的布置方式，由于布置规整，故具有较好的装饰性。井字梁式楼板一般多用于公共建筑的门厅或大厅。

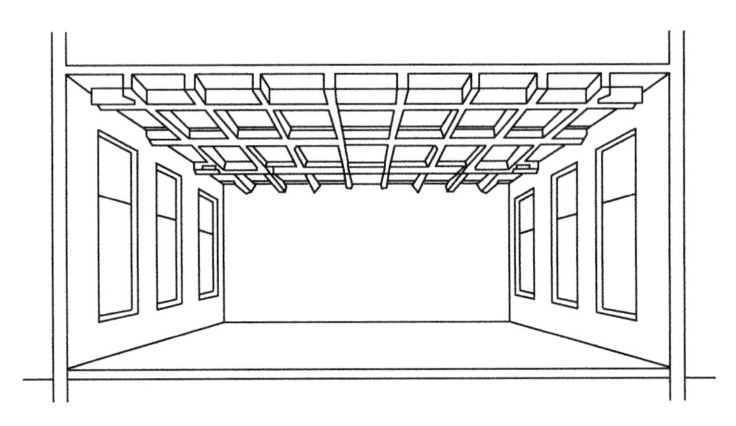

图 8-96　井字梁式楼板

（3）无梁楼板　对于平面尺寸较大的房间或门厅，有时楼板层也可以不设梁，直接将板支承于柱上，这种楼板称为无梁楼板。当荷载较大时，应采用有柱帽无梁楼板，以增加板在柱上的支承面积，如图 8-97 所示。当楼面荷载较小时，可采用无柱帽楼板。无梁楼板的柱网应尽量按方形网格布置，跨度在 6m 左右较为经济，板的最小厚度通常为 150mm，且不小于板跨的 1/35 ～ 1/32。这种楼板多用于楼面荷载较大的展览馆、商店、仓库等建筑。

（4）压型钢板组合楼板　利用凹凸相间的压型薄钢板做衬板与现浇混凝土浇筑在一起支承在钢梁上构成整体型楼板，又称为钢衬板组合楼板，如图 8-98 所示。压型钢板混凝土组合楼板主要由楼面层、组合板（包括现浇混凝土与钢衬板）及钢梁等组成。压型钢板组合楼板中的压型钢板承受施工时的荷载，是板底的受拉钢筋，也是楼板的永久性模板。这种楼板简化了施工程序，加快了施工进度，并且具有较强的承载力、刚度和整体稳定性和耐久性好等优点，而且比钢筋混凝土楼板自重轻，施工速度快，承载能力更好。另外，还可利用压型钢板肋间的空间敷设电力管线或通风管道。

压型钢板混凝土组合楼板耗钢量较大，适用于大空间建筑和高层的框架或框剪结构的建筑中，在国际上已普遍采用。组合楼板的经济跨度在 2 ～ 3m 之间，铺设在钢梁上，与钢梁之间用栓钉连接。上面浇筑的混凝土厚 100 ～ 150mm。

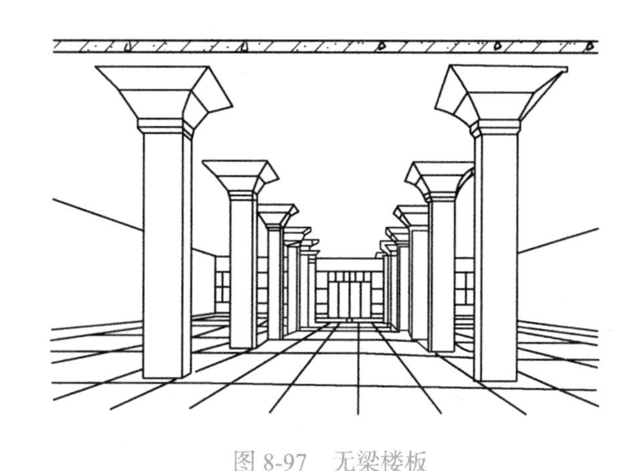

图 8-97　无梁楼板

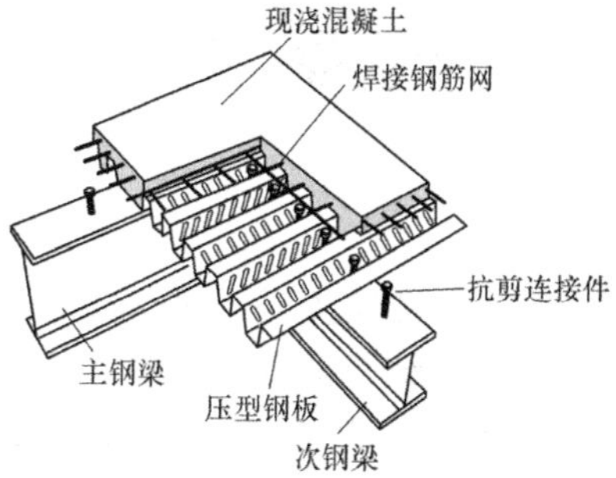

现浇混凝土
焊接钢筋网
抗剪连接件
主钢梁
压型钢板
次钢梁

图 8-98　压型钢板混凝土组合楼板

2. 预制装配式钢筋混凝土楼板

预制装配式钢筋混凝土楼板是指在预制构件加工厂或施工现场外预先制作，然后再运到施工现场装配而成的钢筋混凝土楼板，如图 8-99 所示。这种楼板可节省模板，改善劳动条件，提高劳动生产率，加快施工速度，缩短工期，而且提高了施工机械化的水平，有利于建筑工业化的推广，但楼板层的整体性较差，并需要一定的起重安装设备。

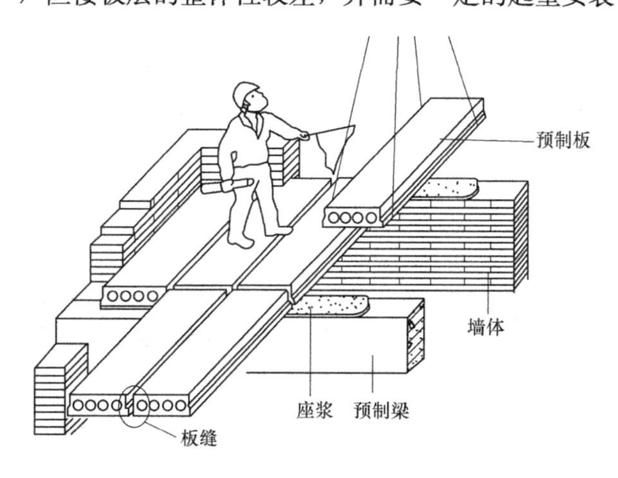

图 8-99　预制装配式钢筋混凝土楼板的安装

（1）预制装配式钢筋混凝土楼板的类型　预制装配式钢筋混凝土楼板按板的应力状况可分为预应力和非预应力两种。预应力楼板节省钢材和混凝土，刚度大，自重轻，造价低，应用较多。预制装配式钢筋混凝土楼板常用类型有：实心平板、槽形板、空心板三种。

实心平板一般用于小跨度（1500mm 左右），板的厚度为 60mm。平板板面上下平整，制作简单，但自重大，隔声效果差。其常用于走道板、卫生间、阳台板、雨篷板、管道盖板等处，如图 8-100 所示。

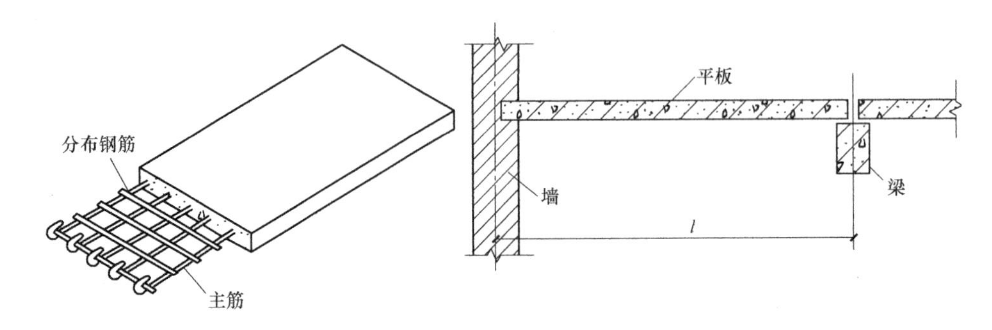

图 8-100　实心平板

板的跨度较大时，为了减轻板的自重，可将板做成由肋和板构成的槽形板。槽形板是一种肋板结合的预制构件，在实心板的两侧设有边肋，作用在板上的荷载都由边肋来承担，板跨一般为 3 ～ 7.2m，宽度为 600 ～ 1200mm，板厚度为 25 ～ 30mm，肋高为 120 ～ 300mm，分为正槽板 ┌┐ 和反槽板 └┘，如图 8-101 所示。槽形板减轻了板的自重，具有省材料，便于在板上开洞等优点；但隔声效果差。

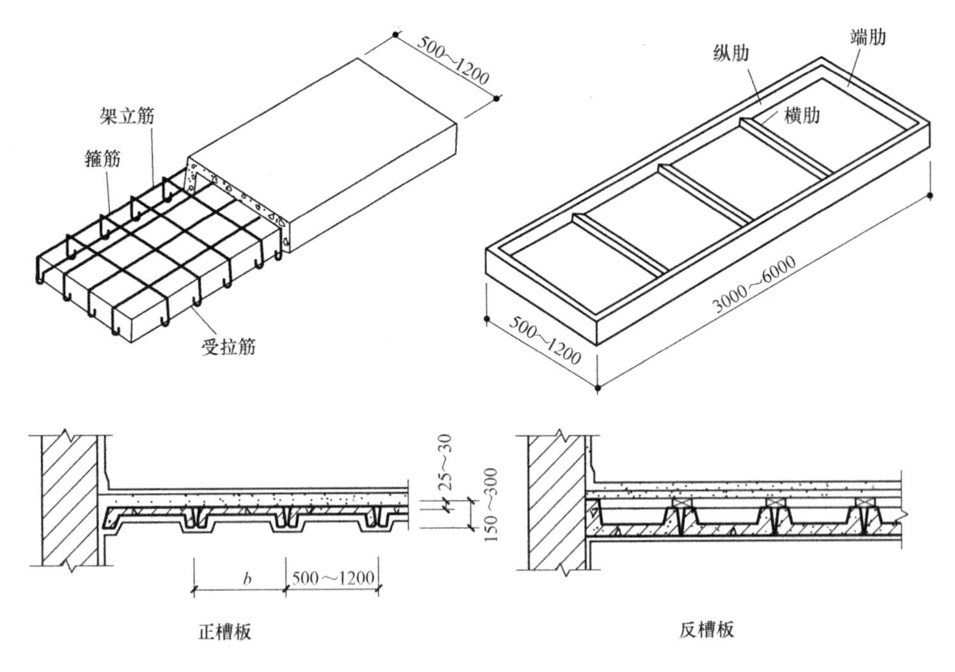

图 8-101　槽形板

空心板也是一种梁板结合的预制构件，其结构计算理论与槽形板相似，两者的材料消耗也相近，但空心板上下板面平整，且隔声效果优于槽形板，如图 8-102 所示。孔洞形状有圆孔、方孔、椭圆孔等形式。经济尺寸如下：

中型板：板跨为 4.5m 以内，宽度为 500 ～ 1500mm，常见为 600 ～ 1200mm，板厚为

90 ～ 120mm。

大型板：板跨为 4 ～ 7.2m，宽度为 1200 ～ 1500mm，板厚为 80 ～ 240mm。

（2）预制楼板的结构布置方式　预制楼板的支承方式有板式和梁板式两种。板式结构布置：楼板直接搁置在墙上。板式布置多用于房间的开间或进深尺寸不大的建筑，如住宅、宿舍等。梁板式布置：先搁梁，再将楼板搁置在梁上。梁板式布置多用于房间开间和进深尺寸较大的房间，如教学楼、商场等。

1）预制楼板结构布置原则：尽量减少板的类型、规格，避免空心板三边支承。即空心板平板布置时，只能两端搁置于墙上，应避免出现板的三边支承情况，板的纵边不得伸入砖墙内，否则在荷载作用下，板会产生纵向裂缝，且使压在边肋上的墙体因受局部承压影响而削弱墙体承载能力。因此空心板的纵长边只能靠墙，如图 8-103 所示。

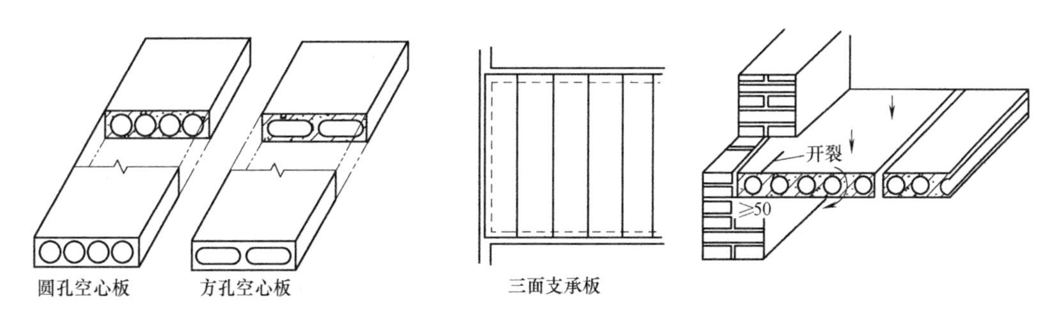

图 8-102　空心板　　图 8-103　空心板避免三边支承

2）预制楼板的搁置：楼板直接支承在墙上，对一个房间进行板的布置时，通常以房间的短边为板跨进行布置，如图 8-104 所示，如房间为 3600mm×4500mm，采用板长为 3600mm 的预制板铺设，为了减少板的规格，也可考虑以长边作为板跨，如另一个房间的开间为 3000mm、进深为 3600mm，此时仍可选用板跨为 3600mm 的预制楼板。

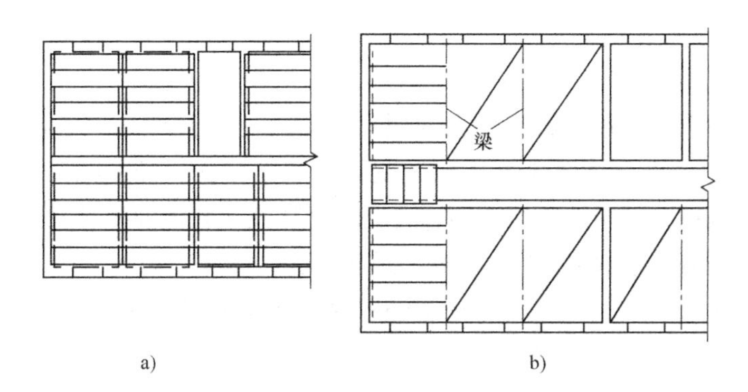

图 8-104　预制楼板的结构布置

a）板式结构布置　b）梁板式结构布置

对于板式楼板搁置在墙上，如图 8-105 所示；梁板式板搁置在梁上，如矩形梁、花篮梁或十字梁等，如图 8-106 所示。

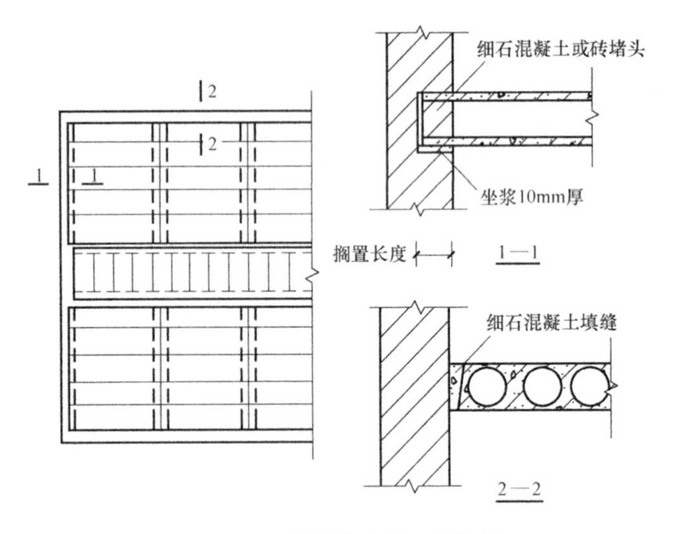

图 8-105　预制楼板在墙上的搁置

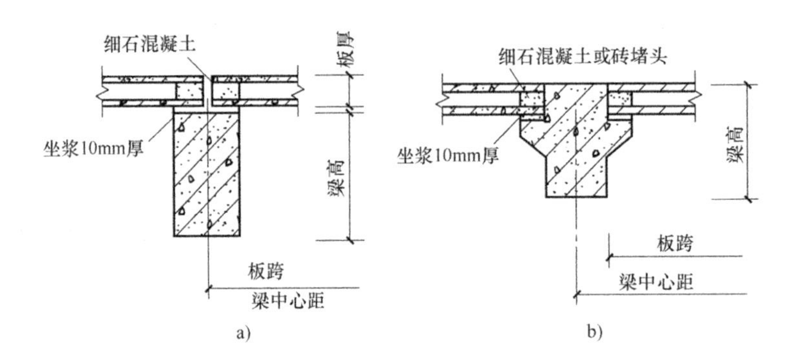

图 8-106　预制楼板在梁上的搁置

a）楼板搁在矩形梁顶面　b）楼板搁在花篮梁上

3）预制楼板的搁置要求。

① 应有足够的搁置长度。板在梁上的搁置长度应不小于 80mm；支承于内墙上时其搁置长度应不小于 100mm；支承于外墙上时其搁置长度应不小于 120mm。

② 为避免板端被上部墙体压坏或端缝灌浇时材料流入孔内而降低其隔声、隔热性能等，空心板安装前应在板端孔内填塞 C15 混凝土或碎砖。

铺板前通常先在墙上或梁上抹 10 ～ 20mm 厚的水泥砂浆找平（称为坐浆），使板与墙或梁有较好的联结，同时也使墙体受力均匀。

③ 楼板与墙体、楼板与楼板之间常用锚固钢筋（又称为拉结筋）予以锚固。

4）板缝处理及结构布置。板间接缝分为侧缝和端缝两类。

① 侧缝一般有 V 形缝、U 形缝和凹槽缝三种形式。V 形缝具有制作简单的优点，但易开裂、连接不牢固；U 形缝上面开口较大易于灌浆，但仍不够牢固；凹槽缝连接牢固但灌浆捣实较困难，如图 8-107 所示。

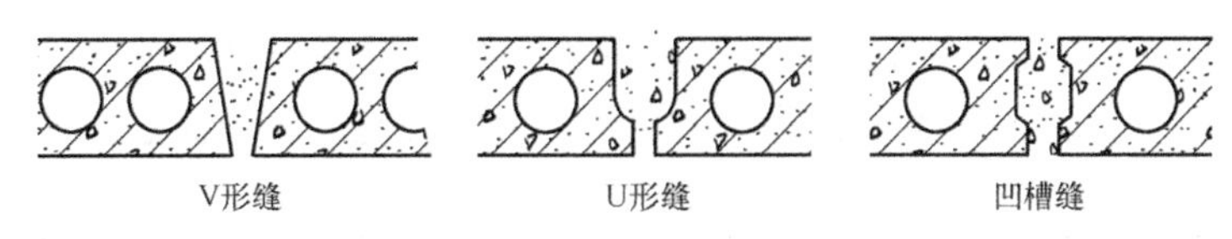

图 8-107 预制楼板侧缝接缝形式

当板宽尺寸之和与房间的净开间（或净进深）出现小于一个板宽的空隙时，可采取以下方法解决：当缝隙小于 60mm 时，可调节板缝宽度；当缝隙在 60 ～ 120mm 之间时，可从墙上挑两皮砖补缝；当缝隙在 120 ～ 200mm 之间时，或靠墙处有管道穿过时，以局部现浇钢筋混凝土板带的办法解决；当缝隙大于 200mm 时，调整板的规格。

② 板的端缝处理，一般只需将板缝内填实细石混凝土，使之相互联结。为了增强建筑物抗水平荷载的能力，可将板端外露的钢筋交错搭接在一起，然后浇筑细石混凝土灌缝，以增强板的整体性和抗震能力。

5）楼板与隔墙。隔墙较重时其下应设梁，隔墙较轻时可直接将其放到楼板上。因此楼板上设置隔墙时，宜采用轻质隔墙；当楼板为槽形板楼板时，隔墙可直接搁置在板的纵肋上；若为空心板楼板时，应在隔墙下的板缝处设现浇钢筋混凝土板带或梁来支承隔墙；当隔墙与板跨垂直时，应通过计算选择合适的预制板型号，并在板面加配构造钢筋。

3. 装配整体式钢筋混凝土楼板

装配整体式钢筋混凝土楼板是先将楼板中的部分构件预制，现场吊装安装就位后，在其上或者与其他部位相接处浇筑钢筋混凝土面层而形成的整体楼板。这种楼板的整体性较好，施工速度也快，集中了现浇和预制钢筋混凝土楼板的优点。按结构和构造方法的不同，可分为叠合楼板和密肋填充块楼板。

（1）叠合楼板　叠合楼板是由预制板和现浇钢筋混凝土层叠合而成的装配整体式楼板。叠合楼板的预制板部分，通常采用预应力或非预应力薄板，板的跨度一般为 4 ～ 6 m，预应力薄板最大可达 9 m，板的宽度一般为 1.1 ～ 1.8 m，板厚通常为 50 ～ 70 mm。叠合楼板的总厚度一般为 150 ～ 250 mm。为使预制薄板与现浇叠合层牢固地结合在一起，可将预制薄板的板面做适当处理，如板面刻槽、板面露出结合钢筋等，如图 8-108 所示。

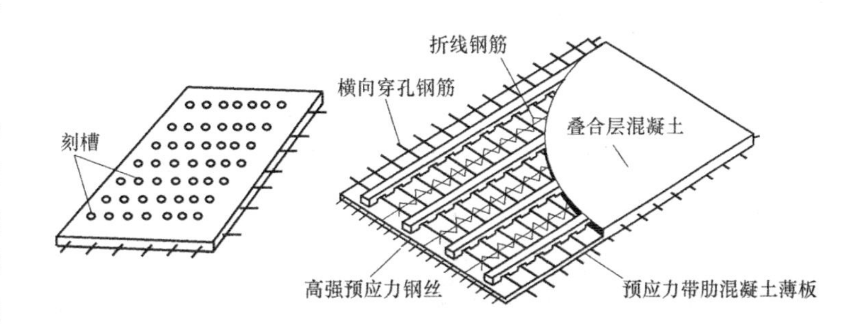

图 8-108 预制薄板的板面处理及叠合楼板构造

（2）密肋填充块楼板　密肋填充块楼板是采用间距较小的密肋小梁做承重构件，小梁之间用轻质砌块填充，并在上面整浇面层而形成的楼板。密肋小梁有现浇和预制两种，如图 8-109 所示。

1）现浇密肋填充块楼板是以陶土空心砖、矿渣混凝土空心块等作为肋间填充块来现浇密肋和面板而成。填充块与肋和面板相接触的部位带有凹槽，用来与现浇的肋、板咬接，加强楼板的整体性。肋的间距一般为 300 ～ 600 mm，面板的厚度一般为 40 ～ 50 mm。

2）预制小梁填充块楼板的小梁采用预制倒T形断面混凝土梁，在小梁之间填充陶土空心砖、矿渣混凝土空心块、煤渣空心砖等填充块，上面现浇混凝土面层而成。

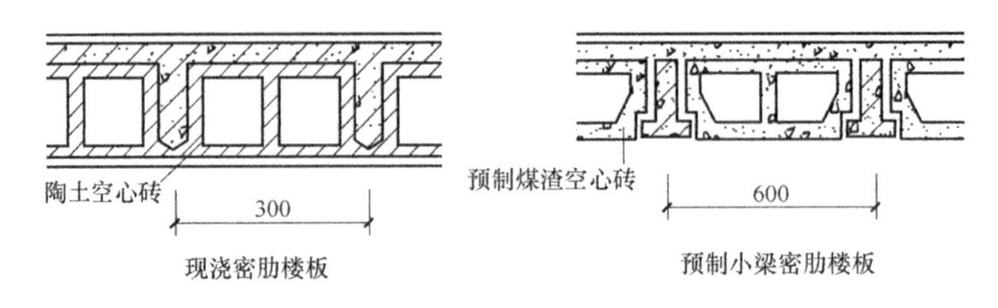

图 8-109　密肋填充块楼板构造

8.4.3　楼地面细部构造

1. 楼地面

楼板和地层基层上面的装修层分别称为楼面层和地面层（简称楼地面），楼地面是室内重要的装修层，起到保护楼层、地层结构，改善房间使用质量和增加美观的作用。根据面层的材料和施工工艺不同，楼地面可分为以下类型：

1）整体类地面：用现场浇注的方法做成整片的地面称为整体地面，包括水泥砂浆地面、水磨石地面、细石混凝土地面等。

2）块材类地面：块材地面是指利用各种块材铺贴而成的地面，包括陶瓷地砖、人造石板、天然石材等。

3）卷材类地面：卷材地面使用成卷的铺材铺贴而成，包括橡胶地毡、塑料地毡、地毯等。

4）涂料类地面：涂料地面是利用涂料涂刷或涂刮而成。它是水泥砂浆地面的一种表面处理形式，用以改善水泥砂浆地面在使用和装饰方面的不足，包括各种高分子合成涂料所形成的地面。

（1）整体楼地面　整体楼地面是采用在现场拌和的湿料，经浇抹形成的面层，具有构造简单、造价低的特点，是一种应用较广泛的楼地面。

1）水泥砂浆楼地面。水泥砂浆楼地面是在混凝土垫层或楼板上涂抹水泥砂浆而形成的面层，其构造比较简单，且坚固、耐磨、防水性能好，但导热系数大、易结露、易起灰、不易清洁，是一种被广泛采用的低档楼地面。通常有单面层和双面层两种做法，如图 8-110 所示。

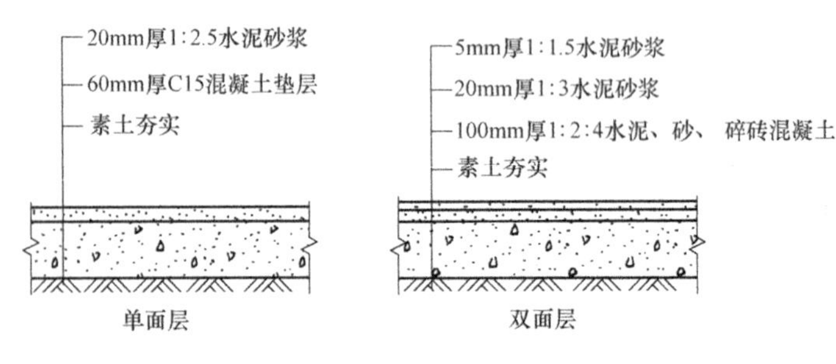

图 8-110　水泥砂浆楼地面构造

2）现浇水磨石楼地面。现浇水磨石楼地面的构造多采用双层构造，如图 8-111 所示。

施工时，底层应先用 10 ～ 15mm 厚的水泥砂浆找平，然后按设计图案用 1 ∶ 1 的水泥砂浆固定分隔条（如铜条、铝条或玻璃条等），最后用 1 ∶（1.5 ～ 2.5）的水泥石渣浆抹面，其厚度为 12 mm，经养护一周后磨光打蜡。

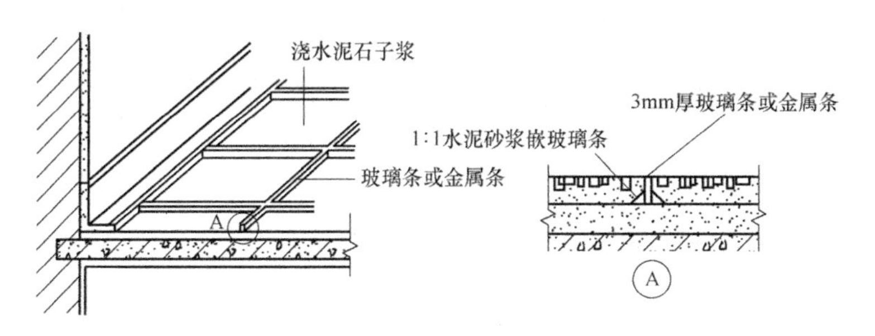

图 8-111　现浇水磨石楼地面构造

（2）块材楼地面

1）缸砖、瓷砖、陶瓷锦砖楼地面。缸砖、瓷砖、陶瓷锦砖的共同特点是表面致密光洁、耐磨、吸水率低、不变色，属于小型块材，它们的构造基本相同，都是由底层、中间层（结合层）和面层构成，如图 8-112 所示。其铺贴工艺具体为：先在混凝土垫层或楼板上抹 15 ～ 20 mm 厚 1 ∶ 3 的水泥砂浆找平，再用 5 ～ 8 mm 厚 1 ∶ 1 的水泥砂浆或水泥胶（水泥 ∶ 108 胶 ∶ 水 =1 ∶ 0.1 ∶ 0.2）粘贴，最后用素水泥浆擦缝。

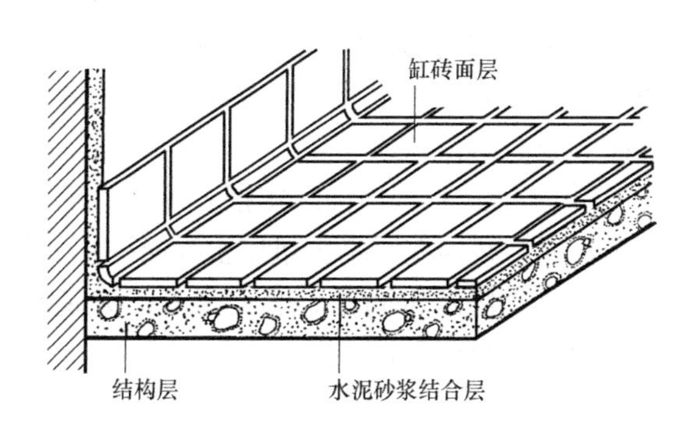

图 8-112　缸砖地面构造

缸砖使用陶土焙烧而成的一种无釉砖块，具有质地坚硬、耐磨、耐水、耐盐碱、易清洁等特点，主要用于潮湿的地下室、卫生巾、实验室、屋顶平台，以及有侵蚀性液体及荷载较大的工业车间。

陶瓷地砖又可分为釉面地砖、无光釉面砖和无釉防滑地砖及抛光同质地砖。其优点是色调均匀、砖面平整、抗腐耐磨、施工方便、块大缝小、装饰效果好、防滑，主要用于办公、商店、旅馆和住宅地面。

玻化砖又称为全瓷玻化砖、玻化瓷砖，是随着建筑材料和烧结技术的不断发展而出现的一种新型高级地砖，采用高温烧制而成。其质地比抛光砖更硬更耐磨，是所有瓷砖中最硬的一种，具有硬度大、耐磨性高、耐酸碱性强、高光亮度、低吸水率、色泽均匀、易施工等优点。其适用于各种场所的室内外墙地面，常用规格为 400mm×400mm、500mm×500mm、600mm×600mm、800mm×800mm、900mm×900mm、1000mm×1000mm，厚度为 10 ～ 18mm。

2）花岗石板、大理石板楼地面。花岗石板、大理石板的尺寸一般为（300 mm×300 mm）～（600 mm×600 mm），厚度为 20 ～ 30 mm，属于高级楼地面材料。花岗石板的耐磨性与装饰效果好，但价格昂贵，铺贴工艺如图 8-113 所示。

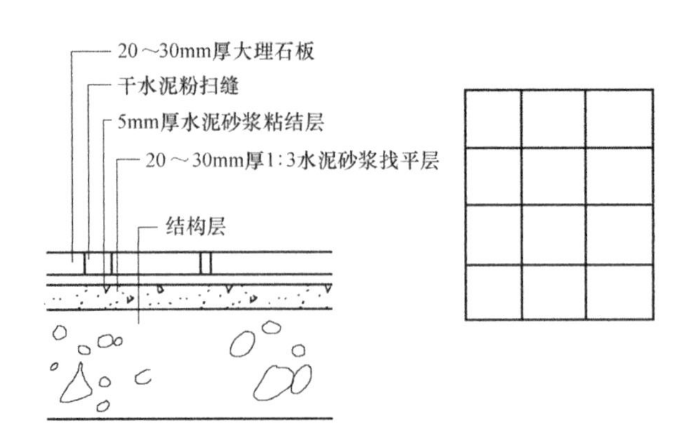

图 8-113　花岗石板、大理石板楼地面构造

3）木楼地面。

① 空铺式木楼地面。空铺式术楼地面的构造比较复杂，一般是将木楼地面进行架空铺设，使板下有足够的空间，以便通风，保持干燥。空铺式木楼地面耗费木材量较多，造价较高，多不采用，主要用于要求环境干燥且对楼地面有较高的弹性要求的房间，铺设工艺如图 8-114 所示。

② 实铺式木楼地面。实铺式木楼地面采用格栅铺垫形成。当在地坪层上采用实铺式木楼地面时，必须在混凝土垫层上设防潮层。具体做法可为：20mm 厚水泥砂浆找平，水泥砂浆或预埋件固定木搁栅，铺设实木条板或铺毛板后再铺设面板，可在踢脚板上开通风口防潮，如图 8-115 所示。

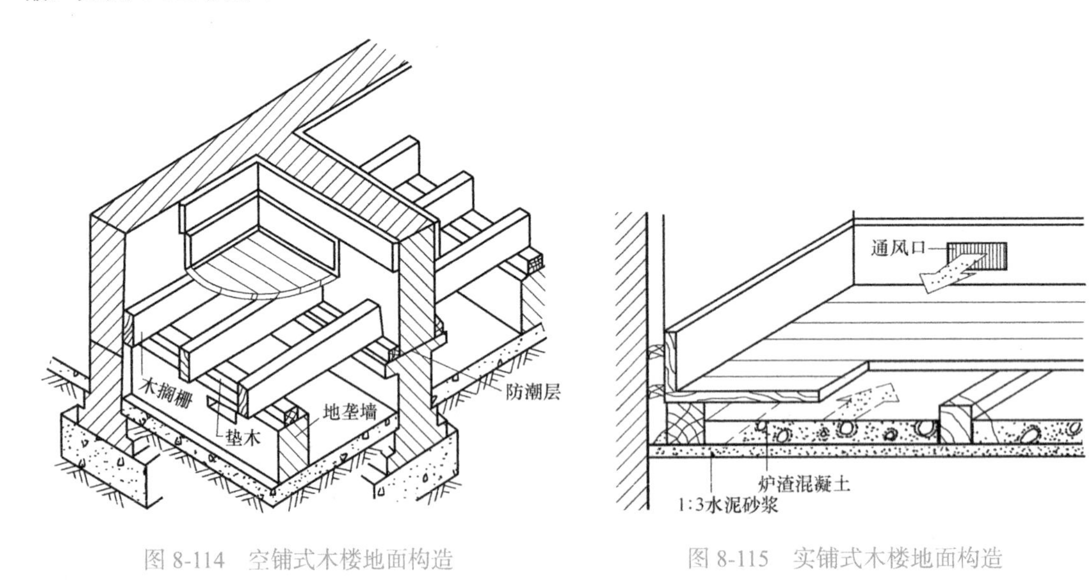

图 8-114　空铺式木楼地面构造　　图 8-115　实铺式木楼地面构造

③ 粘贴式。采用小块硬木条直接拼贴形成。具体做法可为：20mm 厚水泥砂浆找平，刷冷底子油 1～2 道，沥青或专用胶粘贴拼花企口木地板，如图 8-116 所示。

（3）地毯地面　地毯按材料可分为天然纤维和合成纤维地毯两类。天然纤维地毯一般是指羊毛地毯，柔软、温暖、舒适、豪华、富有弹性，但价格昂贵，耐久性差。合成纤维地毯包括丙烯酸、聚丙烯腈纤维地毯、聚酯纤维地毯、烯族烃纤维和聚丙烯地毯、尼龙地毯等，按面层织物的织法不同分为栽绒地毯、针扎地毯、机织地毯、编结地毯、黏结地毯、静电植绒地毯等。铺设方法分为固定与不固定两种；施工时可满铺或局部铺，固定方式如图 8-117 所示。

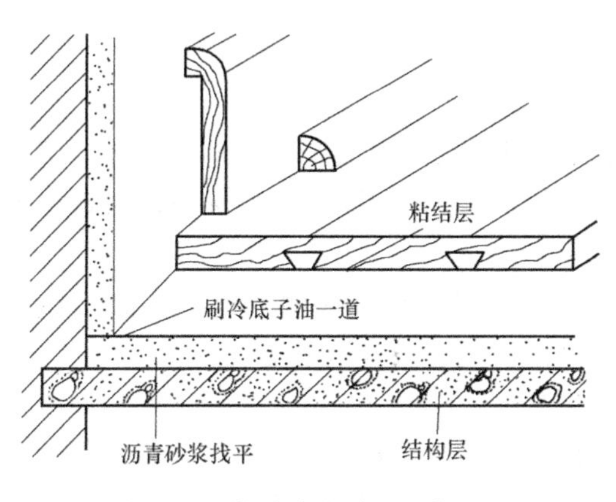

图 8-116　粘贴式木楼地面构造

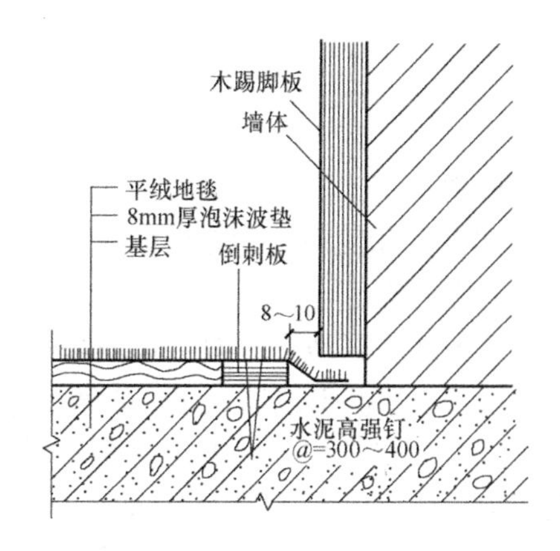

图 8-117　地毯地面构造

（4）涂料类地面　在地面上涂布一层由高分子合成涂料加入填料、颜料等搅拌而成的材料，硬化后形成整体无缝的面层称为涂料类地面。涂料类地面可按材料种类分为有溶剂型合成树脂涂布地面和聚合物水泥涂布地面等；按施工方法还可分为薄涂型和自流平型。薄涂型使用滚筒施工，比较方便，用量少，成本低，厚度低。自流平型使用带齿镘刀施工，一次施工厚度为 0.5mm，外观光滑平整，镜面效果。

2. 踢脚线和墙裙

楼地面与墙面交接处的垂直部位，在构造上通常按楼地面的延伸部分来处理，这一部分称为踢脚线，也称为踢脚板。它可以保护室内墙脚避免扫地或拖地板时污染墙面。踢脚的高度一般为 100 ～ 150mm。常见的有粉刷类踢脚板、铺贴类踢脚板、木踢脚板和塑料踢脚板等，如图 8-118 所示。

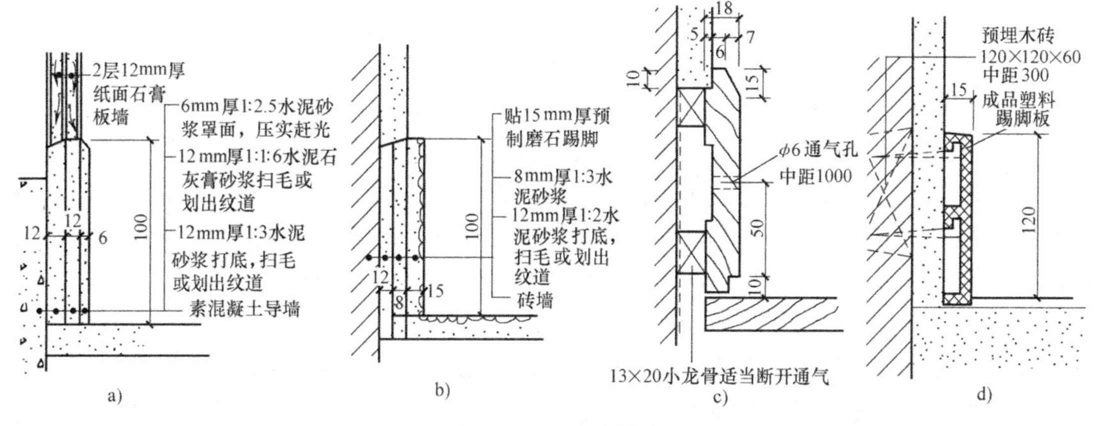

图 8-118　踢脚线构造

a）粉刷类踢脚板　b）铺贴类踢脚板　c）木踢脚板　d）塑料踢脚板

墙裙是在墙体的内墙面所做的保护处理。一般居室内的墙裙主要起装饰作用，常用木板、大理石板等板材做，高度为 900 ～ 1200mm。卫生间、厨房的墙裙，作用是防水和便于清洗，多用水泥砂浆、釉面瓷砖做，高度为 900 ～ 2000mm。

8.4.4 楼地层的防潮、防水及隔声构造

1．楼地层防潮

楼地层与土层直接接触，土壤中的水分会因毛细现象作用上升引起地面受潮，严重影响室内卫生和使用。为有效防止室内受潮，避免地面因结构层受潮而破坏，需对地层做必要的防潮处理。

（1）架空式地坪　架空式地坪是将地坪底层架空，使地坪不接触土壤，形成通风间层，使地层与土壤间形成通风道，以改变地面的温度状况，同时带走地下潮气。

（2）设保温层　保温层有两种做法：第一种是在地下水位低、土壤较干燥的地区，可在水泥面层下铺设一层 150mm 厚 1 ∶ 3 水泥炉渣或其他工业废料做保温层，以降低地坪温度差；第二种是在地下水位较高的地区，可在面层与混凝土垫层间设保温层，并在保温层下做防水层，上铺 30mm 厚细石混凝土层，最后做面层。

（3）吸湿地面　吸湿地面是指采用黏土砖、大阶砖、陶土防潮砖来做地面的面层。由于这些材料中存在大量孔隙，当返潮时，面层会暂时吸收少量冷凝水，待空气湿度较小时，水分又能自动蒸发掉，因此地面不会感到有明显的潮湿现象，起到一定的防潮作用。

（4）防潮地面　对防潮要求较高的房间，在地面垫层和面层之间加设防潮层的地面称为防潮地面。其一般构造为：先刷冷底子油一道，再铺设热沥青、油毡等防水材料，阻止潮气上升；也可在垫层下均匀铺设卵石、碎石或粗砂等，切断毛细水的通路。

2．楼地层防水

在建筑物内部，如厕所、盥洗室、淋浴间等部位，由于其使用功能的要求，往往容易积水，处理稍有不当就会出现渗水、漏水现象，需要对这些房间楼地层进行排水和防水处理。

（1）楼地面排水　为使楼地面排水畅通，需将楼地面设置一定的坡度，一般为 1% ～ 1.5%，并在最低处设置地漏，从而引导水流入地漏。为防止积水外溢，用水房间的地面应比相邻房间或走道的地面低 20 ～ 30mm，或在门口做 20 ～ 30mm 高的挡水门槛。

（2）楼面防水　有防水要求的楼层，其结构应以现浇钢筋混凝土楼板为好。面层也宜采用水泥砂浆、水磨石地面或缸砖、瓷砖、陶瓷锦砖等防水性能好的材料。常见的防水材料有防水卷材、防水砂浆和防水涂料等。对防水要求较高的房间，还需在结构层与面层之间增设一道防水层，同时，将防水层沿四周墙身上升 150 ～ 200 mm。

3．楼层隔声

楼板传声有空气传声和固体传声两种途径。选用空心构件可以隔绝空气传声，可采用空心楼板等，也可在楼层下做隔声吊顶（设置弹性挂钩和选用密实、吸声好的材料做面层）获得较好的隔声效果。

楼层隔声的重点是隔绝固体传声，减弱固体的撞击能量，可从以下三个方面进行改善：

（1）采用弹性面层材料　在楼层地面上铺设弹性材料，如铺设木板、地毯等，以降低楼板的振动，从而减弱固体传声。这种方法效果明显，是目前最常用的构造措施。

（2）采用弹性垫层材料　在楼板结构层与面层之间铺设片状、条状、块状的弹性垫层材料，如木丝板、甘蔗板、软木板、矿棉毡等，使面层与结构层分开，形成浮筏楼板，以减弱楼板的振动，进一步达到隔声的目的。

（3）增设吊顶　在楼层下做吊顶，利用隔绝空气声的措施来阻止声音的传播，也是一种有效的隔声措施，其隔声效果取决于吊顶的面层材料，应尽量选用密实、吸声、整体性好的材料。吊顶的挂钩宜选用弹性连接。

8.4.5 顶棚构造

顶棚又称为天棚或天花板，普通房间的顶棚表面平整、光洁。某些特殊房间顶棚要求有隔声、防火、保温、隔热、隐蔽管线等功能。按构造方式不同，顶棚分为直接式顶棚和吊挂式顶棚。

1. 直接式顶棚

直接式顶棚是在钢筋混凝土楼板下直接喷刷涂料、抹灰，或粘贴饰面材料的构造做法，多用于大量性的民用建筑中，通常有以下几种做法：直接喷刷涂料的顶棚、抹灰顶棚和贴面顶棚等，如图 8-119 所示。

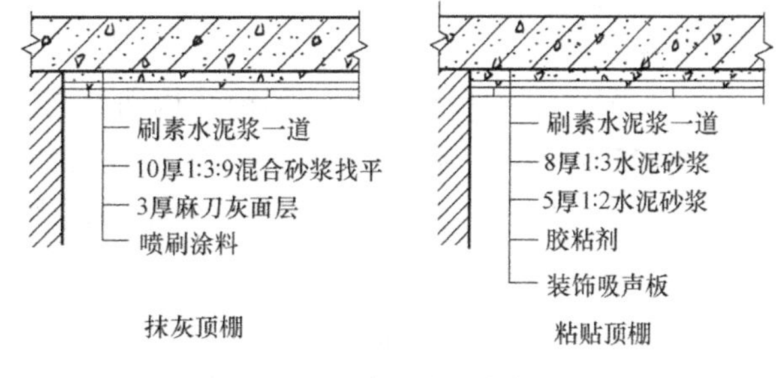

图 8-119　直接式顶棚构造

2. 吊挂式顶棚

吊挂式顶棚简称吊顶，是指当楼板底部需隐蔽管道，或有特殊的功能要求、艺术处理，或为降低局部顶棚高度时，使顶棚在这段空间高度上产生变化，形成一定的立体感，增强装饰效果，常将天棚悬吊于楼板下一定距离，形成吊顶。吊顶一般由吊筋、骨架和面层三部分组成，如图 8-120 所示。

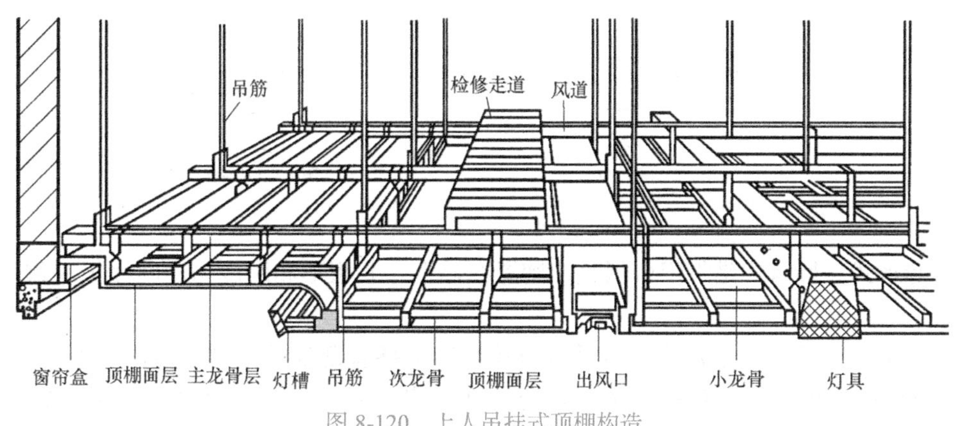

图 8-120　上人吊挂式顶棚构造

吊筋是连接骨架（吊顶基层）与承重结构层（屋面板、楼板、大梁等）的承重传力构件。

骨架主要由主、次龙骨组成，其作用是承受顶棚荷载并由吊筋传递给屋顶或楼板结构层。按材料分为木骨架和金属骨架两类。

面层的作用是装饰室内空间，同时起一些特殊作用，如吸声、反射光等。构造做法一般分为抹灰类（板条抹灰、钢板网抹灰、苇箔抹灰等）、板材类（纸面石膏板、穿孔石膏吸声板、钙塑板、铝合金板等），在设计和施工时要结合灯具、风口布置等一起进行。

8.4.6 阳台及雨篷构造

1. 阳台

阳台是楼房中挑出于外墙面或部分挑出于外墙面的平台。按阳台与外墙的相对位置不同，可分为凸阳台、凹阳台、半凸半凹阳台和转角阳台，如图 8-121 所示；按施工方法不同，还可分为预制阳台和现浇阳台；按住宅建筑根据使用功能的不同，又可以分为生活阳台和服务阳台。

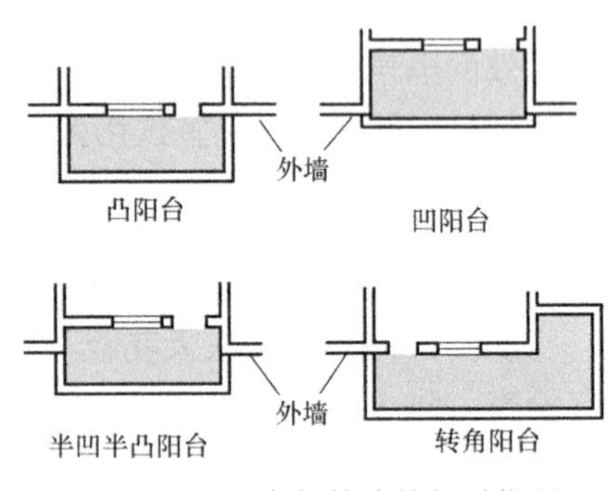

图 8-121 阳台与外墙的相对位置

（1）阳台结构布置形式 阳台结构布置形式按支承方式可分为墙承式和悬挑式两种，如图 8-122 所示。悬挑式阳台结构布置方式又分为挑梁式、挑板式两种，悬挑阳台的挑出长度不宜过大，应保证在荷载作用下不发生倾覆现象，以 1.2 ～ 1.8m 为宜。

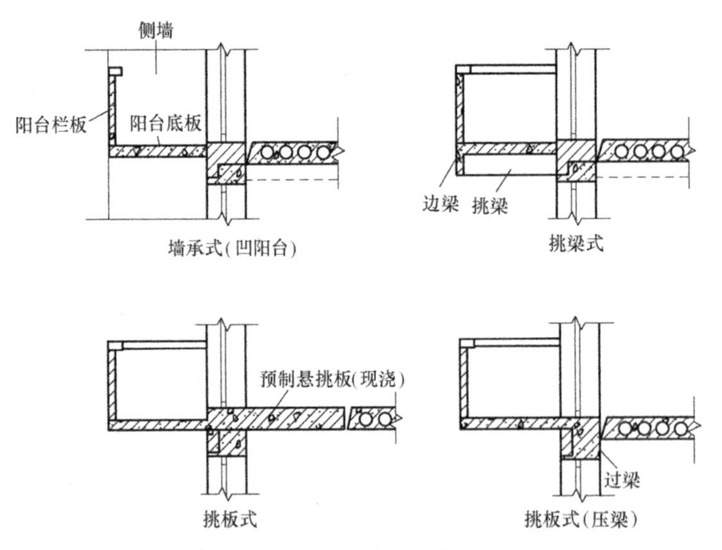

图 8-122 阳台结构布置

1）墙承式。墙承式是将阳台板直接搁置在墙上，其板形和跨度与房间楼板一致，多用于凹阳台。

2）挑梁式。挑梁式是从横墙内外伸挑梁，其上搁置现浇或预制楼板，也可由柱挑出，这种结构布置简单、传力直接明确、阳台长度与房间开间一致。挑梁根部截面高度 H 为（1/6 ～ 1/5）L，L 为悬挑净长，截面宽度为（1/3 ～ 1/2）h。为美观起见，可在挑梁端头设置面梁，既可以遮挡挑梁头，又可以承受阳台栏杆重量，还可以加强阳台的整体性。预制阳台一般均做成槽形板。支撑在墙上的尺寸应为 100 ～ 120mm。预制阳台的锚固，应通过现浇板缝或用板缝梁来进行连接。

3）挑板式。当楼板为现浇楼板时，可选择挑板式，悬挑长度一般为 1.2m 左右。即从楼板外延挑出平板，板底平整美观而且阳台平面形式可做成半圆形、弧形、梯形、斜三角形等各种形状。挑板厚度不小于挑出长度的 1/12。有时挑出的阳台板也可与墙过梁现浇在一起，墙梁的截面应比圈梁大，以保证阳台的稳定，并在墙梁两端设拖梁压入墙内。

（2）阳台栏杆、栏板与扶手的形式　栏杆和栏板是阳台的围护结构，它还承担使用者对阳台侧壁的水平推力，因此必须具有足够的强度和适当的高度，以保证使用安全。阳台栏杆（栏板）按其形式可分为实心式栏杆、空花式栏杆和组合式栏杆，如图 8-123 所示。

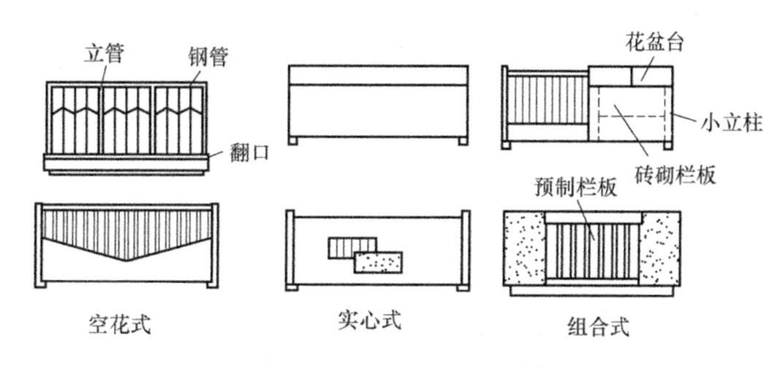

图 8-123　阳台栏杆和栏板构造形式

栏杆和栏板的高度应大于人体重心高度，低层、多层住宅阳台栏杆净高不低于 1.05m，中高层住宅阳台栏杆净高不低于 1.1m，高层建筑的栏杆和栏板应加高，但不宜超过 1.2m；托儿所、幼儿园阳台、屋顶平台的护栏净高不应小于 1.2m；中小学室外楼梯及水平栏杆或栏板高度不应小于 1.1m；阳台栏杆形式应防坠落（垂直栏杆间净距不应大于 110mm）、防攀爬（不设水平栏杆），以免造成恶果；放置花盆处，也应采取防坠落措施。

栏杆扶手有金属和钢筋混凝土两种。金属扶手一般为钢管与金属栏杆焊接。钢筋混凝土扶手用途广泛，形式多样，有不带花台、带花台、带花池等，如图 8-124 所示。

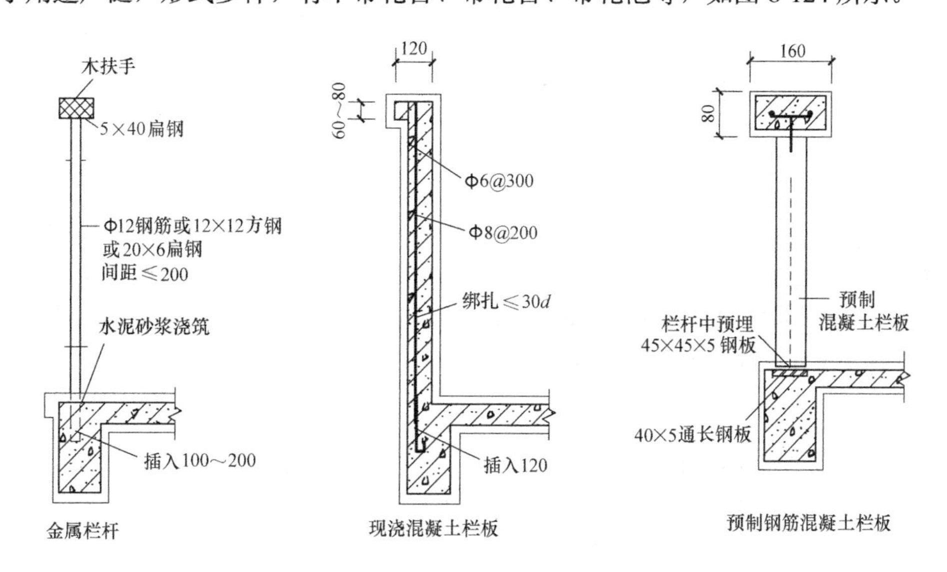

图 8-124　阳台栏杆（栏板）与扶手的构造

（3）阳台排水　为防止阳台上的雨水等流入室内，阳台的地面应较室内地面低 20 ～ 50 mm，阳台排水有外排水和内排水两种方式。阳台外排水适用于低层和多层建筑，并在阳台的一侧或两侧设排水口，如图 8-125 所示。阳台地面向排水口做 1%～ 2%的坡度。排水口内埋设 40 ～ 50mm 镀锌钢管或塑料管（称为水舌），并伸出阳台栏板不小于 80mm，以防雨水溅到下层阳台。

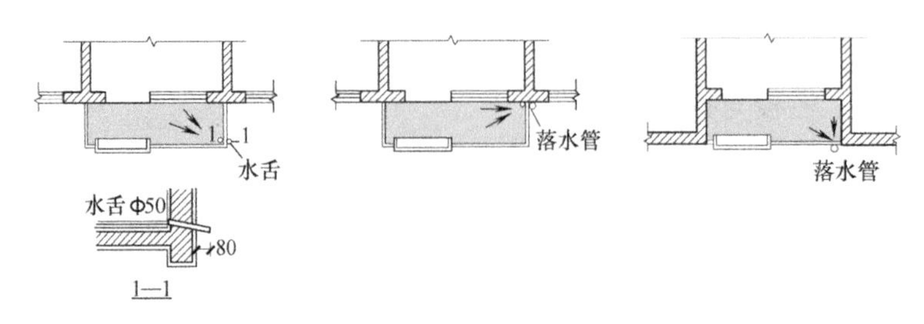

图 8-125　阳台外排水构造

内排水适用于高层建筑和高标准建筑，具体做法是在阳台内设置排水立管和地漏，将雨水直接排入地下管网，保证建筑立面美观。

2．雨篷

（1）板式雨篷　板式雨篷所受的荷载较小，因此雨篷板的厚度较薄，一般做成变截面形式，根部厚度不小于 70 mm，立面部厚度不小于 50 mm。板式雨篷一般与门洞口上的过梁整体现浇，要求上下表面相平。雨篷挑出长度较小时，构造处理较简单，可采用无组织排水，在板底周边设滴水，雨篷顶面抹 15 mm 厚 1 ∶ 2 水泥砂浆内掺 5% 防水剂，如图 8-126 所示。

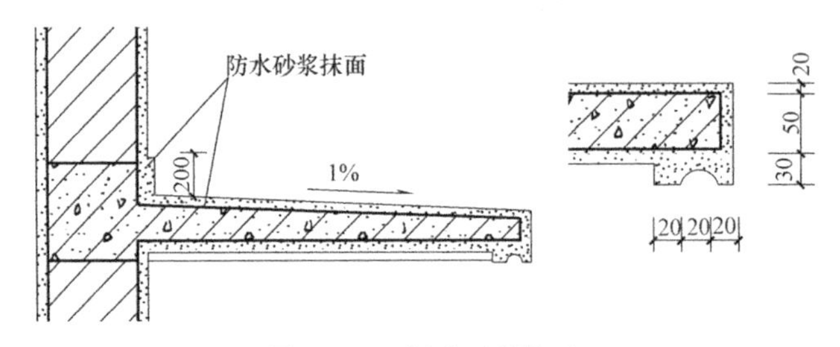

图 8-126　板式雨篷构造

（2）梁板式雨篷　当门洞口尺寸较大，雨篷挑出尺寸也较大时，雨篷应采用梁板式结构，即雨篷由梁和板组成。为使雨篷底面平整，通常将周边梁向上翻起成侧梁式（也称为翻梁），一般是在雨篷外沿用砖或钢筋混凝土板制成一定高度的卷檐，如图 8-127 所示。当雨篷尺寸更大时，可在雨篷下面设柱支撑。

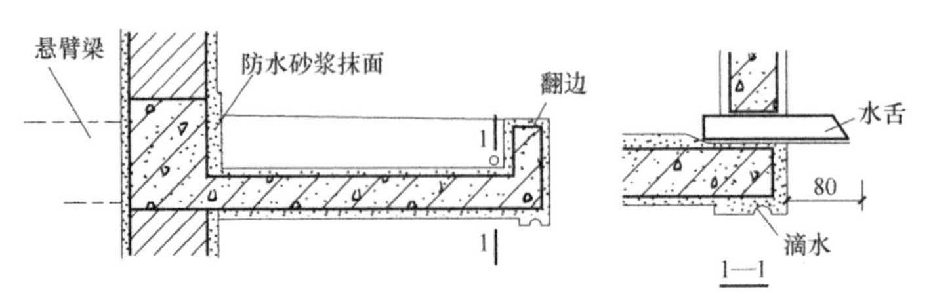

图 8-127　梁板式雨篷构造

8.5　楼梯

建筑物各个不同楼层之间需要设置垂直交通联系的设施，如楼梯、台阶、坡道、电梯、自动扶梯等，供人们上下楼层和紧急疏散。

8.5.1　楼梯的组成及分类

1．楼梯的组成

楼梯一般由楼梯段、平台和栏杆扶手三部分组成，如图 8-128 所示。

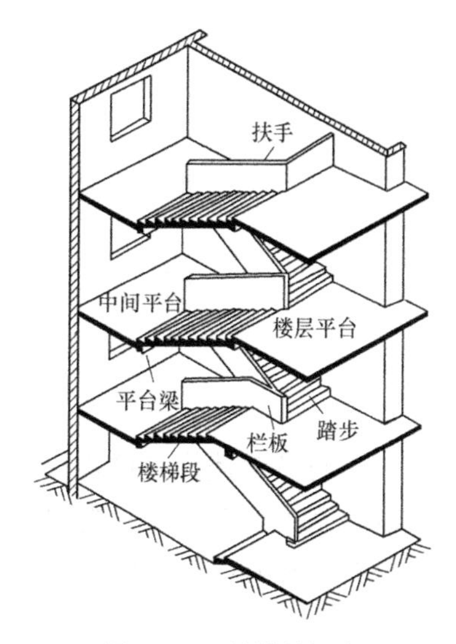

图 8-128　楼梯的组成

（1）楼梯段　楼梯段（简称梯段）是联系两个不同标高平台的倾斜构件，它由若干个踏步组成，俗称“梯跑”。每级踏步上，供人行走时脚踏的水平部分称为踏面，形成踏步高差的垂直部分称为踢面；梯段的踏步级数一般不宜超过 18 级，但也不宜少于 3 级。

（2）楼梯平台　楼梯平台是指连接两梯段之间的水平部分，供人休息、转换方向。其分为楼层平台和中间平台（休息平台）。

（3）栏杆扶手　栏杆扶手是布置在楼梯梯段和平台边缘处的安全围护构件。栏杆有实心栏板和镂空栏杆之分。栏杆或栏板顶部供人们行走倚扶用的连续构件称为扶手。

梯段和休息平台内侧围成的空间称为楼梯井（简称梯井）。梯井主要用于消防需要，着火时消防水管从梯井通到需要灭火的楼层。

楼梯必须具有足够的通行能力、强度和刚度，满足防火、防烟、防滑、采光和通风等要求，考虑对建筑整体空间效果的影响，楼梯间的门应朝向人流疏散方向，底层应有直接对外的出口。

2．楼梯的分类

楼梯按照楼梯结构材料可分为钢筋混凝土楼梯、木楼梯、钢楼梯；按照楼梯的位置可分为室内楼梯和室外楼梯；按照楼梯的使用性质可分为主要楼梯、辅助楼梯、疏散楼梯及消防楼梯。

（1）按照楼梯的平面形式分类　按照楼梯的平面形式，楼梯可分为单跑楼梯、双跑楼梯、折行多跑楼梯以及其他形式楼梯等。

单跑楼梯是指中间没有休息平台的楼梯（与是否改变方向无关）。单跑楼梯可分为直行单跑楼梯、折行单跑楼梯、弧形单跑楼梯和螺旋单跑楼梯等，如图 8-129 所示。螺旋形楼梯不能作为

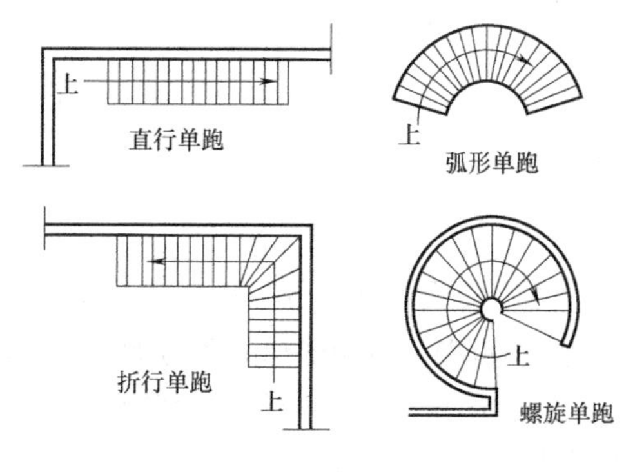

图 8-129　单跑楼梯

人流主要交通的楼梯和疏散楼梯。弧形楼梯一般不能作为疏散楼梯，但如果满足上下两步之间的平面夹角不超过 10° 且每级离扶手 25cm 处的踏步深度超过 22cm 时，可以作为疏散楼梯。

双跑楼梯是指在两个楼板层之间有两个平行而方向相反的梯段和一个中间休息平台的楼梯。双跑楼梯是应用最为广泛的一种形式，可分为直行双跑楼梯、平行双跑楼梯、平行双分楼梯、平行双合楼梯和转角双跑楼梯等，如图 8-130 所示。平行双跑楼梯上完一层回到原起步位置，也是最常用的形式。平行双分、平行双合楼梯：两部平行双跑楼梯的组合，多用于办公建筑。

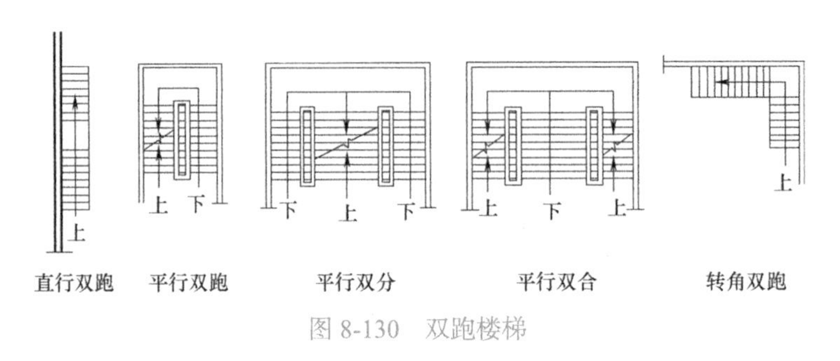

图 8-130　双跑楼梯

折行多跑楼梯是楼梯段数较多的折行楼梯，如图 8-131 所示，多用于层高较大的公共建筑。常见的有折行三跑楼梯、四跑楼梯等。折行多跑式楼梯围绕的中间部分形成较大的楼梯井。在有电梯的建筑中，常在梯井部位布置电梯。少年儿童使用的建筑不能采用，否则要有安全措施。

其他形式楼梯还有交叉跑楼梯和剪刀楼梯等。交叉跑楼梯（剪刀楼梯）是在同一楼梯间里设置了两个楼梯，如图 8-132 所示，具有两条垂直方向疏散通道的功能，可分为开敞式和封闭式两种形式。开敞式楼梯适用于人流通行量大，且有多重方向选择；封闭式楼梯多用于高层住宅，但应分别带前室。

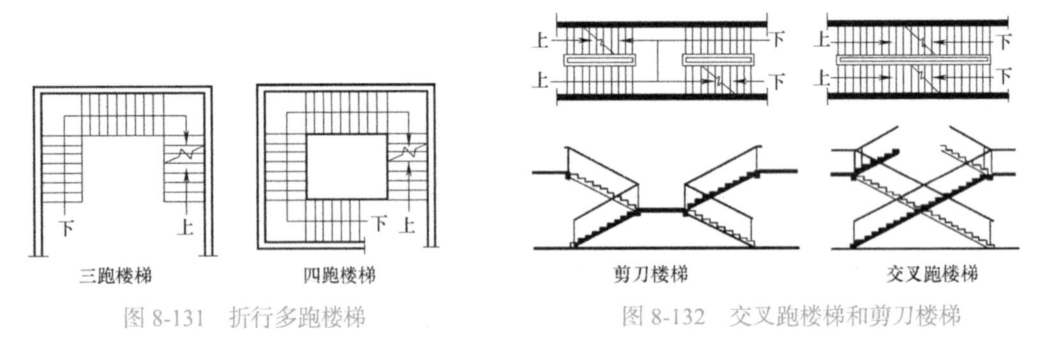

图 8-131　折行多跑楼梯

图 8-132　交叉跑楼梯和剪刀楼梯

（2）按照楼梯间的平面形式分类　按照楼梯间的平面形式，楼梯可分为非封闭楼梯间(开敞楼梯间)、封闭楼梯间和防烟楼梯间，如图 8-133 所示。

非封闭楼梯间是建筑中较常见的楼梯间形式，楼梯间与楼层是连通的，火灾时犹如高耸的烟囱，既拔火又抽火，一般适用于五层及五层以下的普通建筑。对 11 层及 11 层以下的单元式高层住宅若采用这种楼梯，户门应采用 B 类防火门。

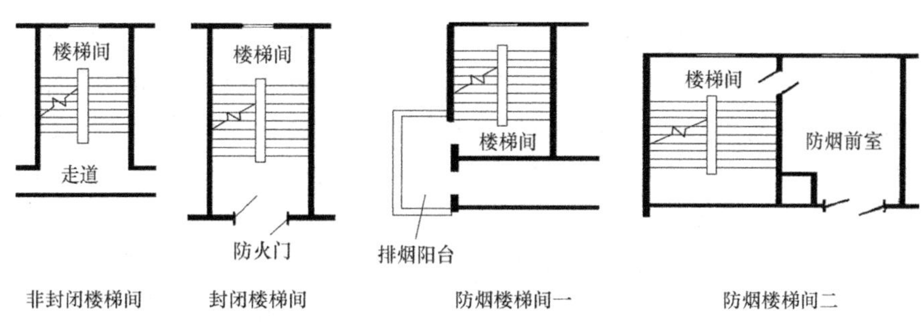

图 8-133　楼梯间的平面形式

医院、疗养院的病房楼，设有空气调节系统的多层旅馆和超过五层的其他公共建筑的室内疏散楼梯均应设置封闭楼梯间。部分高层建筑，只有符合相关要求也应设置封闭楼梯间。

一类高层建筑，建筑高度超过 32m 的二类高层建筑以及塔式住宅，19 层及 19 层以上的单元式住宅，超过 11 层的通廊式住宅应设置防烟楼梯间。楼梯间入口处应设前室、阳台或凹廊。楼梯间和前室的内墙上只能向同层的公共走道上开设 B 类防火门，且该门应向疏散方向开启，不应向其他房间开设门窗，也不能布置可燃气体管道和有关液体管道。

8.5.2　钢筋混凝土楼梯

在民用建筑中，大量采用的是钢筋混凝土楼梯，这种楼梯按施工方式不同又可分为现浇整体式钢筋混凝土楼梯和预制装配式钢筋混凝土楼梯两类。

1. 现浇整体式钢筋混凝土楼梯

现浇整体式钢筋混凝土楼梯又称为整体式钢筋混凝土楼梯，是指在施工现场将楼梯段、楼梯平台等构件支模板、绑扎钢筋并浇筑混凝土成一个整体。这种楼梯整体性好，刚度大，抗震性好，不需要大型起重设备，但施工速度慢，模板耗费多，施工程序较复杂且受季节限制，多用于楼梯形式复杂或抗震要求较高的建筑中。

（1）板式楼梯　板式楼梯的梯段分别与两端的平台梁整浇在一起，由平台梁支承。梯段相当于是一块斜放的带锯齿的现浇平板，平台梁是支座，梯段板的主筋沿梯段长度方向配置并伸入平台梁中。为保证平台过道处的净空高度，可在板式楼梯的局部位置取消平台梁，形成折板式楼梯，如图 8-134 所示。板式楼梯适用于荷载较小、建筑层高较小（建筑层高对梯段长度有直接影响）的情况，如住宅、宿舍建筑。梯段的水平投影长度一般不大于 3m。

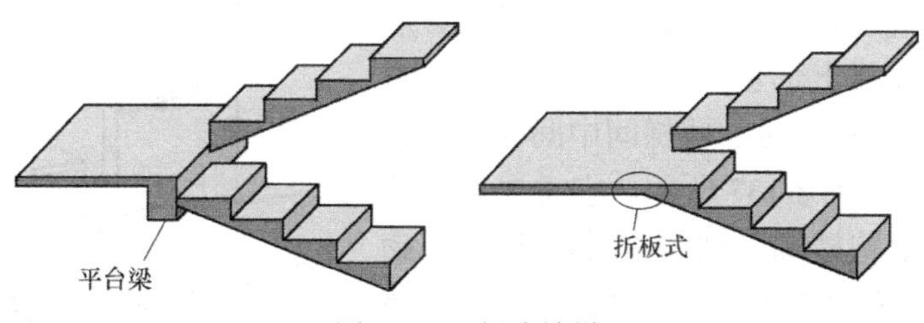

图 8-134　板式楼梯

（2）梁板式楼梯　梁板式楼梯由踏步板、楼梯斜梁、平台梁和平台板组成。踏步板由斜梁支承，斜梁由两端的平台梁支承，如图 8-135 所示。踏步板的主筋沿踏面的长度方向配置，梯段斜梁的主筋沿梯段长度方向配置并伸入平台梁中。梯段梁可分设在梯段的两侧、中间和一侧；梯段梁可做成明步（梁在踏步板下，踏步露明）和暗步（梁在踏步板上面，下面平整，踏步包在梁内）。

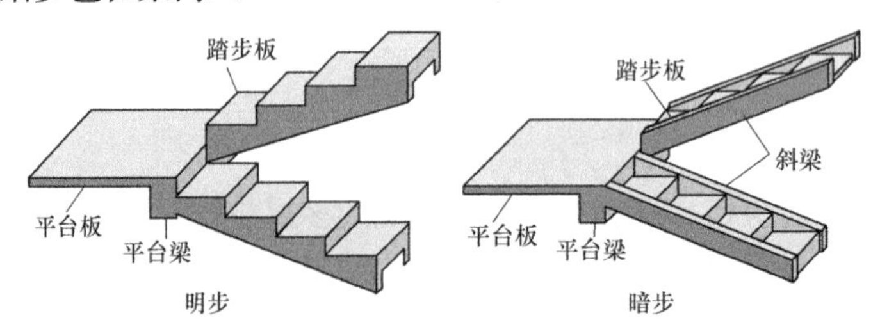

图 8-135　梁板式楼梯

2．预制装配式钢筋混凝土楼梯

预制装配式钢筋混凝土楼梯是将楼梯的组成构件在工厂或工地现场预制，然后在施工现场拼装而成。这种楼梯施工进度快，节省模板，现场湿作业少，施工不受季节限制，有利于提高施工质量。但预制装配式钢筋混凝土楼梯施工时需要配套的起重设备、投资较多，整体性、抗震性以及设计灵活性差，故应用受到一定限制。

（1）小型构件装配式钢筋混凝土楼梯　小型构件装配式钢筋混凝土楼梯一般将楼梯的踏步和支承结构分开预制，构件尺寸小、重量轻、数量多，具有构件生产、运输、安装方便的优点，但施工繁而慢，往往需要现场湿作业配合的不足。预制踏步的断面形式多为三角形、L 形和一字形等，如图 8-136 所示。

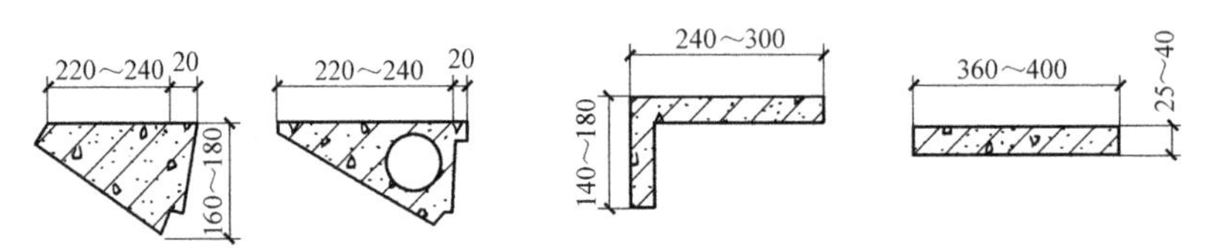

图 8-136　预制踏步断面形式（单位：mm）

根据梯段的构造和预制踏步的支承方式不同，小型构件装配式楼梯可分为墙承式、梁承式、悬挑式三种形式。

1）墙承式楼梯由踏步板、平台板两种预制构件组成，整个楼梯段由一个个单独的一字形或 L 形踏步板两端支承在墙上形成，省去了平台梁和斜梁。当用于双跑双折楼梯时，楼梯间中间梯井位置需加砌一道砖墙，如图 8-137 所示。它主要适用于直跑楼梯，若为双跑楼梯，则需在楼梯间中部砌墙，阻挡了上下人流的视线，易发生碰撞，应在墙上适当位置开设观察孔。

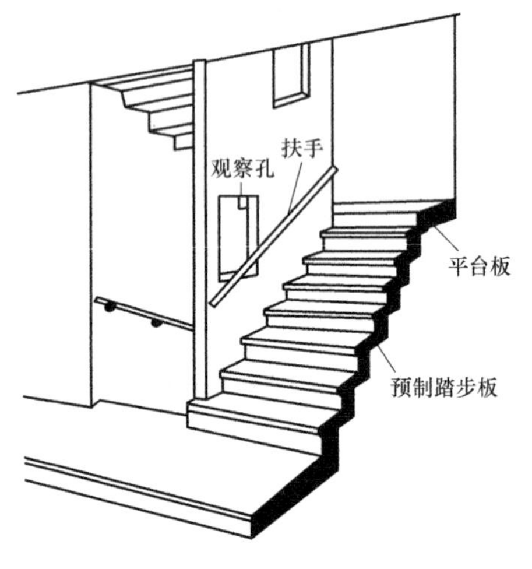

图 8-137　墙承式楼梯

2）梁承式楼梯一般由踏步板、斜梁、平台梁和平台板四种预制构件组成。踏步板两端支承在斜梁上，斜梁支承在平台梁上，如图 8-138 所示。踏步之间以及踏步与斜梁之间应用水泥砂浆坐浆连接，逐个叠置。锯齿形斜梁应预埋插筋，与一字形、L 形踏步板的预留孔插接，孔内用高标号水泥砂浆填实。

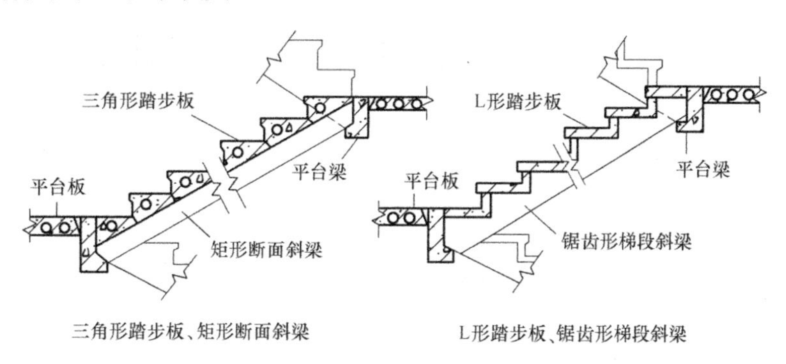

图 8-138　梁承式楼梯

3）悬挑式楼梯由踏步板、平台板两种预制构件组成。踏步板一端依次砌在墙内，另一端悬空，也可采用现浇斜梁悬挑，如图 8-139 所示。楼梯间两侧墙体厚度一般不小于 240mm，踏步悬挑长度即梯段宽度一般不超过 1.5m。悬挑式楼梯整体性差，不能用于有抗震要求的建筑物中。

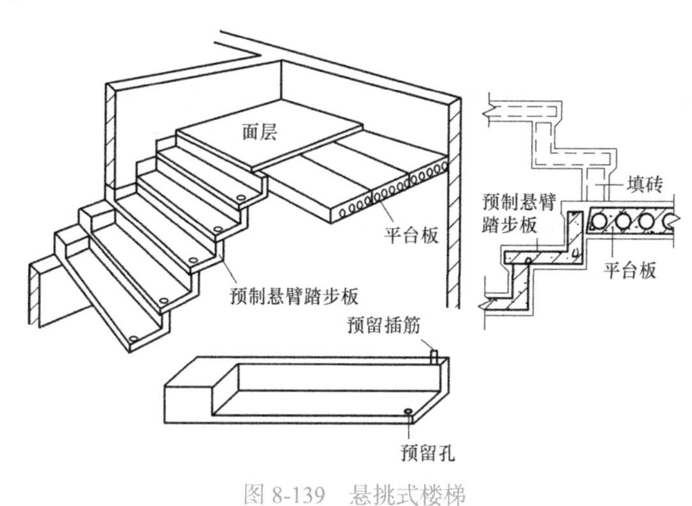

图 8-139　悬挑式楼梯

（2）中型构件装配式钢筋混凝土楼梯　中型构件装配式钢筋混凝土楼梯一般以楼梯段和平台各自做一个构件装配而成。

平台板可用一般楼板，另设平台梁；平台板也可与平台梁结合成一个构件，一般采用槽形板。梯段有板式和梁板式两种，如图 8-140 所示。板式梯段有实心和空心之分，实心板自重较大。空心板可纵向或横向抽孔。

（3）大型构件装配式钢筋混凝土楼梯　大型构件装配式钢筋混凝土楼梯是把整个梯段和平台板预制成一个构件，如图 8-141 所示，每层楼梯由两个相同的构件组成，构件的体量大，规格和数量少，装配容易、施工速度快，适于成片建设的大量性建筑。

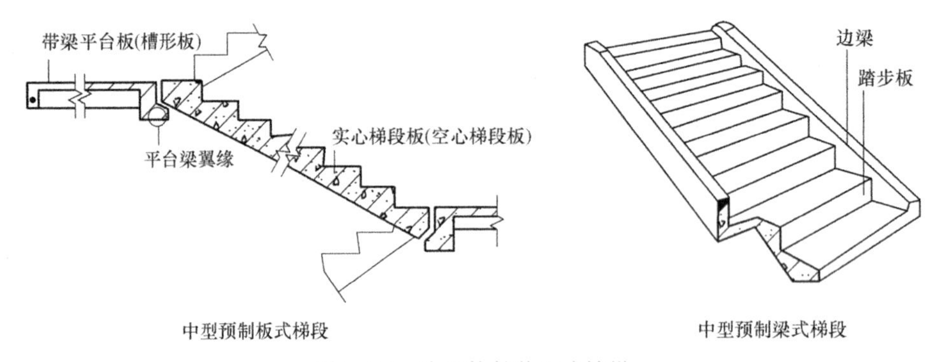

图 8-140　中型构件装配式楼梯

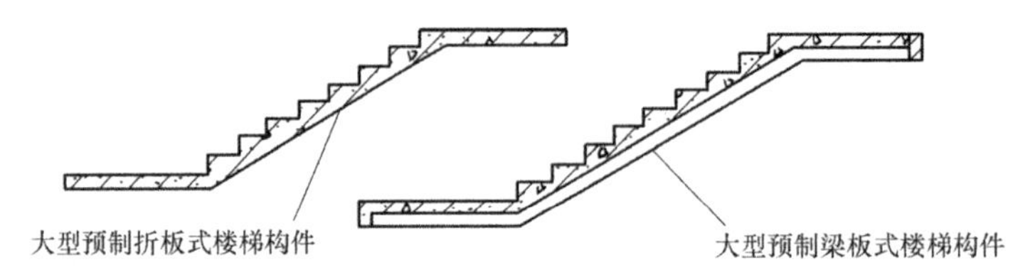

图 8-141　大型构件装配式楼梯

8.5.3　楼梯的尺度和设计

1. 楼梯的尺度

（1）楼梯的坡度及踏步尺寸　根据楼梯的使用情况，合理选择楼梯的坡度。楼梯常见坡度为 20° ～ 45° ，其中 30° 左右较为通用，楼梯的最大坡度不宜大于 38° ，如图 8-142 所示。

楼梯梯段是由若干踏步组成的，每个踏步由踏面和踢面组成，如图 8-143 所示。

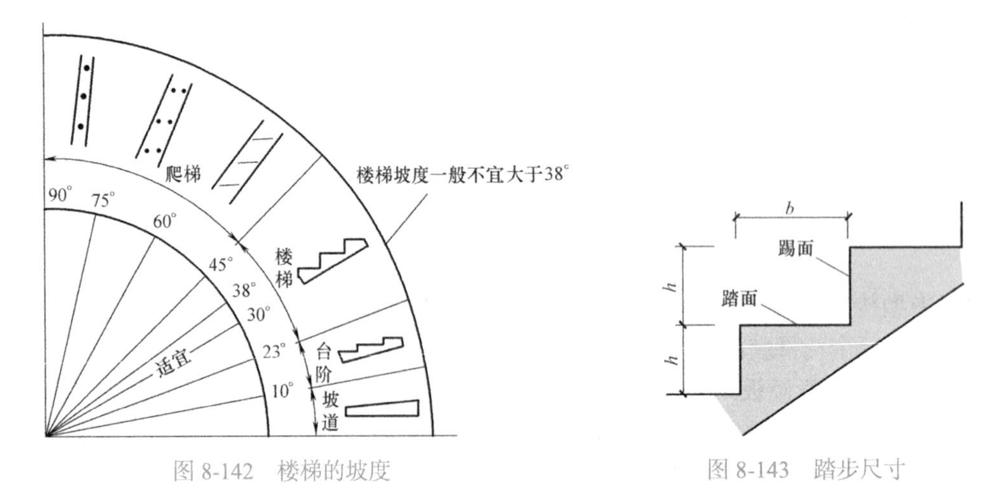

图 8-142　楼梯的坡度　　图 8-143　踏步尺寸

踏步尺寸与人的行走步距有关，踢面高（h）和踏面宽（b）的经验公式：$b+2h=$ 600 ～ 620mm。踏步的踢面高度原则上不超过 180mm，作为疏散楼梯时，不同类型建筑要求限制踏步的尺度，如住宅不超过 175 mm×260 mm，商业建筑不超过 160 mm×280 mm

等。常用楼梯适宜踏步尺寸可参见表 8-10。

表 8-10　常用楼梯适宜踏步尺寸　　（单位：mm）

建筑物类别	住宅	学校、办公楼	剧院、会场	医院（病人用）	幼儿园
踏步高	150-175	140-160	130-150	150	120-140
踏步宽	260-300	280-340	300-350	300	260-280

（2）梯段尺寸　楼梯的梯段宽（净宽是指墙边到扶手中心线的距离，如图 8-144 所示）按 550mm+（0 ～ 150mm）为一股人流，不同建筑类型的建筑按楼梯的使用性质需要不同的梯段宽。一般一股人流宽度大于 900mm，两股人流宽度为 1100 ～ 1400mm，三股人流为 1650 ～ 2100mm，如图 8-145 所示，但公共建筑都不应少于两股人流。

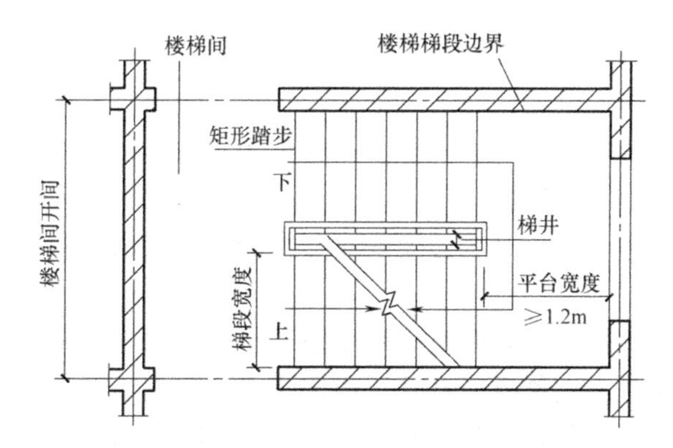

图 8-144　楼梯梯段、平台和梯井

（3）平台宽度　楼梯平台有中间平台和楼层平台之分。为保证正常情况下人流通行和非正常情况下安全疏散，以及搬运家具设备的方便，中间平台和楼层平台的宽度（平台深度），如图 8-144、图 8-145 所示，均应等于或大于楼梯段的宽度。

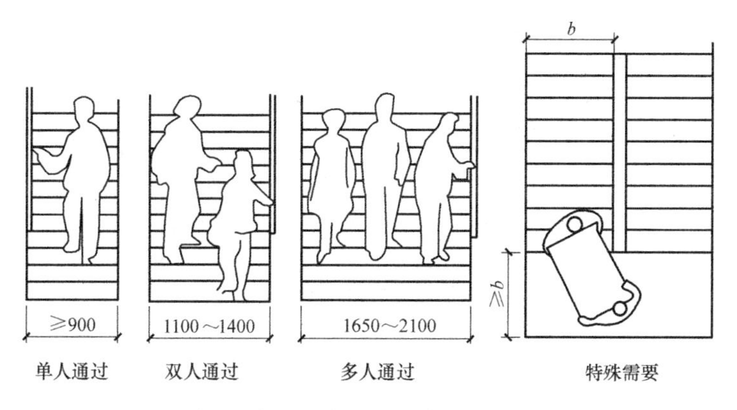

图 8-145　梯段通行人流宽度和平台通行宽度（单位：mm）

在有门开启的出口处和有构件突出处，楼梯平台应适当放宽留出安全距离，并且不得小于 1200mm，如图 8-146 所示。

在开敞式楼梯中，楼层平台宽度可利用走廊或过厅的宽度，但为防止走廊上的人流与从楼梯上下的人流发生拥挤或干扰，楼层平台应有一个缓冲空间，其宽度不得小于 500mm，如图 8-147 所示。

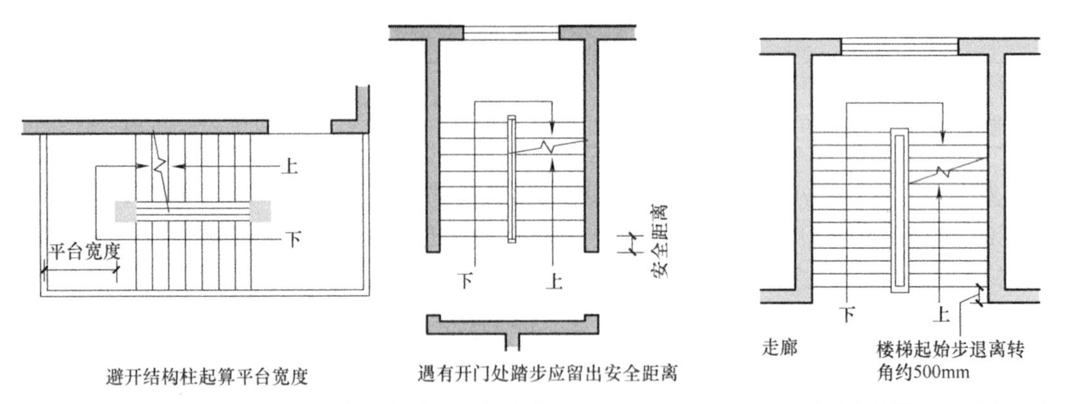

图 8-146　平台宽度需要加大的情形　　　图 8-147　开敞式楼梯楼层平台缓冲空间

（4）梯井宽度　梯井（图 8-144）宽度一般以 60 ～ 200mm 为宜。住宅梯井净宽大于 0.11m 时，必须采取防止儿童攀滑的措施；托儿所、幼儿园、中小学及少年儿童专用活动场所的楼梯，梯井净宽大于 0.20m 时，必须采取防止少年儿童攀滑的措施，楼梯栏杆应采取不易攀登的构造。

（5）栏杆扶手尺度　扶手的高度是指踏步前缘至扶手顶面的垂直距离。扶手高度应与人体重心高度协调，避免人们倚靠栏杆扶手时因重心外移发生意外。一般室内楼梯栏杆高度不应小于 900mm，供儿童使用的楼梯扶手高度多取 500~600mm，如果靠扶手井一侧水平栏杆长度超过 0.5m，其扶手高度不应小于 1.05m，如图 8-148 所示；室外楼梯栏杆高度不应小于 1.05m。

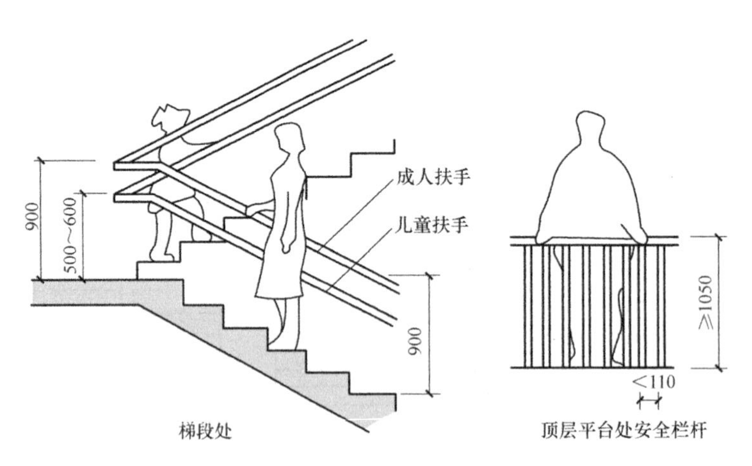

图 8-148　栏杆扶手尺寸（单位：mm）

（6）楼梯净空高度　楼梯的梯段下面的净高不得小于 2200mm；楼梯的平台处净高不得小于 2000 mm。梯段净高为自踏步前缘（包括最低和最高一级踏步前缘线以外 300mm 范围内）量至上方突出物下缘间的垂直高度，如图 8-149 所示。

当首层平台下作通道不能满足 2m 的净高要求时，可以采取以下办法解决：

1）改成长短跑楼梯：将楼梯底层设计成“长短跑”，让第一跑的踏步数目多些，第二跑踏步少些，利用踏步的多少来调节下部净空的高度。

2）下沉地面：在建筑室内外高差较大的前提下，局部降低底层中间平台下地坪标高。例如室内外高差为 600mm，用下沉地面的方法可以达到通行净高的要求，但却增加了房屋的底层高度，因而增加了工程造价。

3）综合上述两种方式：采取长短跑梯段的同时，降低底层中间平台下地坪标高。

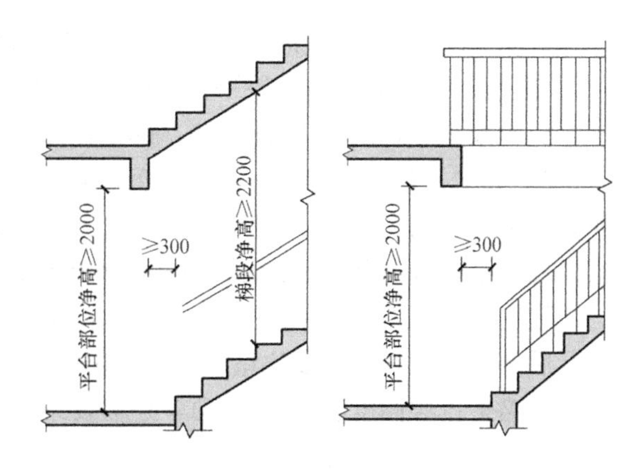

图 8-149　楼梯净空高度（单位：mm）

4）将底层采用单跑楼梯：直接从室外上二层，底层用直行单跑或直行双跑楼梯直接从室外上二层。

5）提高底层层高：公共建筑如办公楼、商场、宾馆等可采用加大底层层高的办法，如层高选用 4800mm 以上。

6）不设置平台梁：平台梁高为其梁长的 1/12 左右，一般均在 300~400mm 之间，如果取消平台梁，将上、下梯段和平台组合成一个整体式的折板，将板直接支承在承重墙体上。

2. 楼梯的设计

已知：某住宅双跑楼梯，层高 3m。室内地面标高为 ±0.000m，室外设计地坪标高为 −0.450m，楼梯段净宽为 1100mm，楼梯间进深为 5400mm。楼梯间墙厚 240mm，忽略平台梁高度和楼板厚度。现要求在一层楼梯间转向平台下过人，请写出调整方法和具体步骤，并画出调整后的楼梯建筑剖面图，绘制到二层楼面高度即可，并标注尺寸和标高。

解：1）首先设计标准段楼梯转折形式及级数，已知楼梯性质为住宅楼梯，层高为 3m。设计楼梯为平行双跑楼梯，每个梯段将解决 1.5m 高差。由于住宅楼梯踏步高度范围为 150 ～ 175 mm，踏步宽度范围为 260 ～ 300 mm。初步设十级踏步，则每个踏步解决的高差为 150mm，比较适宜。

选择踢面高度 h =150mm，踏步级数为 n =10 级。

根据 $b+2h$ = 600 ～ 620mm，可选择 b = 300mm，满足构造要求。

则梯段长 $L=(n-1)b$ =[(10−1)×300]mm = 2700mm。

已知楼梯梯段净宽为 1100mm，两梯段之间的缝隙宽（梯井宽度）最大值为 200mm，则楼梯间开间净宽最小值为：(1100+1100+200)mm = 2400mm。

考虑两侧墙体厚度和满足模数要求，楼梯间开间尺寸可取为 2700mm，则梯段净宽计算取为：(2700−240−200)mm / 2=1130mm。

已知楼梯间进深为 5400mm，则楼梯平台深度最小值为：(5400−2700−240)mm/2= 1230mm，满足楼梯平台深度应大于梯段净宽的构造要求。最后调整，楼层靠门一侧平台净尺寸取 1260mm，中间平台净尺寸取 1200mm。

最后，标准段楼梯间平面尺寸确定为如下：

开间：2700mm；进深：5400mm；梯井：200mm；梯段宽：1130mm（净宽 1100mm）；梯段长：2700mm；楼层平台宽度：1260mm；中间休息平台宽度：1200mm。

标准段每个梯段共 10 级踏步：踢面高度 150mm；踏面宽度 300mm。

2）其次，设计要求在一层楼梯间转向平台下过人，如沿用标准段设计的话，一层楼梯间转向平台标高为 1.5m，需要进行调整，方法和具体步骤如下：

已知室内外高差 -0.450m，可利用室内外高差来解决。

转向平台下高度可调整为：[1500+(450-150)]mm=1800mm（此处的 150mm 是为了满足降低后的室内地坪至少要比室外地坪高出一级踏步的高度），仍小于构造要求 2000mm（题中建议忽略平台梁高度和楼板厚度）。还需要结合长短跑增加底层楼梯第一个梯段的踏步数量。

由于离转向平台所需高度还差：(2000-1800)mm=200mm，所以，最少还需要加长两个标准踏步高度（可解决高差 300mm），为满足级数不少于 3 级的要求，踏步数取为 3 级，每级高度为 100mm。

因此，采用增加底层楼梯第一个梯段的踏步数量为 12 个，同时结合室内外高差来解决在一层楼梯间转向平台下过人的设计要求。

调整后一层楼梯间转向平台标高为：(1800+300)mm =2100mm，第一跑梯段水平投影长度为 11×300mm=3300mm。

注意：由于加长第一梯段的长度，因此转折平台将向外平移 600mm，需要考虑转折平台在剖面设计时的围护要求。

3）绘制剖面图如图 8-150 所示。

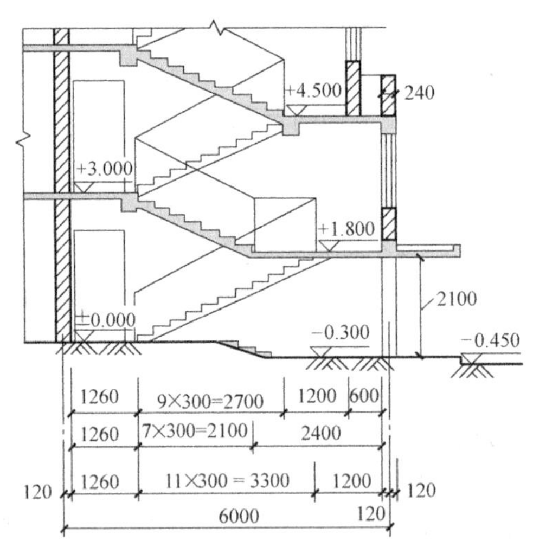

图 8-150　某住宅双跑楼梯间剖面图

8.5.4　楼梯的细部构造

1. 踏步面层及防滑措施

（1）踏步面层　楼梯踏步的踏面应光洁、耐磨，易于清扫，装修标准不低于楼地面。面层可采用水泥砂浆、水磨石、铺大理石板或铺缸砖等，做法一般与楼地面相同，如图 8-151 所示。

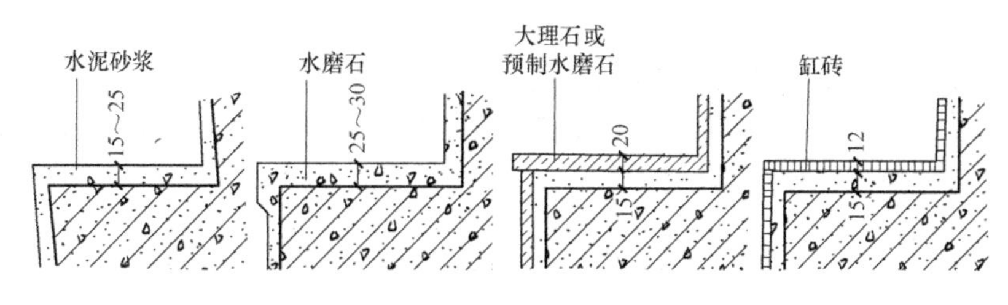

图 8-151　踏步面层

（2）防滑措施　人流集中的楼梯，踏步表面应采取防滑和耐磨措施，通常是在踏步口做设置防滑槽、防滑条。防滑条长度一般按踏步长度每边减去 150mm，防滑材料可采用金刚砂、缸砖、马赛克、橡胶条、塑料条和金属条等，如图 8-152 所示。

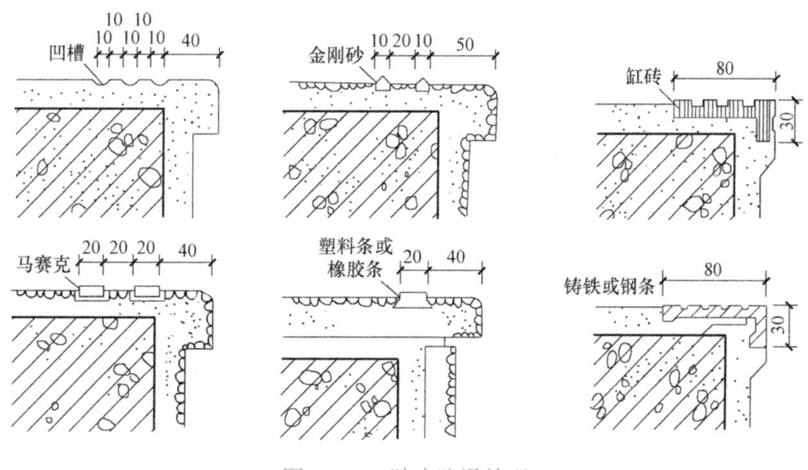

图 8-152　踏步防滑处理

2．栏杆、栏板

（1）空花栏杆　一般用于室内楼梯，多采用金属材料制作，如钢材、铝材、铸铁花饰等，并可焊接或铆接成各种图案，既起防护作用，又起装饰作用。其垂直杆件间净距不应大于 110mm。

（2）栏板式栏杆　一般用于室外楼梯，是用实体材料制作而成。常用材料有钢筋混凝土、加设钢筋网的砖砌体、木材、有机玻璃、钢化玻璃等，栏板的表面应光滑平整、便于清洗。

（3）组合式栏杆　组合式栏杆是将空花栏杆与栏板组合在一起。空花部分一般用金属材料，栏板部分的材料与栏板式相同。

栏杆或栏板可通过锚接、焊接和栓接的方式与踏步和梯段连接。

3．扶手

扶手的尺寸和形状除考虑造型要求外，应以便于手握为宜。其表面必须光滑、圆顺，顶面宽度一般不宜大于 90mm。扶手可以用优质硬木、金属型材（铁管、不锈钢、铝合金等）、工程塑料及水泥砂浆抹灰、水磨石、天然石材制作。室外楼梯不宜使用木扶手，以免淋雨后变形和开裂。

木扶手、塑料扶手一般用螺钉与栏杆连接，金属扶手直接用焊接的方式与栏杆连接。扶手可通过预埋钢板焊接或预留孔插接的方式与墙柱相连接。

在梯段转折处，由于梯段间的高差关系，为了保持栏杆高度一致和扶手的连续，需根据不同的情况进行处理，如图 8-153 所示。

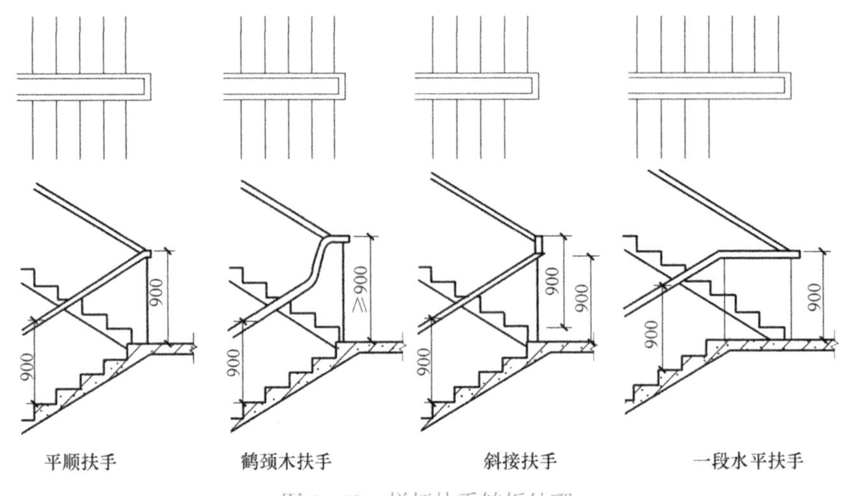

图 8-153　栏杆扶手转折处理

1）当上下行梯段齐步时，上下行扶手同时伸进平台半步，扶手为平顺连接，转折处的高度与其他部位一致，但这样做缩小了平台的有效深度。

2）当平台宽度较窄时，扶手不宜伸进平台，应紧靠平台边缘设置，扶手为高低连接，在转折处形成向上弯曲的鹤颈扶手。

3）鹤颈扶手制作麻烦，可改用斜接。

4）当上下梯段错一步时，扶手在转折处不需要向平台延伸即可自然连接。当长跑梯段错开时，将出现一段水平栏杆。

 8.5.5　台阶与坡道

1. 台阶与坡道的形式

台阶是设置于建筑物出入口或关联部分之间的踏步及平台。室外台阶由踏步和平台组成，有单面踏步（一出）、双面踏步、三面踏步（三出）、带垂直面（或花池）、曲线形和带坡道等形式，如图 8-154 所示。当台阶高度超过 1.0m 时，宜设护栏设施。

台阶坡度较楼梯平缓，通常踏步高度为 100 ～ 150mm，踏步宽度为 300 ～ 400mm。平台深度一般不小 1000mm，平台表面宜比室内地面低 20 ～ 60mm，并向外找坡 1%～ 3%，以利排水。

坡道主要用于替代楼梯或台阶的踏步高差，形成无障碍通道，如图 8-155 所示。坡道多为单面坡形式，极少三面坡，坡道坡度应以有利推车通行为佳，一般为 1 ∶ 12 ～ 1 ∶ 6。面层光滑的坡道，坡度不宜大于 1 ∶ 10；粗糙材料和设防滑条的坡道不应大于 1 ∶ 6；锯齿形坡道的坡度可加大至 1 ∶ 4。大型公共建筑，为考虑汽车能在大门入口处通行，常采用台阶与坡道相结合的形式。

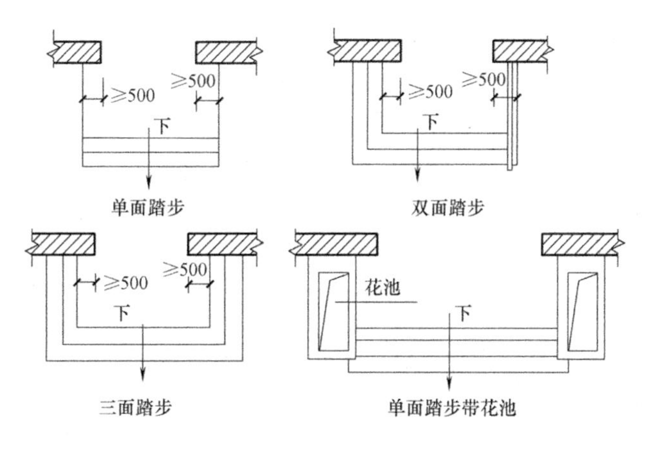

图 8-154　室外台阶形式

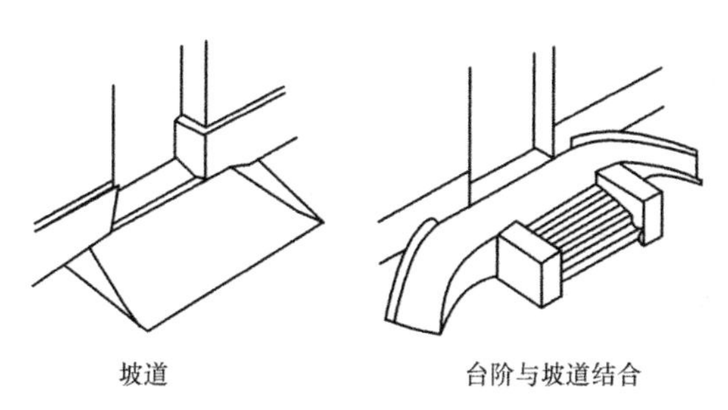

图 8-155　坡道的形式

坡道的坡段宽度每边应大于门洞口宽度至少 500mm，坡段的出墙长度取决于室内外地面高差和坡道的坡度大小。

2．台阶构造

台阶分为实铺式和空铺式两种，如图 8-156 所示，其构造层次为面层、结构层、垫层。按结构层材料不同，有混凝土台阶、石台阶、钢筋混凝土台阶、砖台阶等，其中混凝土台阶应用最普遍。面层应采用耐磨、抗冻材料。常见的有水泥砂浆、水磨石、缸砖以及天然石板等。水磨石在冰冻地区容易造成滑跌，故应慎用。若使用时必须采取防滑措施。缸砖、天然石板等多用于大型公共建筑大门入口处。

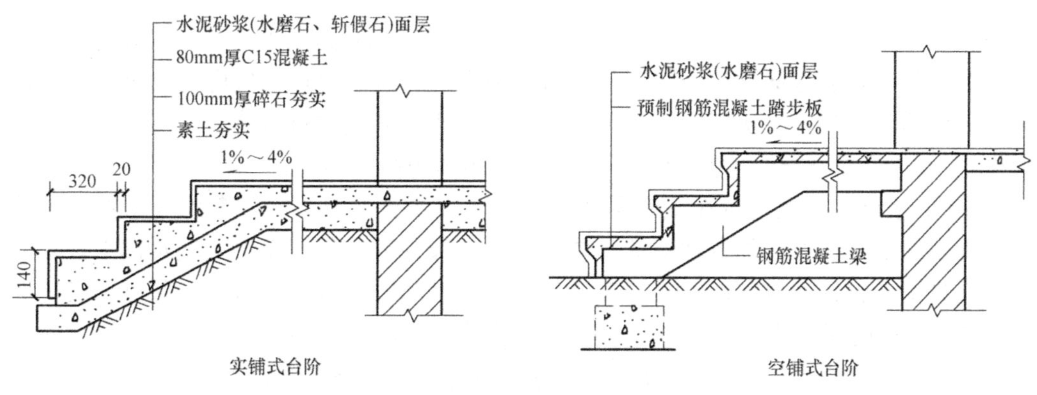

图 8-156　台阶构造

为预防建筑物主体结构下沉时拉裂台阶，应待主体结构有一定沉降后，再做台阶；也可以在台阶和建筑主体之间设置沉降缝，将台阶与主体完全断开，加强缝隙节点处理。

3．坡道构造

坡道材料常见的有混凝土或石块等，面层也以水泥砂浆居多，对经常处于潮湿、坡度较陡或采用水磨石做面层的，在其表面必须作防滑处理，如图 8-157 所示。

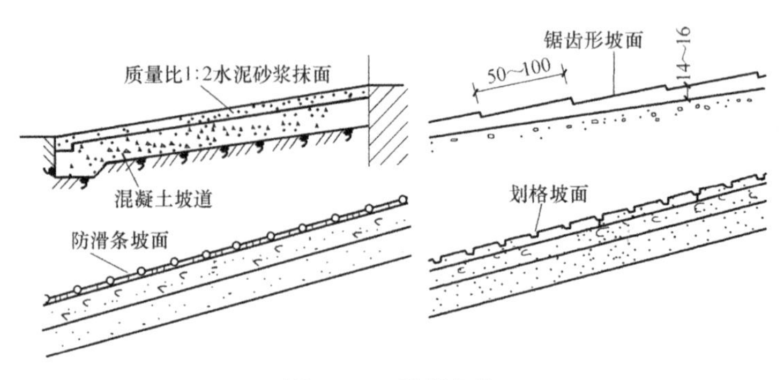

图 8-157　坡道构造

当坡度大于 1 ： 8 时，坡道表面应做防滑处理，一般将坡道表面做成锯齿形或设防滑条防滑，也可在坡道的面层上做划格处理。

8.5.6　电梯和自动扶梯

1．电梯

（1）电梯的类型　电梯是高层住宅与公共建筑、工厂等不可缺少的重要垂直运载设备。按使用性质，电梯可分为：用于人们在建筑物中的垂直联系的客梯，用于运送货物及设备的电梯，用于发生火灾、爆炸等紧急情况下做安全疏散人员和消防人员紧急救援使用的消防电梯。按电梯行驶速度，电梯可分为：高速电梯（速度大于 2m/s），中速电梯（速度在 2m/s 之内），低速电梯（速度在 1.5m/s 以内）。

（2）电梯的组成

1）电梯井道。电梯井道是电梯运行的通道，井道内包括出入口、电梯轿厢、导轨、导轨撑架、平衡锤及缓冲器等。不同用途的电梯，井道的平面形式是不同的。

2）电梯机房。电梯机房一般设在井道的顶部。机房和井道的平面相对位置允许机房任意向一个或两个相邻方向伸出，并满足机房有关设备安装的要求。机房楼板应按机器设备要求的部位预留孔洞。机房要采用经久耐用和不易产生灰尘的材料建造，机房地面应采用防滑材料，如抹平混凝土、波纹钢板等，并能承受 7000Pa 的压力。

3）井道地坑。井道地坑在最底层平面标高下，大于等于 1.4m，考虑电梯停靠时的冲力，作为轿厢下降时所需的缓冲器的安装空间。电梯井道下部应设置底坑及排水装置，底坑底部应光滑平整，底坑深度和顶层高度与额定速度和额定载重量有关，井道和底坑都有防潮要求。底坑的深度达到 2.5 m 时，还应设置检修爬梯和必要的检修照明电源等。

（3）电梯井道构造　电梯井道的构造要求主要是井道的垂直度和规定的空间尺寸，既要保证电梯井道的空间尺寸，又要满足结构的刚度，还要与平面布置相协调，如图 8-158 所示。

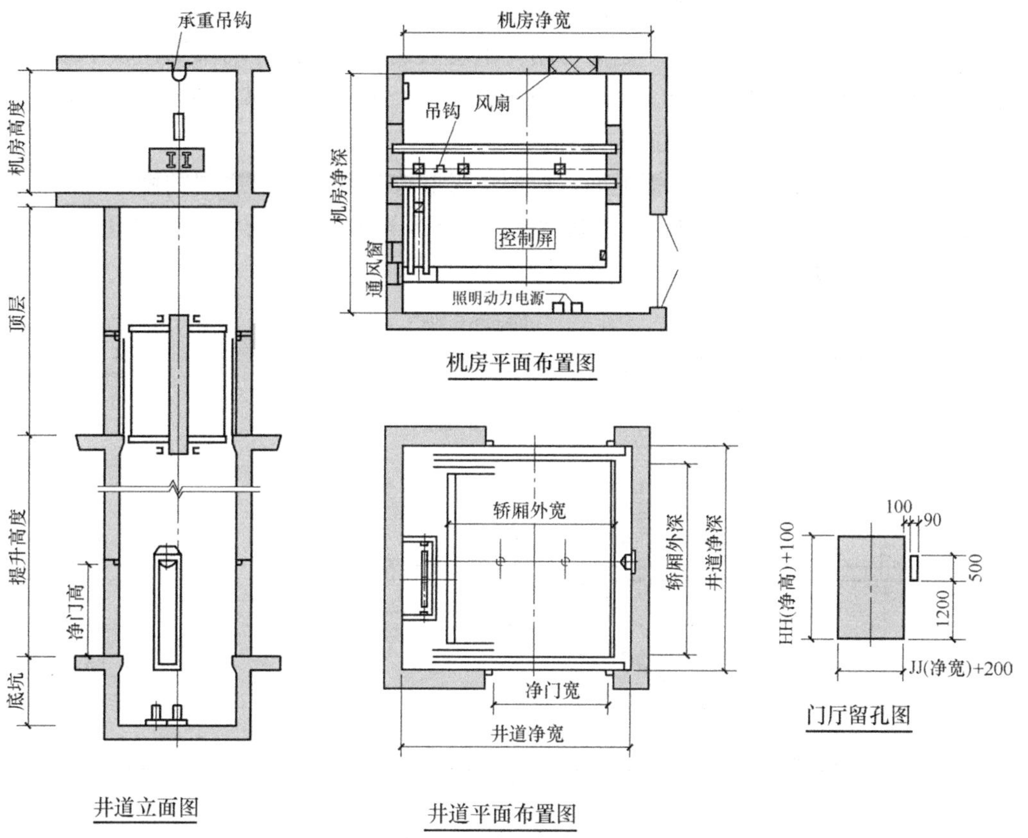

承重吊钩
机房高度
顶层
提升高度
净门高
底坑
井道立面图

机房净宽
机房净深
吊钩
风扇
控制屏
通风窗
照明动力电源
机房平面布置图

轿厢外宽
轿厢外深
井道净深
净门宽
井道净宽
井道平面布置图

100
90
HH(净高)+100
500
1200
JJ(净宽)+200
门厅留孔图

图 8-158　电梯安装图

电梯轿厢在井道中运行，上下都需要一定的空间供吊缆装置和检修需要。因此规定电梯井道在顶层停靠层必须有 4.5 m 以上的高度。

电梯井道近似一座烟囱，在高层建筑中穿通各层，火灾中容易形成烟囱效应，导致火焰及烟气的蔓延，是防火的重要部位。井道的围护结构必须具备足够的防火性能，其耐火极限不低于该建筑的耐火等级规定。消防电梯井道及机房与相邻的电梯井道及机房之间应用耐火极限不低于 2.0h 的防火墙隔开，消防电梯间前室门口宜设挡水设施，消防电梯井底应设集水坑，集水坑容量不应小于 $2m^3$。

井道的顶部和中部适当位置（高层时）以及坑底处设置不小于 300mm×600mm 或其面积不小于井道面积 3.5% 的通风口。通风管道可在井道顶板或井道壁上直接通往室外。

民用房间应避开机房设置。一般在机房设备下设减震衬垫，当电梯运行速度超过 1.5m/s 时，还需在机房与井道之间设不小于 1.5 m 高的隔声层。电梯井道外侧应设置隔声措施。最好是楼板与井道壁脱离，另做隔声层；也可在井道外加砌混凝土块衬墙。

2. 自动扶梯

自动扶梯适用于有大量人流上下的公共场所，如车站、超市、商场、地铁车站等。自动扶梯采取机电系统技术，由电动马达变速器以及安全制动器所组成的推动单元拖动两条环链，而每级踏板都与环链连接，通过轧轮的滚动，踏板便沿主构架中的轨道循环运转，而在踏板上面的扶手带以相应速度与踏板同步运转。

自动扶梯可正、逆方向运行，但不可用作消防通道。自动扶梯的坡道比较平缓，一般采用30º，运输的垂直高度为0～20m，速度则为0.45～0.75m/s，常用速度为0.5m/s。自动扶梯的理论载客量为4000～13500人次/h。

自动扶梯的机械装置悬在楼板下面，楼层下做装饰外壳处理，底层则做地坑；在其机房上部自动扶梯口处应做活动地板，以利检修，如图8-159所示。自动扶梯洞口四周应按照防火分区要求采取防火措施。

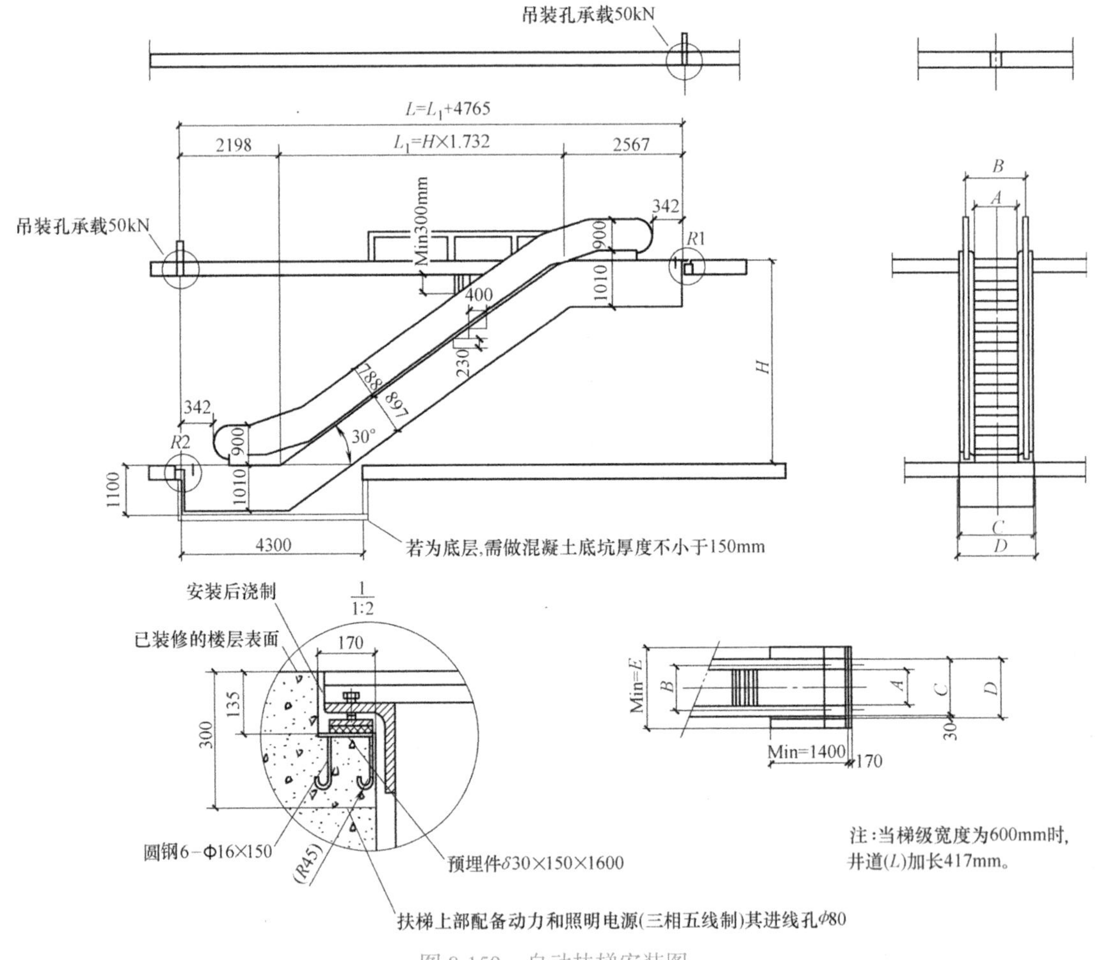

图8-159　自动扶梯安装图

8.6　门窗

门窗是建筑物中的两个重要组成部分。门的主要作用是供通行出入、分隔建筑空间、疏散、采光和通风；窗的主要作用是采光、通风和观察。同时，门窗又是建筑物的外观和室内装饰的重要组成部分，造型上美观大方，满足保温、隔热、隔声、防火、防风沙及防盗等构造要求，坚固耐用、开启方便、关闭紧密、便于清洁和维修，规格类型应尽量统一，并符合现行《建筑模数协调标准》（GB/T 50002—2013）的要求，以降低成本，适应建筑工业化生产的需要。

 8.6.1　门窗的组成、尺度与代号

1. 门的组成与尺度

门一般由门框、门扇、五金零件及配件组成。门框是门与墙体的连接部分，由上框、边框、中横框和中竖框组成。门扇一般由上、中、下冒头和边梃组成骨架，中间固定门芯板。五金零件包括铰链、插销、门锁、拉手等。门框和墙连接处，根据不同的要求，有时要附设贴脸板、筒子板等配件，如图 8-160 所示。

门的尺度指门洞的高宽尺寸，应满足人流疏散，搬运家具、设备的要求，并应符合相关规定。

一般情况下，门保证通行的高度不小于 2000 mm，当上方设亮子时，应加高 300 ～ 600mm。

门的宽度应满足一个人通行，并考虑必要的空隙，一般为 700 ～ 1000mm，通常设置为单扇门，辅助房间如浴厕、贮藏室的门为 700 ～ 800mm。对于人流量较大的公共建筑的门，其宽度应满足疏散要求，可设置两扇以上的门。双扇门为 1200 ～ 1800mm ；宽度在 2100 mm 以上时，则多做成三扇门、四扇门或双扇带固定扇的门。

2. 窗的组成与尺度

窗一般由窗框、窗扇、五金零件及配件组成。窗框是窗与墙体的连接部分，由上框、下框、边框、中横框和中竖框组成。窗扇是窗的主体部分，分为活动扇和固定扇两种，一般由上冒头、下冒头、边梃和窗芯（或称为窗棂）组成骨架，中间固定玻璃、窗纱或百叶。五金零件包括铰链、插销、风钩等。窗框和墙连接处，根据不同的要求，有时要附设窗台板、贴脸、筒子板、窗帘盒等配件，如图 8-161 所示。

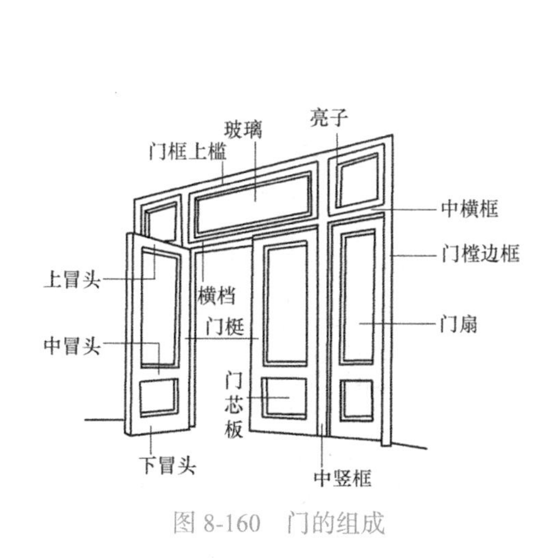

图 8-160　门的组成

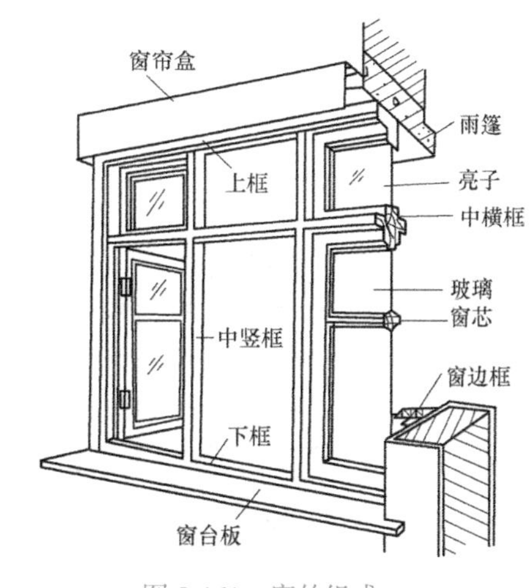

图 8-161　窗的组成

窗的尺度主要取决于房间的采光通风、构造做法和建筑造型等要求，并要符合相关规

定。对一般民用建筑用窗，各地均有通用图集，各类窗的高度与宽度尺寸通常采用扩大模数 3M 数列作为洞口的标志尺寸，需要时只要按所需类型及尺度大小直接选用。

为了确保窗的坚固、耐久，应限制窗扇的尺寸，一般平开木窗的窗扇高度为 800 ～ 1200mm，宽度不大于 500mm；上、下悬窗的窗扇高度为 300 ～ 600 mm；中悬窗窗扇高度不大于 1200mm，宽度不大于 1000mm；推拉窗的高宽均不宜大于 1500mm。

3. 门窗代号

门的基本代号为 M。门的代号有 FM（防火门）、PM（平开门）、TM（推拉门）、MM（木门）等。

窗的基本代号为 C。窗的代号有 FC（防火窗）、PC（平开窗）、TC（推拉窗）、XC（旋转窗）、NC（内开窗）、WC（外开窗）、YC（阳台窗）等。有时也用材料注写辅助代号，如 SC（塑料窗）、LC（铝合金窗）、GC（钢窗）等。

8.6.2 门窗的分类

1. 门的分类

（1）按材料分　按材料可分为木门、钢门、铝合金门、塑钢门，另外还有钢塑、木塑、铝塑等复合材料制作的门。其中木门以质地具有温暖感、装饰效果好、色彩丰富、密封较好，而得到广泛采用。

（2）按开启方式分　按开启方式可分为平开门、推拉门、弹簧门、转门、折叠门等，如图 8-162 所示。

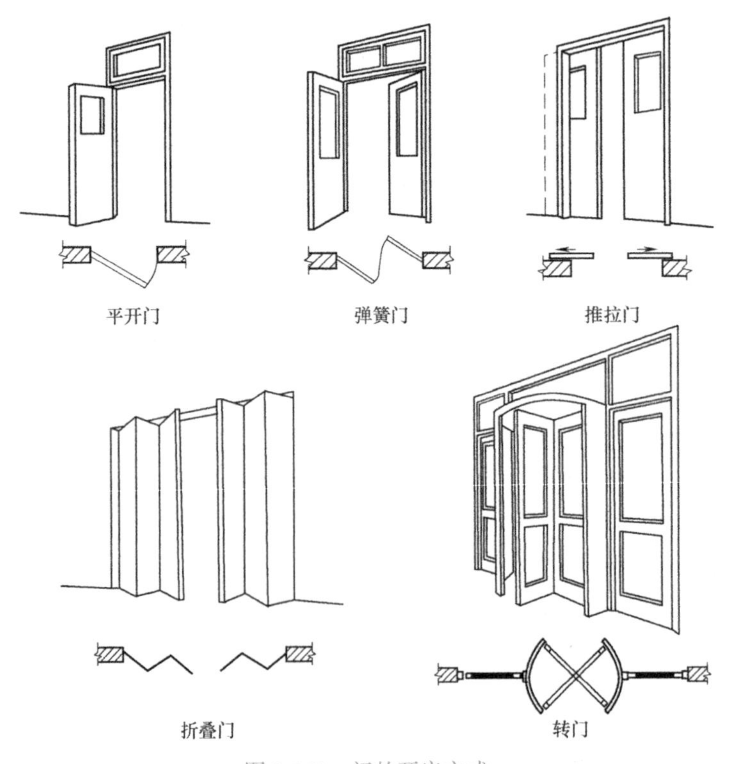

图 8-162　门的开启方式

1）平开门：铰链安在侧边，可水平开启，有单扇、双扇、内开、外开之分。平开门构造简单，开启灵活，安装维修方便，是房屋建筑中使用最广泛的一种形式；

2）推拉门：门扇是通过上下轨道，左右推拉滑动进行开启，占用空间少。推拉门适用于两个空间需扩大联系的门。在人流较多的场所，还可以采用光电式或触动式自动启闭推拉门。

3）弹簧门：也是水平开启的门，只是门扇侧边使用弹簧铰链或地弹簧，可内外弹动，自动关闭。弹簧门适用于人流较多，需要自动关闭的场所。为避免逆向人流相互碰撞，一般门上都安装有玻璃。

4）转门：由三或四扇门连成风车形，固定在中轴上，可在弧形门套内旋转。门扇旋转时，有两扇门的边挺与门套接触，可阻止内外空气对流。一般在转门两旁另设开门或弹簧门，作为不需要空气调节的季节或大量人流疏散时之用。

5）折叠门：由几个较窄的门扇相互间用铰链连接而成。开启后，门扇折叠在一起，可少占空间。折叠门适用于两个空间需要扩大联系的门。

（3）按功能分　按功能可分为保温门、隔声门、防火门、防盗门等。

2. 窗的分类

（1）按材料分　按材料可分为木窗、钢窗、铝合金窗、塑料窗和玻璃钢窗，此外还有钢塑、木塑、铝塑等复合材料制成的窗。

（2）按开启方式分　按开启方式可分为固定窗、平开窗、悬窗、立转窗、推拉窗和百叶窗等，如图 8-163 所示。

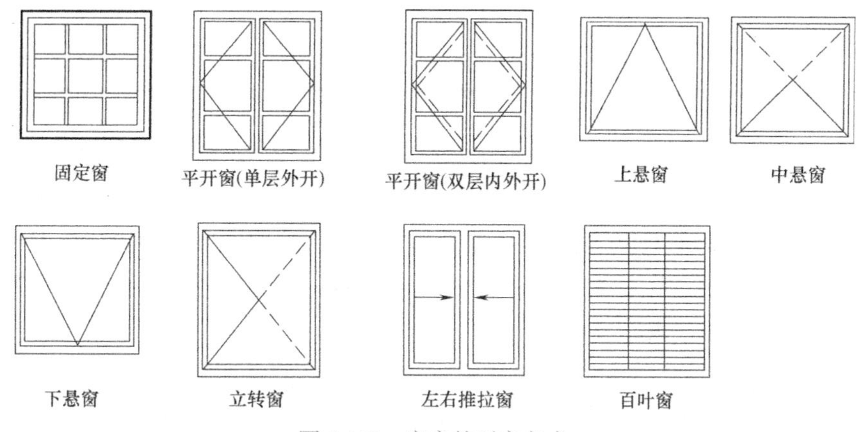

图 8-163　窗户的开启方式

1）固定窗：将玻璃直接镶嵌在窗框上，不设可活动的窗扇。固定窗一般用于只要求有采光、眺望功能的窗，如走道的采光窗和一般窗的固定部分。

2）平开窗：窗扇一侧用铰链与窗框相连，窗扇可向外或向内水平开启。外开窗开启后，不占室内空间，雨水不易流入室内，但易受室外风吹、日晒、雨淋，且安装修理不方便，内开窗的性能正好与之相反。平开窗构造简单，开关灵活，制作与维修方便，在一般建筑中采用较多。

3）悬窗：悬窗的窗扇可绕水平轴转动。根据转轴或铰链位置的不同，有上悬、下悬和中悬之分。外开的上悬和中悬（指窗扇的下部外开）窗便于防雨，多用于外墙。内开的悬窗有利通风、采光，又可方便擦窗，适用于内墙高窗及门上亮窗。另有下悬平开窗，是通过配置可变换的双向转轴构件，使窗扇既可下旋开关，又可平开，容易满足通风和清洁需要。

4）立转窗：立转窗的窗扇可绕竖轴转动。竖轴可以设于窗扇中心，或略偏于窗扇的一侧。这种窗通风效果好，但不够严密，不宜用于寒冷和多风沙的地区。

5）推拉窗：窗扇沿着导轨或滑槽推拉开启的窗，有水平推拉窗和垂直推拉窗两种。推拉窗开启后不占室内空间，窗扇的受力状态好，适宜安装大玻璃，有利于采光和眺望，但通风面积受限制，适用于铝合金及塑料门窗。

6）百叶窗：窗扇一般用塑料、金属或木材等制成小板材，与两侧框料相连接，有固定式和活动式两种。百叶窗的采光效率低，主要用于遮阳、防雨及通风。

（3）按窗的层数分　按窗的层数分为单层窗和多层窗。各地气候和环境不同，要求层数也不同。

（4）按镶嵌材料分　按窗扇所镶嵌的透光材料不同，可分为玻璃窗、百叶窗和纱窗。

8.6.3　门窗的性能指标

（1）传热系数 *K* 值　传热系数 *K* 值是指在稳定传热条件下，围护结构两侧空气温差为1℃，1 小时内通过 $1m^2$ 传递的热量，单位是 $W/m^2 \cdot K$，常见门窗材质的传热系数 *K* 值参见表 8-11。

表 8-11　各种门窗材质的传热系数 *K* 值　　（单位：$W/m^2 \cdot K$）

材　质	普通铝合金	隔热铝合金	木窗框	5mm白玻	(5+12A+5)mm中空白玻	(5+9A+5)mm中空白玻	(5+6A+5)mm中空白玻
K 值	6.6	4.0	1.8	5.5	2.8	3.0	3.2

例：普通铝合金型材（5+12A+5）中空白玻窗（5 是玻璃的厚度，12A 是中空隔条的宽度），型材面积占比约为 25%，玻璃面积占比约为 75%，其传热系数 *K* 值约为（不考虑气密性）：$K=6.6\times25\%+2.8\times75\%=3.75$。

（2）门窗抗风压性能　抗风压性能是指关闭着的外（门）窗在风压作用下不发生损坏和功能障碍的能力。该项指标是门窗三项基本物理性能中最重要的一项。

（3）门窗的水密性能　水密性能是指关闭着的外（门）窗在风雨同时作用下，阻止雨水渗漏的能力。该项指标是门窗三项基本物理性能中的一项。

（4）门窗的气密性能　气密性能是指的外（门）窗在关闭状态下，阻止空气渗透的能力。该项指标是门窗三项基本物理性能中的一项。

（5）门窗的采光性能　采光是指光线、日照的明亮程度。采光系数是指房屋窗户洞口面积与该房地面面积的比率，常见建筑物采光标准参见表 8-12。一般的建筑门窗中，型材面积占比约为 25%，玻璃面积占比约为 75%。

表 8-12　采光标准

等　级	采光系数	运用范围
Ⅰ	1/4	博览厅、制图室等
Ⅱ	1/4 ～ 1/6	阅览室、实验室、教室等
Ⅲ	1/6	办公室、商店等
Ⅳ	1/6 ～ 1/8	起居室、卧室等
Ⅴ	1/8 ～ 1/10	采光要求不高的房间，如盥洗室、厕所等

（6）门窗的隔音性能　门窗的隔声性能是指门窗减弱从声源至听者之间的声音传播的能力。窗是噪声的主要传入途径。一般单层窗的隔声量为 16 ～ 20dB（分贝），约比墙体隔声少 3/6 左右；双层窗的隔声效果较好。

8.6.4　木质门窗

1. 木门

木门是由门框和门扇两部分组成。

（1）门框　各种类型木门的门扇样式、构造做法不尽相同，但其门框却基本一样。门框分为有亮子和无亮子两种。门框的断面形状与尺寸取决于门扇的开启方式和门扇的层数，由于门框要承受各种撞击荷载和门扇的重量作用，应有足够的强度和刚度，故其断面尺寸较大。

门框在墙洞中的位置有门框内平、门框居中和门框外平三种情况，如图 8-164 所示。

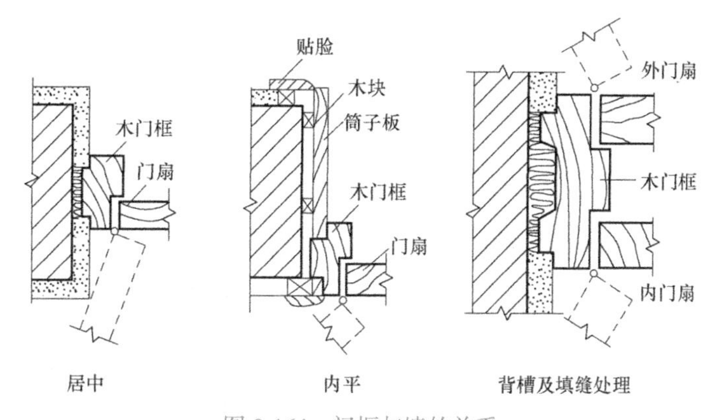

图 8-164　门框与墙的关系

（2）门扇　按门扇的骨架和面板拼装方式不同，民用建筑中常见的门有夹板门、镶板门等形式。

夹板门门扇由骨架和面板组成，其构造如图 8-165 所示。

镶板门门扇是由骨架和门芯板组成。骨架一般由上冒头、下冒头及边挺组成，有时中间还有一道或几道横冒头或一条竖向中挺，其构造如图 8-166 所示。

（3）门框的安装方式

1）立口。立口又称为立框法（图 8-167），是指施工时先将门框立好后再砌墙，为加强门框与墙的拉结，在门框上下各档伸出半砖长的木段，同时在边框外侧每隔 400 ～ 600mm

设一木拉砖或铁角砌入墙身。优点是门框与墙的连接紧密。缺点是施工不便，门框及临时支撑易被碰撞，有时会产生移位破损，现采用较少。

2）塞口。塞口又称为塞框法（图 8-167），是指砌墙时先留出门洞，在抹灰前将门框安装好，为了加强门框与墙的连接，砌墙时应在门框两侧每隔 400 ～ 600mm 砌入一块半砖的防腐木砖。门洞每侧不少于 2 块木块，安装门框时用木螺丝将门框钉在木砖上。优点是墙体施工与门框安装分开进行，避免相互干扰，不影响施工。缺点是为了安装方便，一般门洞净尺寸应大于门框外包尺寸，故门框与墙体之间缝较大；若门洞口较小，则会使门框安装不上，所以施工时洞口尺寸要留准确。

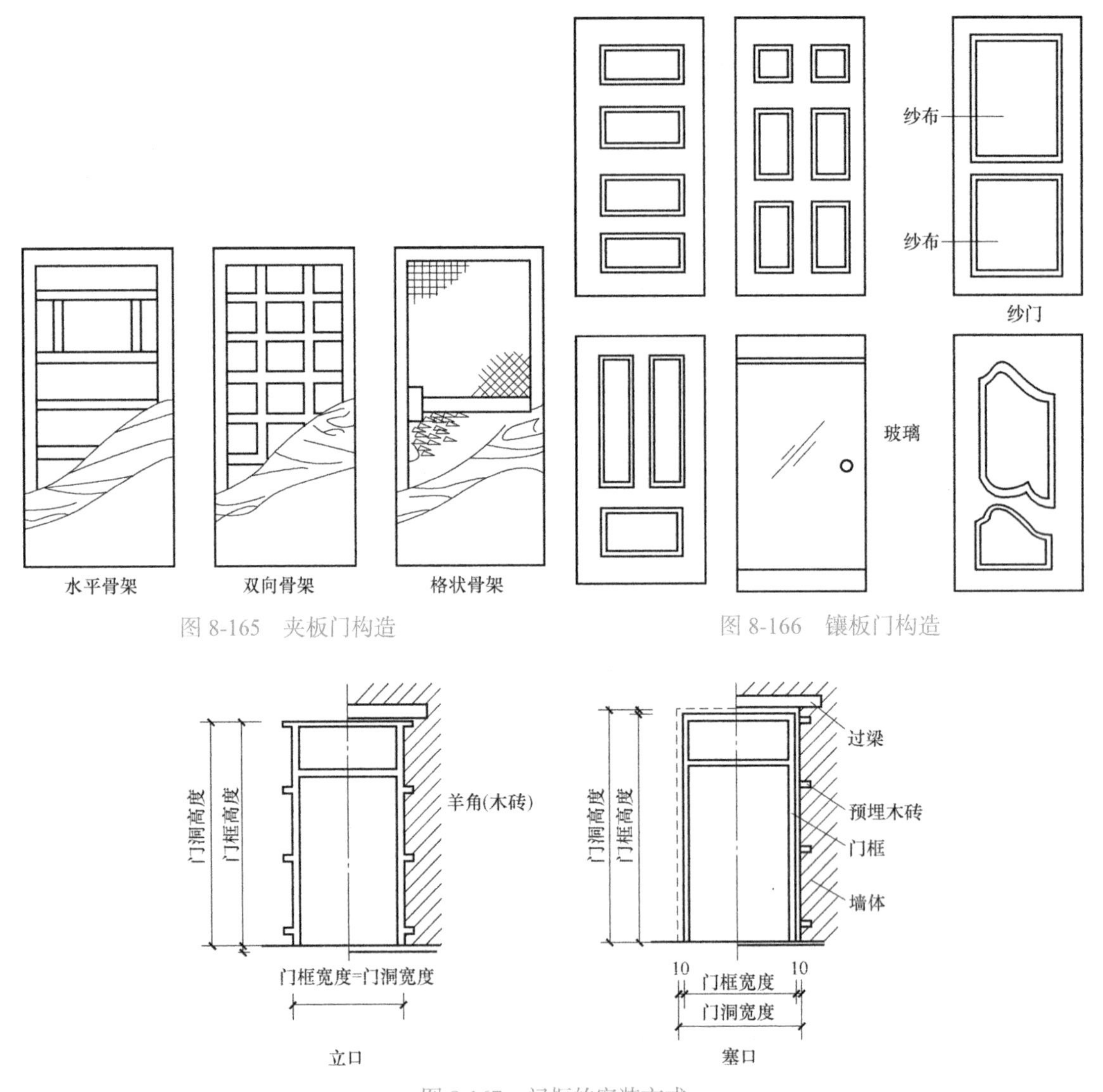

图 8-165 夹板门构造

图 8-166 镶板门构造

图 8-167 门框的安装方式

2．木窗

（1）窗框 窗框料的大小应根据每扇窗的大小、受风压面积，当地风压对框料产生的弯矩，再依选用木料的计算强度，由材料的抵抗实际弯矩能力，经计算得其断面。计算时还须考虑各项对风压、材料、超载等有关系数，以及木料经锯榫、凿眼等影响。

窗在墙洞中的位置主要根据房间的使用要求和墙体的厚度来确定。一般有三种形式：窗框内平、窗框外平、窗框居中，如图 8-168 所示。

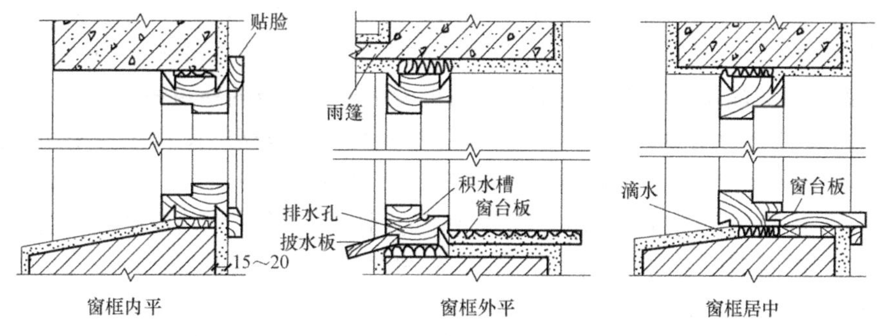

图 8-168　窗框与墙的关系

（2）窗框与窗扇的铲口　一般窗扇都用铰链、转轴或滑轨固定在窗框上，为了关闭紧密，通常在窗框上做铲口，也可钉小木条形成铲口，如图 8-169 所示。

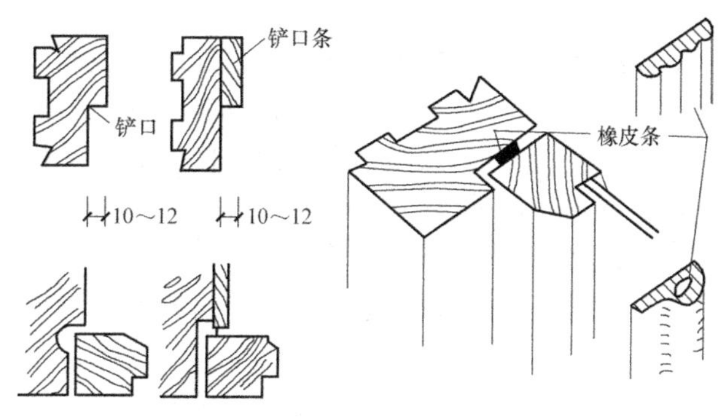

图 8-169　窗框与窗扇的铲口形式

（3）窗框的安装　与门框的安装类似，窗框与墙的安装也分为立口、塞口两种。立口是砌墙时就将窗框立在相应的位置，找正后继续砌墙；塞口是砌墙时将窗洞口预留出来，预留的洞口一般比窗框外包尺寸大 30 ～ 40mm，当整幢建筑的墙体砌筑完工后，再将窗框塞入洞口固定。

（4）窗扇玻璃的选用　玻璃厚薄的选用与窗扇分格的大小有关，窗的分格大小与使用要求有关，一般常用窗玻璃的厚度为 3mm，如考虑较大面积可采用 5mm 或 6mm 厚的玻璃。

为了隔声保温等需要可采用双层中空玻璃。双层玻璃窗即在一个窗扇上安装两层玻璃。增加玻璃的层数主要是利用玻璃间的空气间层来提高保温和隔声能力。其间层宜控制在 10 ～ 15mm 之间，一般不宜封闭，在窗扇的上下冒头须做透气孔。中空玻璃是由两层或三层平板玻璃四周用夹条粘接密封而成，中间抽换干燥空气或惰性气体，并在边缘夹干燥剂，以保证在低温下不产生凝聚水。它是保温窗的发展方向之一，但生产工艺复杂，成本较高。

此外，需遮挡或模糊视线的，可选用磨砂玻璃或压花玻璃；为了安全还可采用夹丝玻璃、钢化玻璃以及有机玻璃等；为了防晒可采用有色、吸热和涂层、变色等种类的玻璃。

8.6.5 钢质门窗

1. 普通钢门窗

普通钢门窗与木门窗相比，在坚固、耐久、耐火和密闭等性能上都较优越，而且节约木材，透光面积较大。但其气密性较差，并且由于钢材的导热系数大，钢门窗的热损耗也较多。因而钢门窗只能用在一般的建筑物，而很少用于较高级的建筑物上。

普通钢门窗可分为实腹钢门窗和空腹钢门窗两类。实腹钢门窗料主要采用热轧门窗框和少量的冷轧或热轧型钢，框料高度分为25mm、32mm、40mm三类。空腹钢窗料是用1.5～2.5mm厚的普通低碳带钢经冷轧的薄壁型的钢材。空腹式钢窗料断面高度有25mm和30mm等规格。空腹钢门窗料壁薄，重量轻，节约钢材，但不耐锈蚀。一般在成型后，内外表面需作防锈处理，以提高防锈蚀的能力。

普通钢门窗的安装采用塞口法，钢门窗框与墙的连接是通过框四周固定的铁脚与预埋铁件焊接或埋入预留洞口的方法来固定，铁脚每隔500～700mm一个，铁脚与预埋铁件焊接应牢固可靠，铁脚埋入预留洞口内，需用1∶2水泥砂浆（或细石混凝土）填塞严实。

2. 新型彩板钢门窗

彩板钢门窗是以冷轧钢板或镀锌钢板为基材，通过连续式表面涂层或压膜处理，从而获得具有良好的防腐能力、优异的与基材粘接能力且富有装饰色彩的新型钢门窗。由于门窗重量轻、强度高，又有防尘、隔声、保温、耐腐蚀、优异的与基材粘接能力等性能，且色彩鲜艳，使用过程中不需保养，国外已广泛使用。

彩板钢门窗型材的断面是由开口或咬口的管材挤压成型的。型材分为框料、扇料、中梃、横梃、门芯板等类型，各类型材按系列进行组合。每种断面均应编号，并按系列编号进行组装。

彩板门窗在出厂前，大多已将玻璃以及五金件全部安装就绪，在施工现场仅需进行成品安装。彩板门窗的安装视室内外粉刷装饰面层的不同而有差异。当外墙面为花岗岩、大理石或面砖等贴面材料时，应先安装副框，待室内外粉刷工程完工后，再将彩板门窗用自攻螺丝固定在副框上，并用密封胶将洞口与副框及副框与窗樘之间的缝隙进行密封。

8.6.6 铝合金门窗

铝合金门窗轻质高强，具有良好的气密性和水密性，隔声、隔热、耐腐蚀性能都较普通钢、木门窗有显著的提高，对有隔声、隔热、防尘等特殊要求的建筑以及多风沙、多暴雨、多腐蚀性气体环境地区的建筑尤为适用。

铝合金门窗不需要涂漆、不褪色、不需要经常维修保护，还可以通过表面着色和涂膜处理获得多种不同色彩和花纹，具有良好的装饰效果，从而在世界范围内得到了广泛的应用。

按开启方式有推拉门窗、平开门窗、固定门窗、滑撑窗、悬挂窗、百叶窗、弹簧门、卷帘门等。按截面高度分为38系列、55系列、60系列、70系列、100系列等。各种窗都用不同断面型号的铝合金型材和配套零件及密封件加工制成，系列名称是以铝合金窗框的厚度构造尺寸来区别各种铝合金窗的称谓，如平开窗窗框厚度构造尺寸为50mm宽，即称为

50 系列铝合金平开窗；推拉窗窗框厚度构造尺寸 90mm 宽，即称为 90 系列铝合金推拉窗。

铝合金门窗主型材的壁厚应经计算或试验确定，除压条、扣板等需要弹性装配的型材外，门用主型材主要受力部位基材截面最小实测壁厚不应小于 2.0mm，窗用主型材主要受力部位基材截面最小实测壁厚不应小于 1.4mm。

铝型材表面处理可分为：阳极氧化型材、电泳涂漆型材、粉末喷涂型材和氟碳漆喷涂型材等四种。

铝合金门窗工程可根据功能选用浮法玻璃、着色玻璃、镀膜玻璃、中空玻璃、真空玻璃、钢化玻璃、夹层玻璃、夹丝玻璃等。

铝合金门窗的施工方式是塞口方式。安装时，将窗框在抹灰前立于窗洞处，与墙内预埋件对正，然后用木楔将三边固定，经检验确定窗框水平、垂直、无翘曲后，采用钢质锚固件将门窗框与墙、柱、梁等结构构件连接，连接件固定多采用焊接、膨胀螺栓或射钉等方法，最后填入软填料或其他密封材料封固。具体安装方式可分为干法和湿法两种。干法就是采用钢副框，钢副框在内外装修收口前安装，一般是钢副框开过孔，采用膨胀螺栓与主体结构连接，室内外装修完成面与钢副框内口平齐，之后铝合金门窗采用螺钉与钢副框连接，钢副框常用规格是 40mm×20mm×1.5mm 矩形钢管。湿法是铝合金门窗在内外装修收口前安装，一般采用厚度不低于 1.5mm 的连接钢片连接，钢片一端用拉铆钉与门窗框型材连接，另一端采用涨栓或射钉与主体结构连接，门窗安装完成后内装抹灰或外装面材再进行收口施工。现在一般大面门窗施工都采用干法安装方式。

8.6.7 塑钢门窗

塑钢门窗是近几年从木门窗、钢门窗、铝合金门窗之后发展起来的第四代新型门窗。它是以聚氯乙烯（PVC）与氯化聚乙烯共混树脂为主体，加上一定比例的添加剂，经挤压加工而成。为了增加型材的刚性，在塑料异型材内腔中填入增加抗拉弯作用的钢衬（加强筋），然后通过切割、钻孔、熔接等方法，制成门窗框，装上五金配件组成。

塑钢门窗线条清晰、挺拔、造型美观，表面光洁细腻，不但具有良好的装饰性，而且有良好的防火、阻燃、耐候性、密封性好，抗老化、防腐、防潮、隔热、隔声、耐低温、抗风压能力强，以及由于其生产过程省能耗、少污染而被公认为节能型产品。

按开启方式有推拉门窗、平开门窗、固定门窗等。

按其型材的截面高度分为 45 系列、53 系列、60 系列、85 系列等。

塑钢门窗为塞口法安装，绝不允许与洞口同砌。安装时，用金属铁卡或膨胀螺钉把窗框固定到墙体上，每边固定点不应少于三点，安装固定检查无误后，在窗框与墙体间的缝隙处填入防寒毛毡卷或泡沫塑料，再用 1 ∶ 2 水泥砂浆填实、抹平。

8.6.8 特殊门窗

1. 防火门

防火门是用防火阻燃材料制成的具有耐火稳定性、完整性和隔热性的门，主要用于建筑防火分区的防火墙开口、楼梯间出入口、疏散走道、管道井口等处，平常用于人员通行，在发生火灾时可起到阻止火焰蔓延和防止燃烧烟气流动，并在正送风系统工作时起密封的作用。根据防火门的耐火完整性（耐火时间），《防火门》(GB 12955—2008) 将防火门分为A、B、C 三类。目前国内防火门材料主要有：木质防火门和钢质防火门等。

最具代表性的木质防火门就是带玻璃或带亮窗木质防火门，它的基本构造是：门框用经阻燃处理的木材制作，门扇两面面板为阻燃胶合板，两面板内侧通常会内衬无机不燃防火板，门扇内的木质骨架为经阻燃处理的木材门扇内填充隔热材料（硅酸铝纤维棉、岩棉、矿棉等）。门扇镶玻璃及亮窗玻璃均采用与门的耐火性能等级相同的防火玻璃，门框槽口及门扇中缝处安装密封材料（防火膨胀密封条、石棉绳、硅酸铝纤维绳等）。另外还会安装不同功能的防火锁、防火铰链、防火闭门器、顺序器等。

带玻璃、带亮窗钢质防火门的主要构造是：门框用冷轧钢板制作，门扇两面面板为冷轧钢板，部分钢质防火门两面板内侧会内衬无机不燃防火板，门扇内的加强筋为冷轧钢板，加强筋与面板之间用点焊连接，其他结构与木质防火门基本相同。

2. 卷帘门

卷帘门按材质不同有铝合金面板、钢质面板、钢筋网格和钢直管网四种。按开启方式分为手动卷帘门和电动卷帘门两种类型。它适用于开启不频繁的、洞口较大的场所，具有防火、防盗、坚固耐用等优点。

手动卷帘门构造简单，每平方米造价比电动卷帘门和防火卷帘门低，适用于商业建筑和民用建筑大门、橱窗以及车库等。

电动卷帘门采用电动机和变速装置作为卷帘门开启和关闭的动力，还配备专供停电用的手动铰链，适用于启闭力较大的大型卷帘门。与手动卷帘门相比，电动卷帘门不但增加了一套电动传动系统和配备手动铰链系统，而且其加工制作和安装要求也较高。因此，其造价比手动式要高得多。

防火卷帘门也有手动和电动两种类型，帘板采用重型钢卷帘，具有防火、隔烟、阻止火势蔓延的作用，又有良好的抗风压和气密性能。

8.7 屋顶

屋顶是房屋最上层覆盖的外围护构件，暴露在大气中，直接承受自然界风、霜、雨、雪和大气的作用，屋顶承受作用于屋顶上的风荷载、雪荷载和屋顶自重等，起着对房屋上部的水平支撑作用，屋顶还应满足防水、保温、隔热、隔声、防火等要求，使屋顶覆盖下的空间有一个良好的使用环境。

8.7.1 屋顶的类型和屋面防水

1. 屋顶的类型

屋顶的形式与建筑的使用功能、屋顶盖料、结构类型以及建筑造型要求等有关。由于这些因素不同，便形成了平屋顶、坡屋顶以及曲面屋顶、折板屋顶等多种形式。其中平屋顶和坡屋顶是目前应用最为广泛的形式。按所使用的材料，屋顶可分为钢筋混凝土屋顶、瓦屋顶、金属屋顶、玻璃屋顶以及人造高分子材料膜结构屋顶等；按屋顶的外形和结构形式，屋顶可分为平屋顶、坡屋顶、悬索屋顶、薄壳屋顶、拱屋顶、折板屋顶等。

平屋顶通常是指屋面坡度小于5%的屋顶，如图8-170所示，常用坡度为2%～3%。其优点是节约材料，构造简单，扩大建筑空间，屋顶上面可作为固定的活动场所，如做成露台、屋顶花园等。

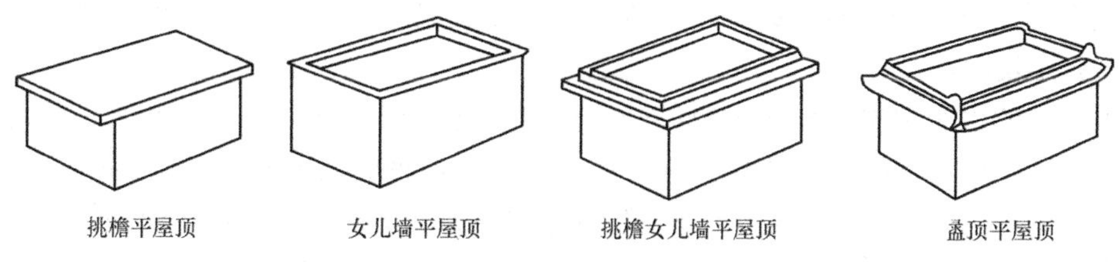

图8-170　平屋顶形式

坡屋顶一般由斜屋面组成，屋面坡度一般大于10%，在我国广大地区有着悠久的历史和传统，它造型丰富多彩，并能就地取材，被广泛应用，如图8-171所示。城市建筑中某些建筑为满足景观或建筑风格的要求也常采用坡屋顶。

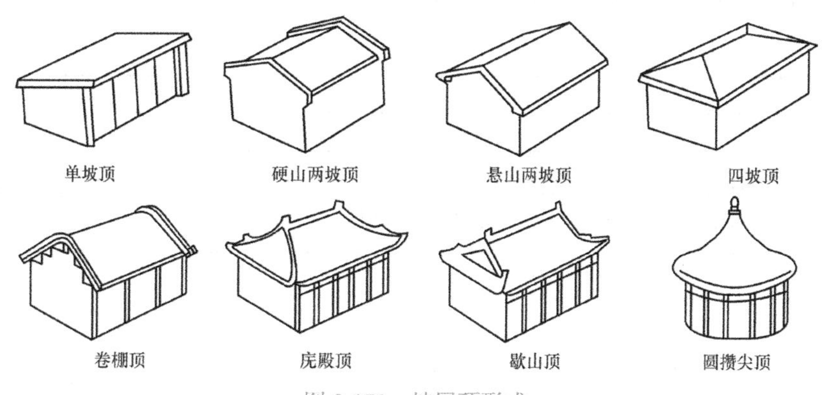

图8-171　坡屋顶形式

随着建筑工业、技术的发展和许多新型的空间结构形式的出现，也相应出现了许多新型的屋顶形式，如各种薄壳结构、双曲拱屋顶、扁壳屋顶、鞍形悬索屋顶、悬索结构以及网架结构等，如图8-172所示。这类结构受力合理，能充分发挥材料的力学性能，但这类屋顶施工复杂，造价高，常用于大跨度的大型公共建筑中。

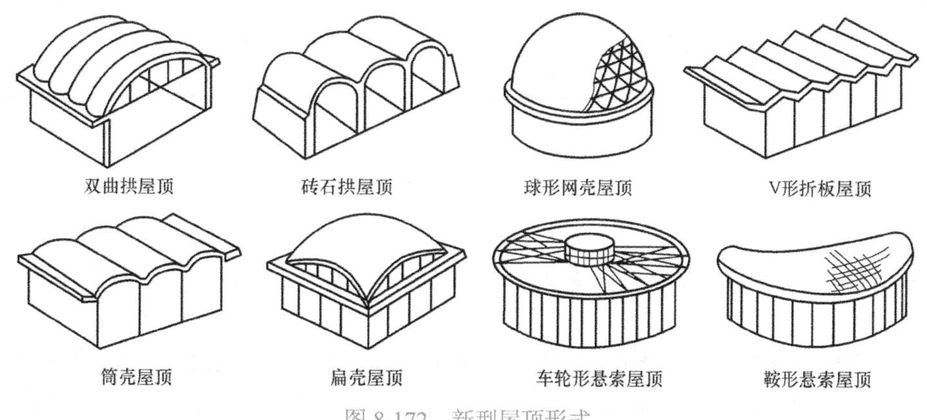

图8-172　新型屋顶形式

2. 屋面防水

屋面防水主要依靠选用合理的屋面防水材料和与之相适应的排水坡度。为了排除屋面上的雨水，屋顶表面应有一定的坡度，屋面坡度常用斜面的垂直投影高度与水平投影长度的比（坡度值）来表示，如1 ∶ 2、1 ∶ 10等；较大的坡度也可用角度表示，如30°、45°等；较小的坡度常用百分率表示，如2%、3%等。一般坡屋顶常用坡度值或角度法表示，平屋顶常用百分比表示。

屋顶坡度的大小取决于屋面材料的防水性能和地区降雨量。对于坡屋顶，瓦屋面坡度为1 ∶ 5～1 ∶ 3，波形瓦屋面坡度为1 ∶ 4～1 ∶ 2.5，钢筋混凝土自防水屋面坡度为1 ∶ 4等；对于平屋顶，屋面防水材料为油毡、现浇钢筋混凝土、涂料等，坡度通常较小。降雨量大小对屋面防水有直接的影响，降雨量大，漏水的可能性大，屋面坡度应适当增加；我国气候多样，各地降雨量差异较大，南方地区年降雨量和每小时最大降雨量都高于北方地区，一般南方地区的屋面坡度都大于北方地区。

根据建筑物的性质、重要程度、使用功能要求、防水层耐用年限、防水层选用材料和设防要求，屋面防水可分为四个等级，参见表8-13。

表8-13　屋面防水等级

项　目	屋面防水等级			
	Ⅰ	Ⅱ	Ⅲ	Ⅳ
建筑物类别	特别重要的民用建筑和对防水有特殊要求的工业建筑	重要的工业与民用建筑、高层建筑	一般的工业与民用建筑	非永久性建筑
防水层耐久年限	25年	15年	10年	5年
防水层选用材料	宜选用合成高分子防水卷材、高聚物改性沥青防水卷材、合成高分子防水涂料细石防水混凝土等材料	宜选用高聚物、改性沥青防水卷材、合成高分子防水卷材合成高分子防水涂料、细石防水混凝土、平瓦等材料	应选用三毡四油沥青防水卷材、高聚物改性沥青防水卷材、高聚物改性沥青防水涂料、沥青基防水油毡瓦等	可选用二毡三油沥青防水卷材、高聚物改性沥青防水涂料波形瓦等材料 涂料、刚性防水层、平瓦
设防要求	三道或三道以上防水设防，其中应有一道合成高分子防水卷材；且只能有一道厚度不小于2mm的合成高分子防水涂膜	二道防水设防，其中应有一道卷材。也可采用压型钢板进行一道设防	一道防水设防，或两种防水料复合使用	一道防水设防

 8.7.2　平屋顶构造

1. 平屋顶的组成

平屋顶包括结构层、找坡层、隔热层（保温层）、找平层、结合层、防水层和保护层，如图8-173所示。

（1）结构层　平屋顶的结构层主要采用钢筋混凝土现浇板或钢筋混凝土预制板。结构层应有足够的强度和刚度，以保证房屋的结构安全，并防止因过大的结构变形引起防水层

开裂、漏水。结构层为装配式钢筋混凝土板时，应用强度等级不小于C20的细石混凝土将板缝灌填密实；当板缝大于40mm或上窄下宽时，应在板缝中放置构造钢筋；板端缝应进行密封处理。

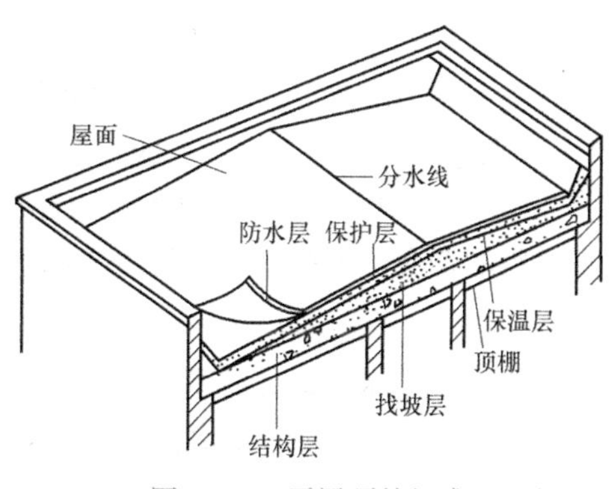

图 8-173　平屋顶的组成

（2）找坡层　平屋顶坡度的形成可选择材料找坡或结构找坡的方法，如图 8-174 所示。

1）材料找坡：又称为垫置找坡，是指将屋面板水平搁置，然后在上面铺设炉渣等廉价轻质材料形成坡度。其优点是结构底面平整，能保证室内空间的完整性，但垫置坡度不宜太大，以免增加找坡材料用量和屋顶荷载，平屋顶材料找坡的坡度通常取为2%。

2）结构找坡：又称为搁置找坡，是指将屋面板搁置在有一定倾斜度的梁或承重墙上，以形成屋面坡度，其优点是不需屋顶上设置找坡层，减轻了屋面荷载，平屋顶结构找坡的坡度通常取为3%。

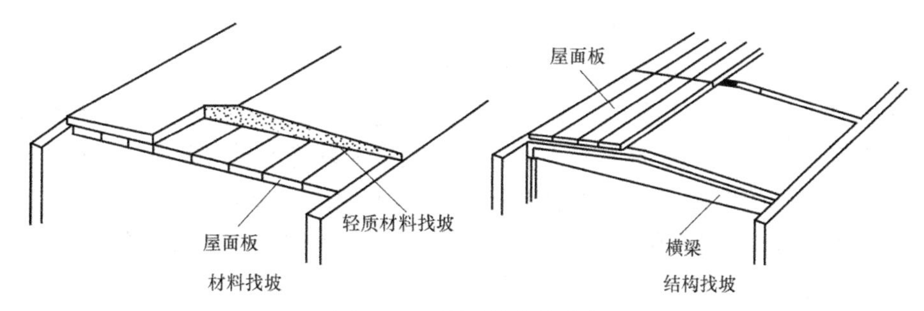

图 8-174　屋顶坡度的形成

（3）保温层　保温层常设置在承重结构层与防水层之间。常用的材料有聚苯乙烯泡沫塑料板、水泥珍珠岩、水泥蛭石、加气混凝土板等。

（4）找平层　找平层设置在结构层或保温层上面，常用15～30mm厚的1 ∶ 2.5～1 ∶ 3水泥砂浆做找平层，或用C15的细石混凝土做找平层。另外，也可用1 ∶ 8的沥青砂浆做找平层。

（5）防水层　平屋顶屋面防水有刚性防水、卷材防水和涂料防水三种形式。

1）刚性防水层。刚性防水屋面是指用细石混凝土或补偿收缩混凝土等材料做防水层，主要依靠混凝土自身的密实性，并采取一定的构造措施（如增加配筋、设置隔离层、设置分格缝、油膏嵌缝等）以达到防水目的。

2）柔性防水层。柔性防水层又称为卷材防水层，是将防水卷材或片材用胶结料粘贴在屋面上，形成一个大面积的封闭防水覆盖层。

卷材屋面的基层必须干燥，否则其所含水分在太阳辐射热的作用下将汽化膨胀，会使卷材形成鼓泡，鼓泡严重时将导致卷材破裂。在北纬40°以北地区，室内湿度大于75%或其他地区室内空气湿度常年大于80%时，保温屋面应设隔气层。

3）涂料防水层。涂料防水屋面又称为涂膜防水屋面，是指用可塑性和黏结力较强的高分子防水涂料直接涂刷在屋面基层上，形成不透水的薄膜层来达到防水目的。

（6）结合层　找平层与防水层之间，柔性防水屋面的防水层下还有冷底子油结合层，刚性防水屋面的防水层下也有素水泥浆结合层等，尽管此结合层一般不作为一个独立的“层”来分，但却是必不可少的一道工序。

（7）保护层　屋面卷材防水层和涂膜防水层还应设置保护层。防水保护层可以延缓防水材料的寿命，抵抗紫外线的侵袭和避免撞击破坏等。

2．平屋顶的排水方式

平屋顶排水方式分有组织排水和无组织排水两大类。

（1）无组织排水　无组织排水是指屋面雨水自由地从檐口滴落至室外地面（又称为自由落水）。无组织排水构造简单、造价低、不易漏雨和堵塞，如图 8-175 所示。在少雨地区或较低的厂房中，为使排水通畅，构造简单，降低造价，应采用无组织排水。对可能有大量积灰的屋面以及有腐蚀性介质的厂房，应优先采用无组织排水。对于建筑高度大（檐口高度不大于 10m），降雨量大的地区，檐口易形成水帘，危害墙身；另外，标准较高的低层建筑或临街建筑，也不宜采用该种排水方式。

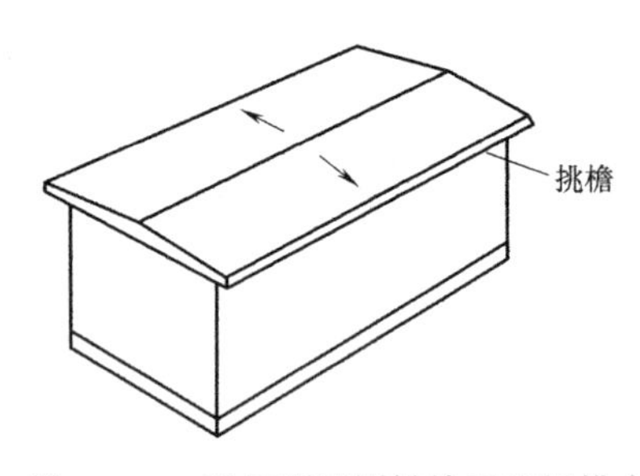

图 8-175　平屋顶四周挑檐无组织排水

（2）有组织排水　有组织排水是指屋面雨水通过预先设计的排水系统，有组织地排至室外地面或地下排水管沟的一种排水方式。有组织排水系统主要由天沟、雨水斗及雨水管等组成，按照雨水管的位置，可分为有组织外排水和有组织内排水。

1）有组织外排水：屋顶雨水经由室外雨水管排到室外的排水方式。冬季室外气温不低的地区可采用有组织外排水，按照檐沟在屋顶的位置，外排水的檐口形式有：沿屋面四周设檐沟、沿纵墙设檐沟、女儿墙外设檐沟、女儿墙内设檐沟等，如图 8-176 所示。

2）有组织内排水：屋顶雨水经由设在室内的雨水管排到地下排水系统的排水方式，如图 8-177 所示。

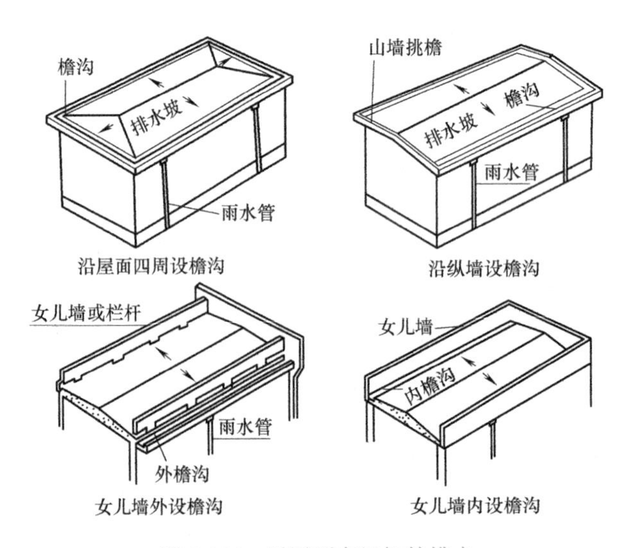

图 8-176　平屋顶有组织外排水

3．平屋顶的防水构造

（1）刚性防水屋面　刚性防水屋面施工方便、节约材料、造价经济和维修方便，但这种防水屋面对温度变化和结构变形较为敏感，多用于我国的南方地区。刚性防水屋面主要适用于防水等级为Ⅲ级的屋面防水，也可用作Ⅰ、Ⅱ级屋面多道防水设计中的一道防水层；一般不得用于设有松散材料保温层的屋面以及受较大震动或冲击荷载作用的建筑物屋面。

1）刚性防水屋面的基本构造层次及做法。刚性防水屋面一般由结构层、找平层、隔离层和防水层组成，其基本构造层次及做法如图 8-178 所示。

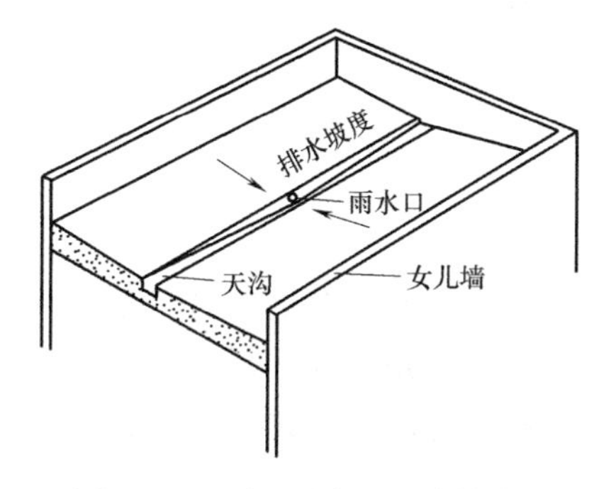

图 8-177　平屋顶有组织内排水

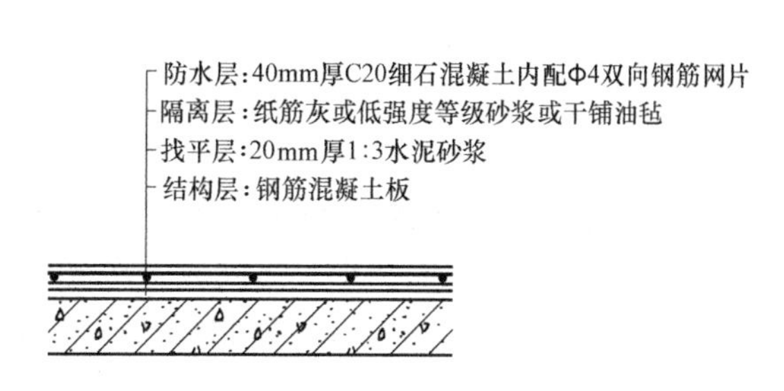

图 8-178　刚性防水屋面的基本构造层次及做法

2）刚性防水屋面的细部构造。

① 分格缝构造。大面积的整体现浇混凝土防水屋面受外界温度的影响会出现热胀冷缩，导致混凝土开裂。在荷载作用下，屋面结构层会产生挠曲变形，导致板的支承端翘起，使得现浇混凝土防水屋面破裂。为了防止因温度变化或荷载作用所产生的裂缝无规律地开展，刚性防水层屋面应在结构变形敏感的部位设置分仓（格）缝。

分格缝的纵横间距一般不宜大于 6m，且应设在屋面板的支承端、屋面转折处、防水层与凸出于屋面结构的交接处，并应与屋面板板缝对齐。当建筑物进深在 10m 以内时，可在屋脊设一道纵向缝，当进深大于 10m 时，需在坡面某一板缝处再设一道纵向分格缝，分格缝与板缝上下对齐，如图 8-179 所示。

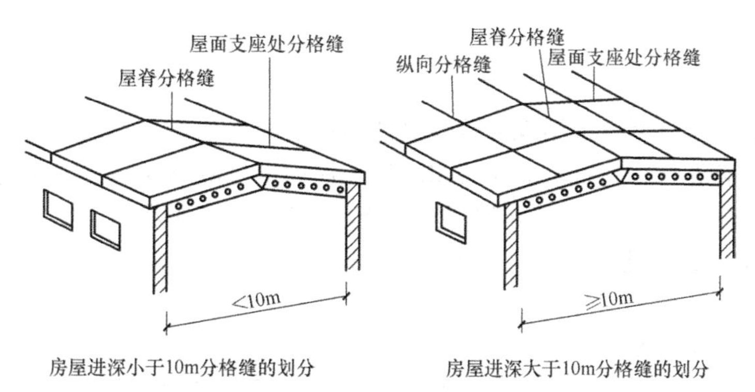

图 8-179　刚性防水屋面分格缝划分

分格缝宽一般为 20 ～ 40mm，为了有利于伸缩，首先应将缝内防水层的钢筋网片断开，然后用弹性材料如沥青麻丝填塞，密封材料嵌填缝封口，最后在密封材料的上部还应铺贴一层防水卷材，如图 8-180 所示。

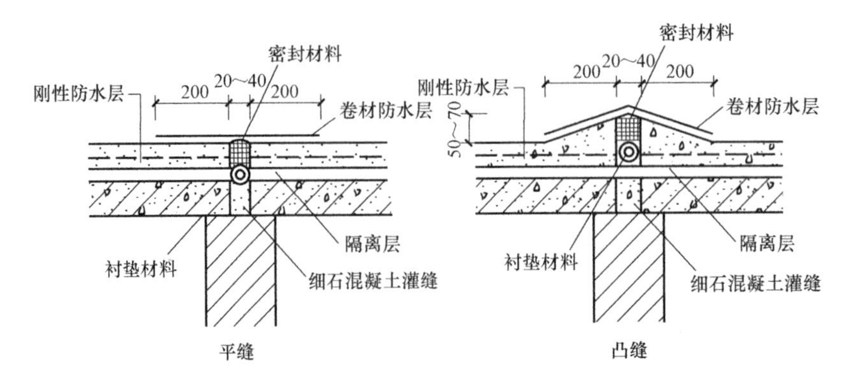

图 8-180　刚性防水屋面分格缝构造

② 泛水构造。刚性防水屋面与垂直屋面交接处应做泛水，泛水应有足够的高度，一般为 250mm；泛水与屋面防水层之间应一次浇成，不留施工缝；转角处浇成圆弧形，先预留宽度为 30mm 的缝隙，并且用密封材料嵌填，再铺设一层附加卷材，并做好收头处理，如图 8-181 所示。

③ 檐口构造。刚性防水屋面常用的檐口形式有自由落水挑檐口、挑檐沟檐口等。

自由落水挑檐口可以直接利用混凝土防水层悬挑并注意做檐口滴水以保护外墙，如图 8-182 所示。

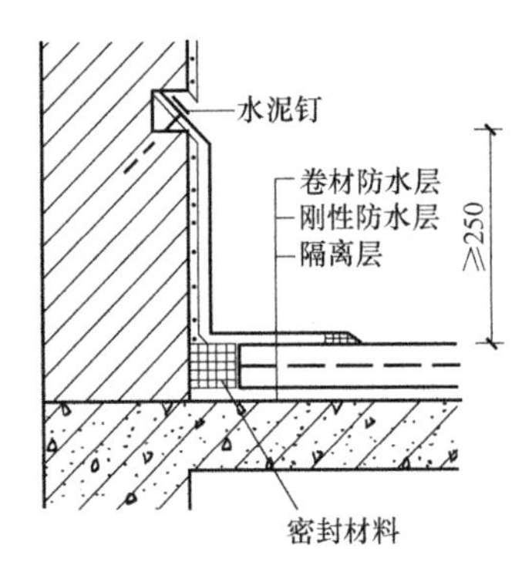

图 8-181　刚性防水屋面泛水构造

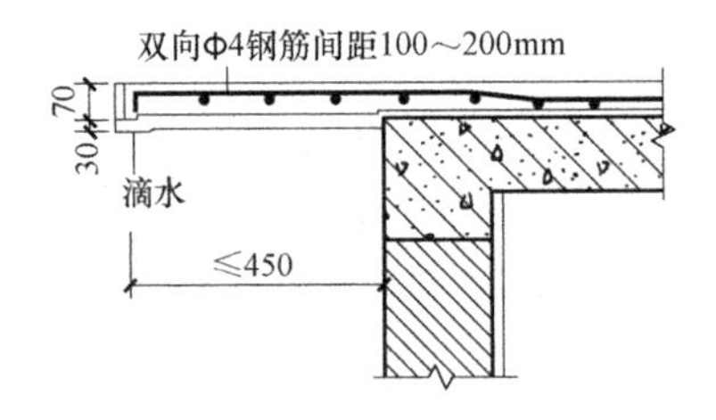

图 8-182　刚性防水屋面自由落水挑檐口

挑檐沟外排水檐口可以采用现浇或预制的钢筋混凝土槽形天沟板，在沟底用低强度的混凝土或水泥炉渣等材料垫置成纵向排水坡度。屋面铺好隔离层后再浇筑防水层，防水层应挑出屋面至少 60mm，并做好滴水以保护外墙，如图 8-183 所示。

④ 雨水口构造。刚性防水屋面的雨水口：直管式雨水口和弯管式雨水口两种做法，如图 8-184 所示。

3）平屋顶屋面排水组织设计。

① 确定排水坡面的数目。一般情况下，平屋顶屋面宽度小于 12m 时，可采用单坡排水；宽度大于 12m 时，宜采用双坡排水，但临街建筑的临街面不宜设水落管时也可采用单坡排水。

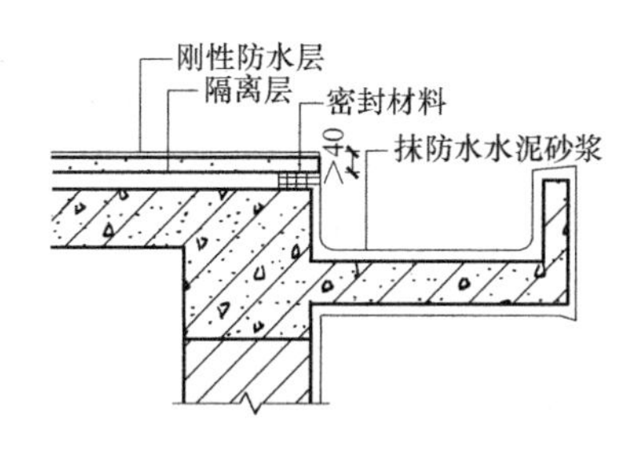

图 8-183　刚性防水屋面挑檐沟外排水檐口

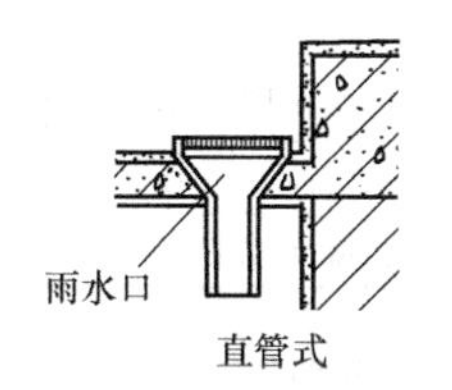

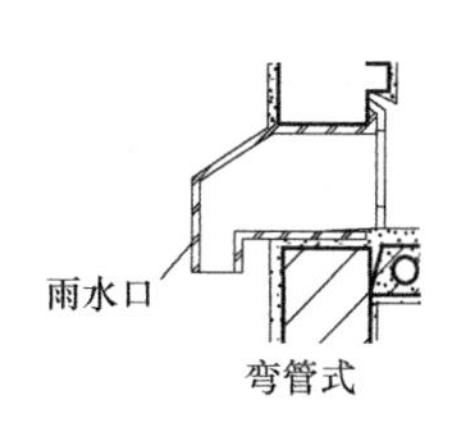

图 8-184　雨水口构造

② 划分排水区。划分排水区的目的是便于均匀布置落水管，一般在年降水量大于900mm 的地区，每一直径为 100mm 的雨水管，可排集水面积 150m^2 的雨水；年降水量小于900mm 的地区，每一直径为 100mm 的雨水管，可排集水面积 150 ～ 200mm^2 的雨水。

③ 天沟构造。天沟即屋面上的排水沟，位于檐口部位时又称为檐沟。天沟的功能是汇集屋面雨水，使之迅速排离，故天沟应有适当的尺寸和合适的坡度，天沟的宽度不应小于200mm，天沟上口距分水线的距离不应小于 120mm。天沟纵向坡度应不小于 1%，沟底水落差不超过 200mm。

④ 水落管的设置。水落管的材料有铸铁、PVC 塑料、陶管、镀锌铁皮等，目前常用铸铁和 PVC 塑料管。

常用雨水管直径有 75mm、100mm 和 125mm。水落管距墙面不应小于 20mm，其排水口距散水坡的高度不应大于 200mm，水落管应用管箍与墙面固定，接头的承插长度不应小于 40mm。

水落管的位置应在实墙处，其间距一般在 18m 以内，最大间距不宜超过 24m。

（2）柔性防水屋面　柔性防水层有一定的延伸性，有利于适应直接暴露在大气层的屋面和结构的温度变形，柔性防水适用于防水等级为Ⅰ～Ⅳ级的屋面防水。

1）柔性防水屋面的基本构造层次及保护层做法。柔性防水屋面的基本构造层次如图 8-185 所示。

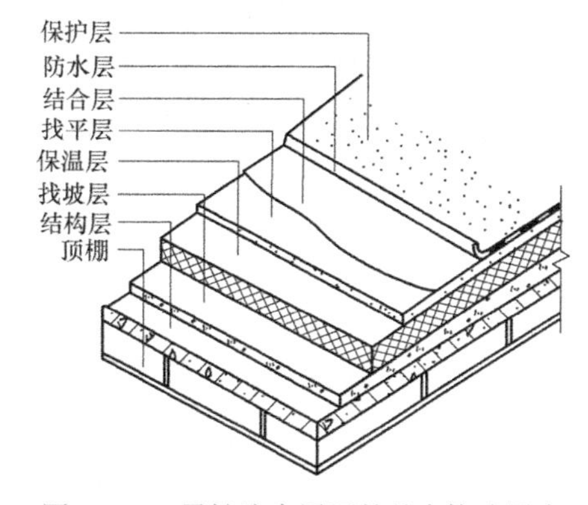

图 8-185　柔性防水屋面的基本构造层次

柔性防水层的防水卷材包括沥青类卷材、高聚物改性沥青防水卷材和合成高分子防水卷材三类，参见表 8-14。

表 8-14　防水卷材分类

卷材分类	卷材名称举例	卷材黏结剂
沥青类卷材	石油沥青油毡	石油沥青玛蹄脂
	焦油沥青油毡	焦油沥青玛蹄脂
高聚物改性沥青防水卷材	SBS 改性沥青防水卷材	热熔、自粘、粘贴均可
	APP 改性沥青防水卷材	

（续）

卷材分类	卷材名称举例	卷材黏结剂
合成高分子防水卷材	三元乙丙丁基橡胶防水卷材	丁基橡胶为主体的双组分 A 与 B 液 1 ∶ 1 配比搅拌均匀
	三元乙丙橡胶防水卷材	
	聚氯乙烯防水卷材	黏结剂配套供应

柔性防水保护层的做法可分为不上人屋面和上人屋面两种。

不上人屋面保护层可采用：

① 绿豆砂保护层：具体做法是在最上面的沥青类卷材上涂沥青胶后，满粘一层 3 ～ 6mm 粒径的浅色粗砂，俗称绿豆砂，能够反射太阳辐射热，降低屋顶表面的温度，价格较低。

② 铝银粉涂料保护层：具体做法是将由铝银粉、清漆、熟桐油和汽油调配而成铝银粉涂料直接涂刷在油毡表面，形成一层银白色类似金属面的光滑薄膜，不仅可降低屋顶表面温度 15℃以上，还有利于排水，且厚度较薄，综合造价也不高。

上人屋面保护层的具体做法为：在防水层上用水泥砂浆或沥青砂浆铺贴缸砖、大阶砖或预制混凝土板等，或在防水层上浇筑 40mm 厚 C20 细石混凝土。

2）柔性防水屋面的细部构造。

① 泛水构造。与刚性屋面泛水构造类似，柔性防水屋面泛水构造做法如图 8-186 所示。

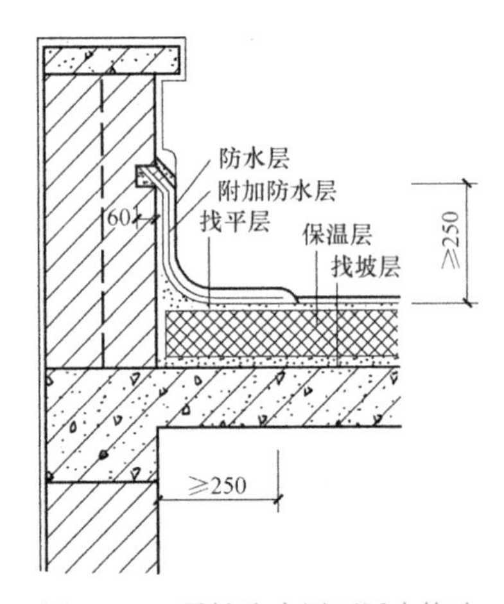

图 8-186　柔性防水屋面泛水构造

② 檐口构造。柔性防水屋面的檐口构造种类主要有自由落水挑檐和挑檐沟挑檐等，如图 8-187 所示。

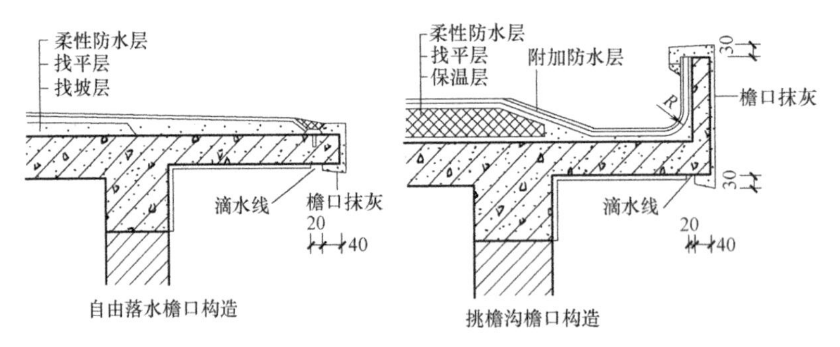

图 8-187　柔性防水屋面的檐口构造

（3）涂料防水屋面　涂料防水屋面的细部构造与柔性防水屋面的细部构造做法类同。涂料防水屋面构造简单，施工方便，造价低，但容易开裂，尤其在气候变化剧烈、屋面基层变形大的情况下更是如此。涂料防水屋面一般只用于无保温层的屋面中，因为目前保温层多为轻质多孔材料，上面不便进行湿作业，而且混凝土铺设在这种比较松软的材料上也很容易产生裂缝。另外，混凝土刚性防水屋面也不宜用于有高温、振动和基础有较大不均匀沉降的建筑中。

（4）平屋顶的保温与隔热

1）平屋顶的保温。

① 保温材料的选择。屋面保温材料一般多选用空隙多、表观密度和导热系数小的材料。

松散保温材料：堆积密度应小于 300kg/m^3，导热系数应小于 0.14W/（m · K），常用的有膨胀蛭石（粒径 3 ～ 15mm）、膨胀珍珠岩、矿棉、炉渣等。

整体保温材料：常用水泥或沥青等胶结材料与松散保温材料拌和，整体浇筑。如水泥炉渣、沥青膨胀珍珠岩、水泥膨胀蛭石等。

板状保温材料：如加气混凝土板、泡沫混凝土板、膨胀珍珠岩板、膨胀蛭石板、矿棉板、岩棉板、泡沫塑料板、木丝板、刨花板、甘蔗板等。

② 保温层的设置。正铺法是将保温层设在结构层之上、防水层之下而形成封闭式保温层的一种屋面做法，当采用正铺法做屋面保温层时，宜做找平层，如图 8-188 所示。

倒铺法是将保温层设置在防水层之上，形成敞露式保温层的一种屋面做法，当采用倒铺屋面保温时，宜做保护层，如图 8-189 所示。

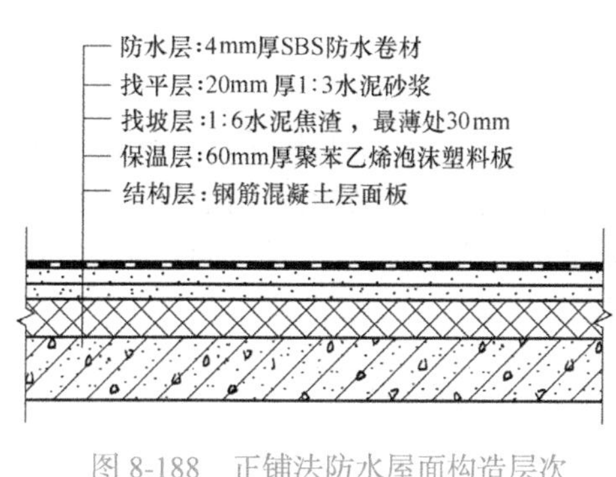

图 8-188　正铺法防水屋面构造层次

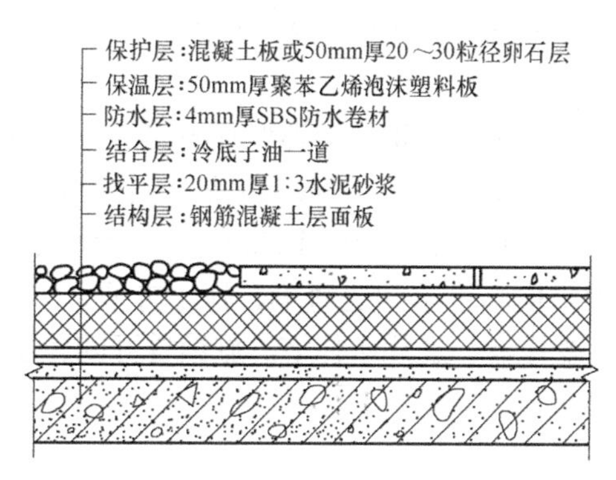

图 8-189　倒铺法防水屋面构造层次

③ 隔蒸气层。在冬季由于室内外温差较大，室内水蒸气将随热气流上升向屋顶内部渗透，聚集在吸湿能力较强的保温材料内，容易产生冷凝水，使保温材料受潮，从而降低保温效果。同时，冷凝水遇热膨胀，使卷材起鼓损坏，为了避免上述现象，必须在保温层下设置一道防止室内水蒸气渗透的隔蒸气层。

2）平屋顶的隔热。平屋顶的隔热可采用通风隔热屋面、防水层蓄水隔热屋面、种植隔热屋面和反射降温屋面。

通风隔热屋面是指在屋顶中设置通风间层，使上层起着遮挡阳光的作用，利用风压和热压作用把间层中的热空气不断带走，以减少传到室内的热量，从而达到隔热降温的目的，如图 8-190 所示。

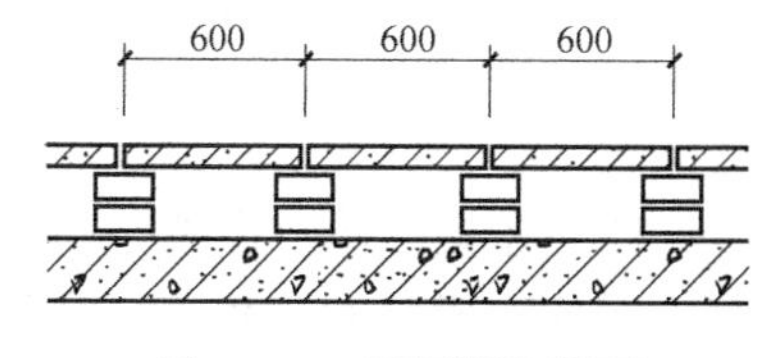

图 8-190　通风隔热屋面

蓄水屋面是指在屋顶蓄积一层水，利用水蒸发时需要大量的汽化热，从而大量消耗晒到屋面的太阳辐射热，以减少屋顶吸收的热能，达到降温隔热的目的。

在平屋顶上种植植物，利用植物光合作用时吸收热量和植物对阳光的遮挡来达到隔热的目的。

屋面表面材料受到太阳辐射后，一部分辐射热量为表面材料所吸收，另一部分被反射出去，反射的辐射热与入射热量之比称为该屋面材料的反射率。色浅而光滑的表面比色深而粗糙的表面具有更大的反射率，因此，可以采用浅颜色的砾石铺面，或在屋面上涂刷一层白色涂料，对隔热降温均可起到显著作用。

8.7.3 坡屋顶构造

1. 坡屋顶的组成

坡屋顶一般由承重结构和屋面两部分组成，必要时还设有保温层、隔热屋及顶棚等，如图 8-191 所示。

承重结构主要是承受屋面荷载并把它传递到墙或柱上，一般有椽子、檩条、屋架或大梁等。

屋面是屋顶的上覆盖层，直接承受风、雪、雨、冰冻、太阳辐射等大自然气候的作用。它包括屋面盖料和基层，如挂瓦条、屋面板等。

顶棚是屋顶下面的遮盖部分，可使室内上部平整，起光线反射和装饰作用。

保温或隔热层可设在屋面层或顶棚处，视具体情况而定。

2. 坡屋顶的承重结构

坡屋顶的承重结构类型有横墙承重、屋架承重、梁架承重等。

（1）横墙承重　横墙承重又叫山墙承重，它将横墙顶部按屋面坡度大小砌成三角形，在墙上直接搁置檩条或钢筋混凝土屋面板支承屋面传来的荷载，又叫硬山搁檩，如图 8-192 所示。横墙承重构造简单、施工方便、节约木材，有利于防火和隔声等优点，但房间开间尺寸受限制。适用于住宅、旅馆等开间较小的建筑。

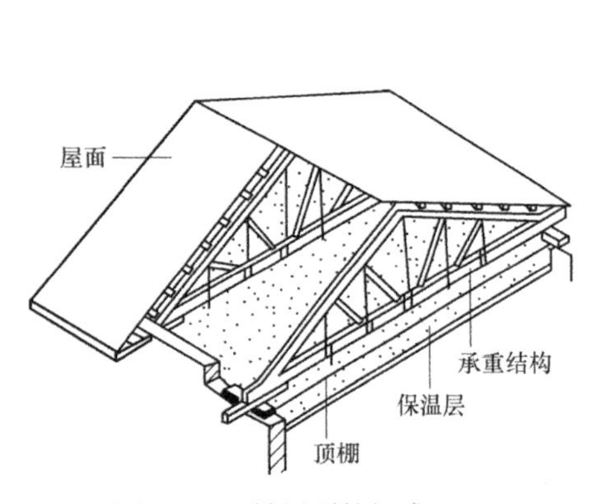

图 8-191　坡屋顶的组成

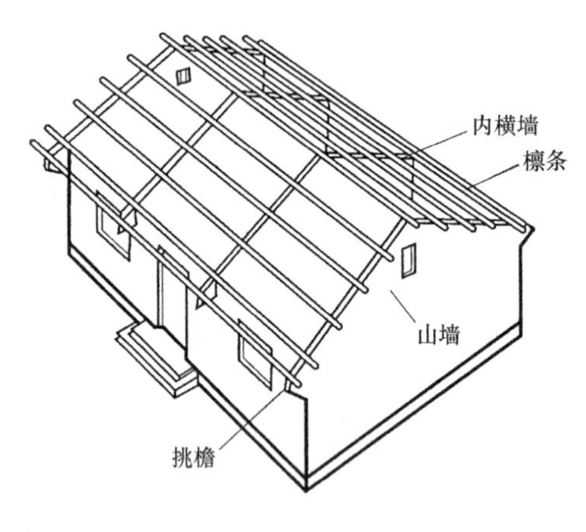

图 8-192　坡屋顶横墙承重

（2）屋架承重　屋架是指由多个杆件组合而成的承重桁架，可用木材、钢材、钢筋混凝土制作，形状有三角形、梯形、拱形、折线形等。屋架支承在纵向外墙或柱上，上面搁置檩条或钢筋混凝土屋面板承受屋面传来的荷载，如图 8-193 所示。屋架承重与横墙承重相比，可以省去横墙，使房屋内部有较大的空间，增加了内部空间划分的灵活性。

（3）梁架承重　梁架承重是我国传统的结构形式，它由柱和梁组成排架，檩条置于梁间承受屋面荷载并将各排架联系成为一个完整骨架。内外墙体均填充在骨架之间，仅起分隔和围护作用，不承受荷载，如图 8-194 所示。

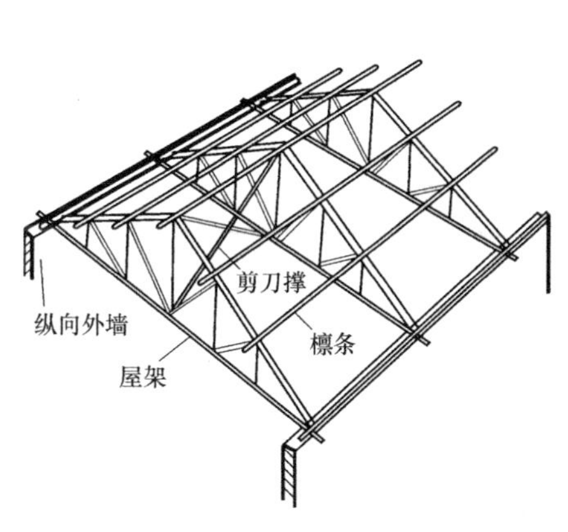

图 8-193　坡屋顶横墙承重

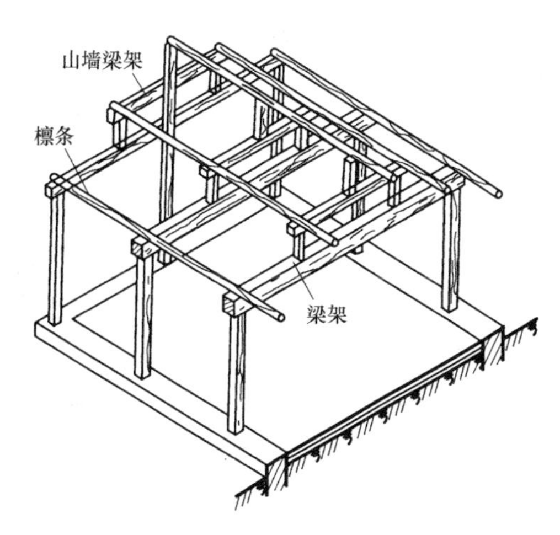

图 8-194　坡屋顶梁架承重

3．坡屋顶的屋面构造

坡屋顶的屋面种类较多，我国目前采用的有弧形瓦（或称小青瓦）、平瓦、油毡瓦、西式陶瓦、英红瓦、波形瓦、金属瓦、彩色压型钢板等。

（1）小青瓦屋面　小青瓦在北方地区又叫阴阳瓦，在南方地区叫蝴蝶瓦、阴阳瓦，俗称布瓦，是一种弧形瓦，如图 8-195 所示。

（2）平瓦屋面　传统的平瓦又叫机平瓦，是根据防水和排水需要，把黏土或水泥等材料用模具压制成凹凸楞纹后再焙烧而成的瓦片。平瓦的一般尺寸为长 380 ～ 420mm，宽 230 ～ 250mm，净厚为 20 ～ 25mm。

木望板平瓦屋面是在檩条或椽木上钉木望板，木望板上干铺一层油毡，用顺水条固定后，再钉挂瓦条挂瓦所形成的屋面，如图 8-196 所示。

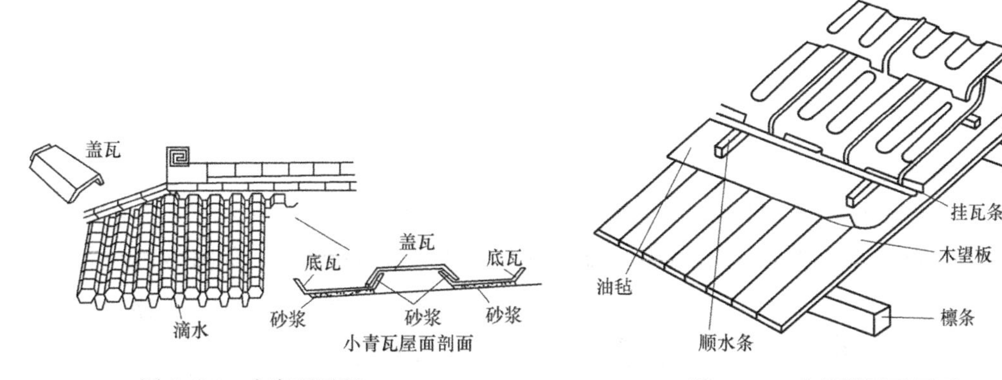

图 8-195　小青瓦屋面

图 8-196　木望板平瓦屋面

钢筋混凝土板平瓦屋面是以钢筋混凝土板为屋面基层的平瓦屋面，如图 8-197 所示。

（3）波形瓦屋面　波形瓦可用石棉水泥、塑料、玻璃钢和金属等材料制成，近年来，压型钢板屋面有了很大的发展，它将镀锌钢板轧制成型，表面涂刷防腐涂层或彩色烤漆而成的屋面材料，具有多种规格，有的中间填充了保温材料，成为夹芯板，可提高屋顶的保温效果，如图 8-198 所示。压型钢板的断面形式有波形、梯形等多种形式，自重轻、施工方便、装饰性与耐久性强的优点。压型钢板屋面一般与钢屋架相配合。

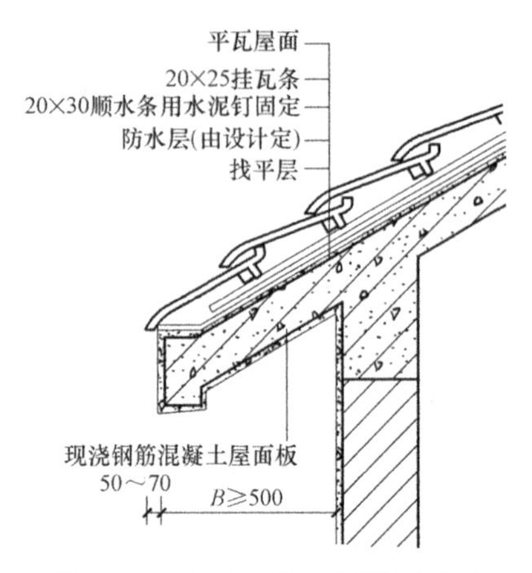

图 8-197　钢筋混凝土板平瓦屋面

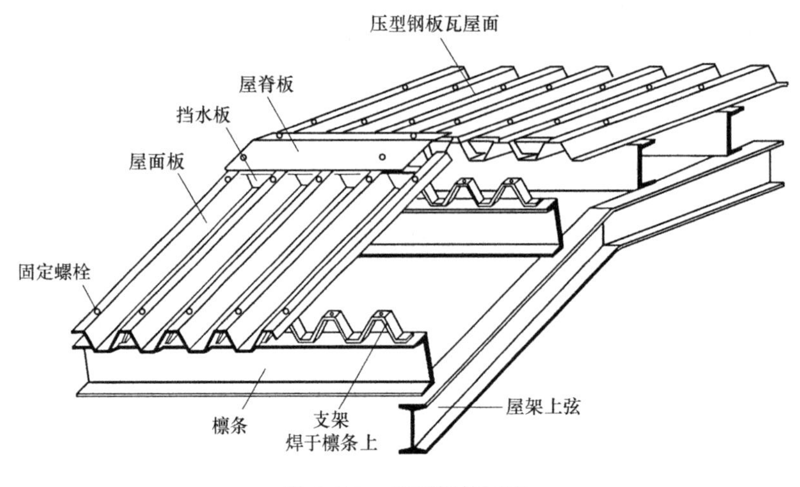

图 8-198　压型钢板屋面

4．坡屋顶的细部构造

（1）纵墙檐口

1）无组织排水檐口。当坡屋顶采用无组织排水时，应将屋面伸出纵墙形成挑檐，挑檐的构造做法有砖挑檐、椽条挑檐、挑梁挑檐和钢筋混凝土挑板挑檐等，如图 8-199 所示。

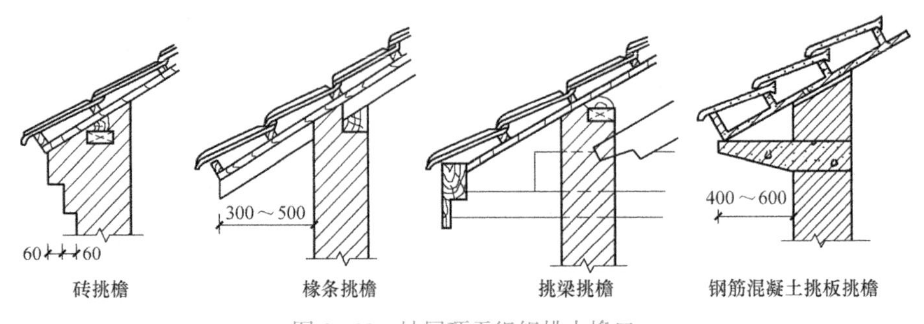

图 8-199　坡屋顶无组织排水檐口

2）有组织排水檐口。当坡屋顶采用有组织排水时，一般多采用外排水，需在檐口处设置檐沟，檐沟的构造形式一般有钢筋混凝土挑檐沟和女儿墙封檐沟两种，如图 8-200 所示。

（2）山墙檐口　双坡屋顶山墙檐口的构造有硬山和悬山两种。

硬山是将山墙升起包住檐口，女儿墙与屋面交接处应做泛水，一般用砂浆黏结小青瓦或抹水泥石灰麻刀砂浆泛水，如图 8-201 所示。

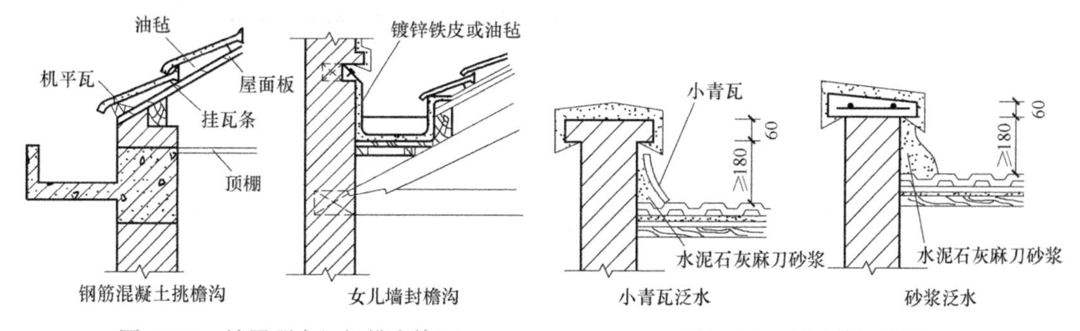

图 8-200　坡屋顶有组织排水檐口　　图 8-201　硬山檐口构造

悬山是将檩条伸出山墙挑出，上部的瓦片用水泥石灰麻刀砂浆抹出披水线，进行封固，如图 8-202 所示。

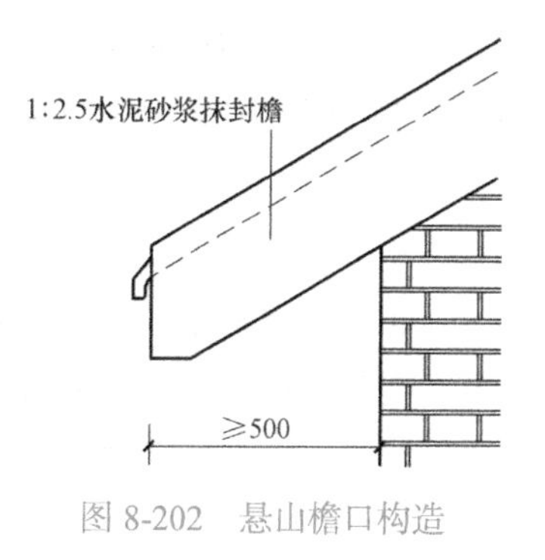

图 8-202　悬山檐口构造

（3）屋脊、天沟和斜沟构造　互为相反的坡面在高处相交形成屋脊，屋脊处应用 V 形脊瓦盖缝。在等高跨和高低跨屋面相交处会形成天沟，两个互相垂直的屋面相交处会形成斜沟。天沟和斜沟应保证有一定的断面尺寸，上口宽度应为 300 ～ 500mm，沟底一般用镀锌铁皮铺于木基层上，镀锌铁皮两边向上压入瓦片下至少 150mm，如图 8-203 所示。

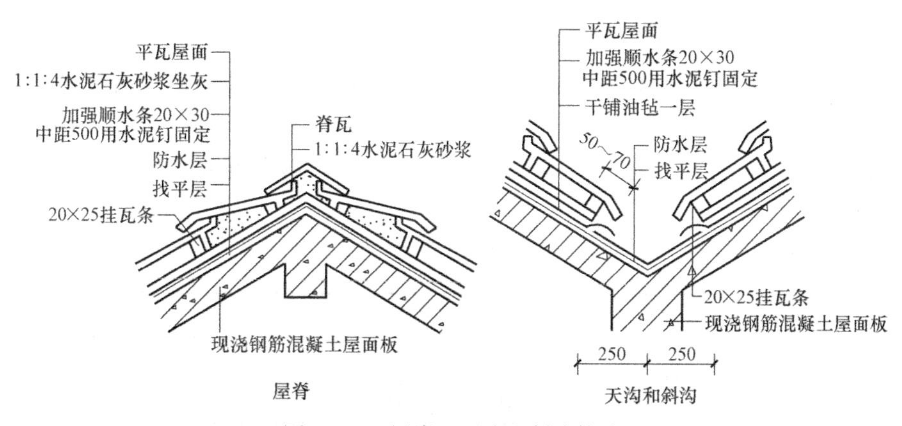

图 8-203　屋脊、天沟和斜沟构造

5. 坡屋顶的保温与隔热

（1）坡屋顶的保温　坡屋顶的保温有顶棚保温和屋面保温两种。

1）顶棚保温。顶棚保温是在坡屋顶的悬吊顶棚上加铺木板，上面干铺一层油毡做隔气层，然后在油毡上面铺设轻质保温材料。

2）屋面保温。传统的屋面保温是在屋面铺草秸，将屋面做成麦秸泥青灰顶，或将保温材料设在檩条之间。

（2）坡屋顶的隔热和通风　坡屋顶一般利用屋顶通风来隔热，有以下两种方式：

1）屋面通风。把屋面做成双层，在檐口设进风口，屋脊设出风口，利用空气流动带走间层的热量，以降低屋顶的温度。

2）吊顶棚通风。利用吊顶棚与坡屋面之间的空间作为通风层，在坡屋顶的歇山、山墙或屋面等位置设进风口。

8.8　变形缝

温度变化、地基不均匀沉降以及地震等将会在建筑结构内部产生附加应力和变形，如果处理不当，可能会使建筑物产生裂缝，甚至造成建筑物的破坏和倒塌。我们可以通过提高建筑物整体的刚度和强度来抵抗上述变形，但同时也意味着技术的复杂性且面临高昂的经济成本。兼顾考虑技术和成本，在可能引起结构破坏的变形的敏感部位或其他必要的部位事先设置变形缝，即留出一定的缝隙，以保证各部分建筑物在这些缝隙中有足够的变形宽度而不造成建筑物的破损。变形缝包括伸缩缝、沉降缝和防震缝三种类型。

8.8.1　伸缩缝

伸缩缝又称为温度变形缝。为了防止建筑物构件因温度变化和混凝土收缩而使房屋结构产生裂缝或破坏，工程上常沿建筑物长度方向每隔一定距离预留伸缩缝，将建筑物从屋顶、墙体、楼层等地面以上构件全部断开，使建筑物沿长方向可做水平伸缩。建筑物基础因其埋在地下受温度变化影响小，不必断开，不会影响缝两侧的其他构件沿水平方向自由变形。伸缩缝的宽度一般为 20 ～ 30mm，缝内填保温材料。

1. 伸缩缝的最大间距

伸缩缝的最大间距与房屋的结构类型、屋盖或楼盖的类别以及使用环境条件等因素有关，可以按《砌体结构设计规范》（GB 50003—2011）和《混凝土结构设计规范》（GB 50010—2011）设置，也可以通过计算确定。砌体房屋、钢筋混凝土结构伸缩缝的最大间距见表 8-15、表 8-16。

表 8-15　砌体房屋伸缩缝的最大间距　（单位：m）

屋盖或楼盖类别		间　距
整体式或装配整体式钢筋混凝土结构	有保温层或隔热层的屋盖、楼盖	50
	无保温层或隔热层的屋盖	40
装配式无檩体系钢筋混凝土结构	有保温层或隔热层的屋盖、楼盖	60
	无保温层或隔热层的屋盖	50
装配式有檩体系钢筋混凝土结构	有保温层或隔热层的屋盖	75
	无保温层或隔热层的屋盖	60
瓦材屋面、木屋盖或楼盖、轻钢屋盖		100

表 8-16 钢筋混凝土结构伸缩缝的最大间距 （单位：m）

结构类别		室内或土中	露 天
排架结构	装配式	100	70
框架结构	装配式	75	50
	现浇式	55	35
剪力墙结构	装配式	65	40
	现浇式	45	30
挡土墙、地下室墙壁等类结构	装配式	40	30
	现浇式	30	20

注：当屋面无保温或隔热措施时，框架结构、剪力墙结构的伸缩缝间距宜按表中露天栏的数值取用；现浇挑檐、雨罩等外露结构的伸缩缝间距不宜大于 12m。

2. 伸缩缝构造

（1）墙体伸缩缝构造　根据墙体的厚度和所用材料不同，伸缩缝可做成平缝、错口缝和企口缝，如图 8-204 所示。

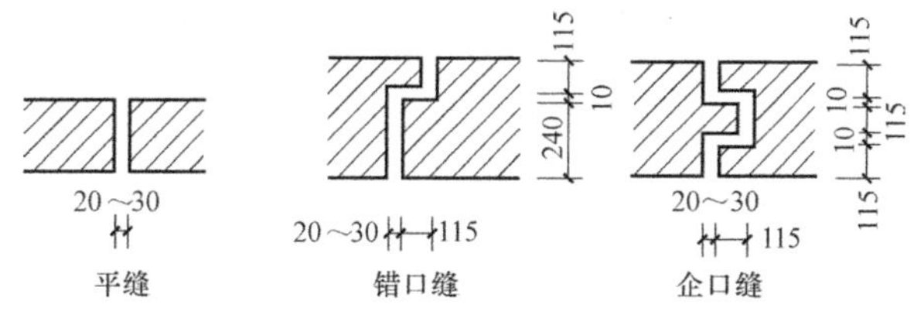

图 8-204　墙体伸缩缝形式

1）外墙伸缩缝构造。对有保温要求的外墙，可采用岩棉、玻璃棉、发泡聚苯乙烯板、发泡聚乙烯板、膨胀珍珠岩等保温材料填充缝隙，如图 8-205 所示，此处 W 为变形缝宽度，ES 为变形缝装置外表面投影宽度，余下皆同。

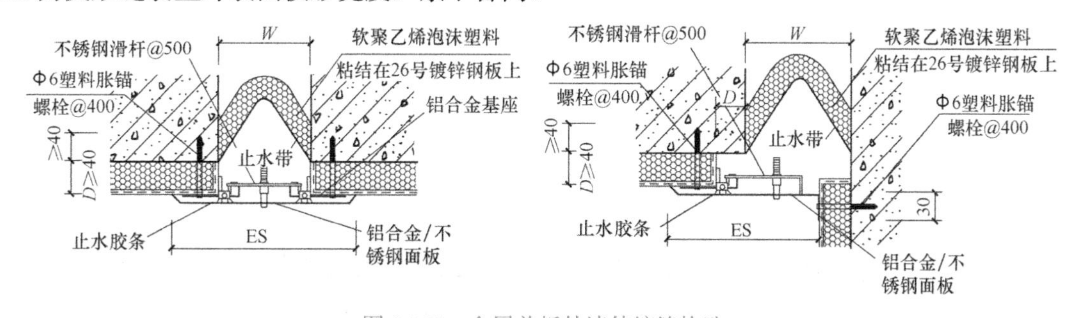

图 8-205　金属盖板外墙伸缩缝构造

2）内墙及顶棚伸缩缝构造。内墙伸缩缝可采用木板和镀锌铁皮、铝板、不锈钢板做盖缝处理，如图 8-206 所示。

（2）楼地面伸缩缝构造　楼地面伸缩缝的位置和大小应与墙体、屋顶变形缝一致，地面的垫层、楼板和面层均在伸缩缝处断开，缝隙可用沥青麻丝、改性沥青麻丝、矿棉丝或发泡聚苯乙烯板等填充料填嵌缝隙，面层可采用改性沥青油膏、聚氨酯改性塑料油膏、防水油膏等嵌缝膏，面层也可采用加盖预制混凝土块面料、花岗岩和大理石等块面料，面层也可以采用塑料硬板、硬橡胶板、铝板、铝合金板和钢板等，如图 8-207 所示。

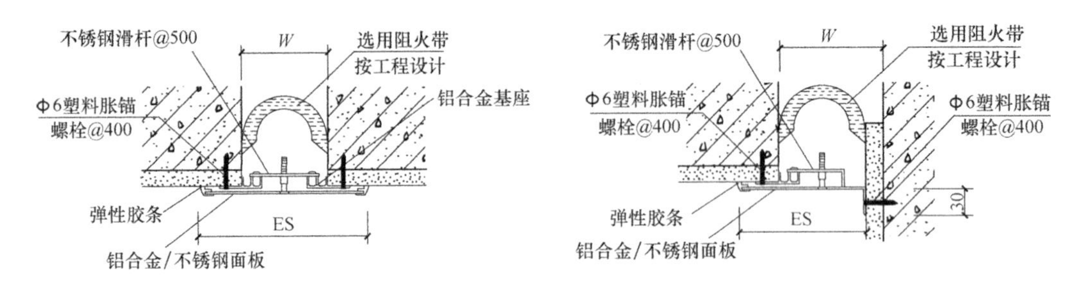

图 8-206 金属盖板内墙伸缩缝构造

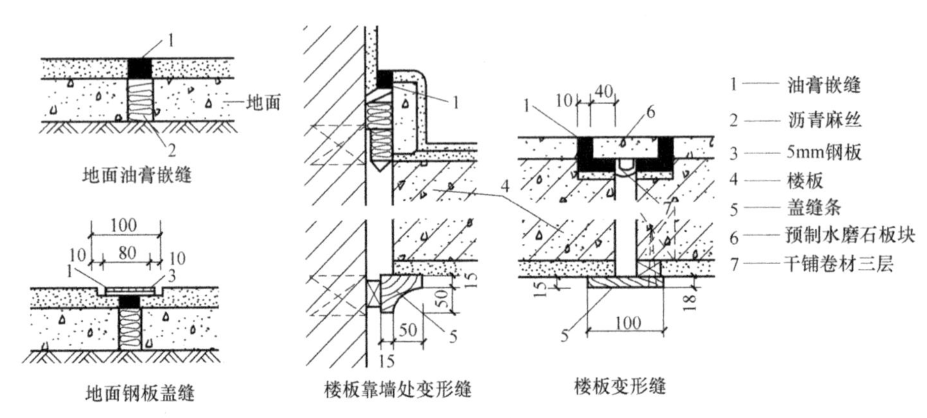

图 8-207 楼地面伸缩缝构造

（3）屋顶伸缩缝构造 屋面上的伸缩缝常见的有两面在同一标高处（图 8-208）和墙与屋面高低错层处（图 8-209），这里必须采取防水和泛水措施，盖板可采用预制钢筋混凝土板、镀锌铁皮、铝板和不锈钢板等。

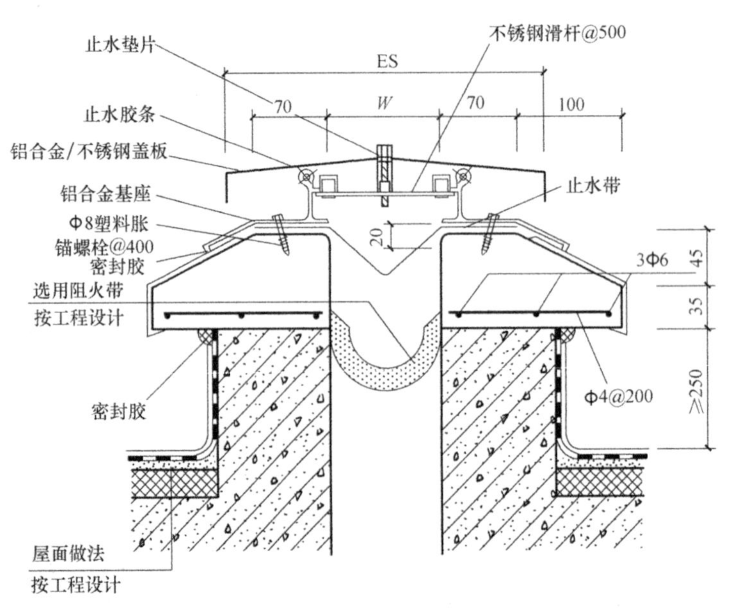

图 8-208 屋面上两面在同一标高处的伸缩缝构造

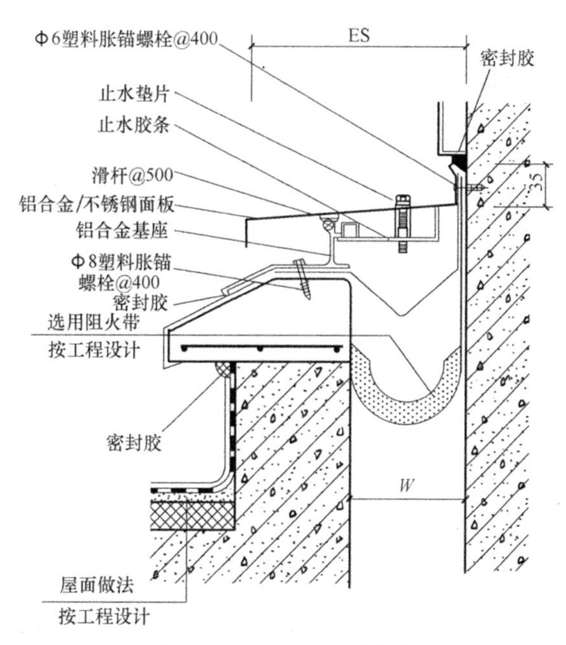

图 8-209　墙与屋面高低错层处的伸缩缝构造

8.8.2　沉降缝

为了消除因地基沉降不均匀而导致结构产生的附加内力，工程上常通过设置沉降缝控制剪切裂缝的产生和发展，自由释放结构变形。沉降缝的做法与伸缩缝有所不同，它要求在沉降缝处将建筑物从基础连同其上部结构完全断开，划分为两个相对独立的结构承重体系。

1．沉降缝的设置原则和设置部位

沉降缝是为了防止地基不均匀沉降设置的变形缝，凡符合下列情况之一者均应设置沉降缝：

1）当房屋建造在不同的地基土壤上又难以保证不均匀沉降时。

2）当同一房屋相邻各部分高度相差在两层以上或部分高差超过 10m 以上时。

3）当同一房屋各部分相邻基础的结构体系、宽度和埋置深度相差悬殊时。

4）当原有房屋和新建房屋紧相毗邻时。

5）当房屋平面形状复杂，高度变化较多时，将房屋平面划分成几个简单的体型。

根据上述原则，沉降缝常常设置在以下部位：

1）建筑平面的转折部位。

2）高度差异或荷载差异处。

3）长高比过大的砌体承重结构或钢筋混凝土框架的适当部位。

4）地基土的压缩性有显著差异处。

5）建筑结构或基础类型不同处。

6）分期建造房屋的交界处。

2. 沉降缝的宽度

沉降缝的宽度需要随地基情况和房屋的高度不同而定，可根据有关规范按表 8-17 采用。

表 8-17　房屋沉降缝的宽度

（单位：mm）

地基性质	建筑物高度或层数	沉降缝宽度
一般地基	$H<5$m	30
	$H=5\sim10$m	50
	$H=10\sim15$m	70
软弱地基	2 ～ 3 层	50 ～ 80
	4 ～ 5 层	80 ～ 120
	6 层及 6 层以上	>120
湿陷性黄土地基		30 ～ 70

3. 沉降缝构造

沉降缝的宽度和所设范围能同时满足伸缩缝的要求，所以可将两缝合并设置，沉降缝也兼起伸缩缝的作用，但伸缩缝不能代替沉降缝。

沉降缝内不能填塞材料，以免妨碍建筑物两侧各单元的自由移动。在寒冷地区，因保暖需要，可在沉降缝的侧面充填保温材料，但必须保证墙体能自由沉降。

（1）沉降缝在基础部位的构造　为保证沉降缝两侧建筑各成独立的单元需要自基础开始在结构及构造上完全断开。基础沉降缝在构造上需要进行特殊的处理，常见的有挑梁基础和双墙基础等类型。

1）挑梁基础，即在沉降缝一侧墙的基础按正常设置，另一侧的纵墙由悬挑的挑梁承担，梁端另设基础梁和轻质隔墙。

2）双墙基础，即在沉降缝两侧都设承重墙，以保证每个独立单元都有纵横墙封闭联结，结构整体性好。在两承重墙间距较小时，为克服基础的偏心受力，可采用在平面布置上为两排交错设置的独立基础，其上布置承重墙的基础梁。沉降缝同时起着伸缩缝的作用，在同一个建筑物内，两者可合并设置，但伸缩缝不能代替沉降缝。在钢筋混凝土框架结构中的沉降缝通常采用双柱悬挑梁或简支梁做法。

（2）沉降缝在墙体部位的构造　沉降缝一般兼做伸缩缝的作用，其构造与伸缩缝基本相同，但盖板及调节片构造必须注意能保证在水平方向和垂直方向自由变形，如图 8-210 所示。

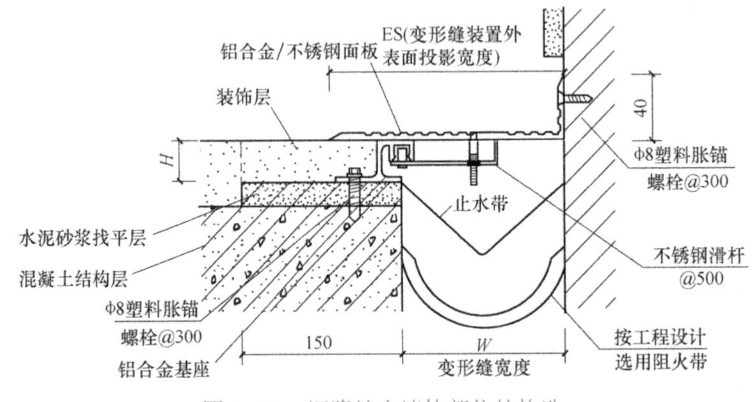

图 8-210　沉降缝在墙体部位的构造

（3）沉降缝在楼地层部位的构造　沉降缝在楼地层构造基本上和伸缩缝相同，既要考虑垂直方向的变形，又要考虑水平方向的变形，如图 8-211 所示。

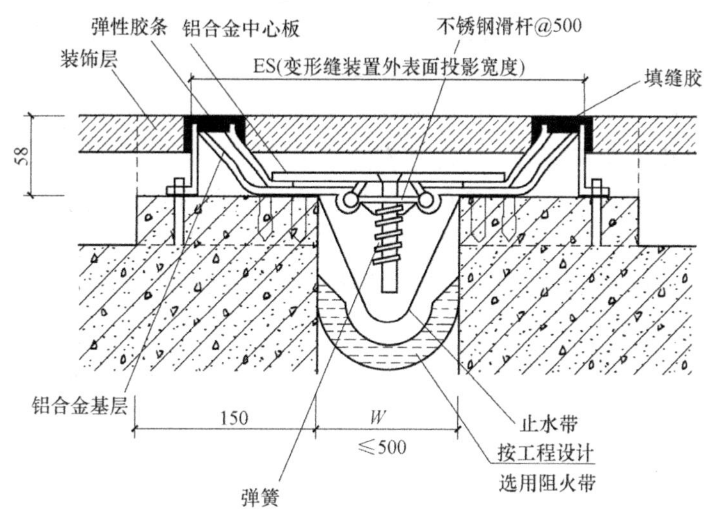

图 8-211　沉降缝在楼地层部位的构造

（4）沉降缝在屋顶部位的构造　屋顶沉降缝处泛水金属铁皮或其他构件应满足沉降变形的要求，并有维修余地。

8.8.3　防震缝

在地震设防地区的建筑必须充分考虑地震对建筑造成的影响。为了防止地震使房屋破坏，工程上常用防震缝将房屋分成若干形体简单、结构刚度均匀的独立部分，减轻或防止相邻结构单元由地震作用引起的碰撞。在地震区建造房屋，防震缝应沿房屋的全高设置，对于平面形状简单的房屋，基础一般可不设防震缝。

1．防震缝的宽度

防震缝的宽度与地震设计烈度、房屋的高度有关。

对于多层砌体房屋，《建筑抗震设计规范》（GB 50011—2010）规定：房屋有下列情况之一时宜设置防震缝，缝两侧均应设置墙体，缝宽应根据烈度和房屋高度确定，可采用 50 ～ 100mm：①房屋立面高差在 6m 以上；②房屋有错层，且楼板高差较大；③各部分结构刚度、质量截然不同。

对于框架结构房屋，防震缝的宽度可按表 8-18 确定。

表 8-18　框架结构房屋防震缝最小宽度

房屋高度 H/m	设计烈度 / 度	防震缝宽度 /mm
$H \leqslant 15$m	7	70
	8	70
	9	70

（续）

房屋高度 H/m	设计烈度 / 度	防震缝宽度 /mm
$H > 15$m	7	高度每增加 4m 缝宽增加 20mm
	8	高度每增加 3m 缝宽增加 20mm
	9	高度每增加 2m 缝宽增加 20mm

防震缝两侧结构体系不同时，防震缝宽度应按不利的结构类型确定；防震缝两侧的房屋高度不同时，防震缝宽度应按较低的房屋高度确定；当相邻结构的基础存在较大沉降差时，宜增大防震缝的宽度；一般防震缝的基础可不断开，只是兼做沉降缝时才将基础断开；地下室、基础可不设防震缝，但在与上部防震缝对应处应加强构造和连接。

2. 防震缝构造

在防震缝两侧的承重墙或柱子应成双布置，防震缝在墙身、楼地面和屋顶各部分的构造基本与伸缩缝和沉降缝相同。

第九章　工业建筑概论

工业建筑是指为工业生产服务的各类建筑，如生产车间、动力用房等。工业建筑生产工艺复杂多样，具有如下特点：

1）生产工艺决定工业建筑的结构形式和平面布置。每一种工业产品都有一定的生产工艺流程，工业建筑设计必须在工艺设计人员所提出的工艺设计图的基础上进行，并能满足不同的生产工艺要求。对于一些有特殊要求的厂房，为保证产品质量和产量、保护工人身体健康及生产安全，厂房在设计时还需要采取相应的技术措施。

2）工业建筑内部空间。工业厂房中的生产设备多，体量大，并有多种起重和运输设备通行，厂房内部应有较大的宽敞空间。

3）工业建筑结构要求高。工业厂房跨度大，屋顶自重大，吊车荷载较重，同时还要承受较大的振动荷载，工业厂房一般采用钢筋混凝土骨架承重。对于特别高大的厂房，或有重型吊车的厂房，或高温厂房，或地震烈度较高地区的厂房往往需要采用钢骨架承重。

4）工业建筑构造复杂。当厂房宽度较大时，特别是多跨厂房，为满足室内采光、通风的需要，屋顶上往往设有天窗。同时，为了屋面防水、排水的需要，还需要设置屋面排水系统。工业厂房多采用预制构件装配而成，各种设备和管线安装施工复杂。

9.1　概述

9.1.1　工业厂房建筑的分类

1. 按工业建筑用途分

根据产品生产特点，工业厂房大致可分为以下两种类型：

（1）一般性生产厂房及配套设施　正常环境下生产的厂房及配套设施建筑。

1）主要生产用房：指进行备料、加工、装配等主要工艺流程的厂房，如机械制造厂中的铸工车间、机械加工车间和装配车间等；

2）辅助生产用房：指为生产厂房服务的厂房，如机械制造厂中的机修车间、工具车间等。

3）动力用厂房：指为生产提供动力源的厂房，如锅炉房、变电站、煤气发生站、压缩空气站等。

4）储存用房屋：贮存原材料、半成品、成品房屋（一般称仓库），如金属材料库、木材库、油料库和成品库等。

5）仓储用建筑：管理、储存及检修交通运输工具的房屋，如汽车库、机车库、起重车库、消防车库等。

6）其他建筑：例如水泵房、污水处理站等。

（2）特殊状况下的生产厂房和配套设施　如正常生产或储存有爆炸和火灾危险物的厂房，多尘、潮湿、高温或有蒸汽、振动、烟雾、酸碱腐蚀性气体或物质、有辐射性物质的生产厂房等。

1）热加工车间：生产过程中散发大量热量和烟尘等。

2）恒温恒湿车间：车间内要求具有稳定的温度和湿度。

3）洁净车间：防止大气中灰尘和细菌的污染，要求保持车间内高度洁净。

4）其他特殊状况的车间：例如有爆炸可能、有大量腐蚀物、有放射性散发物、防电磁波干扰等。

2. 按生产厂房层数分

（1）单层厂房　指层数仅为一层的工业厂房。适用于有大型机器设备或有重型起重运输设备的厂房。

（2）多层厂房　指层数在二层以上的厂房，常用的层数为 2 ～ 6 层。适用于生产设备及产品较轻，可沿垂直方向组织生产的厂房，如食品、电子精密仪器工业等用厂房。

（3）混合层数厂房　同一厂房内既有单层又有多层的厂房称为混合层数的厂房。适用于化学工业、热电站的主厂房等。

3. 按其主要承重结构的形式分

（1）排架结构型　排架结构由屋架（或屋面梁）、柱、基础组成，其中柱与基础刚接，而屋架（或屋面梁）与柱铰接，构成平面排架，各平面排架再经纵向结构构件连接组成为一个空间结构，如图 9-1 所示。它是目前单层厂房中最基本、应用最普遍的结构形式。

（2）刚架结构型　刚架结构是指梁或屋架与柱刚性连接的结构，柱与基础通常为铰接。常用的刚架结构有钢筋混凝土门式刚架结构，如图 9-1 所示。一般重型单层厂房多采用刚架结构。

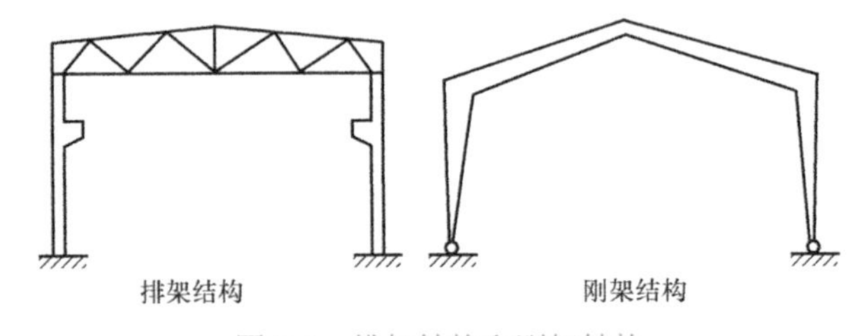

图 9-1　排架结构和刚架结构

 9.1.2　厂房内部的起重运输设备

工业厂房内上部空间常设置各类起重运输设备，常见的有以下三种起重机：

（1）悬挂起重机　悬挂起重机可分为两种：单轨式及双轨式。起重量一般可达 2 吨，安装轻便，安全可靠。

单轨悬挂起重机是在屋架（或屋面梁）下弦悬挂梁式钢轨，起重机轨道无须额外的辅助支撑，轨梁上安装可以水平移动的滑轮组（俗称电动葫芦），利用滑轮组升降起重的一种起重设备，如图 9-2 所示，有手动和电动两种类型。

（2）梁式起重机　梁式起重机是由梁架和电动葫芦组成，起重量一般可达 5 吨，分为悬挂式和支承式两种。

悬挂式是在屋架（或屋面梁）下弦悬挂梁式钢轨，钢轨成两平行直线，钢轨梁上安放滑行的单梁，单梁上设有可移动的滑轮组以升降重物，如图 9-3 所示。

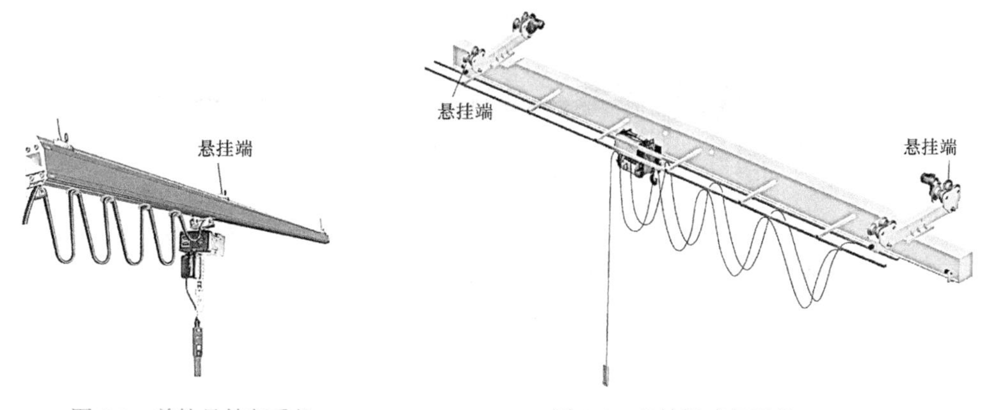

图 9-2 单轨悬挂起重机　　图 9-3 悬挂梁式起重机

支承式是在排架柱上设牛腿，牛腿上搁置吊车梁，吊车梁上安装钢轨，钢轨上设有可滑行的单梁，在单梁上设有可移动的滑轮组以升降重物。

（3）桥式起重机　桥式起重机是由桥架及起重小车（也称为行车）组成。通常在排架柱的牛腿上设置的吊车梁上安放轨道，桥架行驶在吊车梁上。在桥架上设置起重小车，小车沿桥架横向移动。小车上有供起重用的滑轮组。桥式起重机的起重量可由 5 吨到数百吨，适用于大跨度的厂房，如图 9-4 所示。

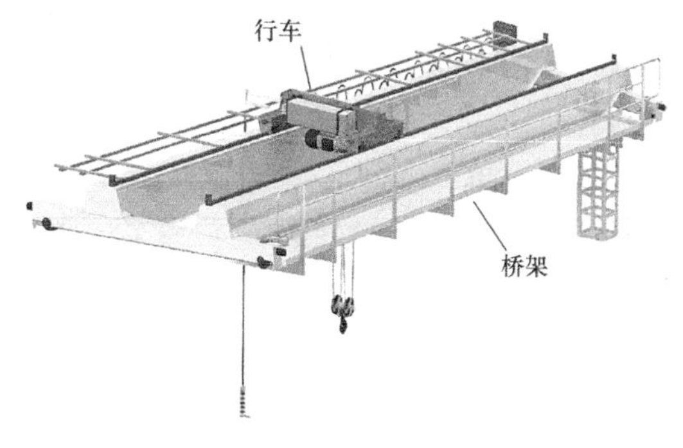

图 9-4 桥式起重机

9.2 单层工业厂房构造

 9.2.1 单层工业厂房组成

根据构件的作用不同，单层工业厂房主要由承重结构和围护结构组成，如图 9-5 所示。

承重结构直接承受主要荷载并将其传递给其他构件的构件：如屋面板、天窗架、屋架、柱、吊车梁和基础是单层厂房的主要承重结构构件。

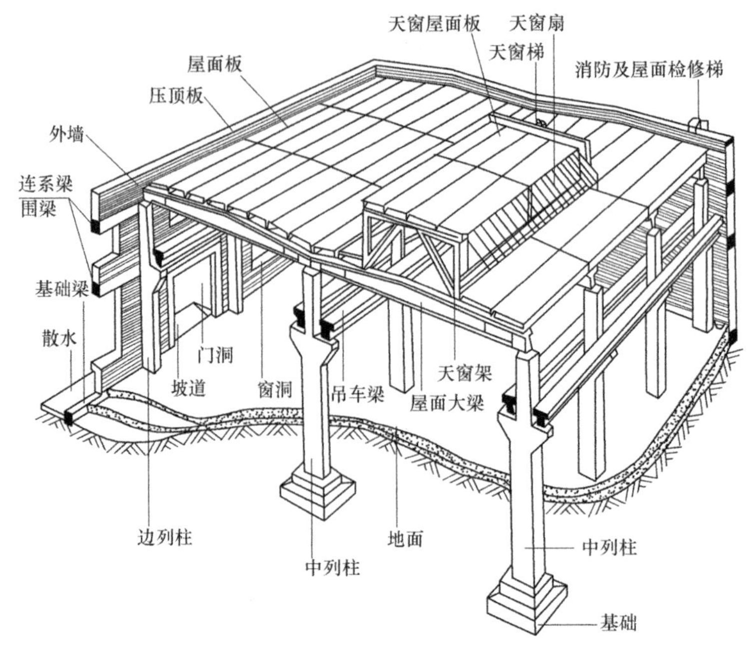

图 9-5 单层工业厂房结构组成

围护结构承受墙体和构件的自重以及作用在墙面上的风荷载等，包括纵墙、山墙、墙梁、抗风柱、基础梁等。

9.2.2 单层工业厂房的结构布置

单层工业厂房的结构布置包括平面布置、支撑布置和围护结构的布置。

1. 单层工业厂房平面布置

（1）单层工业厂房柱网布置 单层工业厂房承重柱的纵向和横向定位轴线所形成的网络称为柱网。柱网布置是指确定纵向定位轴线之间（跨度）和横向定位轴线之间（柱距）的尺寸，要考虑工艺、经济、模数化等因素，如图 9-6 所示。

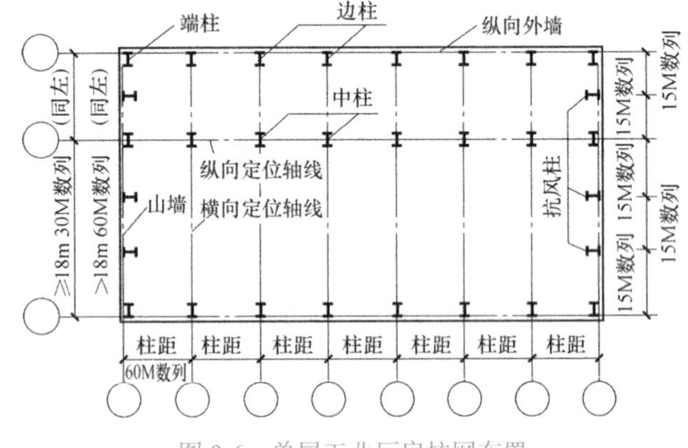

图 9-6 单层工业厂房柱网布置

两相邻横向定位轴线间的距离称为柱距，一般取 6m 或 6m 倍数（60 M 数列）；抗风柱柱距一般取 4.5m、6m 或 7.5m 等。

两相邻纵向定位轴线间的距离称为跨度。工业厂房的跨度≤ 18m 时，跨度一般取 3m 的倍数（30 M 数列）；工业厂房的跨度 >18m 时，跨度一般取 6m 的倍数（60 M 数列）。

1）中间柱与横向定位轴线的联系。厂房中间柱的横向定位轴线与柱的中心线相重合，屋架的中心线也与横向定位轴线相重合，如图 9-7 所示。

2）横向伸缩缝、防震缝与横向定位轴线的联系。横向伸缩缝、防震缝应采用双柱及两条横向定位轴线划分的方法，考虑到模数及施工的要求，两柱的中心线应自定位轴线向两侧各移 600mm，如图 9-8 所示。

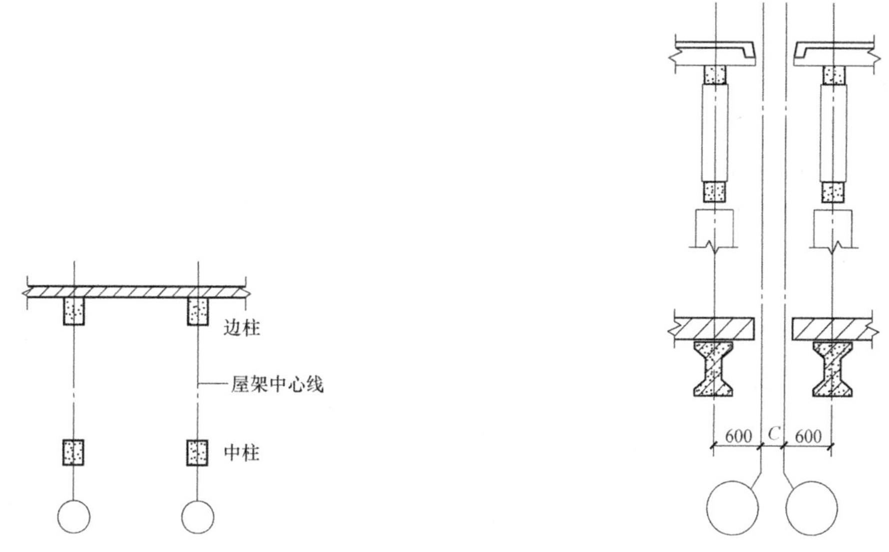

图 9-7 中间柱与横向定位轴线的联系

图 9-8 横向伸缩缝、防震缝与横向定位轴线的联系

3）山墙与横向定位轴线的联系。山墙与横向定位轴线的联系按山墙受力情况不同，分为承重墙和非承重墙两种定位方法。

① 山墙为非承重墙时，横向定位轴线与山墙内缘相重合，端部柱的中心线应自横向定位轴线向内移 600mm，如图 9-9 所示。其主要目的是保证山墙抗风柱能通至屋架上弦，使山墙传来的水平荷载传至屋架与排架柱。

② 山墙为砌体承重墙时，横向定位轴线应设在砌体块材中距墙内缘半块或半块的倍数以及墙厚一半的位置上，如图 9-10 所示。

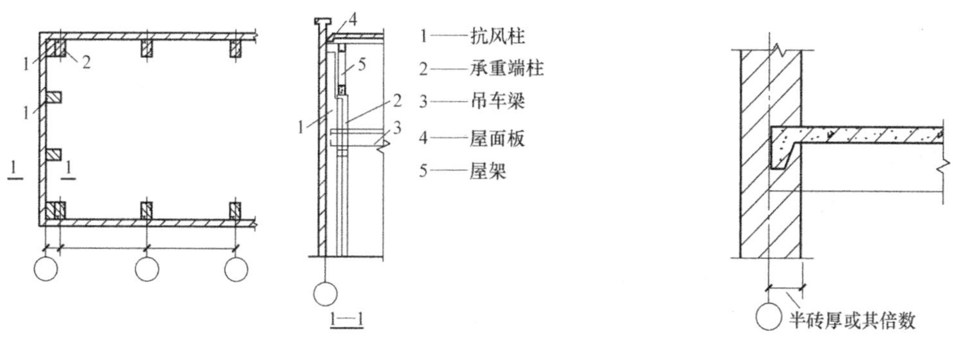

图 9-9 非承重墙的抗风柱设置

图 9-10 山墙为砌体承重墙时横向定位轴线设置

4）纵向定位轴线的定位都是按照屋架跨度的标志尺寸从其两端垂直引下来的。在实际工程中，由于吊车形式、起重量、厂房跨度、高度和柱距不同以及是否设置安全走道板等条件不同，外墙、边柱与纵向定位轴线的定位有下列两种（图 9-11）：

① 封闭结合：纵向定位轴线、边柱外缘和外墙内缘三者相重合的定位方式，使上部屋面板与外墙之间形成“封闭结合”的构造。

② 非封闭结合：当柱距≥ 6m，吊车起重量及厂房跨度较大时，可能需将边柱的外缘从纵向定位轴线向外移出保证结构的安全。

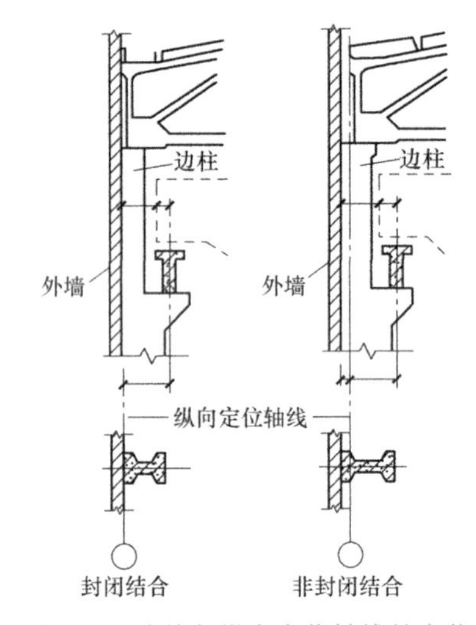

图 9-11　边柱与纵向定位轴线的定位

（2）单层工业厂房变形缝设置

1）为减小由于温度变化所引起的应力，可用温度伸缩缝将单层工业厂房分成几个温度区段。最大伸缩缝间距：处于室内或土中时为 100m，处于露天时为 70m。

2）一般单层工业厂房中可不设沉降缝。

3）为减小单层工业厂房的地震危害，可以设置防震缝。防震缝的宽度在厂房纵横跨交接处可采用 100 ～ 150mm，其他情况可采用 50 ～ 90mm。

地震区的厂房，其伸缩缝和沉降缝均应符合防震缝的要求。

2. 单层工业厂房支撑布置

单层工业厂房支撑包括屋盖支撑和柱间支撑两类，应了解各支撑的作用和设置条件及设置位置。

（1）单层工业厂房屋盖支撑　单层工业厂房屋盖支撑包括上弦横向水平支撑、下弦横向水平支撑、纵向水平支撑、垂直支撑和水平系杆、天窗架支撑等，如图 9-12 所示。

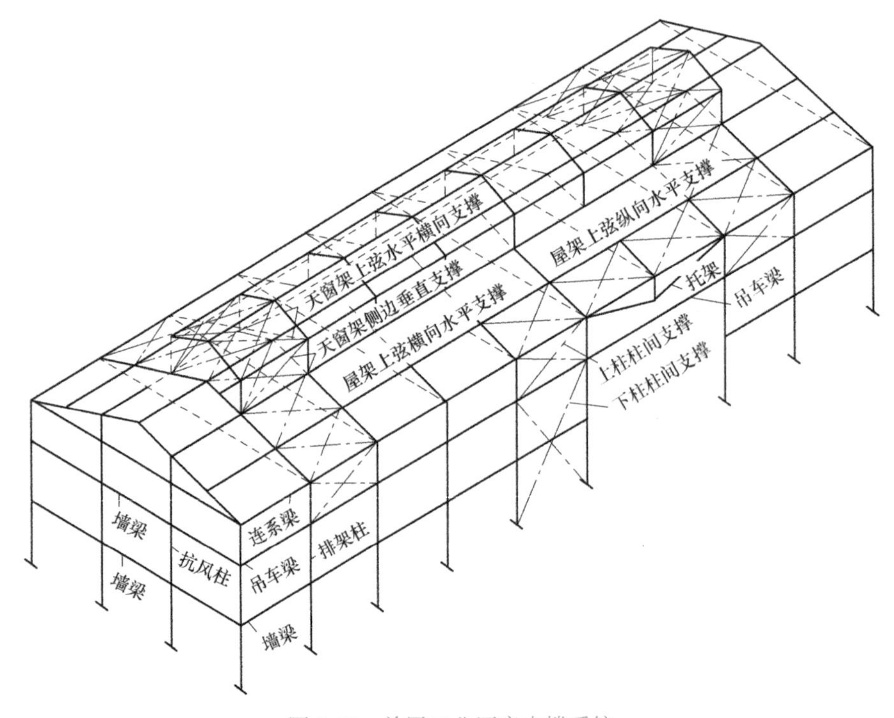

图 9-12　单层工业厂房支撑系统

（2）柱间支撑　柱间支撑是纵向平面排架中最主要的抗侧力构件，其作用是承受纵向水平荷载和提高纵向刚度，如图 9-12 所示。

3．单层工业厂房围护结构的布置

（1）抗风柱布置　抗风柱是单层工业厂房山墙处的结构组成构件，抗风柱的作用主要是传递山墙的风荷载，上通过铰节点与钢梁的连接传递给屋盖系统而作用于整个排架承重结构，下通过与基础的连接传递给基础。抗风柱与屋架相连必须满足两个条件：水平方向可靠连接，垂直方向允许有一定的相对位移。

（2）圈梁　为了进一步加强墙体的稳定性，可沿墙高，按上密下疏的原则每隔 3 ～ 5m，增设一道圈梁。圈梁的截面高度不小于 180mm，配筋不少于 4 ϕ 12，并且应与柱子、屋架或屋面板牢固锚拉。设置圈梁的目的是将墙体和柱、抗风柱等箍在一起，以增加厂房的整体刚性，防止由于地基发生过大的不均匀沉降或较大的振动荷载对厂房产生不利影响。

（3）连系梁　连系梁是指厂房纵向柱列的水平连系构件。其作用是联系柱列，增加厂房的纵向刚度。单层厂房的外墙一般做成自承重墙，不宜设置墙梁（也称为连系梁）。当墙的高度超过一定限度（例如 15m 以上），墙体的砌体强度不足以承受本身自重时，需要在墙下布置连系梁。连系梁两端支承在柱牛腿上，并通过牛腿将墙体荷载传给柱子。

（4）基础梁布置　在排架结构或刚架结构的单层厂房中，采用基础梁承受围护墙体的重量，并把它传给柱下单独基础，不另设墙基础。基础梁的顶面标高通常比室内地面低 50mm，以便门洞口处的地面做面层保护基础梁。基础梁与柱的连接与基础埋深有关，当基础埋深较浅时，可将基础梁直接或通过混凝土垫块搁置在基础顶面。当基础埋置较深时，用牛腿支承基础梁。基础梁下面的回填土一般不需夯实，应留有不少于 100mm 的空隙，以利于沉降，如图 9-13 所示。在寒冷地区为避免土壤冻胀引起基础梁反拱而开裂，在基础梁下面及周围填≥ 300mm 厚的砂或炉渣等松散材料。

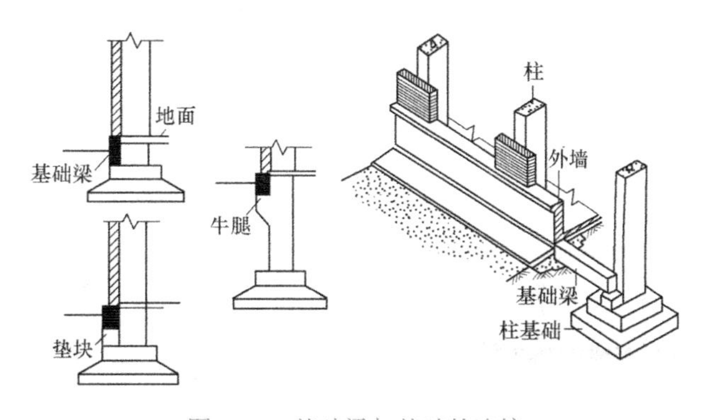

图 9-13　基础梁与基础的连接

9.2.3　单层工业厂房的屋面排水

工业厂房屋面排水方式可分为无组织（图 9-14）和有组织两种排水方式，根据排水管道的布置位置，有组织排水又可分为内排水、悬吊管外排水和天沟外排水三种，如图 9-15 ～图 9-18 所示。

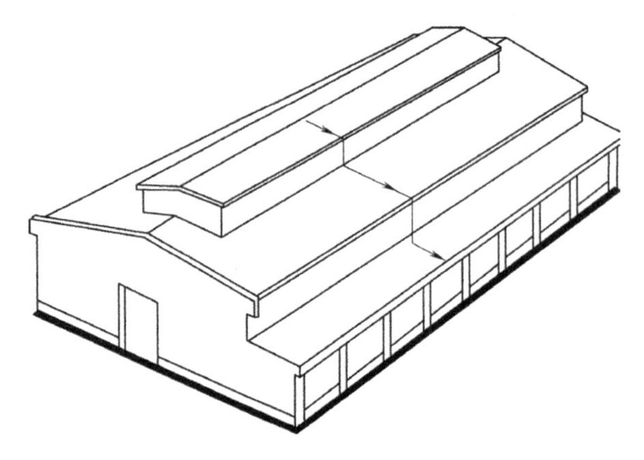

图 9-14　无组织排水示意图

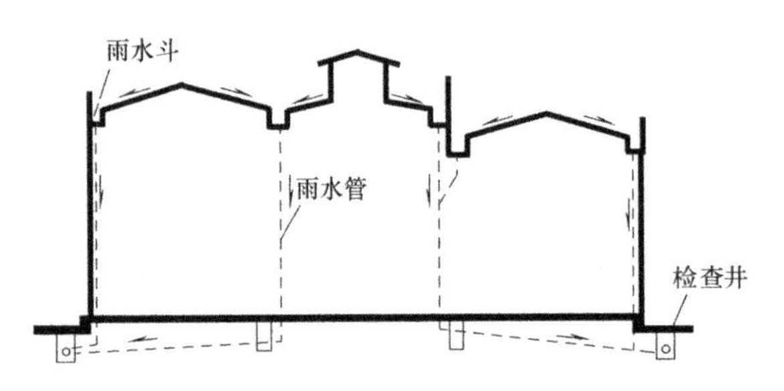

图 9-15　内排水示意图

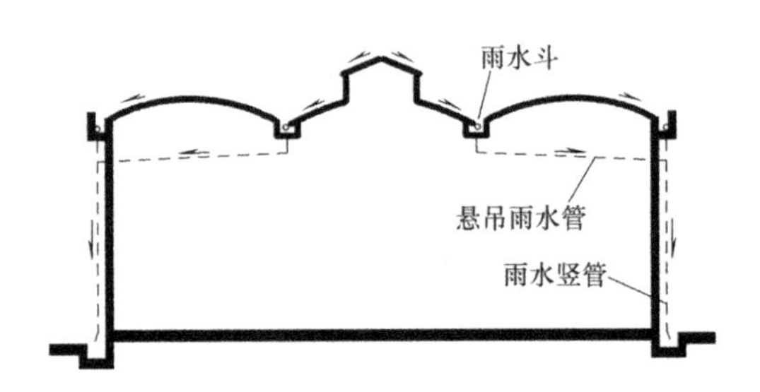

图 9-16　悬吊管外排水示意图

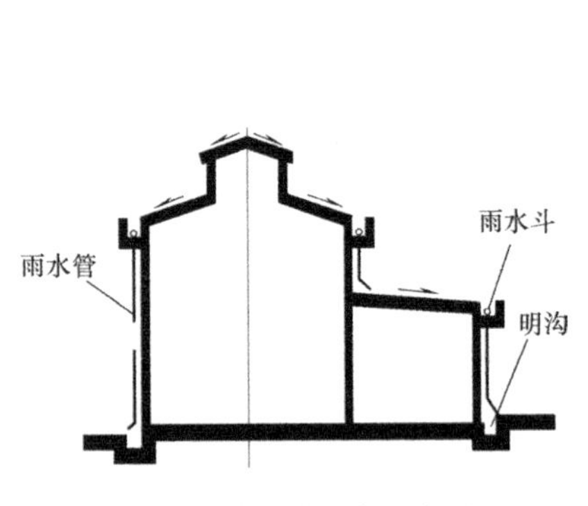

图 9-17　檐口外排水示意图

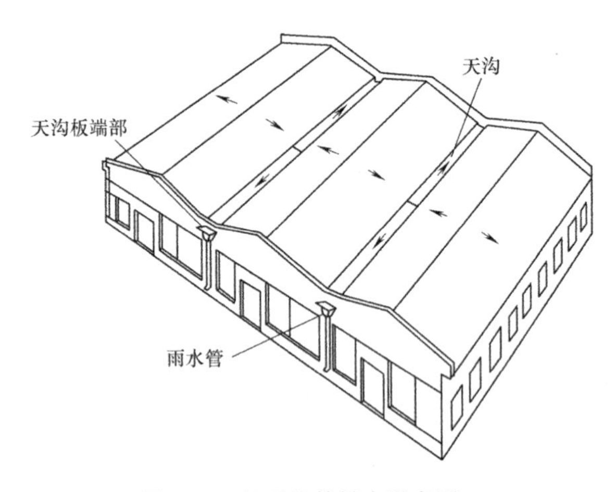

图 9-18　长天沟外排水示意图

内排水是将屋面雨水通过天沟、雨水口和室内立管，从地下管沟排出。在寒冷地区为了避免雨水管内雨水冻结阻碍排水，常采用内排水。内排水的构造比较复杂，消耗管材较多，造价和维修费高。

为了避免厂房内地下的雨水管与工艺设备、管线发生矛盾，在设备和管沟较多的多跨厂房中，可采用悬吊管外排水方式，它是把雨水经过悬吊管引向外墙处排出的。雨水立管可设于室内，也可设于室外。这种排水方式耗费材料，水管表面易产生凝结水，滴落时影响生产。

天沟外排水是将屋面雨水排至檐沟，再经雨水管排走。它的优点是节省了室内雨水管及其地下雨水管道，检修容易且不影响生产。

9.2.4　单层工业厂房的采光与通风

1. 单层工业厂房的采光

单层工业厂房的采光方式，根据采光口的位置可分为侧面采光、顶部采光以及侧面和顶部相结合的混合采光三种方式。

1）侧面采光分为单侧采光和双侧采光两种。根据侧窗在外墙上的位置高低的不同，又分为高侧窗和低侧窗，如图 9-19 所示。

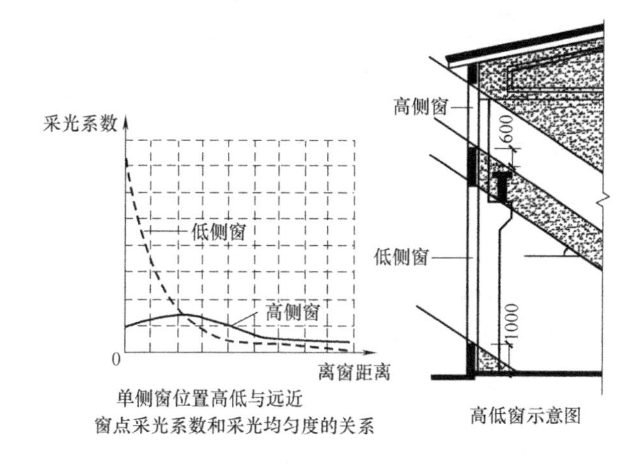

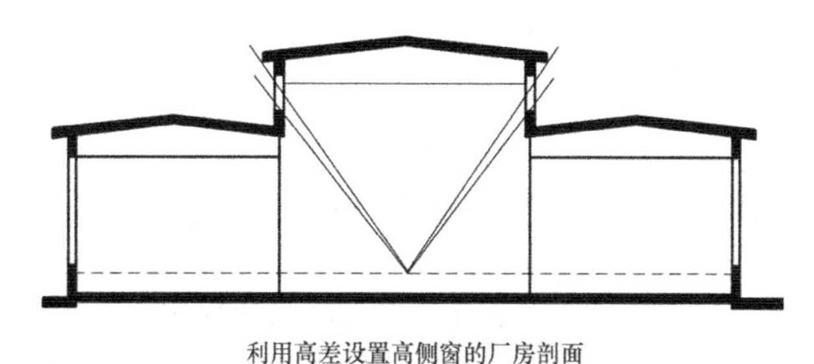

利用高差设置高侧窗的厂房剖面

图 9-19　工业厂房侧面采光

2）顶部采光通常用于侧墙不能开窗或连续多跨的厂房，它照度均匀，采光率较高，但构造复杂，造价较高。顶部采光是通过设置天窗来实现的。天窗的形式很多，常见形式有矩形天窗、M 形天窗、锯齿形天窗、横向下沉式天窗和平天窗等，如图 9-20 所示。

3）当厂房很宽，使用侧窗采光不能满足整个厂房的采光要求时，则需在屋面上开设天窗加以补充，采用混合采光的方式解决天然采光的问题。

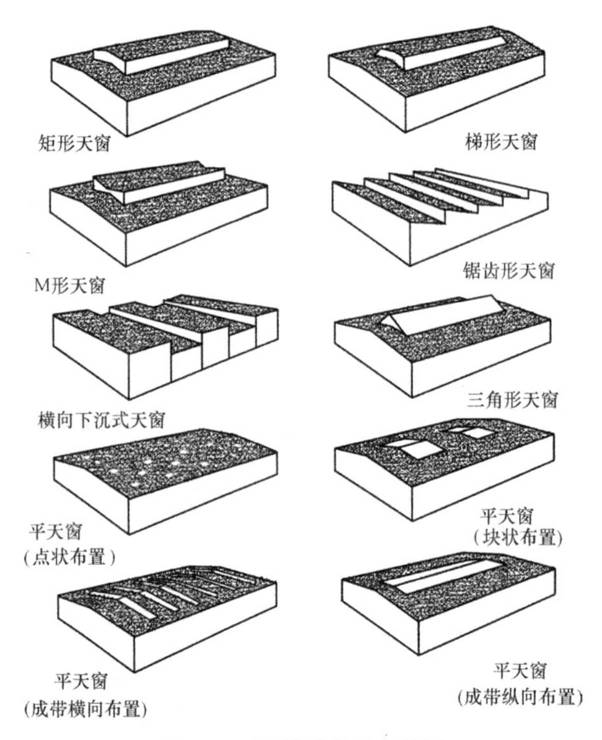

图 9-20　顶部采光天窗类型

2. 单层工业厂房的通风

单层工业厂房的通风方式有机械通风和自然通风两种类型。

机械通风是以风机为动力，使厂房内部空气流动，达到通风降温的目的，它的通风效果比较稳定并可根据需要进行调节，但设备费较高，耗电量较大。

自然通风是利用空气的自然流动将室外的空气引人室内，将室内的空气和热量排至室外，这种通风方式与厂房的结构形式、进出风口的位置等因素有关，通风效果不稳定。

自然通风是利用室内外温差造成的热压和风吹向建筑物而在不同表面上造成的压力差来实现通风换气的。

（1）热压原理　厂房内部由于生产过程中所产生的热量（如炉子和热部件所发出的热量等）和人体散发热量的影响，使室内空气膨胀，密度减小而上升。由于室外空气温度相对较低，密度较大，当厂房下部的门窗敞开时，室外空气进入室内，使室内外的空气压力趋于相等。如将天窗开启，由于热空气的上升，天窗内侧的气压大于天窗外侧的气压，使室内热气不断排出。如此循环，从而达到通风目的，这种通风方式称为热压通风。

由室内外温差造成的空气压力差叫热压。热压越大，通风效果越好，热压值可按下式计算：

$$\Delta P=H(\rho_w-\rho_n)$$

式中　ΔP——热压（Pa）；

H——进排风口中心线的垂直距离（m）；

ρ_w——室外空气密度（kg/m^3）；

ρ_n——室内空气密度（kg/m^3）。

（2）风压原理　当风吹向建筑物时，遇到建筑物而受阻，迎风面空气压力增大，超过了大气压力为正压区；气流通过房屋两侧和上方迅速而过，此处气流变窄，风速加大，使建筑物的侧面和顶面形成了一个小于大气压力的负压区。空气飞越建筑物，在背风一面形成涡流，出现一个负压区。将厂房的进风口设在正压区，排风口设在负压区，使室内外空气更好地进行交换。这种利用风的流动产生的空气压力差而形成的通风方式为风压通风，如图 9-21 所示。

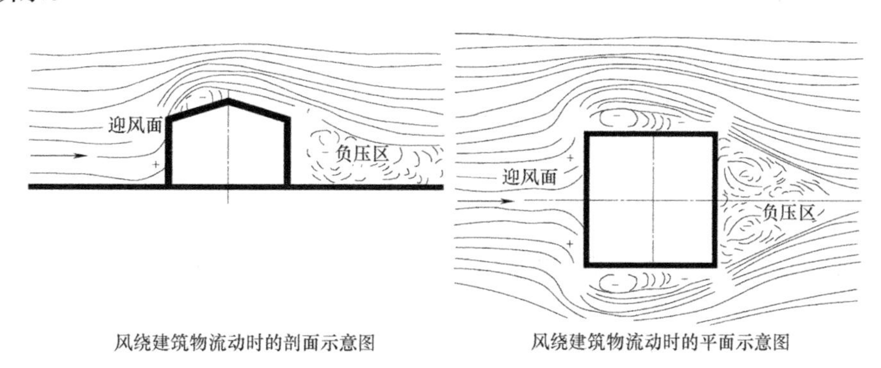

图 9-21　风绕过建筑物流动时的大气压力分布示意图

（3）风压和热压共同作用　实际建筑中的自然通风是风压和热压共同作用的结果，由于风压受到天气、室外风向、建筑物形状、周围环境等因素的影响，风压与热压共同作用时并不是简单的线性叠加，如图 9-22 所示。

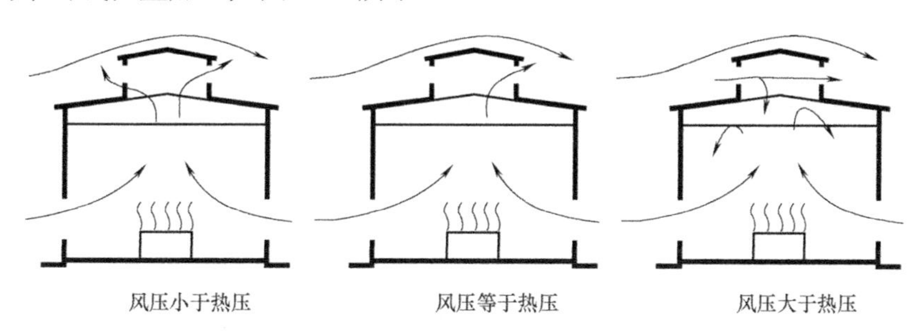

图 9-22　风压和热压共同作用下的三种气流状况示意图

3. 采光通风天窗的类型

在大跨度或多跨单层厂房中，为了满足天然采光和自然通风的要求，常在屋顶上设置各种类型的天窗。主要用作通风的有：矩形通风天窗、纵向或横向下沉式天窗、井式天窗等。

矩形通风天窗横断面呈矩形，两侧采光面与屋面垂直。其主要由天窗架、天窗扇、天窗屋面板、天窗侧板、天窗端壁板以及天窗挡风板等组成，如图 9-23 所示。

（1）天窗架　天窗架直接支承在屋架上弦上，是天窗的承重构件，它的材料一般与屋架一致，常用的有钢筋混凝土天窗架和钢天窗架两种。

（2）天窗扇　天窗扇可用钢材、木材和塑料等材料制作。其中钢天窗扇以其坚固、耐久、耐高温、不易变形和关闭较严密等优势，得以广泛应用。钢天窗扇的开启方式有上悬式和中悬式两种。

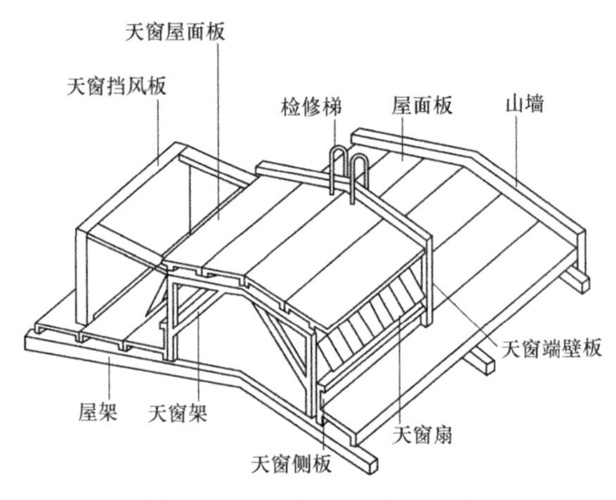

图 9-23　矩形通风天窗的组成

上悬式钢天窗扇由于最大开启角度为 45°，防雨较好，但通风较差。可布置成通长式和分段式两种。

中悬式钢天窗扇的开启角度可达 60° ～ 90°，故通风好，但防雨差，因受天窗架的阻挡和转轴位置的限制，只能按柱距分段设置。

（3）天窗屋面板　天窗屋面板多采用无组织排水的带挑檐屋面板，挑出长度可在 300 ～ 500mm 之间。若采用有组织排水可采用带檐沟屋面板，其构造与广房屋面的构造相同，如图 9-24 所示。

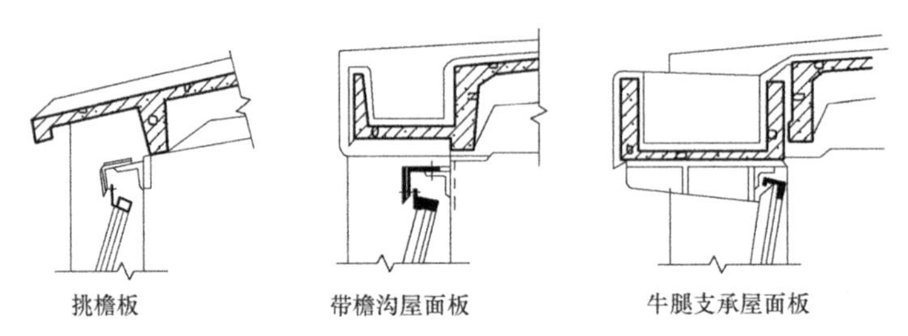

图 9-24　天窗屋顶带挑檐屋面板

（4）天窗侧板　天窗侧板的作用是防止雨水溅入车间和积雪过高影响采光。其高度一般高出屋面不小于 300mm，但也不宜过高，其形式应与厂房屋面结构相适应。

（5）天窗端壁板　天窗端壁板主要是起围护作用，有钢筋混凝土端壁板、石棉水泥端壁板等。当采用钢筋混凝土端壁板时，还可代替钢筋混凝土天窗架，起到支承天窗屋面板的作用。端壁板及天窗架与屋架上弦通过预埋件焊接，端壁板下部与屋面相交处同样应做好泛水处理，端壁板的内侧可根据需要设置保温层。

（6）天窗挡风板　矩形通风天窗是在矩形天窗两侧加挡风板形成的。利用挡风板背部的负压诱导室内的热空气排到外界，挡风板的底部应当保留 100 ～ 200mm 的间隙用以排水和除尘。为了增大天窗的通风量，除寒冷的北方和保温厂房外，在南方地区，天窗一般不设窗扇，呈开敞式，但在进风口处需加挡雨设施。

参考文献

[1] 崔艳秋，等. 房屋建筑学 [M]. 3 版. 北京：中国电力出版社，2014.

[2] 同济大学. 房屋建筑学 [M]. 5 版. 北京：中国建筑工业出版社，2016.

[3] 白丽红，等. 建筑工程制图与识读 [M]. 2 版. 北京：北京大学出版社，2014.

[4] 陈文斌，等. 建筑工程制图 [M]. 5 版. 上海：同济大学出版社，2010.